精准传承

2022

全国城乡规划专业
七校联合毕业设计作品集

西安建筑科技大学
北京建筑大学

浙江工业大学
福建工程学院

华中科技大学出版社
http://press.hust.edu.cn
中国 · 武汉

编委会

北京建筑大学

苏州科技大学

山东建筑大学

西安建筑科技大学

安徽建筑大学

浙江工业大学

福建工程学院

西安市城市规划设计研究院

XI'AN CITY PLANNING&DESIGN INSTITUTE

序言 1

PREFACE

受全国城乡规划专业七校联合毕业设计联盟委托，西安建筑科技大学承办了 2022 年度第 12 届全国城乡规划专业七校联合毕业设计活动。

全国城乡规划专业七校联合毕业设计联盟是国内最早成立的探索校际联合毕业设计教学的联盟之一。它于 2011 年由北京建筑大学、苏州科技大学、山东建筑大学三所院校共同发起组建，并发展壮大。目前，联盟包括北京建筑大学、苏州科技大学、山东建筑大学、西安建筑科技大学、安徽建筑大学、浙江工业大学、福建工程学院七所国内知名院校，已连续成功举办了 12 届联合毕业设计。联盟的院校都较早通过了城乡规划专业评估，同时也是以规划建筑类专业为特长的院校。联合毕业设计由承办院校所在城市的城乡规划设计机构提供选题并参与主要教学环节讨论，形成了极具特色的校企联合毕业设计教学模式，在规划行业具有较高知名度和广泛影响力，在全国城乡规划专业毕业设计教学中起到了示范作用，为我国规划教育和规划人才培养作出重要贡献。

过去的 20 年，是我国城镇化快速发展时期，城镇化率由 2000 年的 36.2% 增长到 2021 年的 64.7%，建成区面积增加了 2.8 倍。党的“十八大”以来，在新发展理念引导下，城市建设重点由增量开发转向存量发展，实施城市更新行动成为行业热点和当务之急，国家正在积极推进城市更新试点工作。其主要目的是针对目前城市发展所面临的问题和短板，逐步转变城市开发建设方式，结合城市实际情况，快速推动城市结构优化、功能完善和品质提升，形成可复制、可推广的先进经验，因地制宜地探索城市更新发展模式。因此，探讨在城市更新行动中如何改善城市空间形态、塑造城市特色风貌、提高城市服务水平、引领城市高质量转型发展，是规划教育的时代使命。本次联合毕业设计的命题单位——西安市城市规划设计研究院名城分院以西安入选国家第一批城市更新试点城市为契机，在与七校教师充分研讨的基础上，选取西安历史城区局部地段城市更新作为本次联合毕业设计的选题，并确定本次联合毕业设计主题为“精准·传承”。“精准”要求各毕业设计小组要用“绣花针”工夫实现地段精准更新，对规划地段进行精准调研、精准定位、精准施策；“传承”是在完善地段功能结构、实现地段品质提升的基础上，探讨如何延续地段和发展文脉，促进城市文化传承和文化繁荣。

毕业设计是对学生在大学本科阶段学习的综合检验。三年新冠肺炎疫情给正常的教学带来了较大的冲击。为了进一步加强对学生综合思维、专业分析、共识建构和协同创新等能力的培养，本次教学活动相对往届在基地规模、教学分组和教学安排上做了适当调整。首先，扩大了设计用地规模，规划设计地段范围与街道或“15 分钟社区生活圈”基本对应，由往届的 50 公顷增加到 100~200 公顷。其次，在确保参加联合毕业设计的学生总人数基本稳定的前提下，扩大了各设计小组的规模，将各设计小组的学生人数由往届的 2 人或 3 人增加到 4~6 人，将各校的设计小组数量由 2 组或 3 组缩减到 1 组或 2 组，这样更加便于小组内部的交流和协作。第三，加强校际同学之间的相互学习，强化调研阶段的合作。七校师生采取线上线下混编分组、联合调研的方式，在调研内容和方式、技术运用、成果的深度和广度方面做了一定的实践探索，通过 GIS 平台搭建基地数字底板，较为精准地掌握基地的基础信息，为后续的基地体检评估和更新规划研究夯实基础。

本次联合毕业设计经历选题、开题、联合调研、中期交流、成果答辩等环节，经过大半年的努力，圆满落幕。本作品集共收录了七校学生 12 组毕业设计作品。精彩呈现给读者的每一组作品都是小组同学和指导教师共同劳动的成果及集体智慧的结晶，都积极回应了“精准”和“传承”两大主题，提出了各自特色鲜明的城市更新方案，为基地更新规划提供了新思路。本次联合毕业设计的成果既有高度和广度，也有精度和温度，获得了同行专家的积极评价。

新时代城市更新应“以人民为中心”。本次联合毕业设计教学实践既增长了学生规划设计实践的综合技能，又让学生对城市更新有了更多关注与思考。不负韶华，五年整青春时光，无怨无悔，祝莘莘学子前程似锦；砥砺奋进，十二载一个轮回，硕果累累，愿七校联盟再创辉煌。

西安建筑科技大学

2022 年 7 月

序言 2 PREFACE

2022 年全国城乡规划专业七校联合毕业设计以“精准 · 传承”为设计主题，具体题目为“西安市历史城区局部地段城市更新规划设计”。本届联合毕业设计采用校企联合的方式，特别荣幸，西安市城市规划设计研究院名城分院作为本次活动的支持单位，能为大家展现设计才华提供平台。本届联合毕业设计是高校、规划院及地方政府共同探索西安历史城区城市更新的一次重要尝试，对历史城区城市更新类的课题教学及联盟毕业设计的教学交流意义重大。很感动的一点在于，疫情并没有阻断大家的设计热情，七所高校近百名师生，通过“线上 + 线下”的形式，为西安古城更新建言献策。

2021 年 9 月，中共中央办公厅、国务院办公厅印发的《关于在城乡建设中加强历史文化保护传承的意见》中明确提出，“在城乡建设中系统保护、利用、传承好历史文化遗产”“在城市更新中禁止大拆大建……不砍老树，不破坏传统风貌，不随意改变或侵占河湖水系，不随意更改老地名”“不随意拆除具有保护价值的老建筑、古民居”。西安作为首批国家历史文化名城，具有 3100 多年的建城史和 1100 多年的建都史。本次选题所在的洒金桥、青年路片区位于西安历史城区的西北角，城墙环绕、市井喧闹的老城氛围浓郁，蕴含丰富的历史文化资源。但地区面临的外来人口压力增大、建筑风貌混乱、基础设施落后、开敞空间缺乏、功能混杂不清等现实问题日益明显。基于历史文化保护上的更新工作，希望通过系统归纳、梳理现状问题，以“微更新”的方式，以加强历史文化保护、提升历史城区公共服务配套、塑造老城特色风貌为出发点，平衡好历史城区内文化保护传承和城市发展的关系。

自 2019 年 12 月中央经济工作会议首次强调“城市更新”以来，我国已进入城市更新快速发展阶段。西安也于 2021 年 11 月公布了《西安市城市更新办法》，提出“延续历史文化传承”的相关要求。如何在历史城区内进行城市更新，也是本次联合毕业设计探索的重要方面。通过探寻历史文化资源、追忆老城生活方式、寻味西安老字号等深入梳理片区历史文化资源和现状特征，结合功能、交通、业态、人口、空间等方面分组进行方案设计，多视角探寻片区保护更新的可能性，最终形成的 12 组成果凝聚了西安古城重点片区保护更新的多样化思路，不乏创新之处，这是高校、企业、地方政府全体规划人的集体智慧，为古城保护更新实际工作奠定了坚实基础。期待历史古韵与现代社会融合，历史文脉与美好生活共生。

祝全国城乡规划专业七校联合毕业设计越办越好！

西安市城市规划设计研究院名城分院 总工程师 

2022 年 9 月

目录

CONTENT

01

选题与任务书

Mission Statement

一、选题背景

1. 时代背景

城市更新，是在城市建成区内开展的持续改善城市空间形态、塑造城市特色风貌、提高城市服务水平、改善城市人居环境的周期性活动。当前，我国城镇化率已经超过 60%，在“创新、协调、绿色、开放、共享”的新发展理念下，城市由增量开发建设模式转向存量更新发展模式。近年来，“城市更新”多次在中央和政府制定的重大政策文件中被提及。2020 年 10 月 29 日，党的十九届五中全会通过的《中共中央关于制定国民经济和社会发展第十四个五年规划和二〇三五年远景目标的建议》明确提出实施城市更新行动。2021 年 11 月 4 日，为贯彻落实党的十九届五中全会精神，完整、准确、全面贯彻新发展理念，积极稳妥实施城市更新行动，引领各城市转型发展、高质量发展，在各地推荐的基础上，经遴选，住房和城乡建设部决定在全国 21 个城市开展第一批城市更新试点工作，西安入选第一批城市更新试点城市名单。第一批城市更新试点工作的主要目的是针对目前城市发展所面临的问题和短板，转变城市开发建设方式，结合城市实际情况，因地制宜地探索城市更新发展模式，快速推动城市结构优化、功能完善和品质提升，形成可复制、可推广的经验做法。

作为历史古都的西安，城市更新又常常同历史文化名城保护叠加，无疑为本次规划带来了更大挑战，但同时也凸显了规划对于文化传承的责任和担当。新时代面对错综复杂的社会、经济、空间现状等问题，从过去解决“有没有”到现在解决“好不好”，城市更新工作需要深入地进行挖掘，剖析城市存在的各个方面、各个层次的问题，继而从“空间建设”和“城市治理”等层面提出有针对性的城市更新方案，用针灸式的“绣花工夫”实现城市“精准更新”。

2. 西安概况

西安，古称长安、镐京，是陕西省省会、副省级城市、特大城市、关中平原城市群核心城市，首批国家历史文化名城，国务院批复确定的中国西部地区重要的中心城市，国家重要的科研、教育、工业基地。西安市域总面积 10752 平方千米（含西咸新区），全市下辖 11 个区、2 个县，建成区面积 729 平方千米。2021 年末，全市常住人口 1287.30 万人。2021 年，西安市实现生产总值 10688.28 亿元。

西安地处关中平原腹地，东邻黄河，北濒渭河，南依秦岭，有渭、浐、灞、沣等八条河流环绕，自古有着“八水润长安”“八川分流绕长安，秦中自古帝王州”之美誉。西安是中华文明和中华民族重要发祥地之一，是丝绸之路的起点，有着 3100 多年建城史、1100 多年建都史，历史上先后有十多个王朝在此建都，是世界四大古都之一，是中国历史上建都朝代最多、时间最长、影响力最大的都城之一。

早在 110 万年前的旧石器时代，蓝田猿人就繁衍生息在这块肥沃的土地上。半坡、姜寨、鱼化寨等新石器时代聚落遗址，比较完整地保留了原始社会村落的原貌，验证了这一地区在 6000 年以前的繁荣。

自公元前 11 世纪西周开始，至公元 9 世纪末，西安迎来了其最辉煌的时期，先后有十三个朝代——西周、秦、西汉、新莽、东汉（献帝初）、西晋（愍帝）、前赵、前秦、后秦、西魏、北周、隋和唐在此建都，历时 1100 多年（图 1-1）。其中，西周、秦、西汉、唐四朝为中华民族鼎盛时期，创造了辉煌的古代文明，留下了丰厚的历史文化遗产。自西汉开始，西安作为丝绸之路的起点，开创了中西文化交流的新局面，并在唐代达到高潮，影响拓展至全世界。

在城市建设方面，自西周建立丰京、镐京以来，在渭河两岸先后建立秦栎阳、秦咸阳、汉长安、隋唐长安等伟大城市。隋唐长安的城市规划和建设达到了当时世界的最高水平，并影响了后世中国都城建设，成为东亚日本、韩国等国家都城建设的范本。明清西安城格局完整、气势宏大，仍是中国古代城市规划和建设的典范。

近代中国历史中的许多重大事件和著名人物均与西安有关，震惊中外的“西安事变”在近代史上产生了重大影响。

现代西安城区建立在历史城市遗址上，秦代宫殿高台尤存，汉长安城轮廓完整，隋唐长安城棋盘格局依稀可见。西安城墙是中国目前保存完整且规模最大的古城垣，并与钟鼓楼、化觉巷清真寺、大学习巷清真寺、城隍庙、孔庙等代表性文物建筑、历史建筑及历史文化街区一起，共同展现出明清古城的传统风貌，是格局保持最为完整的历史城区。

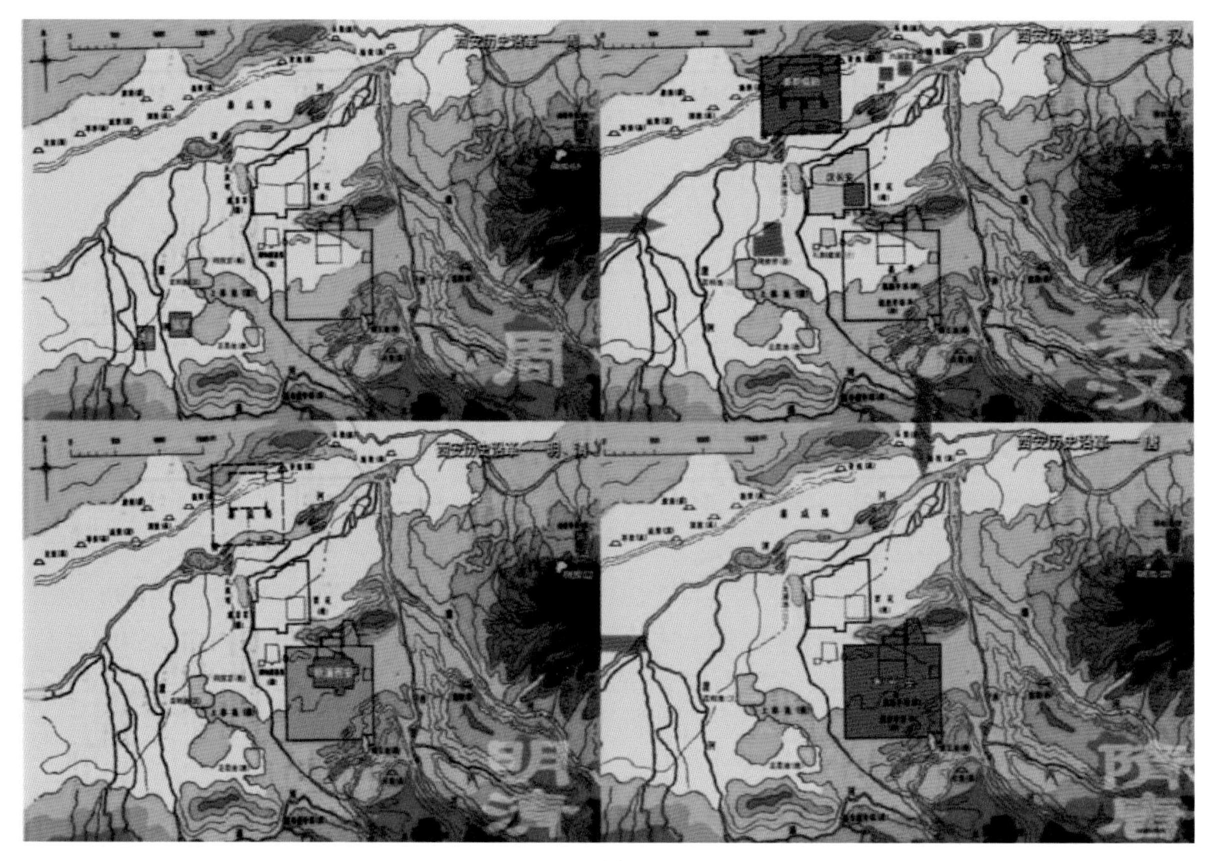

图 1-1　西安城址变迁图

3. 西安市城市总体规划简介

西安至今仍延续着千年来城市发展的大空间格局。中华人民共和国成立以来，西安市进行了四次城市总体规划编制和修编（第五次国土空间总体规划正在编制中），历次总体规划始终坚持延用古都空间格局的理念。西安市第四次城市总体规划的主要内容如下。

1）城市性质

西安是世界著名古都，历史文化名城，国家高教、科研、国防科技工业基地，中国西部重要的中心城市，陕西省省会，并将逐步建设成为具有历史文化特色的国际性现代化大城市。

2）城市职能

西安是国际旅游城市，新欧亚大陆桥中国段中心城市之一，国家重要的科研教育、制造业、高新技术产业和国防科技基地及交通枢纽城市，中国西部经济中心，陕西省政治经济文化中心，“一线两带”的核心城市。

3）城市特色

西安的古代文明与现代文明交相辉映，老城区与新城区各展风采，人文资源与生态资源相互依托。

4）城市发展目标

西安坚持规划立市、科教兴市、产业强市、文化名市、环境优市、依法治市，实现建设国际旅游城市、科技创新城市、生态宜居城市、交通枢纽城市、高端产业城市、西部经济中心六大发展目标。

5）空间格局

西安规划在主城区范围内（图 1-2）形成富有传统特色的“九宫格局”模式（图 1-3），即主城区与外围组团、新城之间以交通轴联系，以大遗址、生态林带、楔形绿地等为间隔，形成功能各异、虚实相间的“九宫格局”，每一宫格的定位不同、功能不同；继承各历史时期遗留下来的城市轴线，以纵贯城市南北的“长安龙脉”作为城市主轴，以钟楼为中心，使东西大街的轴线与南北轴呈“十”字相交，外围形成区级中心。这种城市空间布局从根本上保护并发扬了西安城市特色。

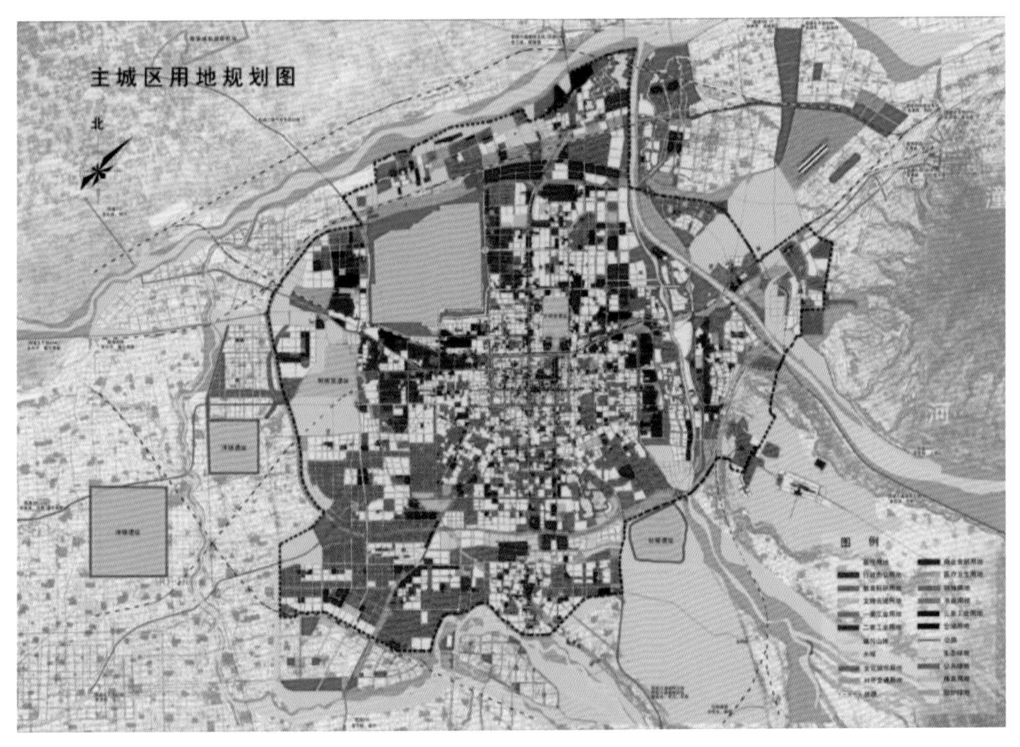

图 1-2 西安市主城区用地规划图

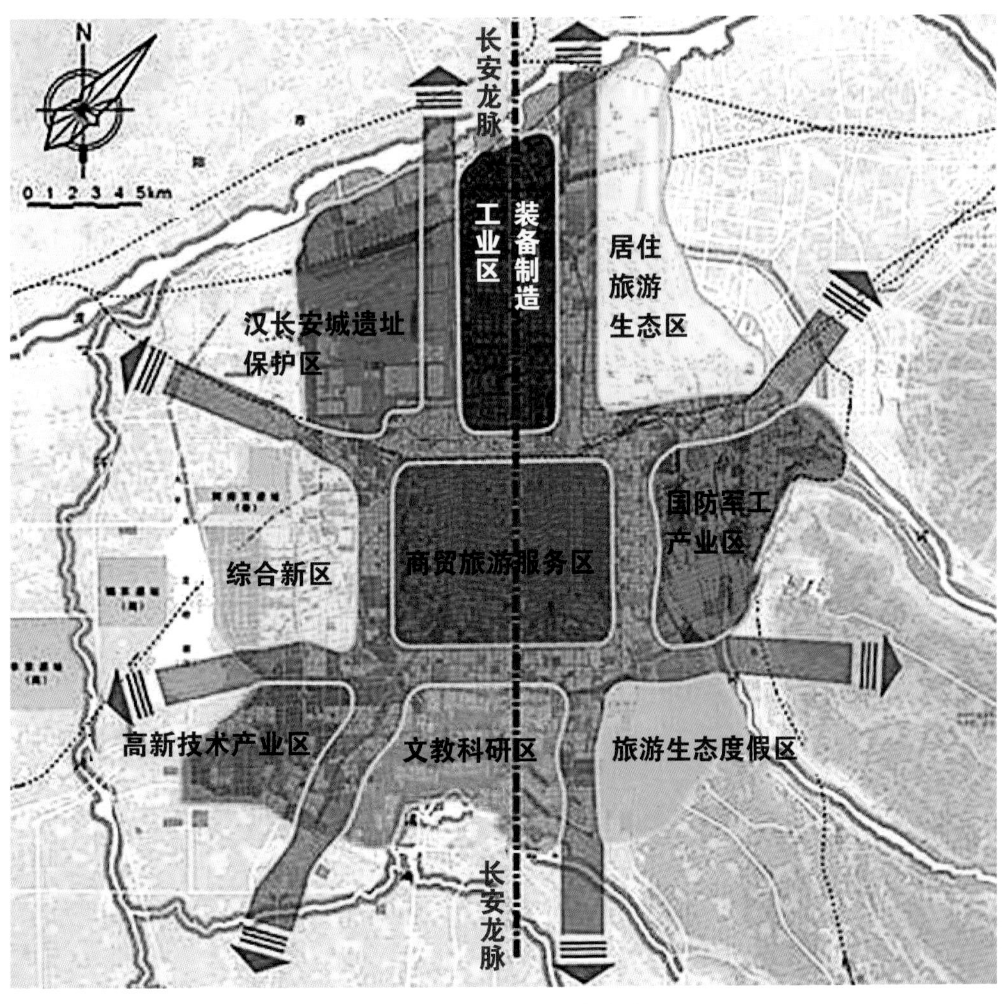

图 1-3 西安市主城区九宫格局

4. 西安市历史文化名城保护规划简介

《西安历史文化名城保护规划（2020—2035 年）》提出全面保护历史文化资源，传承优秀传统文化，发掘和用好文化资源，有效协调保护与发展的关系，让历史文化融入现代生活，改善人居环境，彰显城市特色，展现古都风采。

保护内容包括历史城区、历史地段、历史村镇、世界遗产、文物保护单位、历史建筑，以及自然山水格局、历代都城格局、文化线路、古树名木、非物质文化遗产。

保护规划明确西安历史城区范围为环城路外侧红线以内区域，应整体保护“一环、三轴、三片、多地段、多点”的传统格局形态，分类分级保护历史城区不同历史时期形成的历史街巷道路，包括历史道路、历史街巷（图 1-4）。保护北院门历史文化街区、三学街历史文化街区、七贤庄历史文化街区。保护历史地段内历史文化遗存的真实性、历史风貌的完整性；历史地段内的建（构）筑物要进行分类保护整治；维持历史地段的社会生活延续性和活力，积极改善基础设施和人居环境品质；因地制宜地采取多样化的保护利用模式。以钟楼为中心，以东南西北四条大街为界，可将历史城区划分为西北、西南、东北、东南四大片区。

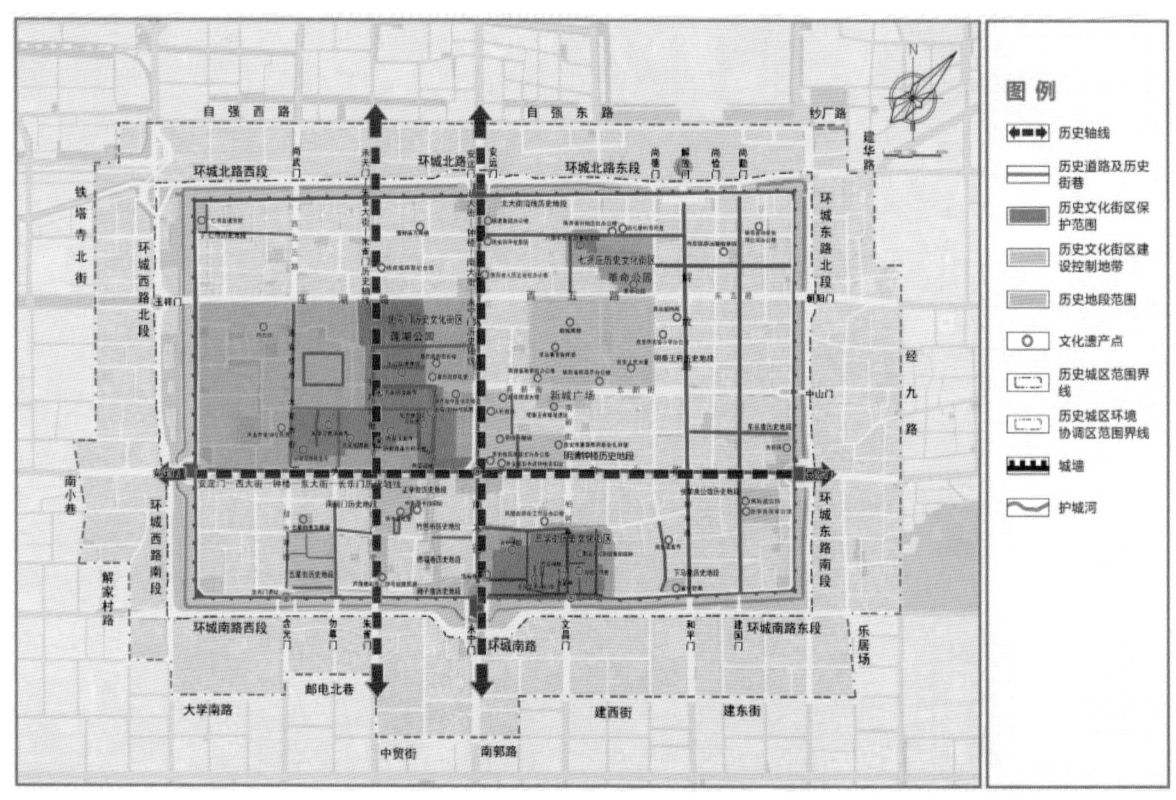

图 1-4　西安市历史城区传统格局保护规划图

二、毕业设计选题

基于上述背景，本届联合毕业设计以西安历史城区西北片区为规划研究范围，西北片区北到环城北路，西至环城西路，南至西大街，东至北大街，总面积约 372 公顷，并确定其中的青年路街道（基地一）和洒金桥地段（基地二）两个基地为本届联合毕业设计选题，每个设计小组选取其中的一处展开更新规划设计。

1. 选题意义

以明城区为主体的西安历史城区是经过各个历史时期发展浓缩形成的最具西安文化特色的地区，是西安城市历史发展的重要见证，也是西安城市的中心和旅游目的地。明城区发展时代久远、历史遗存丰富、地方文化特色突出，是西安文化基因富集之地，但也普遍存在人口密度过大、设施配套相对不足、建筑设施老化、风貌塑造和历史文化保护不够到位等问题。因此，规划设计如何因地制宜探索城市更新发展模式，探讨内涵提升式城市更新方式；如何强化地段历史文化保护和特色风貌塑造，传承地段历史文脉；如何打造更宜居的社区环境、更宜游的文旅空间，增强居民和游客的安全感、获得感、幸福感、体验感；如何以精细化的更新设计引领推动地段功能完善、结构优化、品质提升，实现“精准更新”；如何提升城市治理水平和应对风险的能力，增强城市的安全与韧性，这些是本次规划设计研究需要着重关注和解决的焦点问题，也是选题缘由和意义所在。

在新时代城市更新行动的背景下，以西安历史城区中的青年路街道（基地一）和洒金桥地段（基地二）为本届全国城乡规划专业七校联合毕业设计的选题，既能引导学生对城市更新的关注与思考，又能进一步提高学生规划设计实践的综合技能，为学生下一阶段的人生之路打下坚实的基础。

2. 规划基地概况

1）基地一 ——青年路街道概况

西安市莲湖区青年路街道（图1-5）地处莲湖区东部，西安明城墙内西北隅，下辖莲湖路第一社区、第二社区、第四社区，青年路第一社区、第二社区、第三社区，习武园社区等12个社区。东以北大街为界与新城区西一路街道毗邻，南止红埠街、西仓巷、西五台与北院门街道接壤，西、北两面至护城河外沿与环西、红庙坡、北关街道相连。

青年路街道曾是唐太极宫所在地，拓建于明洪武年间，西段为明秦王朱樉第九子府第，称九府街，东段有清梁化凤府第，称梁府街，史称两府街。位于西北一路的广仁寺是陕西唯一的西藏密宗黄教（格鲁派）喇嘛寺院，是西藏、青海等活佛入京途径西安的行宫。青年路街道辖区内有全国重点文物保护单位——西安事变旧址杨虎城别墅（又名“止园”，现已辟为杨虎城将军纪念馆），以及城墙内重要的城市公园——莲湖公园。

本次选题的青年路街道范围东至北大街，南与北院门街道接壤，西、北至明城墙内侧的联盟巷和顺城北路，为不规则的长方形，用地面积约181公顷。区域内除西安事变旧址杨虎城别墅、广仁寺和莲湖公园外，大多为省市机关和企事业单位驻地及其家属院。

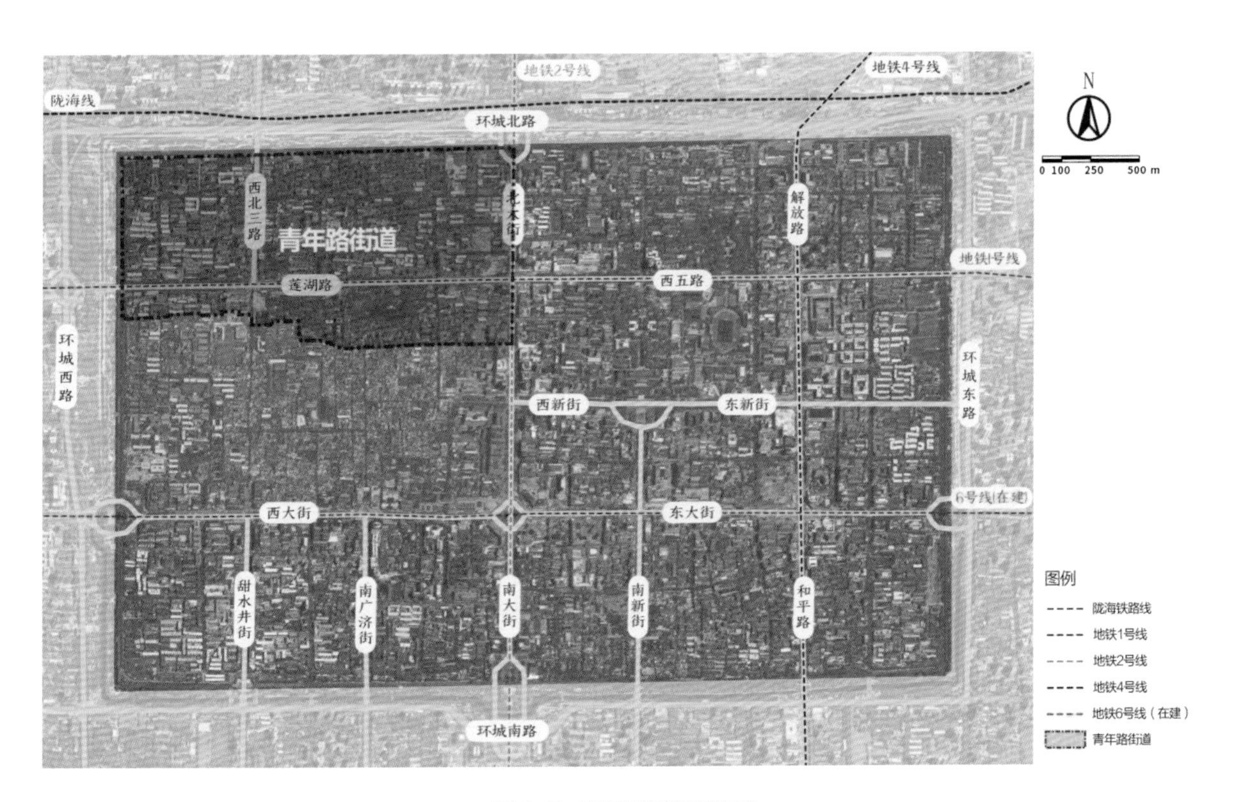

图1-7 青年路街道区位图

2）基地二——洒金桥地段概况

（1）北院门历史文化街区

北院门历史文化街区是西安历史城区内三处历史文化街区之一，也是其中面积最大的历史文化街区。它东至北大街，西至西安城墙，南至西大街，北至莲湖路，保护范围面积约 224 公顷，其中核心保护范围面积约 73.4 公顷，建设控制地带面积约 150.6 公顷，如图 1-6 所示。

北院门原为唐皇城的一部分，是清光绪二十六年（1900 年）慈禧与光绪避难西安时的行宫所在地；宋代京兆府、元代奉元路、明清西安府、清代陕西巡抚衙门、民国时期关中道、中华人民共和国成立后的西安市人民政府等行政机构均设在辖境。北院门历史文化街区蕴含了隋唐至今大量的历史文化信息，是道教、佛教和伊斯兰教等宗教文化交融的区域。区域内国家、省、市级文物保护单位集中，老字号众多，旅游资源丰富，特色业态鲜明，是西安传统商业和居住的典型代表，是传统民俗文化汇聚地。

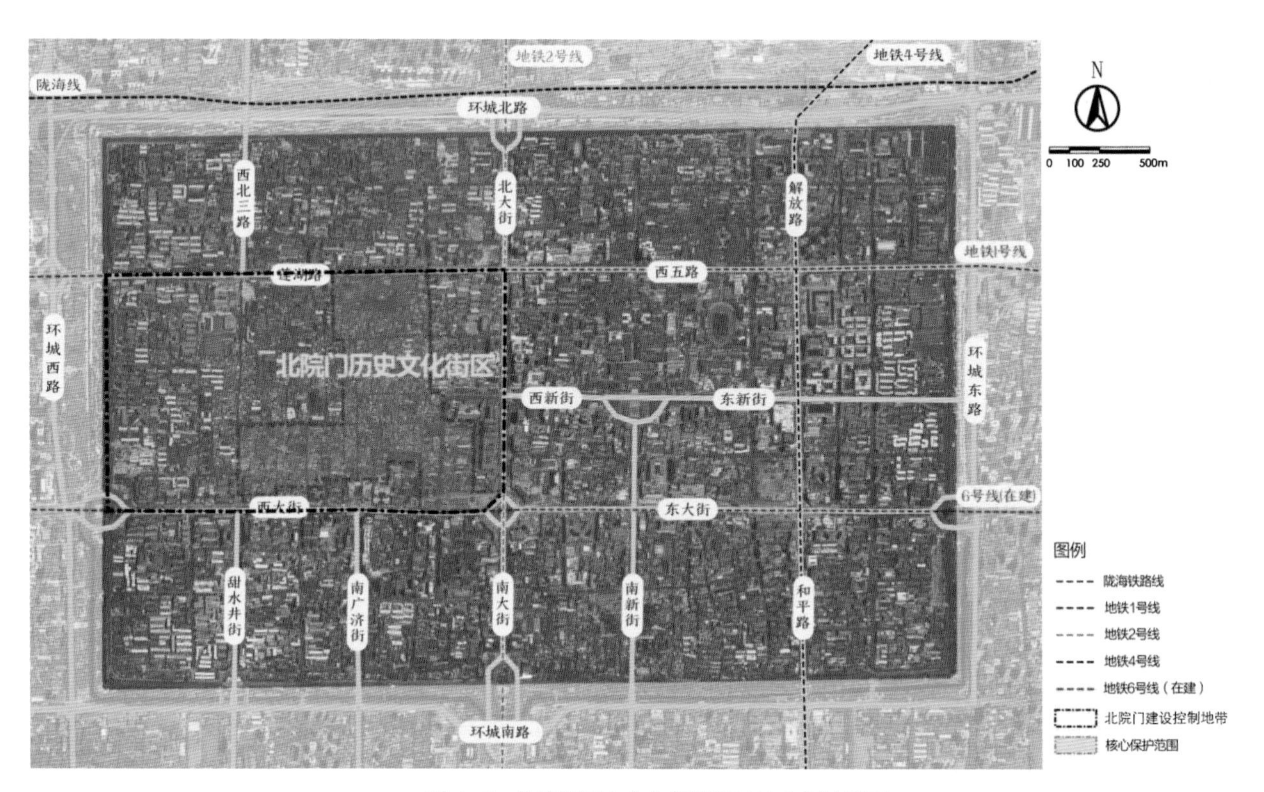

图 1-6 北院门历史文化街区及其核心保护范围

（2）洒金桥地段简介

洒金桥地段（图 1-7）位于北院门历史文化街区内部西侧，大部分隶属于北院门街道。地段南起西大街，北至莲湖路，东以北广济街为界，西至城墙内侧的北马道巷，近似方形，用地面积约 137 公顷。其中，历史文化街区核心保护范围面积约 20 公顷，建设控制地带面积约 117 公顷。

洒金桥是西安明城区内闻名的历史街巷，街道北起莲湖路，南与大麦市街相接，全长约 800 米，是回民聚集区与传统居住区的过渡区域。在南宋和元代称为铁炉街，明代改为铁炉坊，清末因沙姓人住此街北段，得名沙家桥，后改为洒金桥。洒金桥地段大致分为三段：北段依托西五台云居寺，为佛教旅游开发区；中段为民族名优特色餐饮区，并保持该区域内几个清真寺用地相对完整；南段为中华名品老字号旅游商贸区，集餐饮、商贸、旅游为一体，是古色古香的古城名街、融历史与现代的名片大街。洒金桥及大麦市街沿线文物古迹众多，民族风情浓郁。

洒金桥地段既有西安历史文化名城中重要的多层迭代历史街巷，也是城市旧城中亟须更新提质的区域。地段内历史保护、设施配套、经济发展、城市风貌、社会矛盾、道路交通、城市活力、民族融合、产权复杂、民生生活等种种问题相互交织。

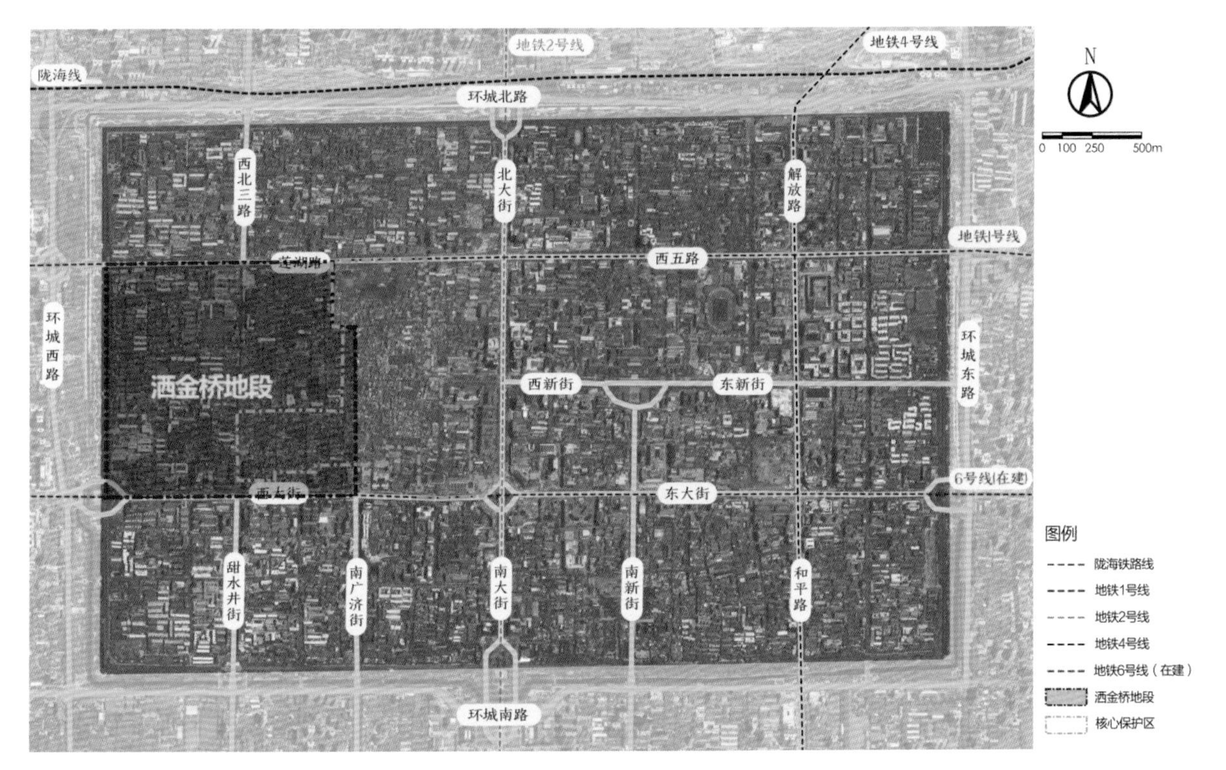

图 1-7　洒金桥地段区位图

3. 地方法规及上位规划

1）《西安历史文化名城保护条例》

《西安历史文化名城保护条例》（以下简称《条例》）于 2002 年 2 月经西安市人大常务委员会审议通过，2010 年 9 月第一次修正，2017 年 3 月第二次修正，2020 年 11 月第三次修正。

（1）涉及本次规划地段的内容

① 古城墙以内区域的国家机关、城市居民和事业单位的用房建设应当从严限制；不适应城市功能的企业事业单位，应当限期调整或者外迁。

② 对古城墙内的建筑高度提出控制要求。

③ 将北院门等街区划为历史街区，并对历史街区内建筑格局和建筑风格提出保护要求。

④ 古城墙以内区域的保护，应当体现历史风貌，保持原有路网格局、街巷特色和名称。

（2）相关条款

在《条例》第四章——古城墙及其以内区域的保护中，对明城区的保护有如下规定。

①第二十四条：古城墙以内区域的保护，应当体现历史风貌，保持原有路网格局、街巷特色和名称，其城市功能应当以商贸、旅游为主，逐步降低古城墙以内区域的居住人口密度。古城墙以内区域的国家机关、城市居民和事业单位的用房建设应当从严限制；不适应城市功能的企业事业单位，应当限期调整或者外迁。

②第二十六条：严格控制古城墙内、外侧的建筑高度和风格。古城墙内侧 20 米以内的建筑物、构筑物应予拆除，沿墙恢复为马道或者建设为绿地；100 米以内建筑高度不得超过 9 米，建筑形式应当采取传统风格；100 米以外，应当以梯级形式过渡，过渡区的建筑形式应当为青灰色全坡顶建筑。

③第二十七条：古城墙以内区域的建设项目，应当符合所在保护区的规划要求。新建、改建、扩建的建筑物、构筑物，其体量、造型和色彩应当体现传统建筑风格和特色。古城墙以内区域的建筑高度实行分区控制，整体建筑控制高度不超过 36 米；综合容积率控制在 2.5 以下；在单位和居民院落内不得插建建筑物。维修、改建、翻建传统建筑物、构筑物和传统民居、店铺时，应当修旧如旧，保持原貌。

④第三十条：钟楼至东、西、南、北城楼划定文物古迹通视走廊。钟楼至西门城楼通视走廊宽度为 100 米，通视走廊内建筑高度不得超过 9 米；钟楼至北门城楼通视走廊宽度为 50 米。

2）《西安市进一步加强重点历史文化区域管控疏解人口降低密度的规划管理意见》

《西安市进一步加强重点历史文化区域管控疏解人口降低密度的规划管理意见》于 2018 年 3 月经西安市人民政府公布，涉及本次规划地段的内容如下。

① 通过实施城市“中优”战略，进一步疏解中心城区过密的建筑和人口，推进中心城区城市修补和城市更新。

② 将明清历史文化区确定为管控区，提出明清历史文化区人口疏散目标。

③ 明确明清历史文化区的建设用地管控要求，具体如下。

a. 明城墙以内严格按照规划的居住用地建设住宅，不再新增居住用地；商业（商务）、旅游、娱乐用地不得变更、兼容居住用地。

b. 占地规模小于 7000 平方米的建设项目不得单独建设。占地规模小于 7000 平方米的住宅用地只拆不建。由市政府主导的古城保护国有平台机构进行拆迁改造，优先用于公园绿地、市民健身广场、社会停车场（地下）的建设。

c. 区域内居住用地建设强度应符合表 1-1 的要求。

表 1-1　西安明城区居住用地指标表

<table>
<tr><th rowspan="2">类别</th><th colspan="3">本次实施意见</th><th colspan="3">陕西省技术规定</th><th colspan="3">西安市技术规定</th></tr>
<tr><th>建筑密度</th><th>容积率</th><th>绿地率</th><th>建筑密度</th><th>容积率</th><th>绿地率</th><th>建筑密度</th><th>容积率</th><th>绿地率</th></tr>
<tr><td>低层</td><td>25%</td><td>1.0</td><td rowspan="2">35%</td><td>35%</td><td>1.1</td><td rowspan="2">30%</td><td>28%</td><td>1.1</td><td rowspan="2">35%</td></tr>
<tr><td>多层</td><td>22%</td><td>1.2</td><td>28%</td><td>1.7</td><td>25%</td><td>1.4</td></tr>
</table>

d. 区域内的商业用地建设，建筑密度不得大于 40%，容积率不得大于 2.0，绿地率不得小于 25%。

3）上位规划

（1）《西安市城市总体规划（2008—2020 年）》

《西安市城市总体规划（2008—2020 年）》提出，老城内严格实行建筑高度分区控制，逐步改造现有超高建筑：城墙内侧 100 米以内建筑高度不得超过 9 米；100 米以外，以梯级形式过渡；以东、西、南、北城楼内沿线中心为点，半径 100 米范围内为广场、绿地和道路；钟楼至东、西、南、北城楼划定为文物古迹通视走廊。

（2）《西安历史文化名城保护规划（2020—2035 年）》

《西安历史文化名城保护规划（2020—2035 年）》提出，保护西安传统商业和居住的传统格局与历史风貌；保护街区内历史街巷的空间尺度，控制街巷两侧的建筑高度、体量、风格等；保护和传承街区传统文化习俗等；强化区域民俗文化主题展示。

划定北院门历史文化街区范围，明确街区保护内容、保护要求、保护措施等。对街区内文物保护单位、历史建筑等提出保护要求；加强历史文化街区等活化利用；建筑高度不得超过 24 米，容积率不得超过 2.0。

视线通廊与高度控制要求：整体建筑控制高度不超过 24 米。钟楼至东门城楼通视走廊宽度为 50 米，通视走廊内建筑高度不得超过 9 米，通视走廊外侧 20 米以内建筑高度不得超过 12 米；钟楼至西门城楼通视走廊宽度为 100 米，通视走廊内建筑高度不得超过 9 米；钟楼至南门城楼通视走廊宽度为 60 米；钟楼至北门城楼通视走廊宽度为 50 米。

根据历史风貌的保存状况，将历史街巷划分为一级历史街巷、二级历史街巷、三级历史街巷三个等级，并对各等级提出保护措施。一级历史街巷指位于历史文化街区核心保护范围内，有一定历史渊源与规模，街巷两侧有反映传统风貌的建筑，能反映城市一定历史时期市民生活氛围的历史街巷，原则上不得拓宽，严格保护街巷尺度，保护街巷两侧历史风貌，对影响街巷历史风貌的建筑进行整治，保护具有历史风貌特征的围墙、路灯、地面铺装、绿化小品等要素；二级历史街巷指位于历史文化街区及历史地段保护范围内，街巷格局保留完好，是城市传统空间格局的重要构成要素的历史街巷，原则上不宜拓宽，保持现有走向和肌理，新建建筑应延续街巷历史风貌特色；三级历史街巷指位于历史地段周边的历史街巷，允许根据实际需要进行适当拓宽，但不得改变走向和线形，协调沿线建筑风貌，通过环境设计增加历史元素。

在历史文化名城保护规划中，洒金桥地段的大麦市街属于一级历史街巷，洒金桥属于二级历史街巷。

三、教学组织安排

1. 教学组织方式

为了加强学生协同创新能力培养，本届联合毕业设计在校内以小组分工合作方式开展日常教学活动。各校由 4 ~ 6 名学生组成设计小组，从本届任务书确定的两个基地中选取其中的一处进行更新规划设计研究。各校参加本届联合毕业设计的小组不宜超过 2 组，七校参加联合毕业设计的小组总数控制在 14 组以内。

各校参与毕业设计指导教师人数不限。

2. 教学环节

整个联合毕业设计教学过程包括开题及现状调研、中期成果交流、毕业设计成果展评及联合答辩等教学环节。

1）开题及现状调研

由协办单位西安市城市规划设计研究院介绍选题背景、《西安市城市总体规划（2008—2020 年）》《西安历史文化名城保护规划（2020—2035 年）》等相关规划，以及基地概况。

由承办单位西安建筑科技大学组织七校师生以混编方式进行现状踏勘调研，将七校师生混编成两大组（各大组视情况可再分小组），承办单位师生提前拟定调研提纲，各大组独立完成调研提纲拟定的内容，制作调研成果，并进行汇报交流。

2）中期成果交流

各校毕业设计小组在各自学校的指导教师指导下，按进度完成所选基地的更新规划研究，并提供中期 PPT 成果，由承办单位西安建筑科技大学组织中期成果交流。

3）毕业设计成果展评及联合答辩

各校毕业设计小组根据中期成果交流时各校教师的意见和建议深化完善中期成果，并按任务书要求完成个人重点地段及重要节点的更新设计，与中期成果一起组成完整的毕业设计小组成果，由下届承办单位组织毕业设计成果展评及联合答辩。

四、成果内容及要求

调研阶段各大组依据调研提纲完成相应的内容，成果要求不作具体规定。

1. 中期成果要求

1）成果内容

在现状调研基础上，设计小组对所选基地进行规划研究，并共同完成以下内容。

① 基地（洒金桥地段或青年路街道）及所在区域的历史文化特征及空间发展演变分析。

② 基地现状综合体检评估（人口、空间、设施、产业业态等方面）。

③ 基地总体定位，以及更新规划理念、目标、策略。

④ 基地服务要素配置、空间管控及结构布局优化（要素配置、规划结构、用地布局、系统分析、空间意象，以及高度、强度、风貌管控等）。

⑤ 基地文化遗产保护与利用（各组可根据所选基地特点进行取舍）。

⑥ 明确下一阶段基地内需要进行更新设计的重点地段或重要节点的具体位置和范围，重点地段面积不小于20公顷；重要节点可位于重点地段内，也可在重点地段外选定，面积不小于3公顷。

各小组可根据具体情况增加专题研究和案例解析等内容。

2）成果形式

中期成果以小组合作为主，各小组中期交流成果为PPT汇报材料，无需提供纸质成果。

2. 终期成果要求

1）成果内容

在中期成果基础上，各小组成员选取基地内1处及1处以上的重点地段（或重要节点）展开更新设计研究，并完成以下主要内容。

①结合前期基地现状综合体检评估，对重点地段（重要节点）进行现状评估分析。

②重点地段（重要节点）规划定位、内容构成、更新设计的方法策略及模式研究。

③重点地段（重要节点）空间更新规划设计方案（规划结构、规划设计总平面、系统分析、总体空间效果、详细环境、规划指标）。

2）成果形式

终期成果包括小组集体成果（基地层面）和个人地段设计成果（重点地段），成员较多的小组选取重点地段（重要节点）时可以重复，终期交流成果以PPT汇报材料为主，并应制作展板。

3.PPT汇报文件制作要求

中期成果和终期成果的PPT汇报时间不超过30分钟，汇报应内容完整、逻辑清晰、图文并茂、重点突出。

五、时间安排及其他事宜

1. 时间安排

本届联合毕业设计大致包括现状调研、基地规划设计研究、中期检查、重点地段规划设计、毕业设计答辩等阶段，并参照西安建筑科技大学教学周历进行安排，具体时间安排如表1-2所示，各校可根据表中的时间进度安排制订详细的教学日历。

2. 其他相关事宜

①本届联合毕业设计由协办单位提供的地形图、高清影像矢量图等基础资料涉及涉密等问题，仅限用于本联盟内七校师生的教学活动，请大家务必不要在联盟外传播。

②本任务书主要针对七校毕业设计联合教学交流制订，重点是确定选题和教学组织方式、统一进度安排及各阶段应完成的教学内容。各校可以此为基础，依据校内要求在制订详细任务书时宜进一步明确小组及个人的工作量，以及图纸、说明书等内容要求。

③有两组参与毕业设计的学校，建议两个基地每组各选一处。通过前期现状评估分析，每个小组应在基地内划定 3 处以上的重点地段供个人选择，独自展开城市（更新）设计研究，学生选取的重点地段可以重复，有利于进行多方案比较。

④新冠肺炎疫情对联盟毕业设计教学造成了重大影响，各环节线下活动存在较大的不确定性，承办单位和协办单位在做好各项预案的同时，希望七校师生齐心协力、共克时艰，确保第 12 届全国城乡规划专业七校联合毕业设计顺利进行。

表 1-2　第 12 届全国城乡规划专业七校联合毕业设计时间安排表

阶段	时间	地点	内容要求	形式
第一阶段 开题及现状调研	第 1 周 2 月 28 日—3 月 6 日	西安建筑科技大学	开题、基地联合调研	联合工作坊；采取七校混编的形式，以大组为单位进行基地综合调研、成果制作、汇报交流
调研成果汇报	3 月 6 日	西安建筑科技大学	全面介绍基地现状及区域环境	PPT 汇报
第二阶段 基地更新 规划设计研究	第 2 周 ~ 第 8 周 3 月 7 日—4 月 22 日	各自学校	包括背景区位研究、基地现状评估分析、案例研究、定位研究、方案设计等	各校自定
中期检查	第 8 周周末 4 月 23 日、4 月 24 日	西安建筑科技大学	汇报内容包括综合研究、功能定位和总体更新方案等	PPT 汇报，时间不超过 30 分钟
第三阶段 重点地段 更新规划设计	第 9 周 ~ 第 15 周 4 月 25 日—6 月 10 日	各自学校	调整优化基地总体更新规划方案，对重点地段、重要节点进行更新规划设计	各校自定
毕业设计答辩及 成果展评交流	第 15 周周末 6 月 11 日、6 月 12 日	下届承办学校	汇报小组毕业设计成果，回答答辩教师所提出的问题；评选优秀作业	PPT 汇报，时间不超过 30 分钟，同时提交展板和出书文件，进行展评

02

解题

Vision & Solution

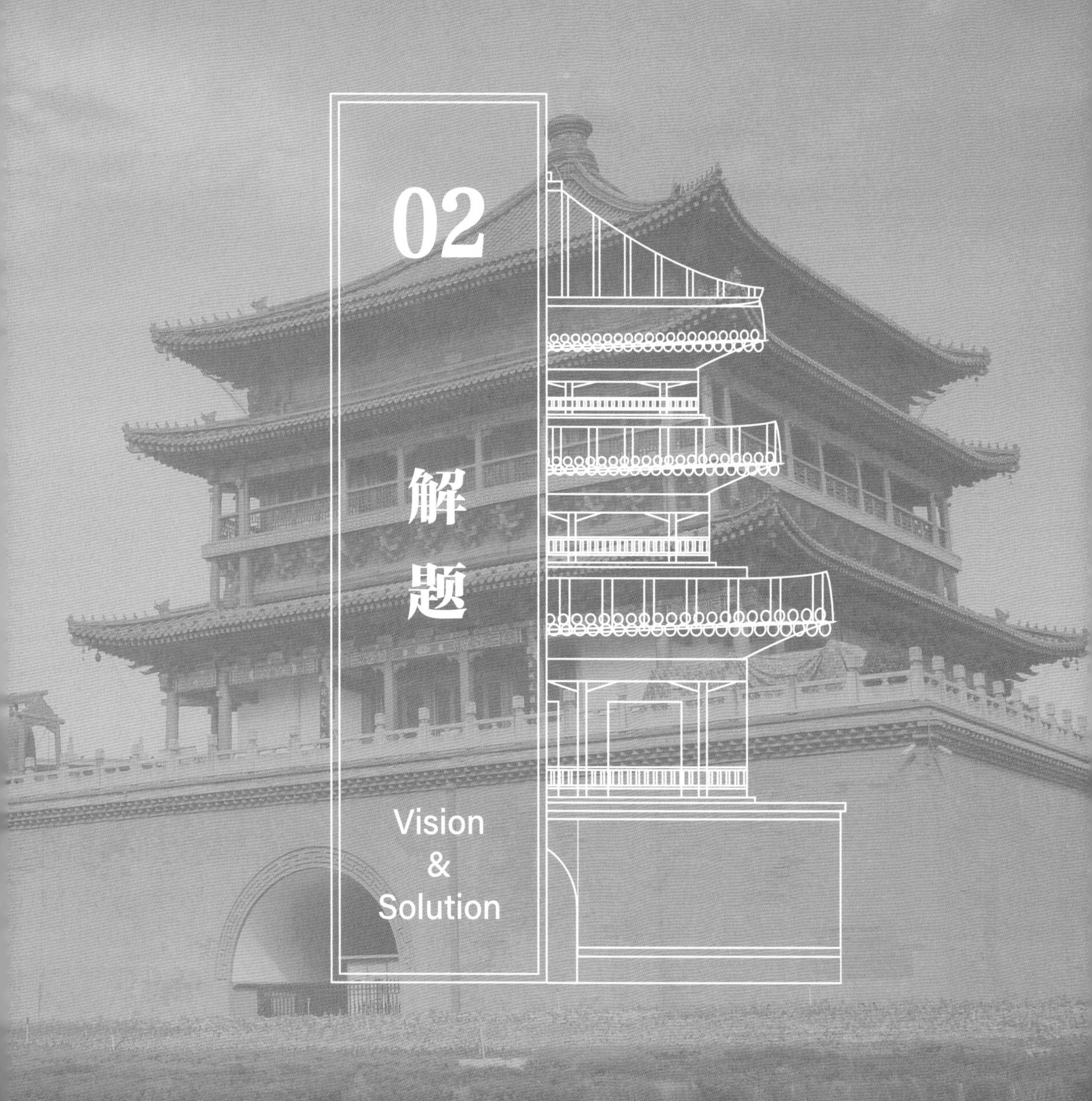

北京建筑大学

破界·融合

西安市历史城区局部地段城市更新规划设计

寻味古都·乐享晓市

精准·传承：西安市历史城区局部地段城市更新规划设计

破界·融合
——西安市历史城区局部地段城市更新规划设计
01
概述篇
政策背景
把控政策导向，理解项目定位
文化导向：建设并保护具有文化价值的历史文化名城
五年计划 西安"十四五"发展总体目标
国家中心城市建设取得突破性进展，对陕西、西北发展带动能力明显提升，形成推动高质量发展的区域增长极。
遗址保护 汉长安城遗址保护纳入规划
文件指出，应改变消极被动保护的局面，结合城乡发展的实际，积极探索利用社会资源、资金与力量来主动保护的路子。
空间导向："一核""两轴""三组团"
推动形成东西、南北两条发展轴，促进中小城市和小城镇发展。
经济导向：营造更具吸引力的国际化营商环境
打造数字智慧都市圈，提升现代能源资源保障能力。创新驱动发展方面，以创新驱动总平台建设为抓手，协同推进。
掌握远景方向，分析发展目标
未来发展：推进基础设施建设、产业布局、公共服务
到2025年，西安辐射带动能力进一步提升；西安—咸阳一体化发展取得实质性进展，都市圈内城镇发展水平和承载能力明显提升。
重要性
西安是国务院公布的首批国家历史文化名城，历史上先后有十多个王朝在此建都，是世界四大古都之一。
到2035年，现代化的西安都市圈基本建成，都市圈内同城化、全域一体化基本实现，发展品质、经济实力、创新能力、文化竞争力迈上更高水平。
历史沿革
形态变化沿革
肌理沿革
西安是国务院公布的首批国家历史文化名城，历史上有周、秦、汉、隋、唐等13个朝代在此建都，是世界四大古都之一，曾经作为中国首都和政治、经济、文化中心长达1100多年。
唐：皇帝主要听政视朝之处，青年路街道曾是唐太极宫所在地。
明初，朱元璋二子朱樉被分封到西安为秦王。
1947年国民党三青团曾在此地活动，此后这条路就改称青年路。
1949年后，开辟莲湖路，拓宽北大街，形成辖境东西、南北两条干道。
上位规划
市域总体规划部分
《西安市城市总体规划（2008年—2020年）》老城内严格实行建筑高度分区控制，逐步改造现有超高建筑。
《文物保护单位规划》
历史城区重点历史保护区规划图
一级历史街巷：历史文化街区及历史地段保护范围内，街巷格局保留完好。
二级历史街巷：历史文化街区核心保护范围内，有一定历史渊源与规模。
历史城区历史街道保护规划图
莲湖区规划部分
《西安市莲湖区国民经济和社会发展第十四个五年规划和2035年远景目标纲要》
历史城区及历史文化街区分布图
"十四五"时期，按照西安都市圈发展总体定位，构建"三轴、三带、四区、五核"空间布局。
历史城区建筑高度控制及景观视廊规划图
近现代史迹保护范围划定：以现有围墙（或其他界线）为基础，结合文物所在地的具体情况划定保护范围。建设控制地带应结合保护单位级别、规模及周边现实情况划定。其他类型的文物根据实际情况，合理划定保护范围和建设控制地带。
西安市在陕西省的位置
明城区在西安市的位置
选地在明城区的位置
西安地处关中平原中部，北濒渭河、南依秦岭，自古有着"八水绕长安"之美誉。
明城区外围环境协调区范围东至建华路、经九路、乐居场，南至建东街，西至解家村路、南小巷、铁塔寺北街，北至丰禾路、自强西路、自强东路、纱厂路线。
基地位于青年路街区内。南至顺城北路西段，北至莲湖路，东至北大街，西至联盟巷。
主题认知
城市更新
精准
传承
设计构思
封闭界限
设施缺失
开放界限
突破城墙壁垒
开放社区
康养设施
公服设施
文化再生
发现问题
精准解决
精准：精炼、准确。时间概念中、空间位置上精细练达的准确。
精准更新
破界
实体物质空间
虚体人文精神
融合
设施共享
文化再生
空间整合
文化
传承：泛指对某某学问、技艺、教义等，在师徒间的传授和继承的过程。
周边分析
用地周围要素分析
基地
业态分析
业态分布
青年路街道业态分布不均
青年路街道业态分布不均衡，以零售、餐饮、生活服务为主要业态，业态品质较低。中央密集紧凑，城墙周边稀疏。
产业发展
明清时期
粮食以及其他日常和军需用品市场形成。
在陇海铁路通至西安后引发了近代工业的全面起步。
1949年后，西安开始着力于工业化的发展。
以发展第三产业为主，是典型的旅游型发展模式。
该时期地块内有部分近代工业开始发展。
以第三产业为主，分布在基地中部和东南部。
清朝时期产业发展
当今产业发展
技术框架
破界
主题
融合
政策背景
背景、主题研究
上位规划
区位分析
基地剖析
社会环境
用地结构
公服配置
道路交通
建筑现状
规划目标
制定策略
社区边界
城墙边界
业态边界
除·边界
织·边界
融·边界
私产边界
文脉边界
公服边界
规划方案
功能结构
高度控制
土地利用
特色游线
交通系统
风貌管控
绿化系统
景观视线
建筑
云径专题
分区设计
人群+社区分析
人群调查
年龄结构：居民老龄化较全市严重。
收入特征：居民收入低于全市水平。
工作特征：以机关事业单位、商业服务、自由职业为主。
居民身份状态：有子女家庭比例占88%。
人群习性
社区调查
设施构成
社区卫生服务站
设有卫生服务中心和卫生服务站
幼儿园
基地内共有幼儿园四所
托老所
有一处养老院和一处托老所
教育设施
社区商服设施

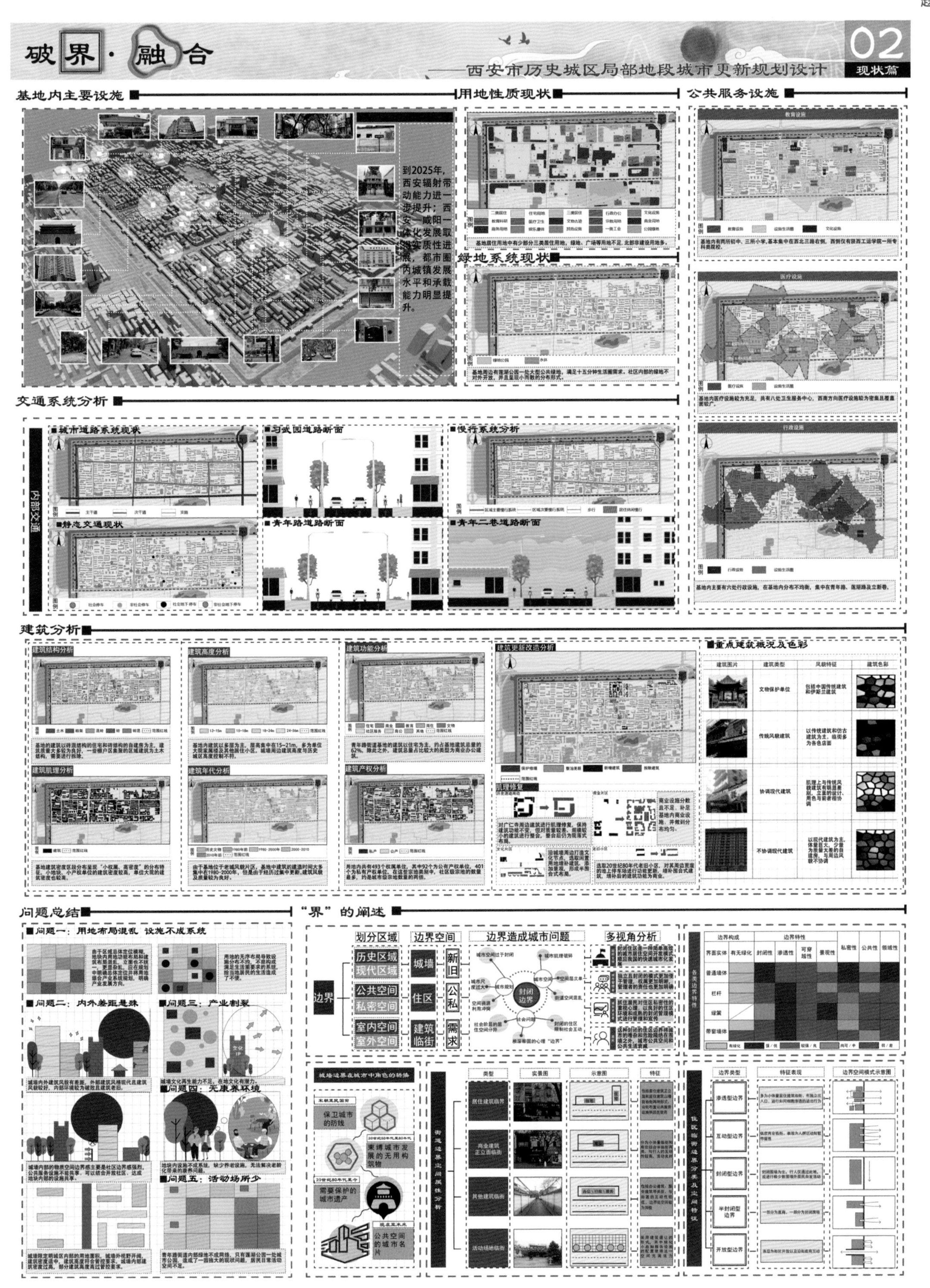
破界·融合
——西安市历史城区局部地段城市更新规划设计
02
现状篇
基地内主要设施
到2025年，西安辐射带动能力进一步提升；西安—咸阳一体化发展取得实质性进展，都市圈内城镇发展水平和承载能力明显提升。
用地性质现状
绿地系统现状
公共服务设施
交通系统分析
内部交通
城市道路系统现状
习武园道路断面
慢行系统分析
静态交通现状
青年路道路断面
青年二巷道路断面
建筑分析
建筑结构分析
建筑高度分析
建筑功能分析
建筑更新改造分析
重点建筑概况及色彩
建筑肌理分析
建筑年代分析
建筑产权分析
肌理修复
问题总结
问题一：用地布局混乱 设施不成系统
问题二：内外差距悬殊
问题三：产业割裂
问题四：无康养环境
问题五：活动场所少
“界”的阐述
划分区域
边界空间
边界造成城市问题
多视角分析
边界
历史区域
现代区域
公共空间
私密空间
室内空间
室外空间
城墙
住区
建筑临街
新旧
公私
需求
封闭边界
城墙边界在城市中角色的转换
保卫城市的防线
束缚城市发展的无用构筑物
需要保护的城市遗产
公共空间的城市名片
街道边界空间属性分析
住区临街边界分类及空间特征
边界类型
特征表现
边界空间模式示意图
渗透型边界
互动型边界
封闭型边界
半封闭型边界
开放型边界

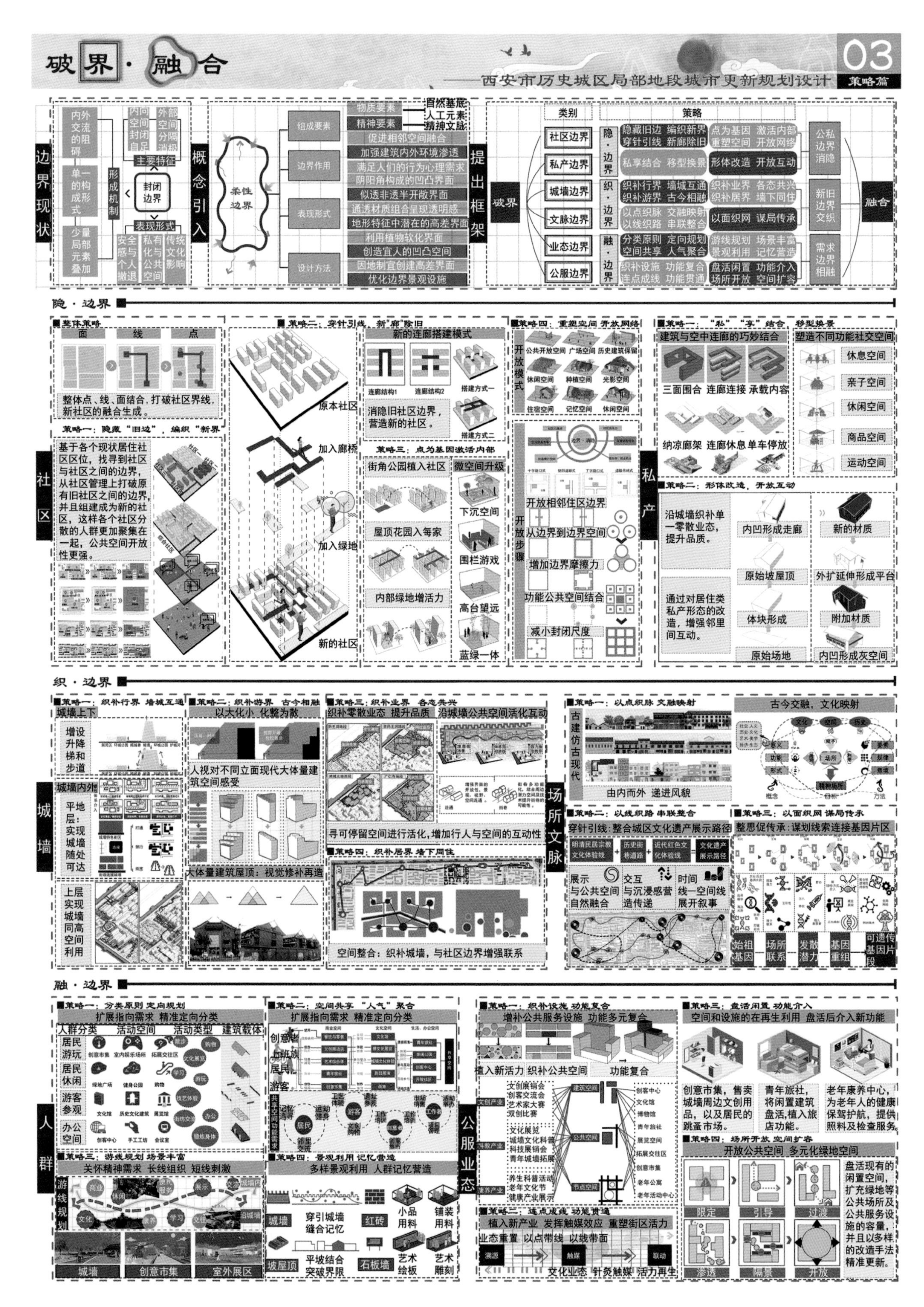

破界·融合
03
——西安市历史城区局部地段城市更新规划设计
策略篇
边界现状
内外交流的阻碍
单一的构成形式
少量局部元素叠加
形成机制
内向空间封闭自足
外部空间分隔消极
主要特征
封闭边界
表现形式
安全感与个人撤退
私有化与公共空间
传统文化影响
概念引入
柔性边界
组成要素
边界作用
表现形式
设计方法
物质要素
精神要素
自然基底
人工元素
精神文脉
促进相邻空间融合
加强建筑内外环境渗透
满足人们的行为心理需求
阴阳角构成的凹凸界面
似透非透半开敞界面
通透材质组合呈现透明感
地形特征中潜在的高差界面
利用植物软化界面
创造宜人的凹凸空间
因地制宜创建高差界面
优化边界景观设施
提出框架
破界
类别
策略
社区边界
私产边界
城墙边界
文脉边界
业态边界
公服边界
隐·边界
织·边界
融·边界
隐藏旧边 编织新界
穿针引线 新廊除旧
点为基因 激活内部
重塑空间 开放网络
私享结合 移型换景
形体改造 开放互动
织补行界 墙城互通
织补游界 古今相融
织补业界 各态共兴
织补居界 墙下同住
以点织脉 交融映射
以线织路 串联整合
以面织网 谋局传承
分类原则 定向规划
空间共享 人气聚合
游线规划 场景丰富
景观利用 记忆营造
织补设施 功能复合
连点成线 功能贯通
盘活闲置 功能介入
场所开放 空间扩容
公私边界消隐
新旧边界交织
需求边界相融
融合
隐·边界
社区
整体策略
面
线
点
整体点、线、面结合，打破社区界线，新社区的融合生成。
策略一：隐藏“旧边”，编织“新界”
基于各个现状居住社区区位，找寻到社区与社区之间的边界，从社区管理上打破原有旧社区之间的边界，并且组建成为新的社区，这样各个社区分散的人群更加聚集在一起，公共空间开放性更强。
策略二：穿针引线，新“廊”除旧
原本社区
加入廊桥
加入绿地
新的社区
新的连廊搭建模式
连廊结构1
连廊结构2
搭建方式一
搭建方式二
消隐旧社区边界，营造新的社区。
策略三：点为基因激活内部
街角公园植入社区
微空间升级
屋顶花园入每家
内部绿地增活力
下沉空间
围栏游戏
高台望远
蓝绿一体
策略四：重塑空间 开放网络
开放模式
公共开放空间
广场空间
历史建筑保留
休闲空间
种植空间
光影空间
住宿空间
记忆空间
休闲空间
开放步骤
开放相邻住区边界
从边界到边界空间
增加边界摩擦力
功能公共空间结合
减小封闭尺度
私产
策略一：“私”“享”结合 移型换景
建筑与空中连廊的巧妙结合
三面围合 连廊连接 承载内容
纳凉廊架 连廊休息 单车停放
塑造不同功能社交空间
休息空间
亲子空间
休闲空间
商品空间
运动空间
策略二：形体改造，开放互动
沿城墙织补单一零散业态，提升品质。
通过对居住类私产形态的改造，增强邻里间互动。
内凹形成走廊
原始坡屋顶
体块形成
原始场地
新的材质
外扩延伸形成平台
附加材质
内凹形成灰空间
织·边界
城墙
策略一：织补行界 墙城互通
城墙上下
增设升降梯和步道
城墙内外
平地层：实现城墙随处可达
上层实现城墙同高空间利用
策略二：织补游界 古今相融
以大化小，化整为散
人视对不同立面现代大体量建筑空间感受
大体量建筑屋顶，视觉修补再造
策略三：织补业界 各态共兴
织补零散业态 提升品质
沿城墙公共空间活化互动
寻可停留空间进行活化，增加行人与空间的互动性
策略四：织补居界 墙下同住
空间整合：织补城墙，与社区边界增强联系
场所文脉
策略一：以点织脉 文融映射
古建仿古现代
由内而外 递进风貌
古今交融，文化映射
文化
空间
历史
概念
目标
方法
策略二：以线织路 串联整合
穿针引线：整合城区文化遗产展示路径
明清民居宗教文化体验线
历史街巷道路
近代红色文化体验线
文化遗产展示路径
展示与公共空间自然融合
交互与沉浸感营造传递
时间线—空间线展开叙事
策略三：以面织网 谋局传承
整思促传承：谋划线索连接基因片区
始祖基因
场所联系
发散潜力
基因重组
可遗传基因片段
融·边界
人群
策略一：分类原则 定向规划
扩展指向需求 精准定向分类
人群分类
活动空间
活动类型
建筑载体
居民游玩
居民休闲
游客参观
办公空间
创意市集
室内娱乐场所
拓展交往区
绿地广场
健身公园
购物
文化馆
历史文化建筑
民俗馆
创客中心
手工工坊
会议室
策略二：空间共享 “人气”聚合
扩展指向需求 精准定向分类
创意者
上班族
居民
游客
策略三：游线规划 场景丰富
关怀精神需求 长线组织 短线刺激
游线规划
城墙
创意市集
室外展区
策略四：景观利用 记忆营造
多样景观利用 人群记忆营造
城墙
穿引城墙缝合记忆
红砖
小品用料
铺装用料
坡屋顶
平坡结合突破界限
石板墙
艺术绘板
艺术雕刻
公服业态
策略一：织补设施 功能复合
增补公共服务设施 功能多元复合
植入新活力 织补公共空间
功能复合
文创展销会
创意交流会
艺术家大赛
双创比赛
文化展览
城墙文化科普
科技展销会
青年城墙拓展
养生科普活动
老年文化节
健康产业展示
策略二：连点成线 功能贯通
植入新产业 发挥触媒效应 重塑街区活力
业态重置 以点带线 以线带面
溯源
触媒
联动
文化业态
针灸触媒
活力再生
策略三：盘活闲置 功能介入
空间和设施的在再生利用 盘活后介入新功能
创意市集，售卖城墙周边文创用品，以及居民的跳蚤市场。
青年旅社，将闲置建筑盘活，植入旅店功能。
老年康养中心，为老年人的健康保驾护航，提供照料及检查服务。
策略四：场所开放 空间扩容
开放公共空间 多元化绿地空间
限定
引导
过渡
渗透
隔景
开放
盘活现有的闲置空间，扩充绿地等公共场所及公共服务设施的容量，并且以多样的改造手法精准更新。

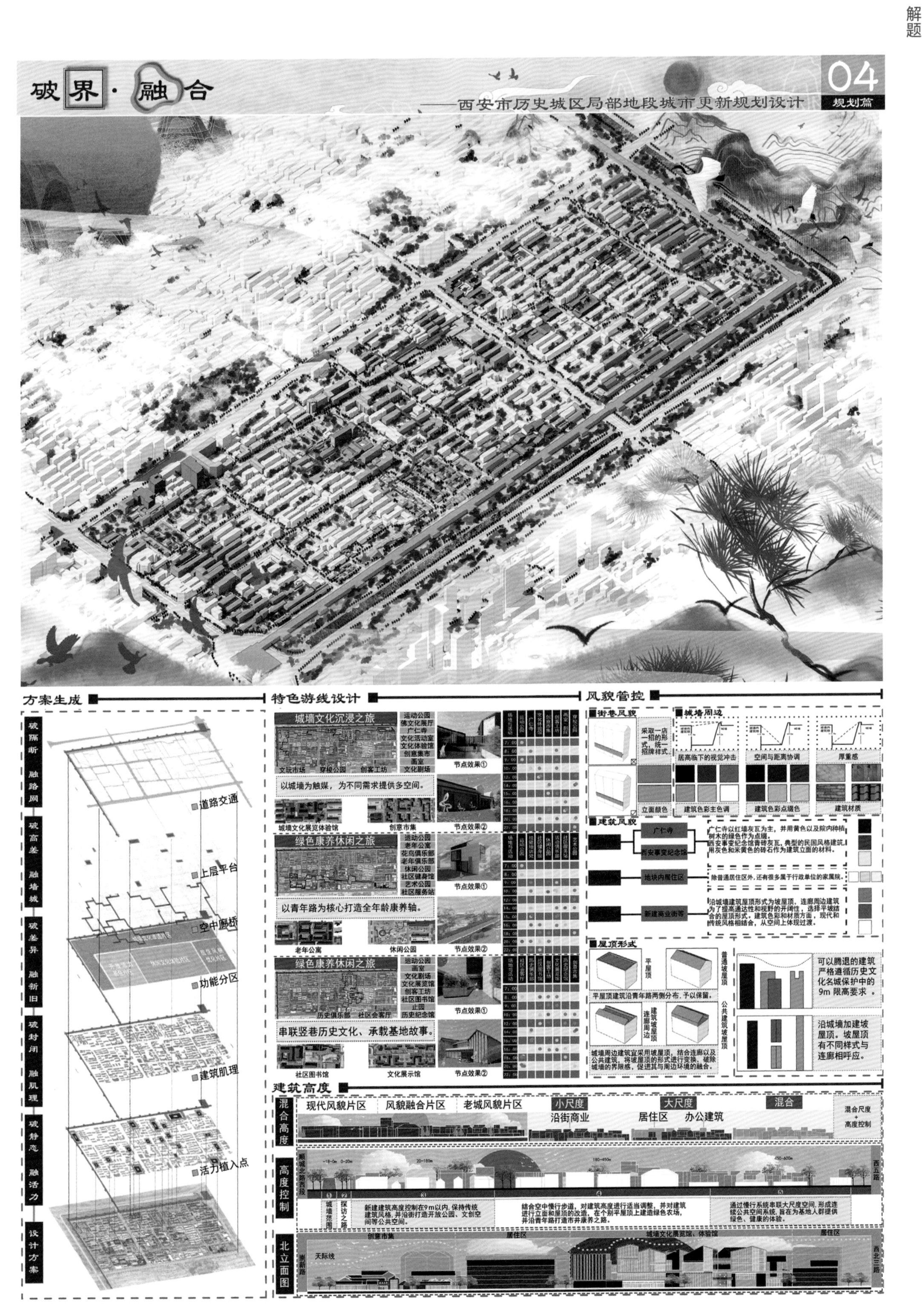
破界·融合
——西安市历史城区局部地段城市更新规划设计
04
规划篇
方案生成
道路交通
上层平台
空中廊桥
功能分区
建筑肌理
活力植入点
特色游线设计
城墙文化沉浸之旅
以城墙为触媒，为不同需求提供多空间。
城墙文化展览体验馆
创意市集
节点效果①
节点效果②
绿色康养休闲之旅
以青年路为核心打造全年龄康养轴。
老年公寓
休闲公园
串联竖巷历史文化、承载基地故事。
社区图书馆
文化展示馆
风貌管控
街巷风貌
城墙周边
居高临下的视觉冲击
空间与距离协调
厚重感
建筑色彩主色调
建筑色彩点缀色
建筑材质
立面颜色
建筑风貌
广仁寺
西安事变纪念馆
地块内居住区
新建商业街等
屋顶形式
平屋顶
可以腾退的建筑严格遵循历史文化名城保护中的9m限高要求。
沿城墙加建坡屋顶。坡屋顶有不同样式与连廊相呼应。
建筑高度
混合高度
现代风貌片区
风貌融合片区
老城风貌片区
小尺度
大尺度
混合
沿街商业
居住区
办公建筑
高度控制
北立面图
天际线
创意市集
居住区

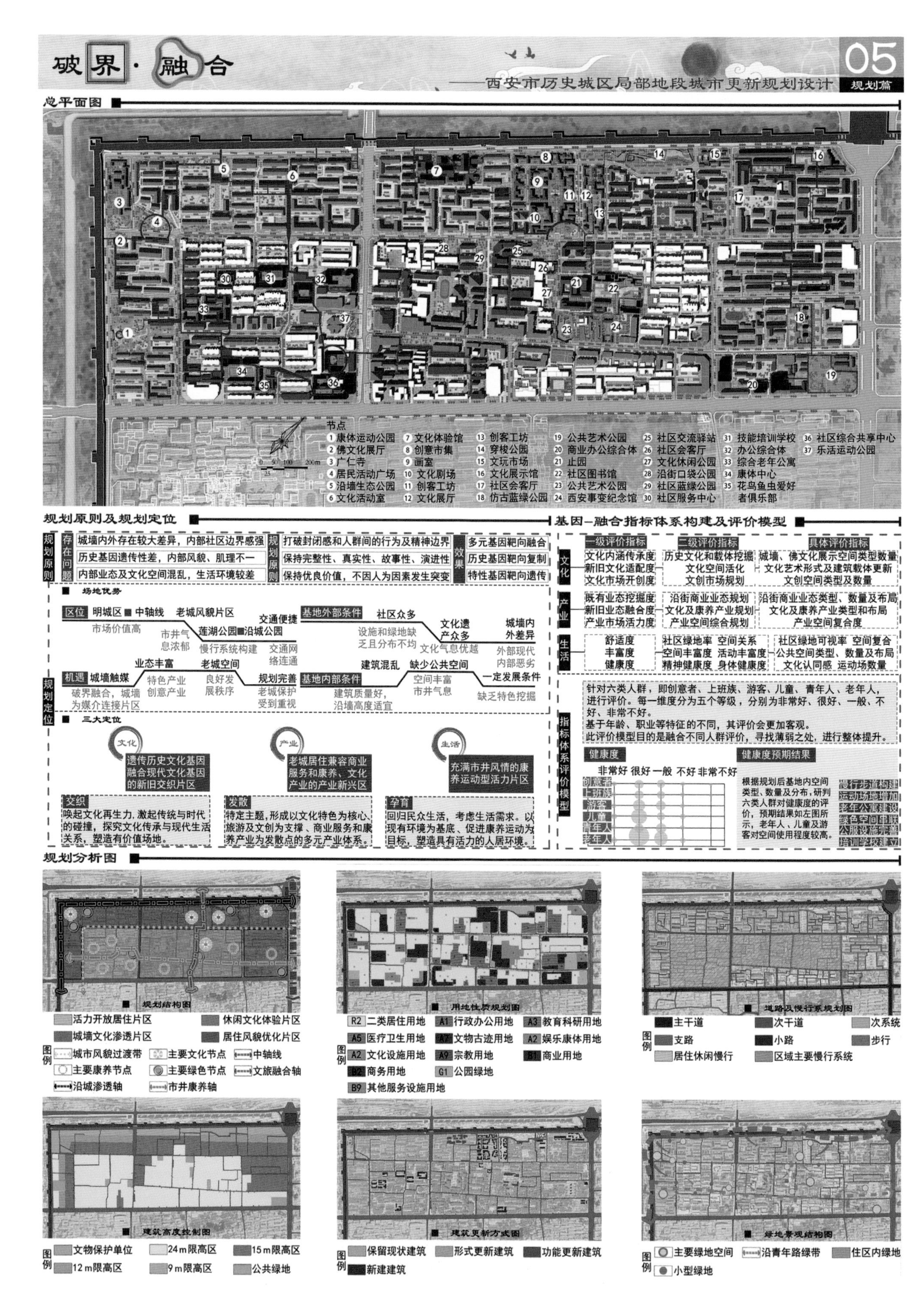
破界·融合
——西安市历史城区局部地段城市更新规划设计
05
规划篇
总平面图
节点
1 康体运动公园
2 佛文化展厅
3 广仁寺
4 居民活动广场
5 沿墙生态公园
6 文化活动室
7 文化体验馆
8 创意市集
9 画室
10 文化剧场
11 创客工坊
12 文化展厅
13 创客工坊
14 穿梭公园
15 文玩市场
16 文化展示馆
17 社区会客厅
18 仿古蓝绿公园
19 公共艺术公园
20 商业办公综合体
21 止园
22 社区图书馆
23 公共艺术公园
24 西安事变纪念馆
25 社区交流驿站
26 社区会客厅
27 文化休闲公园
28 沿街口袋公园
29 社区蓝绿公园
30 社区服务中心
31 技能培训学校
32 办公综合体
33 综合老年公寓
34 康体中心
35 花鸟鱼虫爱好者俱乐部
36 社区综合共享中心
37 乐活运动公园
规划原则及规划定位
规划原则
存在问题
城墙内外存在较大差异，内部社区边界感强
历史基因遗传性差，内部风貌、肌理不一
内部业态及文化空间混乱，生活环境较差
规划原则
打破封闭感和人群间的行为及精神边界
保持完整性、真实性、故事性、演进性
保持优良价值，不因人为因素发生突变
效果
多元基因靶向融合
历史基因靶向复制
特性基因靶向遗传
规划定位
场地优势
区位 明城区 中轴线 老城风貌片区
市场价值高
市井气息浓郁
莲湖公园 沿城公园
慢行系统构建
交通便捷
交通网络连通
基地外部条件
社区众多
设施和绿地缺乏且分布不均
文化遗产众多
文化气息优越
城墙内外差异
外部现代内部恶劣
机遇 城墙触媒
破界融合，城墙为媒介连接片区
业态丰富
特色产业 创意产业
老城空间
良好发展秩序
规划完善
老城保护受到重视
基地内部条件
建筑混乱
建筑质量好，沿墙高度适宜
缺少公共空间
空间丰富 市井气息
一定发展条件
缺乏特色挖掘
三大定位
文化
遗传历史文化基因融合现代文化基因的新旧交织片区
产业
老城居住兼容商业服务和康养、文化产业的产业新兴区
生活
充满市井风情的康养运动型活力片区
交织
唤起文化再生力，激起传统与时代的碰撞，探究文化传承与现代生活关系，塑造有价值场地。
发散
特定主题，形成以文化特色为核心、旅游及文创为支撑、商业服务和康养产业为发散点的多元产业体系。
孕育
回归民众生活，考虑生活需求。以现有环境为基底，促进康养运动为目标，塑造具有活力的人居环境。
基因-融合指标体系构建及评价模型
一级评价指标
二级评价指标
具体评价指标
文化
文化内涵传承度
新旧文化适配度
文化市场开创度
历史文化和载体挖掘
文化空间活化
文创市场规划
城墙、佛文化展示空间类型数量
文化艺术形式及建筑载体更新
文创空间类型及数量
产业
既有业态挖掘度
新旧业态融合度
产业市场活力度
沿街商业业态规划
文化及康养产业规划
产业空间综合规划
沿街商业业态类型、数量及布局
文化及康养产业类型和布局
产业空间复合度
生活
舒适度
丰富度
健康度
社区绿地率 空间关系
空间丰富度 活动丰富度
精神健康度 身体健康度
社区绿地可视率 空间复合
公共空间类型、数量及布局
文化认同感 运动场数量
指标体系评价模型
针对六类人群，即创意者、上班族、游客、儿童、青年人、老年人，进行评价。每一维度分为五个等级，分别为非常好、很好、一般、不好、非常不好。
基于年龄、职业等特征的不同，其评价会更加客观。
此评价模型目的是融合不同人群评价，寻找薄弱之处，进行整体提升。
健康度
非常好 很好 一般 不好 非常不好
创意者
上班族
游客
儿童
青年人
老年人
健康度预期结果
根据规划后基地内空间类型、数量及分布，研判六类人群对健康度的评价，预期结果如左图所示，老年人、儿童及游客对空间使用程度较高。
慢行步道构建
运动场地增加
老年公寓建设
绿色空间串联
公服设施完善
培训学校建立
规划分析图
规划结构图
活力开放居住片区
休闲文化体验片区
城墙文化渗透片区
居住风貌优化片区
图例
城市风貌过渡带
主要文化节点
中轴线
主要康养节点
主要绿色节点
文旅融合轴
沿城渗透轴
市井康养轴
用地性质规划图
R2 二类居住用地
A1 行政办公用地
A3 教育科研用地
A5 医疗卫生用地
A7 文物古迹用地
A2 娱乐康体用地
A2 文化设施用地
A9 宗教用地
B1 商业用地
B2 商务用地
G1 公园绿地
B9 其他服务设施用地
道路及慢行系统规划图
主干道
次干道
次系统
支路
小路
步行
居住休闲慢行
区域主要慢行系统
建筑高度控制图
文物保护单位
24 m限高区
15 m限高区
12 m限高区
9 m限高区
公共绿地
建筑更新方式图
保留现状建筑
形式更新建筑
功能更新建筑
新建建筑
绿地景观结构图
主要绿地空间
沿青年路绿带
住区内绿地
小型绿地

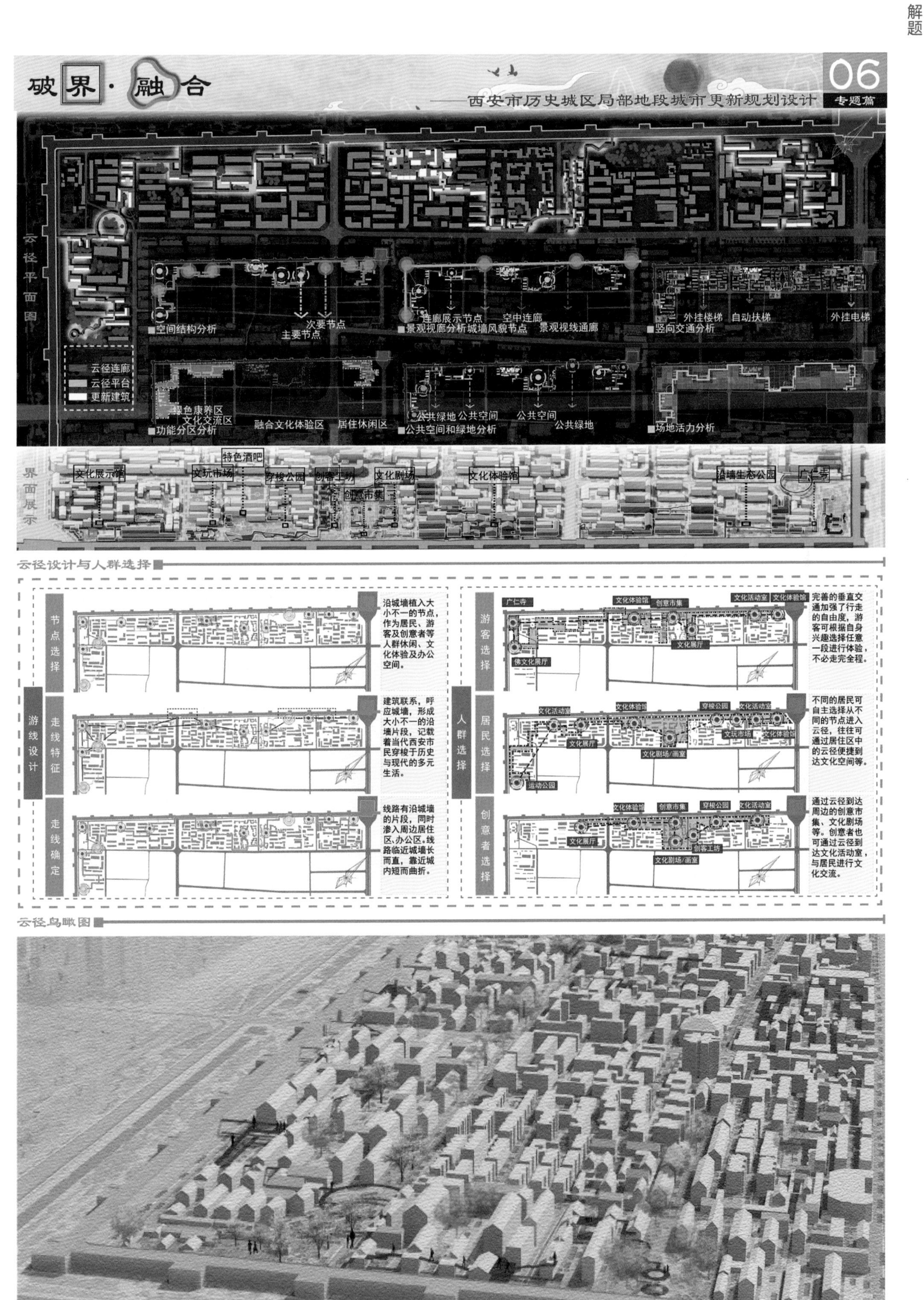
破界·融合
——西安市历史城区局部地段城市更新规划设计
06
专题篇
云径平面图
云径连廊
云径平台
更新建筑
空间结构分析
次要节点
主要节点
连廊展示节点
空中连廊
景观视廊分析
城墙风貌节点
景观视线通廊
外挂楼梯
自动扶梯
外挂电梯
竖向交通分析
绿色康养区
文化交流区
功能分区分析
融合文化体验区
居住休闲区
公共绿地
公共空间
公共空间和绿地分析
公共空间
公共绿地
场地活力分析
界面展示
文化展示馆
文玩市场
特色酒吧
穿梭公园
创客工坊
创意市集
文化剧场
文化体验馆
沿墙生态公园
广仁寺
云径设计与人群选择
游线设计
节点选择
沿城墙植入大小不一的节点，作为居民、游客及创意者等人群休闲、文化体验及办公空间。
走线特征
建筑联系，呼应城墙，形成大小不一的沿墙片段，记载着当代西安市民穿梭于历史与现代的多元生活。
走线确定
线路有沿城墙的片段，同时渗入周边居住区、办公区。线路临近城墙长而直，靠近城内短而曲折。
人群选择
游客选择
广仁寺
文化体验馆
创意市集
文化活动室
文化体验馆
文化展厅
佛文化展厅
完善的垂直交通加强了行走的自由度，游客可根据自身兴趣选择任意一段进行体验，不必走完全程。
居民选择
文化活动室
文化体验馆
穿梭公园
文化活动室
文玩市场
文化体验馆
文化展厅
文化剧场/画室
运动公园
不同的居民可自主选择从不同的节点进入云径，往往可通过居住区中的云径便捷到达文化空间等。
创意者选择
文化体验馆
创意市集
穿梭公园
文化活动室
文化展厅
创客工坊
文化剧场/画室
通过云径到达周边的创意市集、文化剧场等。创意者也可通过云径到达文化活动室，与居民进行文化交流。
云径鸟瞰图

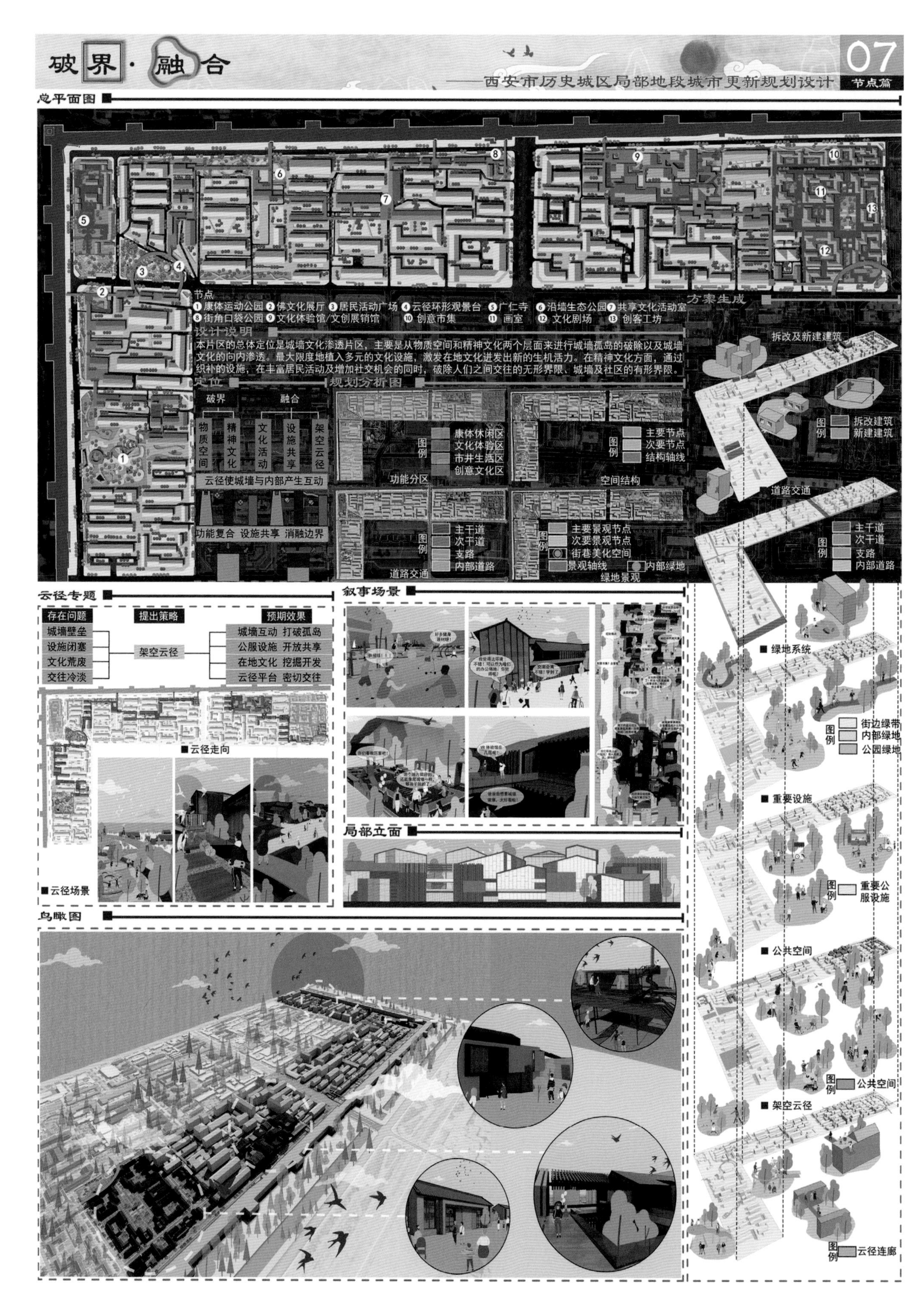
破界·融合
——西安市历史城区局部地段城市更新规划设计
07
节点篇
总平面图
节点
①康体运动公园 ②佛文化展厅 ③居民活动广场 ④云径环形观景台 ⑤广仁寺 ⑥沿墙生态公园 ⑦共享文化活动室
⑧街角口袋公园 ⑨文化体验馆/文创展销馆 ⑩创意市集 ⑪画室 ⑫文化剧场 ⑬创客工坊
设计说明
本片区的总体定位是城墙文化渗透片区，主要是从物质空间和精神文化两个层面来进行城墙孤岛的破除以及城墙文化的向内渗透。最大限度地植入多元的文化设施，激发在地文化迸发出新的生机活力。在精神文化方面，通过织补的设施，在丰富居民活动及增加社交机会的同时，破除人们之间交往的无形界限、城墙及社区的有形界限。
定位
破界
融合
物质空间
精神文化
文化活动
设施共享
架空云径
云径使城墙与内部产生互动
功能复合 设施共享 消融边界
规划分析图
康体休闲区
文化体验区
市井生活区
创意文化区
功能分区
主要节点
次要节点
结构轴线
空间结构
主干道
次干道
支路
内部道路
道路交通
主要景观节点
次要景观节点
街巷美化空间
景观轴线
内部绿地
绿地景观
方案生成
拆改及新建建筑
拆改建筑
新建建筑
道路交通
主干道
次干道
支路
内部道路
绿地系统
街边绿带
内部绿地
公园绿地
重要设施
重要公服设施
公共空间
公共空间
架空云径
云径连廊
云径专题
存在问题
城墙壁垒
设施闭塞
文化荒废
交往冷淡
提出策略
架空云径
预期效果
城墙互动 打破孤岛
公服设施 开放共享
在地文化 挖掘开发
云径平台 密切交往
云径走向
云径场景
叙事场景
局部立面
鸟瞰图
图例

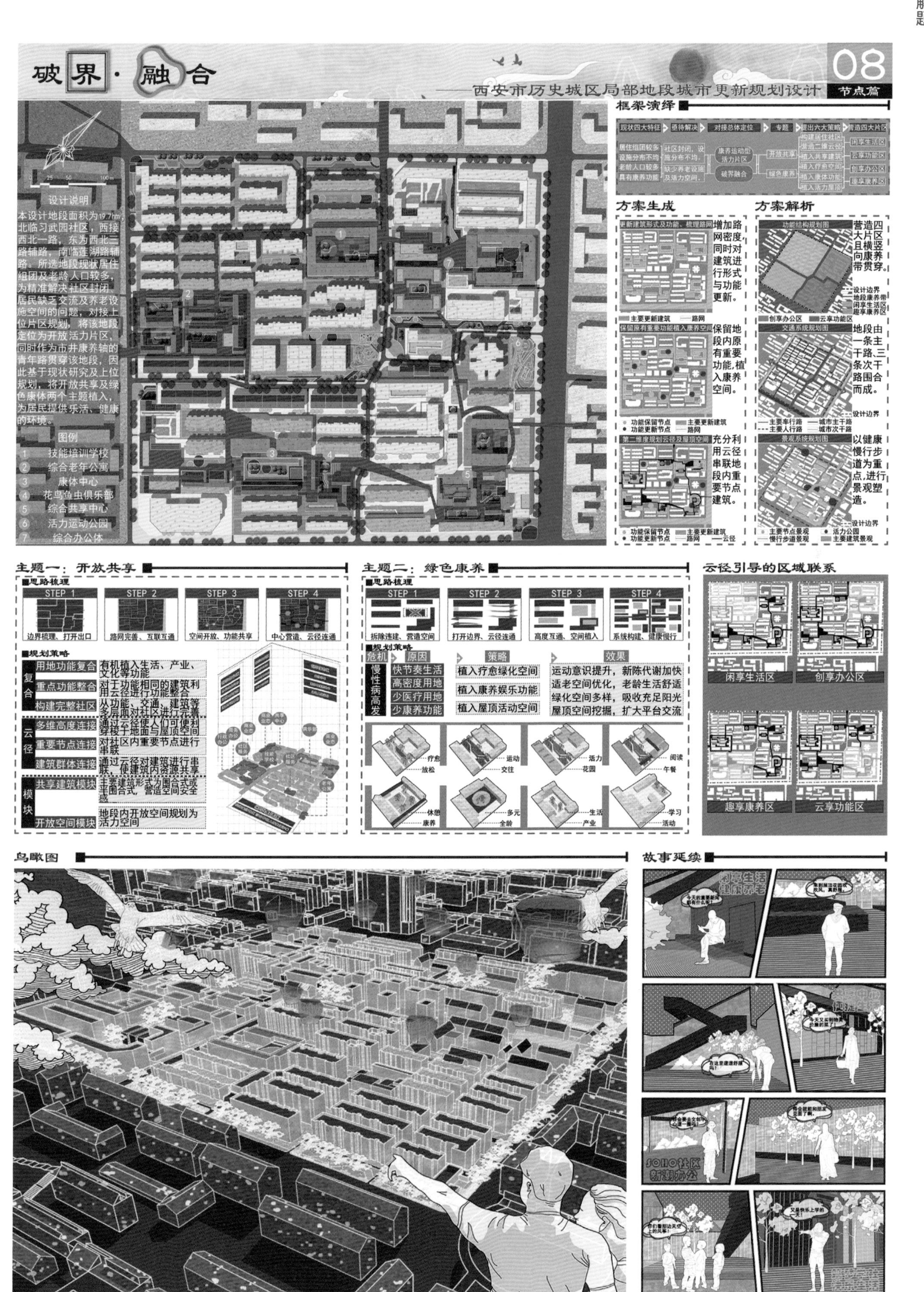

破界·融合
——西安市历史城区局部地段城市更新规划设计
08
节点篇
设计说明
本设计地段面积为19.7hm²，北临习武园社区，西接西北一路，东为西北三路辅路，南临莲湖路辅路。所选地段现状居住组团及老龄人口较多，为精准解决社区封闭、居民缺乏交流及养老设施空间的问题，对接上位片区规划，将该地段定位为开放活力片区，同时作为市井康养轴的青年路贯穿该地段，因此基于现状研究及上位规划，将开放共享及绿色康体两个主题植入，为居民提供乐活、健康的环境。
图例
1 技能培训学校
2 综合老年公寓
3 康体中心
4 花鸟鱼虫俱乐部
5 综合共享中心
6 活力运动公园
7 综合办公体
框架演绎
现状四大特征
亟待解决
对接总体定位
专题
提出六大策略
营造四大片区
居住组团较多
设施分布不均
老龄人口较多
具有康养功能
社区封闭，设施分布不均。
缺少养老设施及活力空间。
康养运动型活力片区
破界融合
开放共享
绿色康养
构建居住社区
营造二维公共
植入共享建筑
植入疗愈空间
植入康体功能
植入活力屋顶
闲享生活区
云享功能区
创享办公区
趣享康养区
方案生成
更新建筑形式及功能，梳理路网
增加路网密度，同时对建筑进行形式与功能更新。
主要更新建筑
路网
保留原有重要功能植入康养空间
保留地段内原有重要功能，植入康养空间。
功能保留节点
功能更新节点
主要更新建筑
路网
第二维度规划云径及屋顶空间
充分利用云径串联地段内重要节点建筑。
云径
方案解析
功能结构规划图
营造四大片区且横竖向康养带贯穿。
设计边界
地段康养带
闲享生活区
趣享康养区
创享办公区
云享功能区
交通系统规划图
地段由一条主干路，三条次干路围合而成。
设计边界
主要车行路
主要人行路
城市主干路
城市次干路
景观系统规划图
以健康慢行步道为重点，进行景观塑造。
设计边界
主要节点景观
慢行步道景观
活力公园
主要建筑景观
主题一：开放共享
思路梳理
STEP 1 边界梳理、打开出口
STEP 2 路网完善、互联互通
STEP 3 空间开放、功能共享
STEP 4 中心营造、云径连通
规划策略
复合
用地功能复合 有机植入生活、产业、文化等功能
重点功能整合 对于功能相同的建筑利用云径进行功能整合
构建完整社区 从功能、交通、建筑等多层面对社区进行完善
云径
多维高度连接 通过云径使人们可便利穿梭于地面与屋顶空间
重要节点连接 对社区内重要节点进行串联
建筑群体连接 通过云径对建筑进行串联，使建筑内资源共享
模块
共享建筑模块 主要建筑形式为围合式或半围合式，营造空间安全感
开放空间模块 地段内开放空间规划为活力空间
主题二：绿色康养
思路梳理
STEP 1 拆除违建、营造空间
STEP 2 打开边界、云径连通
STEP 3 高度互通、空间植入
STEP 4 系统构建、健康慢行
规划策略
危机
原因
策略
效果
慢性病高发
快节奏生活
高密度用地
少医疗用地
少康养功能
植入疗愈绿化空间
植入康养娱乐功能
植入屋顶活动空间
运动意识提升，新陈代谢加快
适老空间优化，老龄生活舒适
绿化空间多样，吸收充足阳光
屋顶空间挖掘，扩大平台交流
疗愈
放松
运动
交往
活力
花园
阅读
午餐
休憩
康养
多元
全龄
生活
产业
学习
活动
云径引导的区域联系
闲享生活区
创享办公区
趣享康养区
云享功能区
鸟瞰图
故事延续
闲享生活
健康养老
SOHO社区
新潮办公

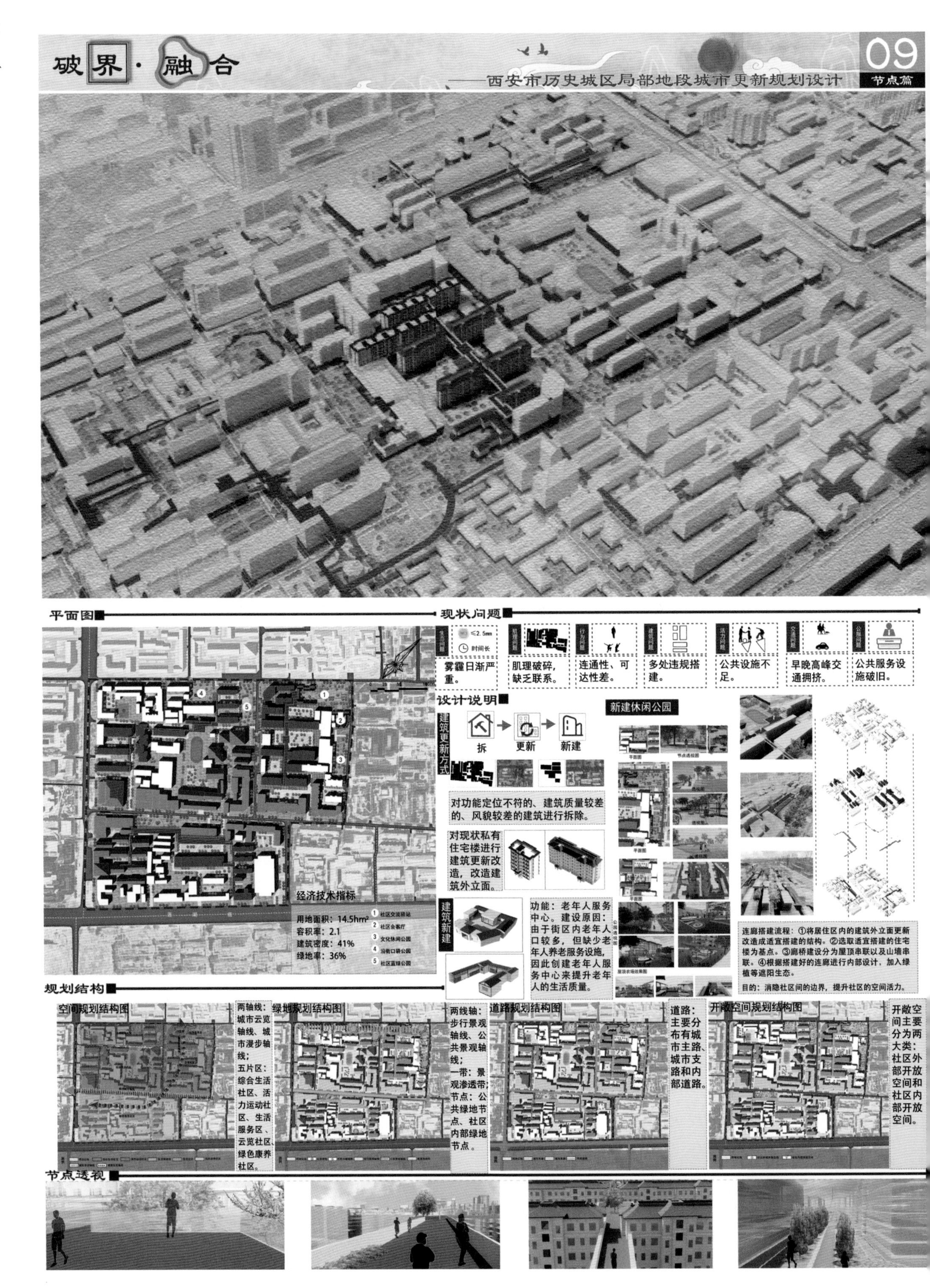
破界·融合
——西安市历史城区局部地段城市更新规划设计
09
节点篇
平面图
现状问题
≤2.5mm
时间长
雾霾日渐严重。
肌理破碎，缺乏联系。
连通性、可达性差。
多处违规搭建。
公共设施不足。
早晚高峰交通拥挤。
公共服务设施破旧。
设计说明
建筑更新方式
拆
更新
新建
对功能定位不符的、建筑质量较差的、风貌较差的建筑进行拆除。
对现状私有住宅楼进行建筑更新改造，改造建筑外立面。
建筑新建
功能：老年人服务中心。建设原因：由于街区内老年人口较多，但缺少老年人养老服务设施，因此创建老年人服务中心来提升老年人的生活质量。
新建休闲公园
连廊搭建流程：①将居住区内的建筑外立面更新改造成适宜搭建的结构。②选取适宜搭建的住宅楼为基点。③廊桥建设分为屋顶串联以及山墙串联。④根据搭建好的连廊进行内部设计，加入绿植等遮阳生态。
目的：消隐社区间的边界，提升社区的空间活力。
经济技术指标
用地面积：14.5hm²
容积率：2.1
建筑密度：41%
绿地率：36%
1 社区交流驿站
2 社区会客厅
3 文化休闲公园
4 沿街口袋公园
5 社区蓝绿公园
规划结构
空间规划结构图
两轴线：城市云览轴线、城市漫步轴线；五片区：综合生活社区、活力运动社区、生活服务区、云览社区、绿色康养社区。
绿地规划结构图
两线轴：步行景观轴线、公共景观轴线；一带：景观渗透带；节点：公共绿地节点、社区内部绿地节点。
道路规划结构图
道路：主要分布有城市主路、城市支路和内部道路。
开敞空间规划结构图
开敞空间主要分为两大类：社区外部开放空间和社区内部开放空间。
节点透视

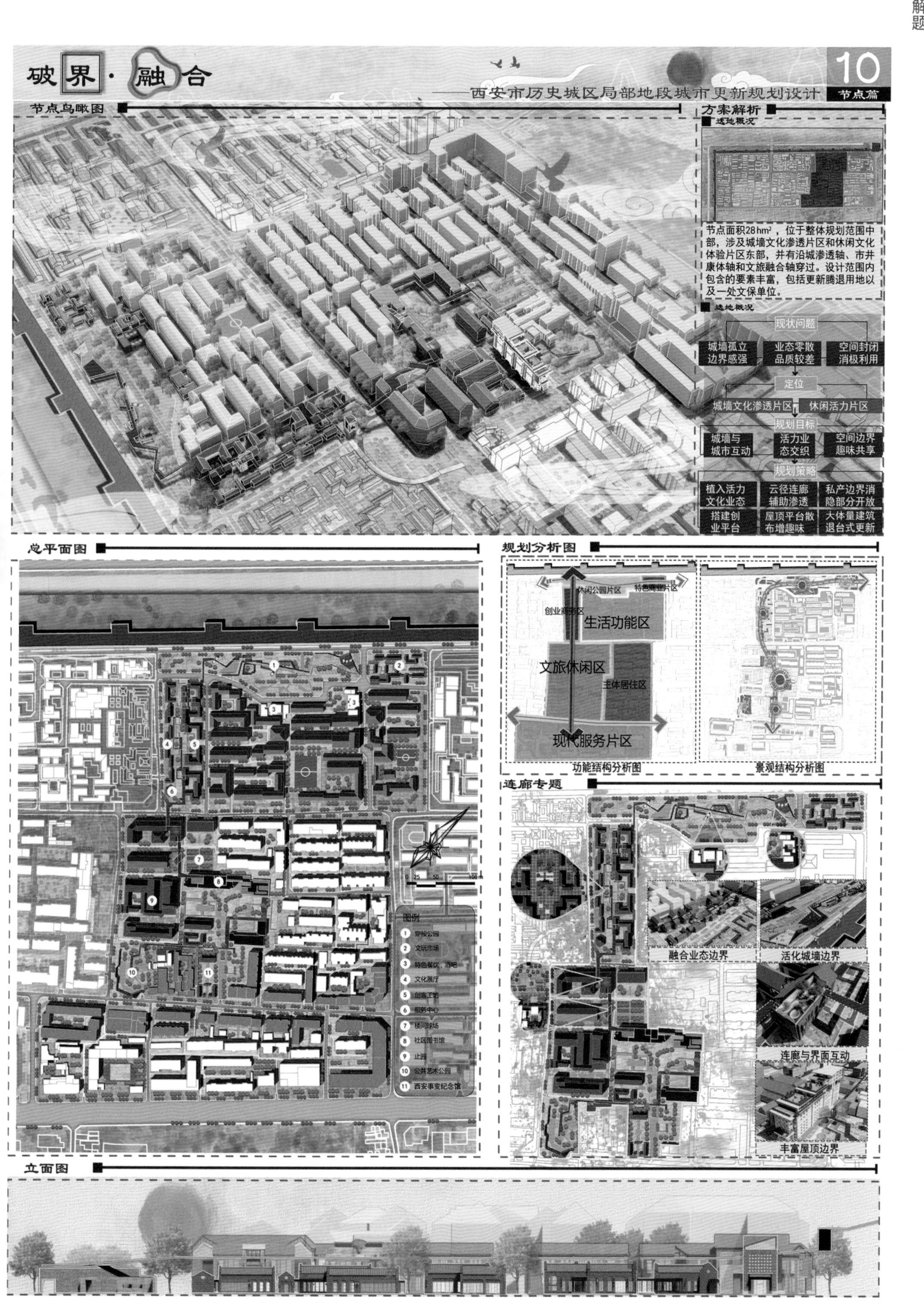

破界·融合
——西安市历史城区局部地段城市更新规划设计
10
节点篇
节点鸟瞰图
方案解析
透地概况
节点面积28hm²，位于整体规划范围中部，涉及城墙文化渗透片区和休闲文化体验片区东部，并有沿城渗透轴、市井康体轴和文旅融合轴穿过。设计范围内包含的要素丰富，包括更新腾退用地以及一处文保单位。
现状问题
城墙孤立 边界感强
业态零散 品质较差
空间封闭 消极利用
定位
城墙文化渗透片区
休闲活力片区
规划目标
城墙与城市互动
活力业态交织
空间边界趣味共享
规划策略
植入活力文化业态
云径连廊辅助渗透
私产边界消隐部分开放
搭建创业平台
屋顶平台散布增趣味
大体量建筑退台式更新
总平面图
图例
1 穿校公园
2 文玩市场
3 特色餐饮、酒吧
4 文化展厅
5 创意工坊
6 服务中心
7 楼间球场
8 社区图书馆
9 止园
10 公共艺术公园
11 西安事变纪念馆
规划分析图
休闲公园片区
特色商业片区
创业商务区
生活功能区
文旅休闲区
主体居住区
现代服务片区
功能结构分析图
景观结构分析图
连廊专题
融合业态边界
活化城墙边界
连廊与界面互动
丰富屋顶边界
立面图

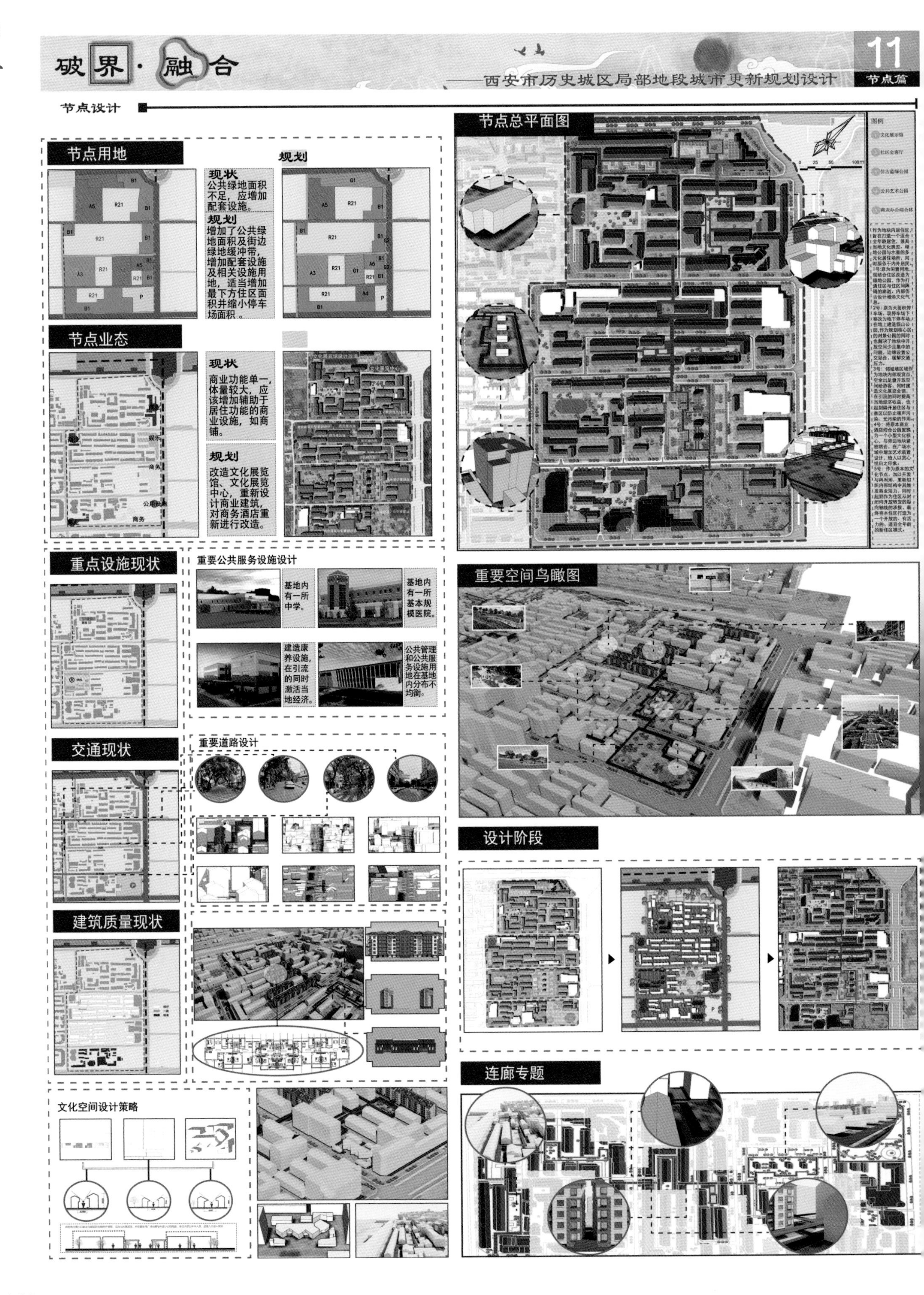
破界·融合
——西安市历史城区局部地段城市更新规划设计
11
节点篇
节点设计
节点用地
规划
现状
公共绿地面积不足，应增加配套设施。
规划
增加了公共绿地面积及街边绿地缓冲带，增加配套设施及相关设施用地，适当增加最下方住区面积并缩小停车场面积。
节点业态
现状
商业功能单一，体量较大，应该增加辅助于居住功能的商业设施，如商铺。
规划
改造文化展览馆、文化展览中心，重新设计商业建筑，对商务酒店重新进行改造。
娱乐
商务
公用设施
商务
重点设施现状
重要公共服务设施设计
基地内有一所中学。
基地内有一所基本规模医院。
建造康养设施，在引流的同时激活当地经济。
公共管理和公共服务设施用地在基地内分布不均衡。
交通现状
重要道路设计
建筑质量现状
文化空间设计策略
节点总平面图
图例
0 25 50 100m
重要空间鸟瞰图
设计阶段
连廊专题

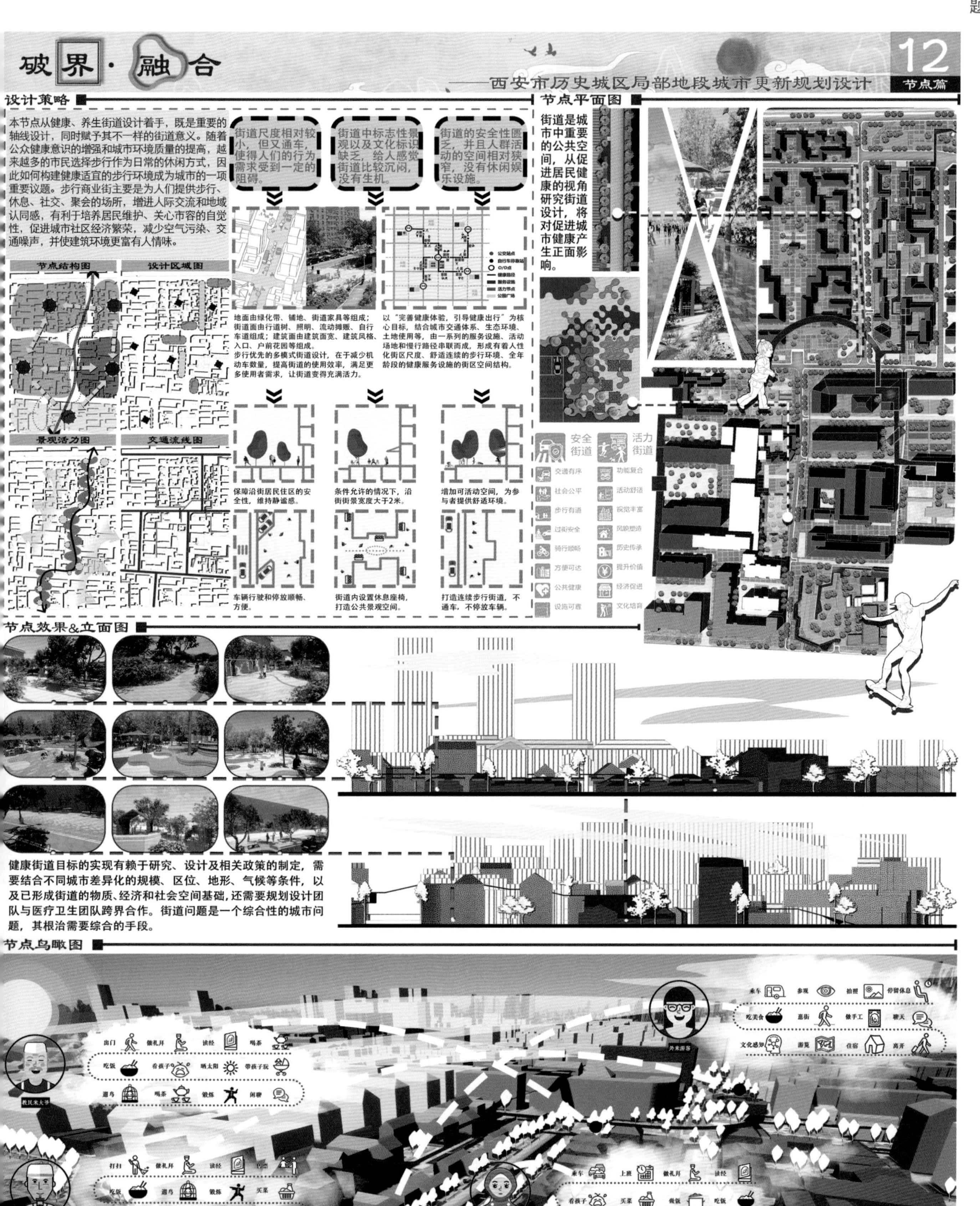
破界·融合
12
——西安市历史城区局部地段城市更新规划设计
节点篇
设计策略
本节点从健康、养生街道设计着手，既是重要的轴线设计，同时赋予其不一样的街道意义。随着公众健康意识的增强和城市环境质量的提高，越来越多的市民选择步行作为日常的休闲方式，因此如何构建健康适宜的步行环境成为城市的一项重要议题。步行商业街主要是为人们提供步行、休息、社交、聚会的场所，增进人际交流和地域认同感，有利于培养居民维护、关心市容的自觉性，促进城市社区经济繁荣，减少空气污染、交通噪声，并使建筑环境更富有人情味。
街道尺度相对较小，但又通车，使得人们的行为需求受到一定的阻碍。
街道中标志性景观以及文化标识缺乏，给人感觉街道比较沉闷，没有生机。
街道的安全性匮乏，并且人群活动的空间相对狭窄，没有休闲娱乐设施。
节点结构图
设计区域图
景观活力图
交通流线图
公交站点
自行车停靠站
O/D点
健康路径
服务设施
活力节点
公园广场
地面由绿化带、铺地、街道家具等组成；街道面由行道树、照明、流动摊贩、自行车道组成；建筑面由建筑面宽、建筑风格、入口、户前花园等组成。
步行优先的多模式街道设计，在于减少机动车数量，提高街道的使用效率，满足更多使用者需求，让街道变得充满活力。
以“完善健康体验，引导健康出行”为核心目标，结合城市交通体系、生态环境、土地使用等，由一系列的服务设施、活动场地和慢行路径串联而成，形成有着人性化街区尺度、舒适连续的步行环境、全年龄段的健康服务设施的街区空间结构。
保障沿街居民住区的安全性，维持静谧感。
条件允许的情况下，沿街街景宽度大于2米。
增加可活动空间，为参与者提供舒适环境。
车辆行驶和停放顺畅、方便。
街道内设置休息座椅，打造公共景观空间。
打造连续步行街道，不通车，不停放车辆。
节点平面图
街道是城市中重要的公共空间，从促进居民健康的视角研究街道设计，将对促进城市健康产生正面影响。
安全街道
交通有序
社会公平
步行有道
过街安全
骑行顺畅
方便可达
公共健康
设施可靠
活力街道
功能复合
活动舒适
视觉丰富
风貌塑造
历史传承
提升价值
经济促进
文化培育
节点效果&立面图
健康街道目标的实现有赖于研究、设计及相关政策的制定，需要结合不同城市差异化的规模、区位、地形、气候等条件，以及已形成街道的物质、经济和社会空间基础，还需要规划设计团队与医疗卫生团队跨界合作。街道问题是一个综合性的城市问题，其根治需要综合的手段。
节点鸟瞰图

寻味古都·乐享晓市

——精准·传承：西安市历史城区局部地段城市更新规划设计 壹

西安市概况

城市概况

西安古称长安，是中国西北部最大的中心城市，下辖11个区、2个县、7个国家及省级重点开发区，并代管一个国家级新区。截至2021年底，全市总面积10752平方千米（含西咸新区），全市常住人口1287.30万人。

西安有3100多年的建城史和1100多年的建都史，先后有西周、秦、西汉、新莽、东汉（献帝初）、西晋（愍帝）、前赵、前秦、后秦、西魏、北周、隋、唐13个王朝在此建都，又为赤眉、绿林、大齐（黄巢）、大顺（李自成）等农民起义政权都城。自西汉起，西安就成为中国与世界各国进行经济、文化交流和友好往来的重要城市。"丝绸之路"就是以西安为起点，西至古罗马。西安是闻名世界的历史名城，与雅典、罗马、开罗齐名，也是中国六大古都中建都历史最长的一个，西安文化代表着中华文化的主干。

历史文化价值特色

民族的重要发祥地

西安是具有代表性的远古人类起源地，既有着旧石器时代的蓝田猿人遗址，又广泛分布着代表新石器时代的半坡、姜寨、杨官寨等仰韶文化遗址和马腾空等龙山文化遗址，也是华胥氏等有关中华民族人类始祖的神话传说和史前文化的重要发生地和分布地。西安市域内具有代表性的史前文化遗址，构成系列完整、层次清晰的人类社会演进史，使西安成为"中华民族的重要发祥地"。

中华文明的重要标识地

西安系统、完整地展示了五千年中华民族的文明。黄河文化是中华文明最具代表性、最具影响力的主体文化，是中华民族的根和魂。渭河是黄河最大的支流，文脉延续数千年。西安作为渭河遗产体系的核心，是一座"天然历史博物馆"，现存众多古文化遗址、古墓葬、古建筑、石窟寺、石刻、壁画、近现代重要史迹和代表性建筑及数以百万计的历代文物，在分布密度、保存度、级别等方面均在世界范围内首屈一指，见证了中华文明发展演进的完整历程，是彰显中华文明的重要基地。

闻名世界的东方古都

西安是古代都城文化的缩影。西安是与雅典、罗马、开罗并称的世界四大历史古都。西安有着长达3100 多年的建城史和13个朝代逾 1100 年的建都史，是中国历史上建都朝代最多、时间最久的古都。作为东方的千年古都，西安凝聚了浓厚的东方文化气息，不仅有特色鲜明的城市格局、建筑园林，还有文学、书法、绘画、雕塑、工艺、歌舞、服饰、饮食、习俗等，以及儒、释、道等思想文化传统。周、秦、汉、唐等历代都城的文明递进和城址变迁，清晰地折射出中国古代都城的格局秩序和演变脉络，是中国古代都城文化的缩影。

丝绸之路的起点和东西方交流的中心

联合国教科文组织在对丝绸之路的描述中专门指出，丝绸之路是起始于古代中国的政治、经济、文化中心古都长安（今西安）的古代贸易路线。

丝绸之路贯通了当时人类文明发展的中心——亚、欧、非三个大陆，融合了黄河流域的中华古文明、印度河流域的印度古文明、两河流域的希腊古文明、尼罗河流域的埃及古文明及欧洲大陆的罗马古文明，促进了佛教、祆教、基督教、摩尼教和伊斯兰教向东西方传播，给人类文明发展史带来极大的影响。

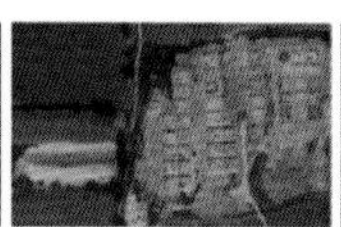

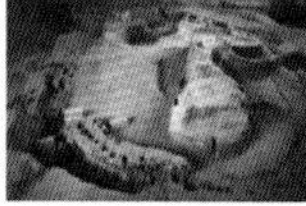

城址变迁

西安地区最早兴起的大城市就是西周的首都丰、镐两京。丰京位于沣河西岸的马王村一带，镐京位于沣河东岸的斗门街道一带，二者相距甚近。

公元前11世纪周文王作丰邑，周武王作镐京，至公元前770年周平王东迁洛邑止，300多年间，丰、镐两京一直是西周王朝政治、经济、文化的中心，在中国古代都城发展史上占有重要的地位，是古代关中地区出现的第一个全国性的政治中心和大城市。

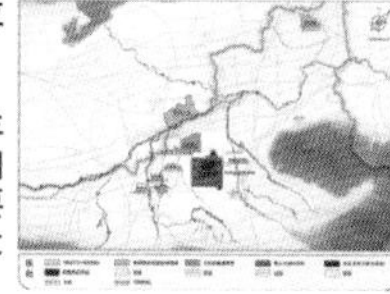

明城区概况

西安历史城区范围为西安城墙及其以内区域（约 13.50 平方千米），是指明洪武年间在隋唐皇城基础上扩建保留至今的西安城墙、护城河、环城林带、环城路和城墙以内的区域。

历史城区隶属于三个行政区，分别是新城区、碑林区、莲湖区。截至2021年底，全市常住人口1287.30万人，其中，新城区常住人口62.25万人，碑林区常住人口76.96万人，莲湖区常住人口102.93万人。

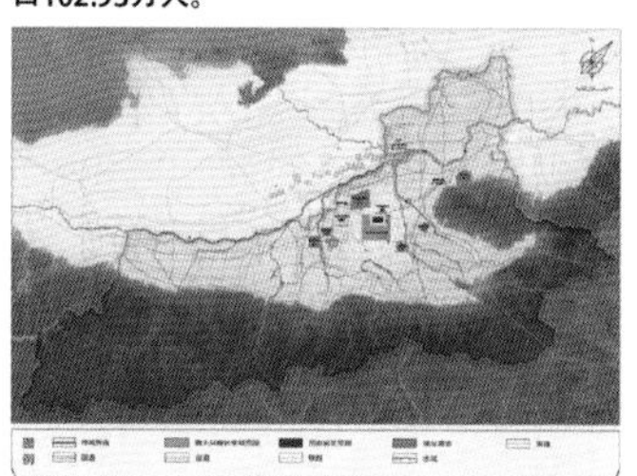

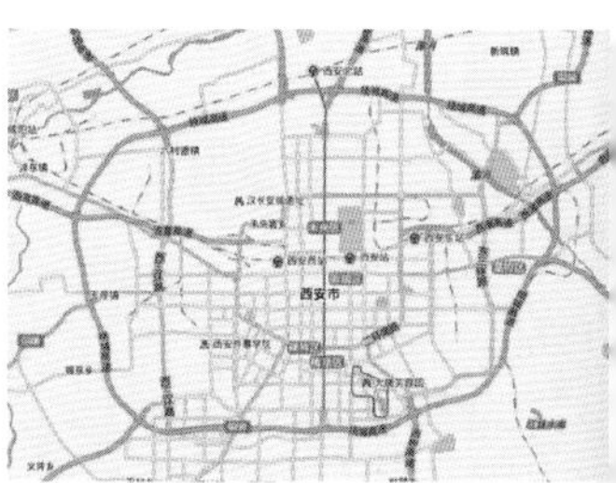

基地内包含大量的文物保护单位，历史城区内部保留了完整的街巷肌理。

非物质文化遗产包括西安鼓乐、传统戏剧等。

当地特色民俗活动有迎城隍等，传统技艺有九连环、大漆制作等。

明城区是多元宗教文化的聚集地，作为宗教文化交融的区域，具有丰富的宗教节日、宗教生活。

基地最具特色的文化就是美食文化，为洒金桥街区强大吸引力的重要构成部分。各色美食店铺和小摊，分布在以大麦市街为代表的街巷两侧。

类别	名称	地区
	传统戏剧类	
国家级	秦腔艺术	碑林区
市（县）级	易俗社秦腔艺术	碑林区
市（县）级	三意社秦腔艺术	碑林区
	传统美术类	
市（县）级	莲湖精巧面塑	莲湖区
市（县）级	西安剪纸	西安市
	传统技艺类	
省级	九连环技艺	碑林区
省级	大漆制作技艺	碑林区
市（县）级	面人许传统制作技艺	莲湖区
市（县）级	云堆技艺	莲湖区
市（县）级	民间竹扎技艺	碑林区
市（县）级	西安腊汁肉夹馍制作技艺（樊记）	碑林区
	传统手工艺类	
国家级	中华老字号同盛祥牛羊肉泡馍制作技艺	莲湖区
省级	中华老字号德发长饺子制作技艺	莲湖区
省级	中华老字号德懋恭水晶饼制作技艺	莲湖区
省级	中华老字号西安饭庄陕菜和陕西风味小吃制作技艺	碑林区
省级	中华老字号春发生葫芦头泡馍系列制作技艺	碑林区
省级	张氏风筝制作技艺	碑林区
	传统医药类	
国家级	马明仁膏药铺制作技艺	碑林区
市（县）级	马氏点穴法	碑林区
市（县）级	御壹堂肠胃病"三元疗法"	莲湖区
市（县）级	关中传统中药炮制技艺	新城区
省级	平乐郭氏实用正骨疗法	莲湖区
省级	王氏脊柱正骨手法	碑林区
省级	姚氏太和医室诊疗	碑林区
省级	李氏正骨散制作技艺	碑林区

历史沿革

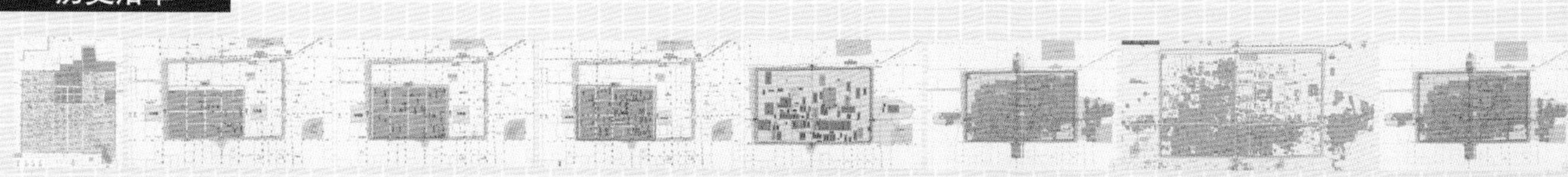

唐长安城	五代新城	北宋、金京兆	元奉元路城	明西安府城	清西安府城	民国时期西安城	1949年后西安城
居住区按坊里划分，明城区街道呈现棋盘式路网格局，布局整齐。	唐末战乱遭破坏，五代缩建新城，面积虽小但紧凑坚固，布局与之前比不太规整。	城内划分为东、西若干个厢，每厢又划分为若干个坊。各类建筑交错分布，已没有严格区分。	功能更市井化、平民化，佛、道、伊斯兰教寺院开始在片区内布局。	街巷摆脱规整布局，功能逐渐丰富，以秦王府为中心形成两城相套的格局，呈"正十字偏心结构"，四门大街将全城划为四区。	在城内修建满城，打破了中轴对称的格局，街巷空间逐渐成熟，形成"长街短巷"的空间格局。	拆除满城，拓宽东大街、北大街，但陪都地位丧失后，没有继续进行建设投资，城市整体形态结构尚未突破明清时期的格局。	总体布局沿袭唐长安城棋盘路网和轴线对称的格局。

寻味古都·乐享晓市

——精准·传承：西安市历史城区局部地段城市更新规划设计 贰

规划技术框架

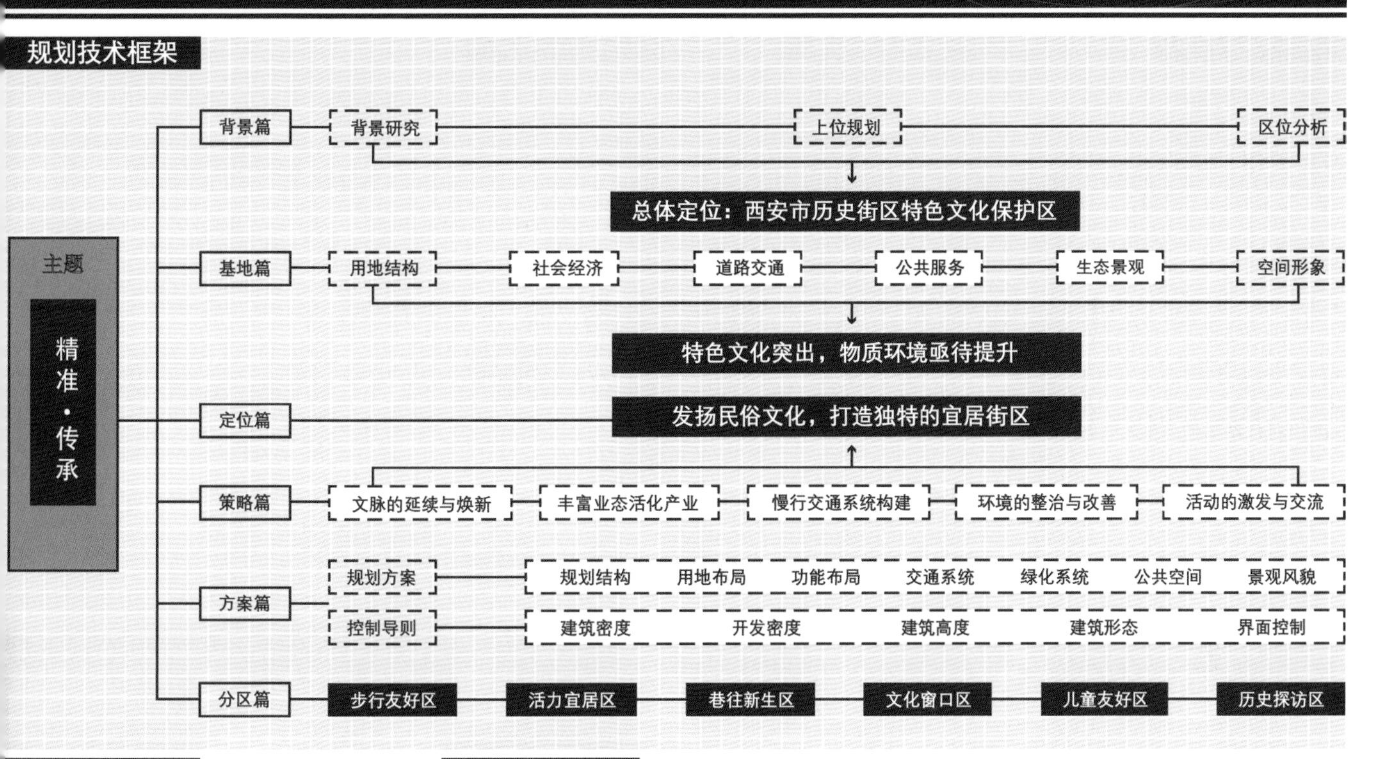

规划范围

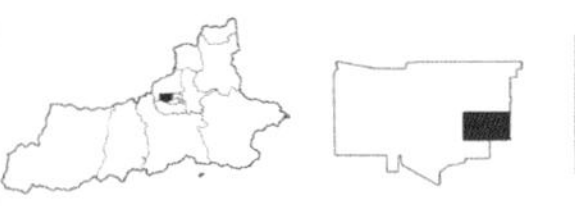

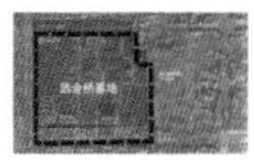

区位：酒金桥基地位于西安市莲湖区的北院门历史文化街区内。莲湖区位于市中心西北，跨越城墙内外；北院门历史文化街区为西安市三个历史文化街区中最大的街区，是西安市传统商业区和居住区的典型代表。

概况：酒金桥主街（大麦市街）全长1200米；该片区整体保留着明清风貌，是北院门历史文化街区内历史最悠久、资源最丰富、文化最包容、生活最西安的片区。

地块范围：酒金桥基地位于北院门历史文化街区西侧，地段南起西大街，北至莲湖路，东以北广济街为界，西至城墙内侧的北马道巷，近似方形，用地面积约137公顷。其中历史文化街区核心保护范围面积约20公顷，建设控制地带面积约117公顷。

政策背景

城市更新——解决城市发展问题的重要战略

《中华人民共和国国民经济和社会发展第十四个五年规划和2035年远景目标纲要》已经将城市更新提升到战略的高度，明确提出了要实施城市更新行动。

住房和城乡建设部决定在全国21个城市开展第一批城市更新试点工作，西安入选第一批城市更新试点城市名单。

历史文化保护——文化促城市转型发展

国家"十四五"规划纲要指出，要"强化历史文化保护、塑造城市风貌，加强城镇老旧小区改造和社区建设"。

《关于在实施城市更新行动中防止大拆大建问题的通知》指出，"不随意拆除历史建筑和有价值的老建筑"。

西安城市更新同历史文化名城保护叠加，为本次规划带来了更大挑战，但同时也凸显了规划对于文化传承的责任和担当。

上位规划

《西安市城市总体规划（2008—2020年）》

规划中指出：西安是世界著名古都，历史文化名城，国家高教、科研、国防科技工业基地，中国西部重要的中心城市，陕西省省会，并将逐步建设成为具有历史文化特色的国际性现代化大城市。

规划中关于市域历史文化保护，提出了三项保护目标：①发挥历史文化资源聚集优势；②统筹大西安区域历史文化资源，完善历史文化遗产保护体系；③重组历史文化资源，延续历史文脉。

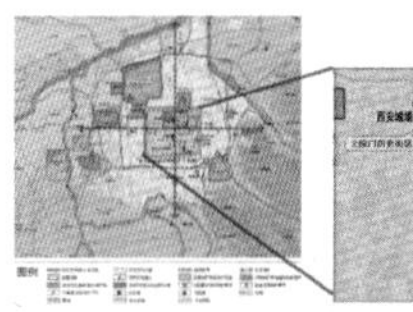

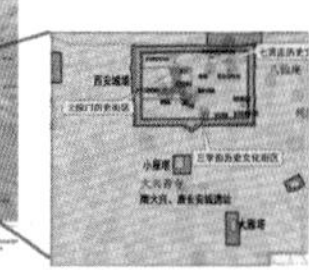

《西安市城市总体规划（2008—2020年）》

《西安历史文化名城保护规划（2020—2035年）》

总体保护策略：①加强文化遗产保护的底线管控；②加强文化遗产的保护、利用、传承；③提升城市人居环境品质；④运用新技术实现文化遗产信息化管控。

保护的重点包括历史城区及城址环境、历史文化街区、文物保护单位及历史建筑；基地所在的北院门历史文化街区无疑是历史文化名城保护规划的重点地段。

对北院门历史文化街区的保护要求：保护西安传统商业和居住的传统格局与历史风貌；保护街区内历史街巷的空间尺度，控制街巷两侧的建筑高度、体量、风格、色彩等；保护隋唐以来的文化遗存，传承街区传统文化习俗等；强化民俗文化主题展示。

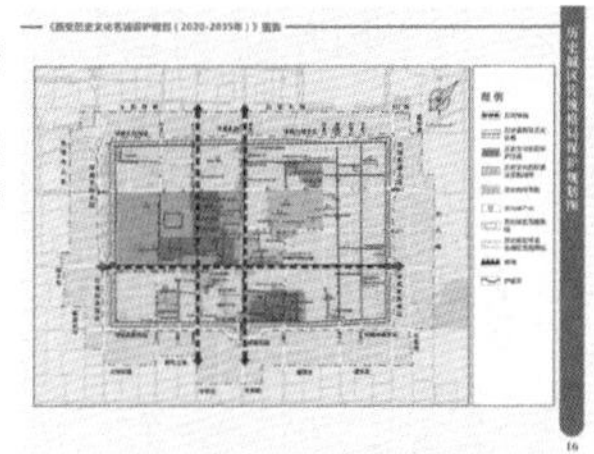

《西安市莲湖区国民经济和社会发展第十四个五年规划和2035年远景目标纲要》

规划中提出："十四五"时期，按照西安都市圈发展总体定位，创新莲湖发展方式，构建"三轴、三带、四区、五核"空间布局，不断增强区域综合承载能力。

四区：中心区、大兴新区、土门地区、大明宫合作区。

其中中心区包括北大街、琉璃街、四府街、太白北路以西，环城西路、劳动北路、昆明池路以东，西大街、环城南路西段、科技路以北，环城北路西段、大庆路、昆明路、丰庆路以南，以丰富的历史文化资源为名片，着力做强城市更新、文旅融合、对外开放，在城区功能、文化综合实力、国际化营商环境方面出新出彩，打造彰显莲湖形象的开放合作引领区。

五核：全域旅游样板核、先进制造发展核、商贸金融活力核、创新创业集聚核、未来社区应用核。

其中全域旅游样板核依托北院门历史文化街区，全面提升城市文旅空间景区化管理和运营水平，以全域旅游和文旅融合示范区建设为目标，加强文化资源保护与利用，构建全域旅游样板。

规划中关于做精文化旅游产业部分提出，打造特色文旅品牌。坚持以文旅产业转型升级赋能高质量发展，打造一批特色文旅品牌，推出研学、康养、夜游等多条城市旅游精品线路，构建文旅供给需求双循环，全面创建"国家全域旅游示范区"。

其中专栏部分包括特色品牌建设重点工程，提出打造历史文化品牌、丝路文化品牌、红色文化品牌、工业文化品牌、民俗文化品牌、时尚文化品牌。

历史城区传统格局保护规划图

大国礼制——凝聚记忆的具象实物

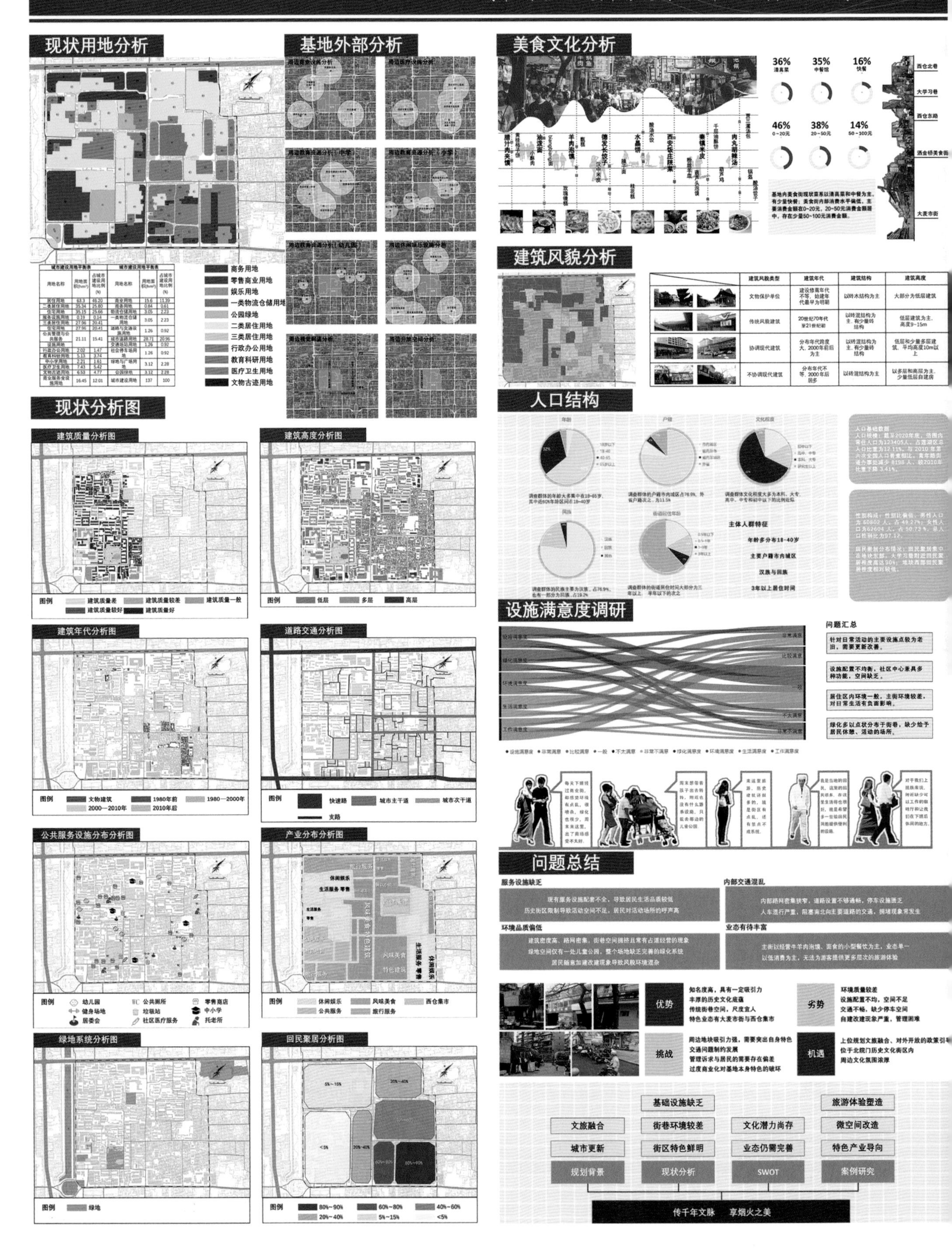

用地名称	用地面积(hm²)	占城市建设用地比例(%)	用地名称	用地面积(hm²)	占城市建设用地比例(%)
居住用地	63.3	46.20	商业用地	15.6	11.39
二类居住用地	35.34	25.80	商务用地	0.84	0.61
住宅用地	35.15	25.66	物流仓储用地	3.05	2.23
服务设施用地	0.19	0.14	一类物流仓储用地	3.05	2.23
三类居住用地	27.96	20.41	道路与交通设施用地	1.26	0.92
住宅用地	27.96	20.41	城市道路用地	28.71	20.96
公共管理与公共服务设施用地	21.11	15.41	交通场站用地	1.26	0.92
行政办公用地	2.02	1.47	社会停车场用地	1.26	0.92
教育科研用地	5.13	3.74	绿地与广场用地	3.12	2.28
中小学用地	2.21	1.61			
医疗卫生用地	7.43	5.42			
文物古迹用地	6.53	4.77	公园绿地	3.12	2.28
商业服务业设施用地	16.45	12.01	城市建设用地	137	100

	建筑风貌类型	建筑年代	建筑结构	建筑高度
	文物保护单位	建设修葺年代不等，始建年代最早为明朝	以砖木结构为主	大部分为低层建筑
	传统风貌建筑	20世纪70年代至21世纪初	以砖混结构为主，有少量砖结构	低层建筑为主，高度9~15m
	协调现代建筑	分布年代跨度大，2000年前后为主	以砖混结构为主，有少量砖结构	低层和少量多层建筑，平均高度10m以上
	不协调现代建筑	分布年代不等，2000年后居多	以砖混结构为主	以多层和高层为主，少量低层自建房

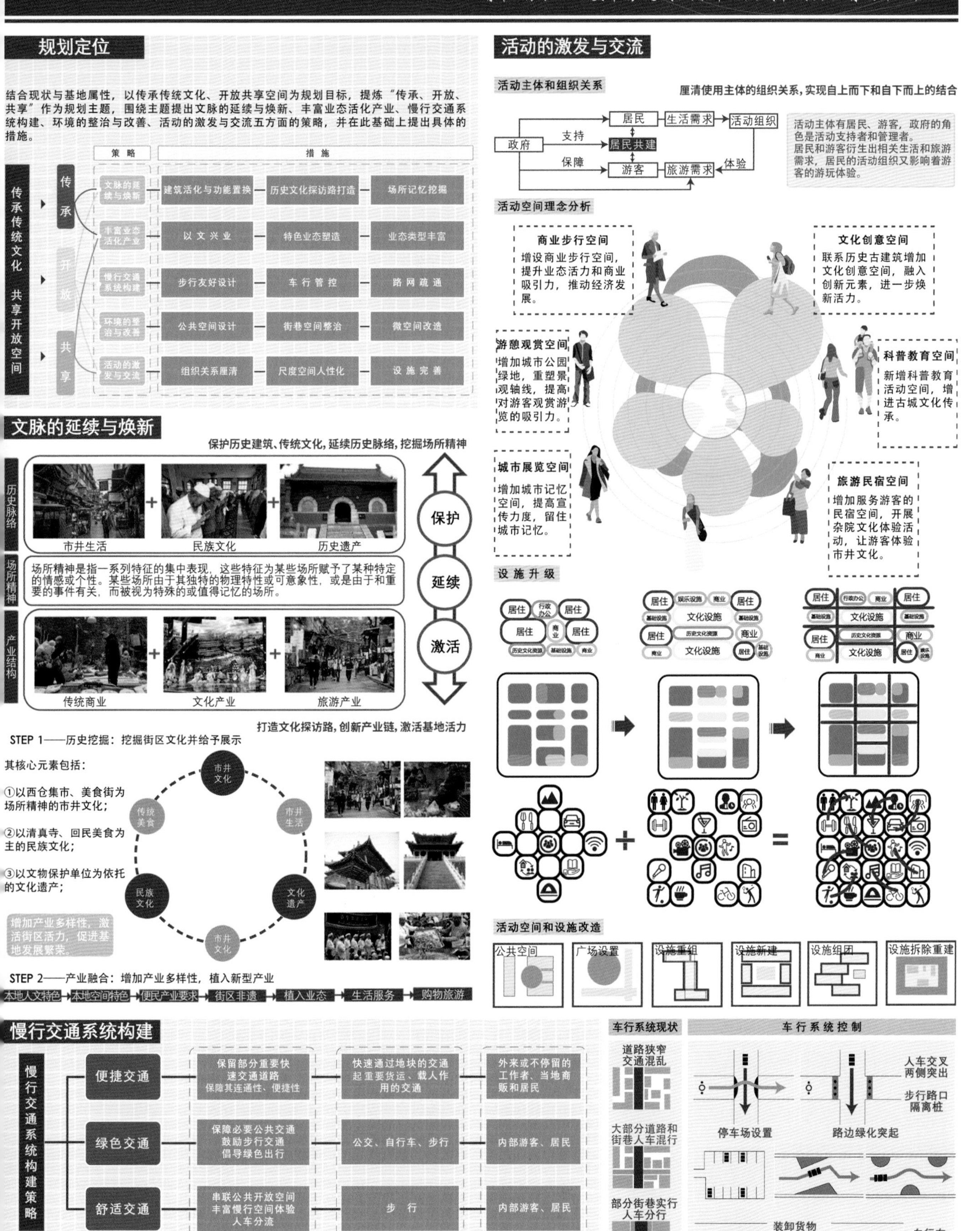

寻味古都·乐享晓市
——精准·传承：西安市历史城区局部地段城市更新规划设计 肆
规划定位
结合现状与基地属性，以传承传统文化、开放共享空间为规划目标，提炼“传承、开放、共享”作为规划主题，围绕主题提出文脉的延续与焕新、丰富业态活化产业、慢行交通系统构建、环境的整治与改善、活动的激发与交流五方面的策略，并在此基础上提出具体的措施。
策略
措施
传承传统文化 共享开放空间
传承
开放
共享
文脉的延续与焕新
建筑活化与功能置换
历史文化探访路打造
场所记忆挖掘
丰富业态活化产业
以文兴业
特色业态塑造
业态类型丰富
慢行交通系统构建
步行友好设计
车行管控
路网疏通
环境的整治与改善
公共空间设计
街巷空间整治
微空间改造
活动的激发与交流
组织关系厘清
尺度空间人性化
设施完善
文脉的延续与焕新
保护历史建筑、传统文化，延续历史脉络，挖掘场所精神
历史脉络
市井生活
民族文化
历史遗产
场所精神
场所精神是指一系列特征的集中表现，这些特征为某些场所赋予了某种特定的情感或个性。某些场所由于其独特的物理特性或可意象性，或是由于和重要的事件有关，而被视为特殊的或值得记忆的场所。
产业结构
传统商业
文化产业
旅游产业
保护
延续
激活
打造文化探访路，创新产业链，激活基地活力
STEP 1——历史挖掘：挖掘街区文化并给予展示
其核心元素包括：
①以西仓集市、美食街为场所精神的市井文化；
②以清真寺、回民美食为主的民族文化；
③以文物保护单位为依托的文化遗产；
市井文化
市井生活
文化遗产
市井文化
民族文化
传统美食
增加产业多样性，激活街区活力，促进基地发展繁荣。
STEP 2——产业融合：增加产业多样性，植入新型产业
本地人文特色
本地空间特色
便民产业要求
街区非遗
植入业态
生活服务
购物旅游
慢行交通系统构建
慢行交通系统构建策略
便捷交通
保留部分重要快速交通道路 保障其通达性、便捷性
快速通过地块的交通 起重要货运、载人作用的交通
外来或不停留的工作者、当地商贩和居民
绿色交通
保障必要公共交通 鼓励步行交通 倡导绿色出行
公交、自行车、步行
内部游客、居民
舒适交通
串联公共开放空间 丰富慢行空间体验 人车分流
步行
内部游客、居民
措施
适用交通方式
适用人群
车行系统现状
道路狭窄 交通混乱
大部分道路和街巷人车混行
部分街巷实行人车分行
车行系统控制
人车交叉两侧突出
步行路口隔离桩
停车场设置
路边绿化突起
装卸货物 上下乘客 临时停车
自行车停车位
活动的激发与交流
活动主体和组织关系
厘清使用主体的组织关系，实现自上而下和自下而上的结合
政府
支持
保障
居民
居民共建
游客
生活需求
旅游需求
活动组织
体验
活动主体有居民、游客，政府的角色是活动支持者和管理者。居民和游客衍生出相关生活和旅游需求，居民的活动组织又影响着游客的游玩体验。
活动空间理念分析
商业步行空间
增设商业步行空间，提升业态活力和商业吸引力，推动经济发展。
文化创意空间
联系历史古建筑增加文化创意空间，融入创新元素，进一步焕新活力。
游憩观赏空间
增加城市公园绿地，重塑景观轴线，提高对游客观赏游览的吸引力。
科普教育空间
新增科普教育活动空间，增进古城文化传承。
城市展览空间
增加城市记忆空间，提高宣传力度，留住城市记忆。
旅游民宿空间
增加服务游客的民宿空间，开展杂院文化体验活动，让游客体验市井文化。
设施升级
居住
商业
文化设施
活动空间和设施改造
公共空间
广场设置
设施重组
设施新建
设施组团
设施拆除重建

寻味古都·乐享晓市

——精准·传承：西安市历史城区局部地段城市更新规划设计 伍

环境的整治与改善

将需改造的建筑筛选分类，用不同的改造方式完成不同主题的建筑活化；进行街巷空间改造、景观系统织补和街巷环境整治

历史修复型改造对象　功能优化型改造对象　舒适改善型改造对象

类型	对象	目的	功能	主要内容
历史修复	较高历史价值民居	恢复风貌	传统民居	修缮外观
舒适改善	一般民居	提高舒适性	居住	结构加固 改善条件
功能优化	一般民居	优化空间功能	居住	优化布局
功能置换	一般民居	适应新功能要求	除居住外其他功能	根据功能进行调整

针灸点筛选
历史修复型
功能优化型
舒适改善型

空间品质的提升

带状空间　连续空间枯燥无味　增加曲折性

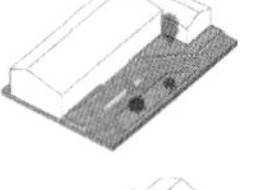

面状空间　交叉口随意占用　增加趣味性

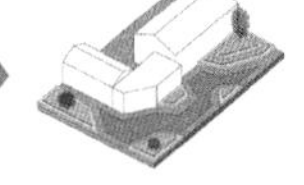

现状景观节点　增加景观节点　形成景观系统

拆除沿街商铺的棚子，扩大人对天空的视角

清除街巷杂物及一些商铺的招牌，提升狭窄街巷的空间感受

街巷空间改造

针对街巷空间进行改造，增加街巷空间的可停留性，为居民打造良好的开放交流空间。

景观系统织补

增加景观节点，串联原有节点和新增节点，形成景观系统。

街巷环境整治

对街巷内的棚子遮挡和杂物乱堆等现象进行整改，以达到舒适宜人的体验感受。

公共空间提取

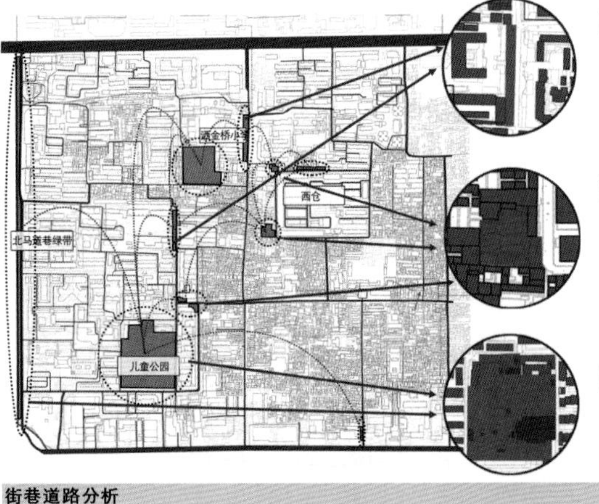

植入

空间乏味：对于拥有适宜的活动空间的节点进行改造，植入活力。如洒金桥小学门口、技校门口。

清除

杂物堆砌：对占用公共空间的杂物等进行清除，对基地内一些过于浪费公共活动空间的废品回收站进行改造。如庙后街西侧、西仓废品回收站。

改善

功能单一：对功能单一的地点进行改善，增加功能。如儿童公园、城市绿带。

街巷道路分析

问题1：道路过窄，路边停车现象严重。

引导居民规范停车，合理布置停车场，拓宽街巷空间。

问题2：部分道路没有得到有效利用。

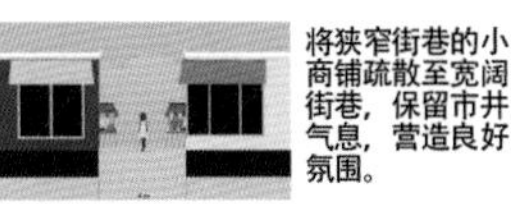

将狭窄街巷的小商铺疏散至宽阔街巷，保留市井气息，营造良好氛围。

问题3：人车混行，杂物和雨棚影响体验。

清除杂物，将车行道路改造为步行街，提升游览感受。

丰富业态活化产业

结合基地产业和人群需求完善产业体系

空间需求　售卖空间　休闲空间　交流空间　就餐空间　观景空间　展示空间

业态置入　文创产业 + 旅游服务业 + 零售业 + 餐饮业

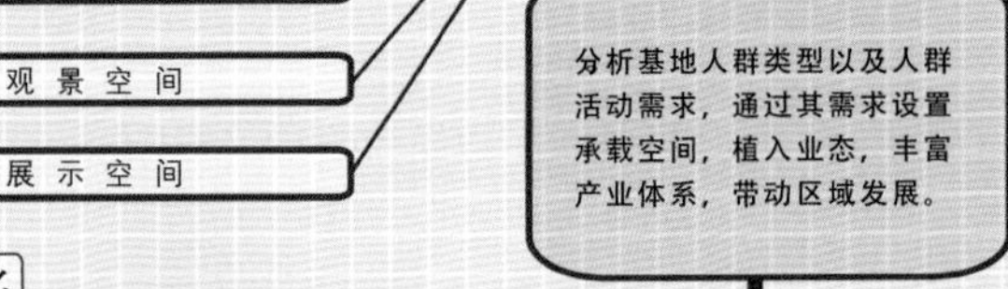

分析基地人群类型以及人群活动需求，通过其需求设置承载空间，植入业态，丰富产业体系，带动区域发展。

产业活化

文创产业　旅游产业　餐饮产业　零售产业　产业链构建

现状产业设施较为集中，与居住较为分散，未形成系统的产业体系。通过结合基地原有产业，以及对人群需求的分析，挖掘基地中潜在的活力点进行产业介入，形成民族美食街、市井生活街、宗教文化街、历史文化街，由此完善基地的产业体系，激发基地活力。

业态丰富

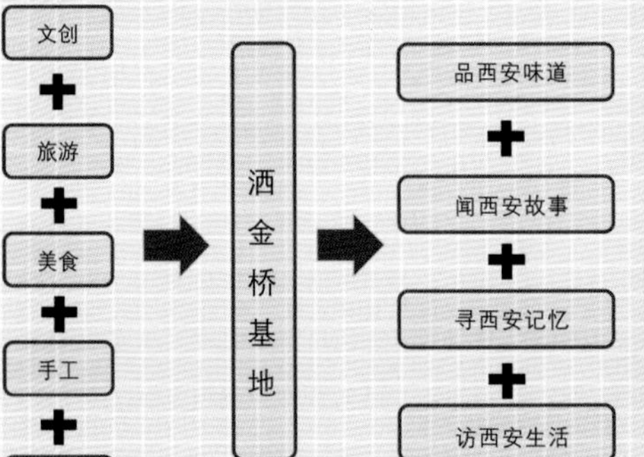

产业链的构建：结合基地原有产业、人群分析，以及介入产业进行产业链构建，完善基地的产业体系。

寻味古都·乐享晓市

——精准·传承：西安市历史城区局部地段城市更新规划设计 陆

总平面图

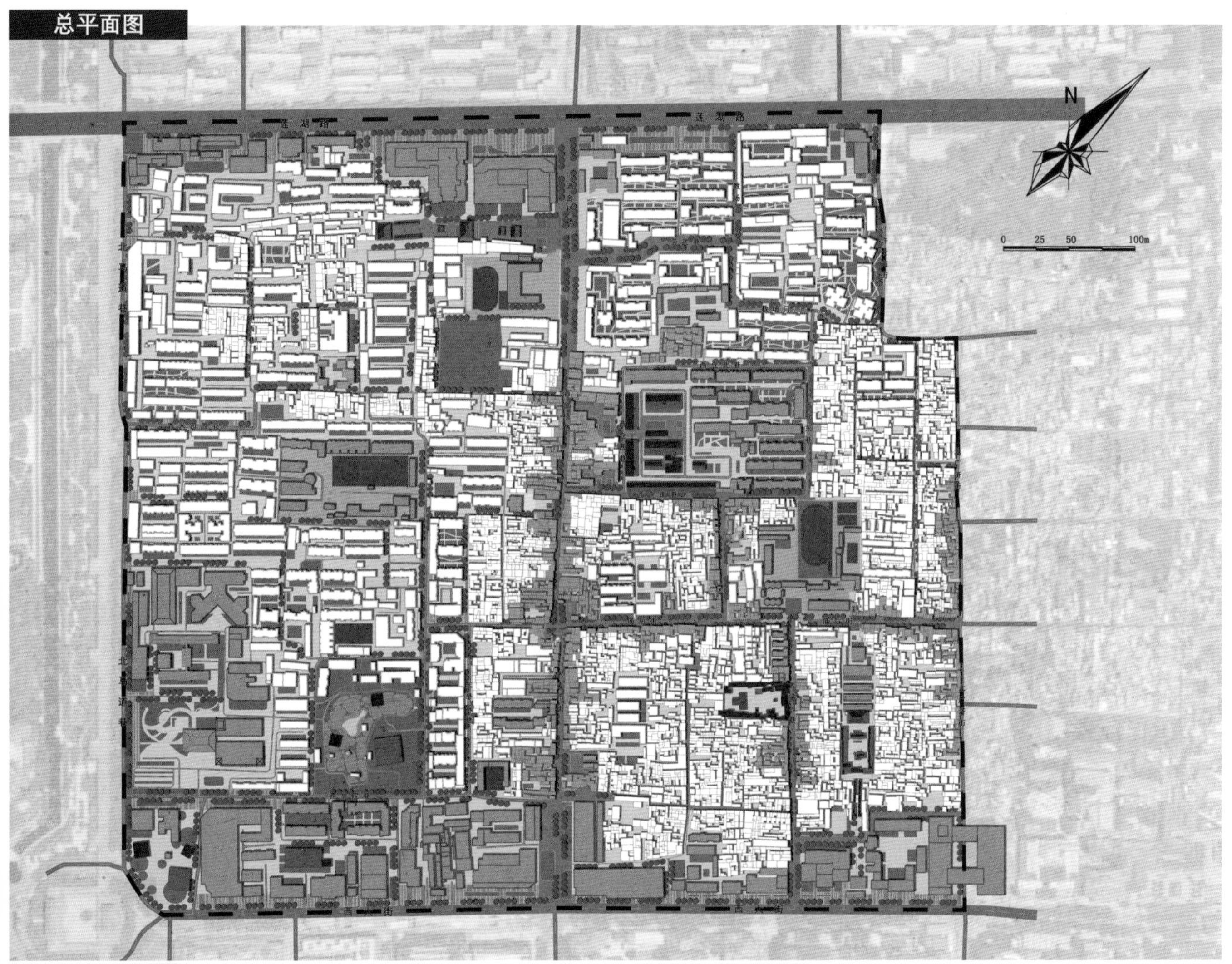

规划结构图

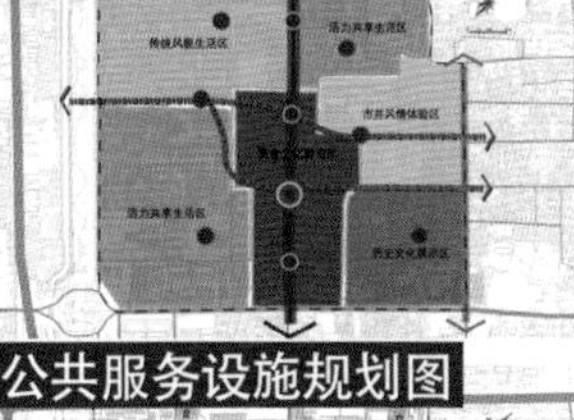

两轴 两带 六片 多点的功能结构

两轴：以洒金桥路—大麦市街和北广济街形成展现美食文化和民俗文化的两条轴线。

两带：贯穿基地东西片区的横向带，以优化生活品质为主题。

六片：六大片区主题侧重不同，分为侧重文化传承的主题和侧重开放共享的主题。

景观系统规划图

公共服务设施规划图

设施补全 丰富公共活动

将原有的西仓改造为能够承载各类文化活动的活动中心，配合西仓集市活动，增强该区域的活力与吸引力。

基地北侧露天停车场改为地下停车场，建设活动中心，结合广场、室外活动设施一起布置，缓解场地内缺乏活动空间的问题。基地西侧旧建筑改建为幼儿园，基地内多处居住区增设垃圾回收点和公厕，补全服务设施。

街道记忆焕活图

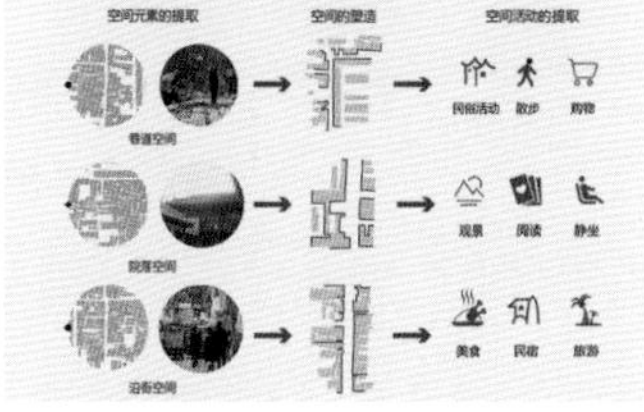

交通系统规划图

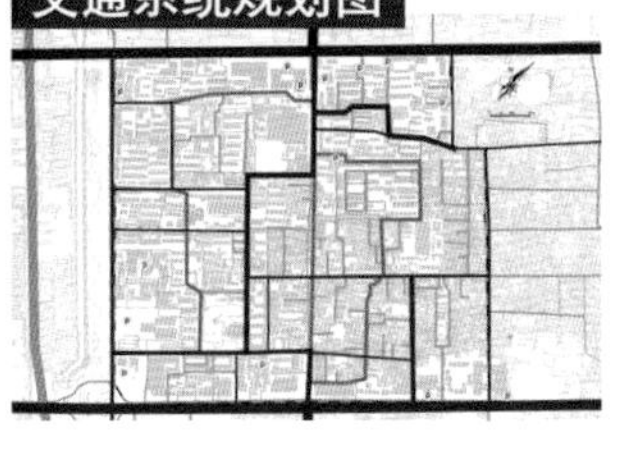

疏通道路 设计人行环线

步行友好空间

为营造大麦市街上良好的步行环境，在场地中部疏通旁边道路以供车行，让出主要的人行道路。

结合场地东侧道路现状，围绕不同节点设计了一条主要的人行环线。

道路景观规划图

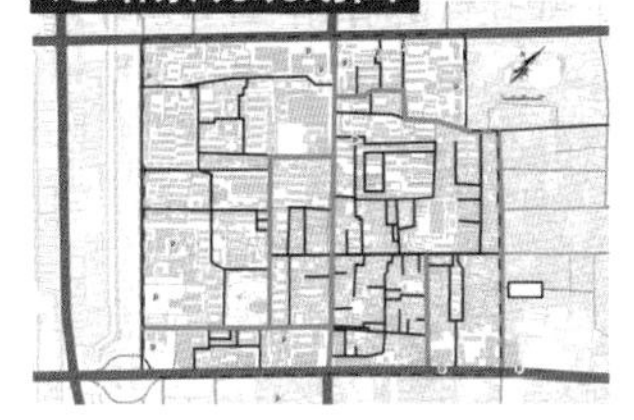

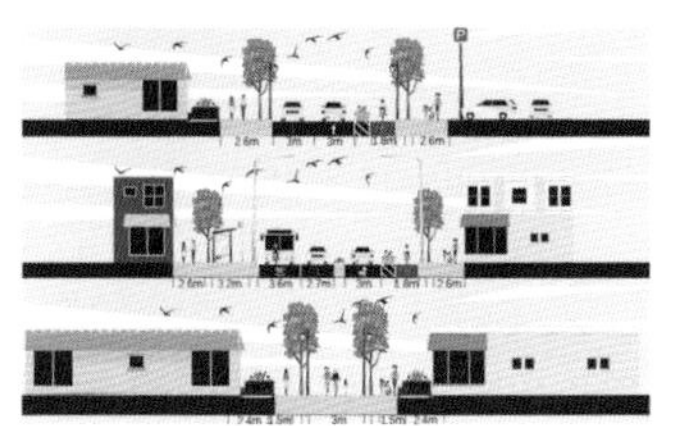

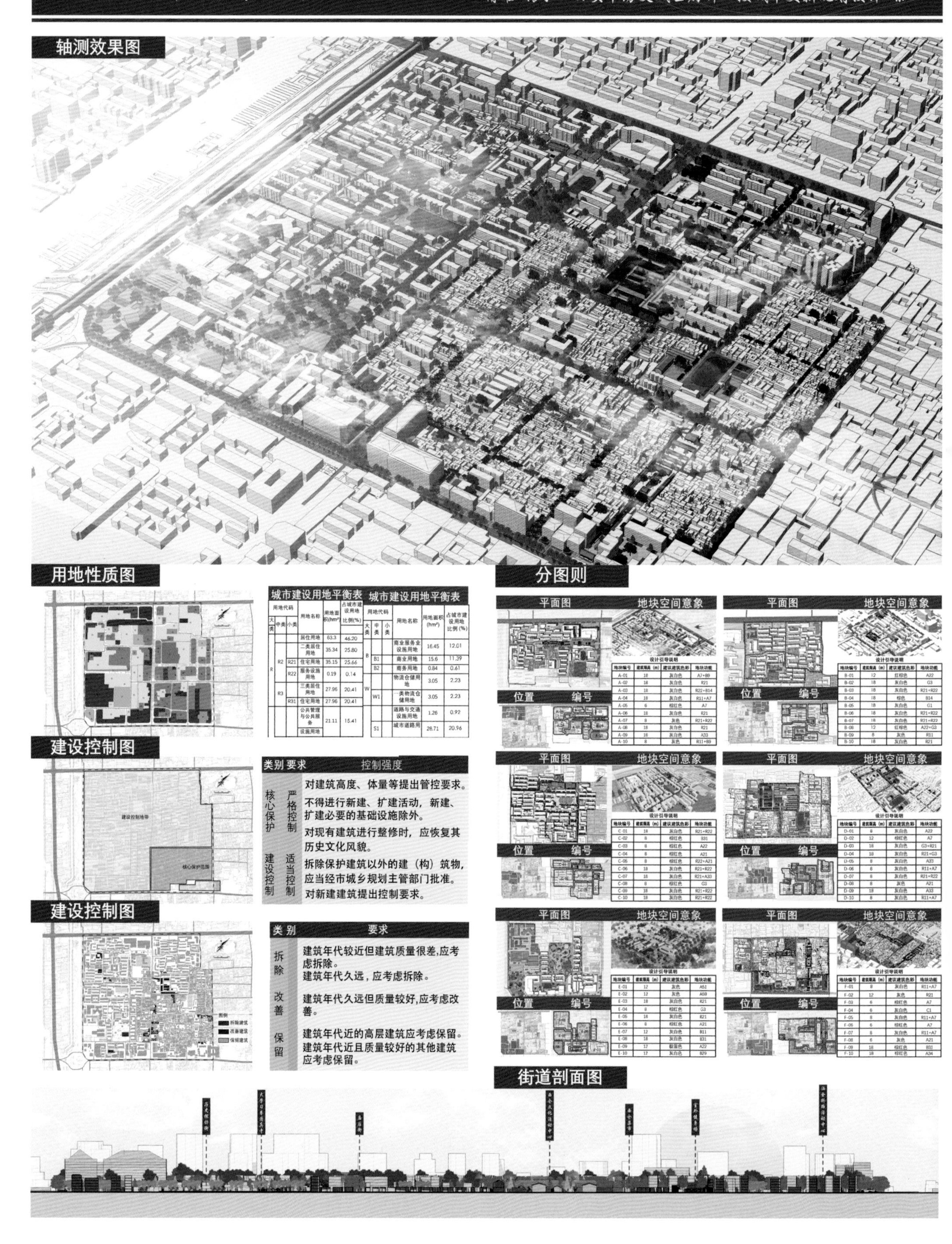

城市建设用地平衡表

用地代码 大类	中类	小类	用地名称	用地面积(hm²)	占城市建设用地比例(%)
R			居住用地	63.3	46.20
	R2		二类居住用地	35.34	25.80
		R21	住宅用地	35.15	25.66
		R22	服务设施用地	0.19	0.14
	R3		三类居住用地	27.96	20.41
		R31	住宅用地	27.96	20.41
			公共管理与公共服务设施用地	21.11	15.41

城市建设用地平衡表

用地代码 大类	中类	小类	用地名称	用地面积(hm²)	占城市建设用地比例(%)
B			商业服务业设施用地	16.45	12.01
	B1		商业用地	15.6	11.39
	B2		商务用地	0.84	0.61
W			物流仓储用地	3.05	2.23
	W1		一类物流仓储用地	3.05	2.23
			道路与交通设施用地	1.26	0.92
	S1		城市道路用	28.71	20.96

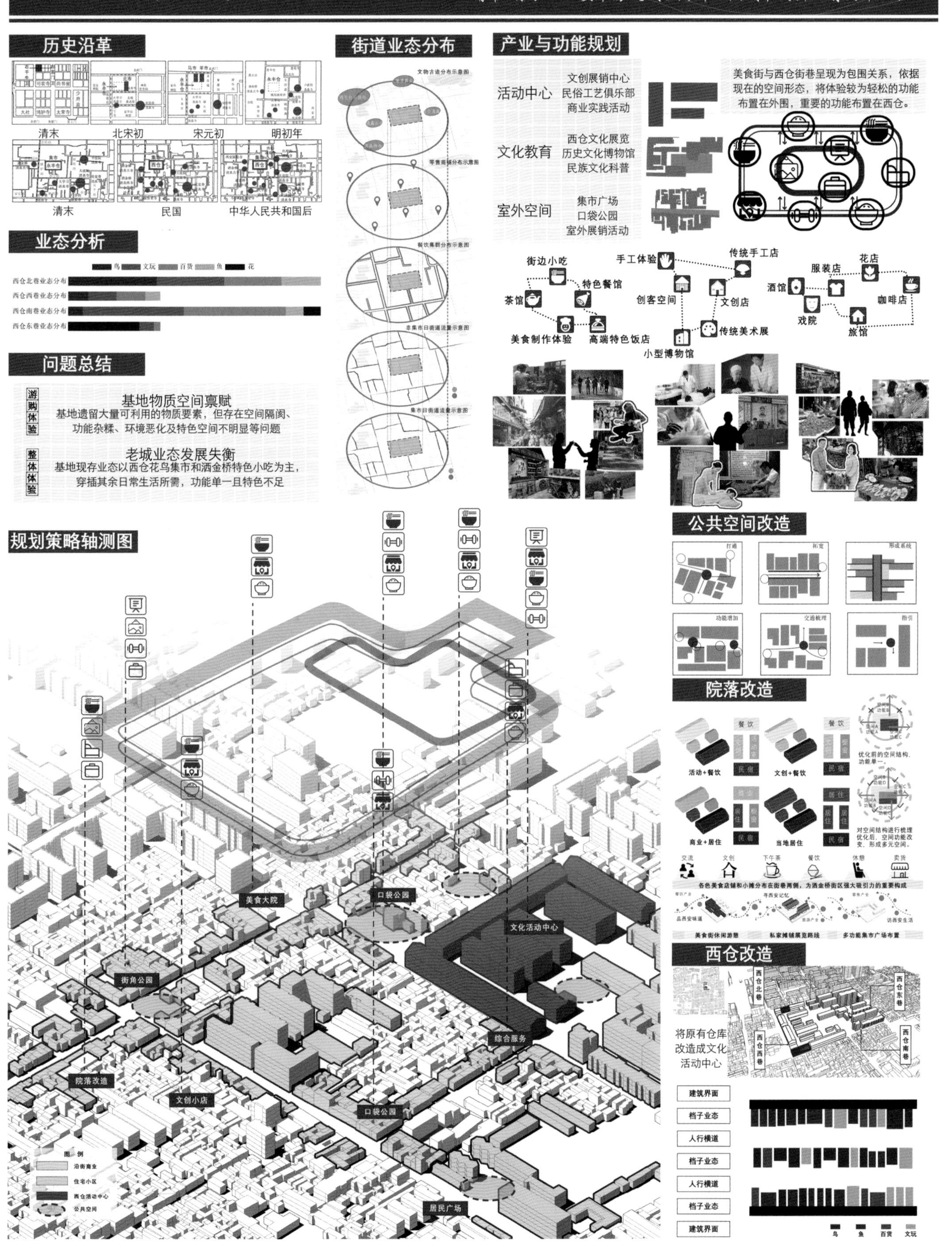
寻味古都·乐享晓市
——精准·传承：西安市历史城区局部地段城市更新规划设计
历史沿革
清末
北宋初
宋元初
明初年
清末
民国
中华人民共和国后
业态分析
西仓北巷业态分布
西仓西巷业态分布
西仓南巷业态分布
西仓东巷业态分布
问题总结
游购体验
基地物质空间禀赋
基地遗留大量可利用的物质要素，但存在空间隔阂、功能杂糅、环境恶化及特色空间不明显等问题
整体体验
老城业态发展失衡
基地现存业态以西仓花鸟集市和洒金桥特色小吃为主，穿插其余日常生活所需，功能单一且特色不足
街道业态分布
产业与功能规划
活动中心
文创展销中心
民俗工艺俱乐部
商业实践活动
文化教育
西仓文化展览
历史文化博物馆
民族文化科普
室外空间
集市广场
口袋公园
室外展销活动
美食街与西仓街巷呈现为包围关系，依据现在的空间形态，将体验较为轻松的功能布置在外围，重要的功能布置在西仓。
街边小吃
手工体验
传统手工店
花店
服装店
特色餐馆
茶馆
创客空间
文创店
酒馆
咖啡店
戏院
旅馆
美食制作体验
高端特色饭店
传统美术展
小型博物馆
规划策略轴测图
美食大院
口袋公园
文化活动中心
街角公园
综合服务
院落改造
文创小店
口袋公园
居民广场
图例
沿街商业
住宅小区
西仓活动中心
公共空间
公共空间改造
院落改造
餐饮
民宿
活动+餐饮
文创+餐饮
居住
商业+居住
当地居住
西仓改造
西仓北巷
西仓东巷
西仓西巷
西仓南巷
将原有仓库改造成文化活动中心
建筑界面
档子业态
人行横道
档子业态
人行横道
档子业态
建筑界面
鸟
鱼
百货
文玩

寻味古都·乐享晓市

——精准·传承：西安市历史城区局部地段城市更新规划设计 玖

总平面图

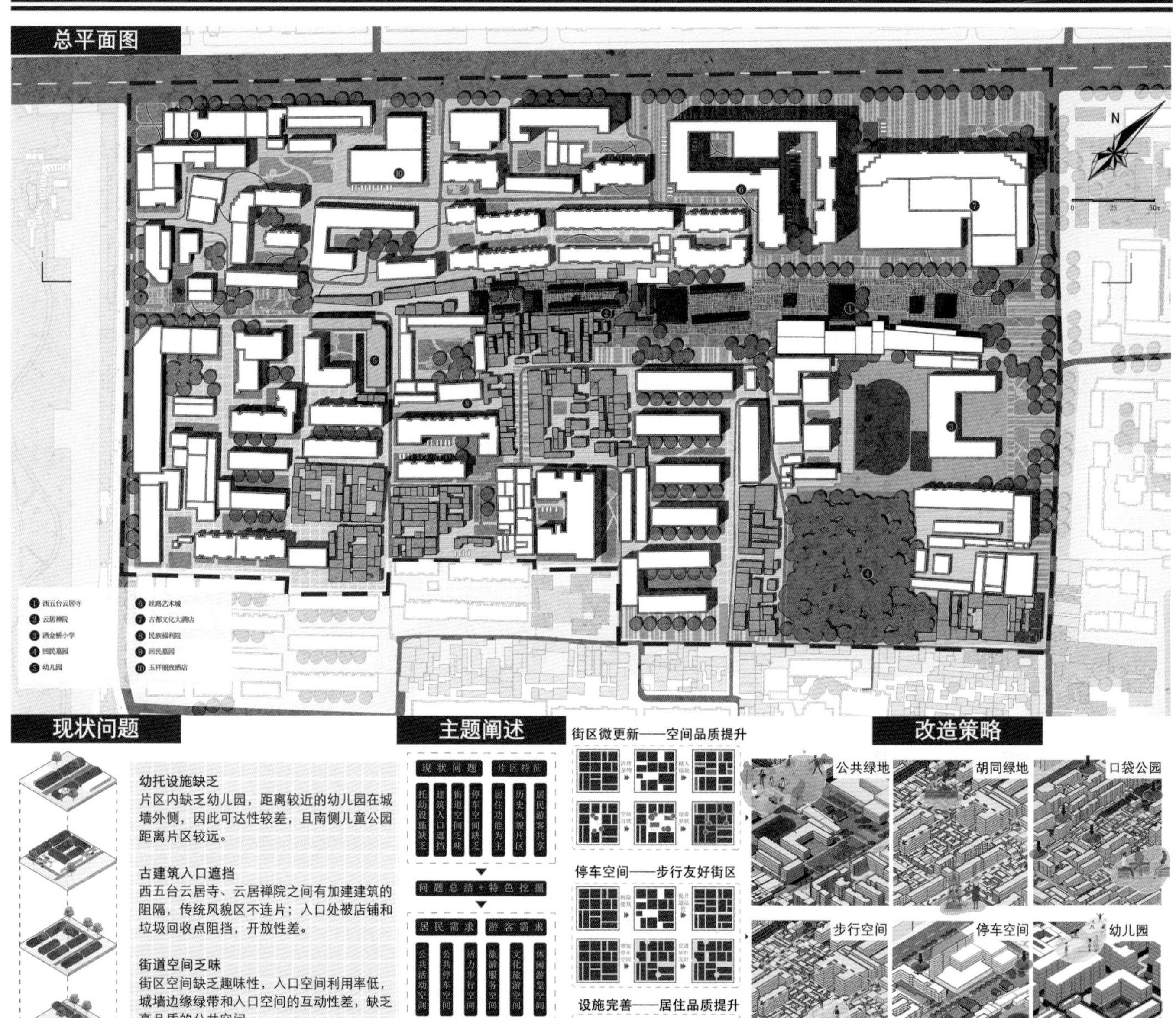

现状问题

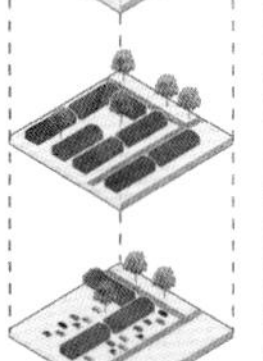

幼托设施缺乏

片区内缺乏幼儿园，距离较近的幼儿园在城墙外侧，因此可达性较差，且南侧儿童公园距离片区较远。

古建筑入口遮挡

西五台云居寺、云居禅院之间有加建建筑的阻隔，传统风貌区不连片；入口处被店铺和垃圾回收点阻挡，开放性差。

街道空间乏味

街区空间缺乏趣味性，入口空间利用率低，城墙边缘绿带和入口空间的互动性差，缺乏高品质的公共空间。

主题阐述

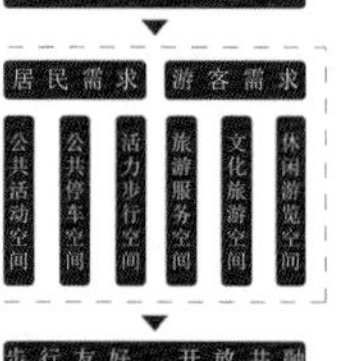

街区微更新——空间品质提升

停车空间——步行友好街区

设施完善——居住品质提升

改造策略

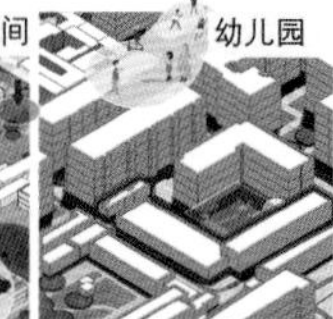

规划分析图

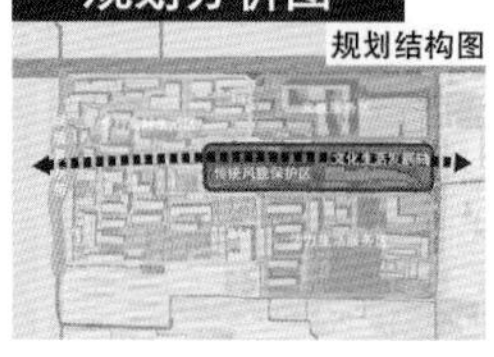

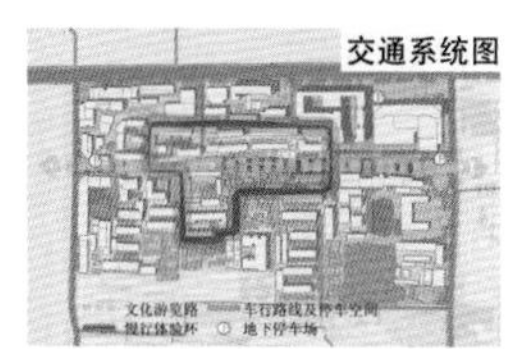

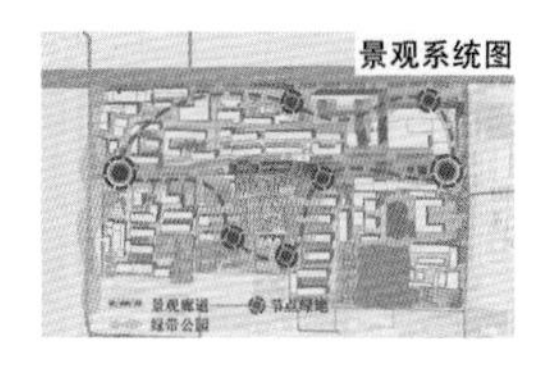

寻味古都·乐享晓市

——精准·传承：西安市历史城区局部地段城市更新规划设计 拾

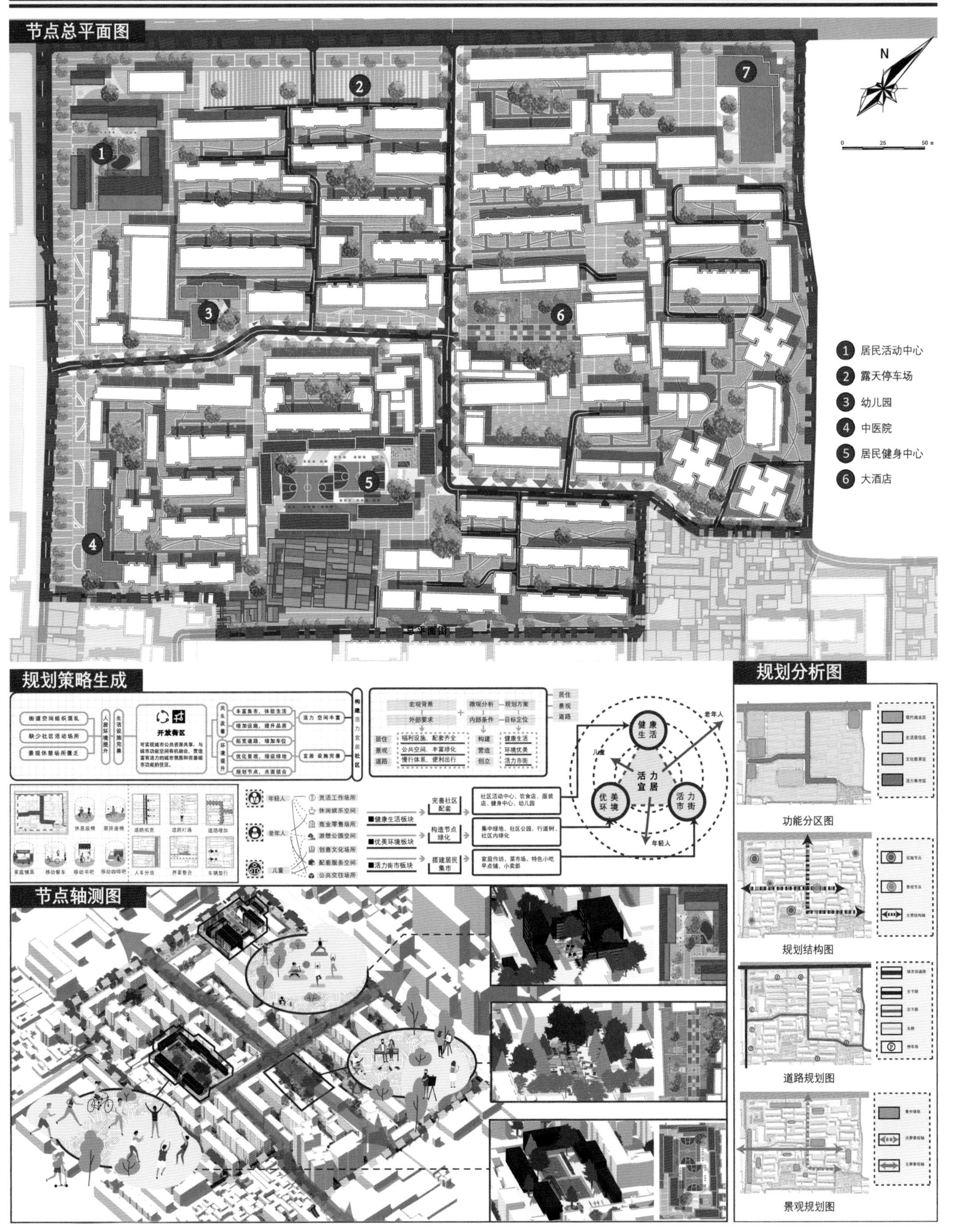

寻味古都·乐享晓市

——精准·传承：西安市历史城区局部地段城市更新规划设计 拾壹

主城区概况

设计说明

以城市有机更新理念为基础，以老旧社区公共空间改造为切入点，深入挖掘老旧社区公共空间存在的问题，打造更能满足居民需求的公共空间，提出更新改造、空间营造、功能植入、共建共享等策略，激活老旧社区以有助于基地整体空间环境的改善和人居空间品质的提升。

设计愿景

为什么改造老旧社区

A. 为了适应城市多元化，营造温馨、舒适、理想的高品质社区和居民生活空间。

B. 构建新的生活模式，引导居民向更健康、绿色和充满活力的生活方式转变。

居住 出行 商业 文化 健康

怎么样改造老旧社区

道路优化	营造以人为本的街道——步行街道
功能多元	满足不同年龄、群体的生活需求
空间优化	增加公共设施的可达性并进行功能优化
重拾记忆	唤起居民共同记忆，植入空间提升场所记忆
公共参与	增强居民对公共空间生活的管理参与度
智慧共享	互联网+引导的共享性互动平台

设计愿景

PURPOSE 宜居社区

营造活力安全健康的人居环境
以人为本、邻里关系融洽的人文气氛
注重多元需求的关怀性设计

和谐的邻里关系
多元的社区文化
高品质的健康生活

需求分析

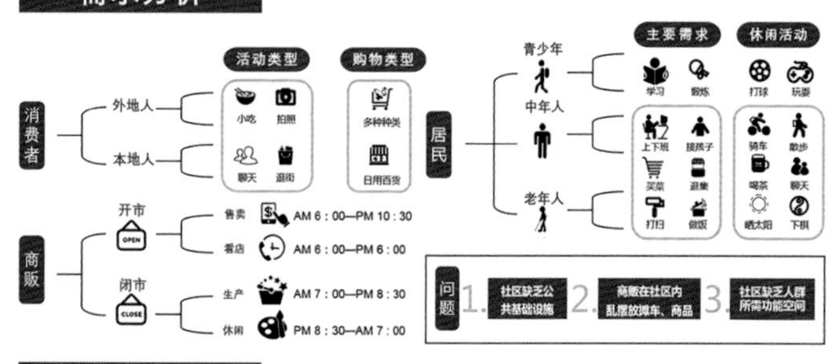

现状问题分析

方案生成

社区文化中心设计说明

延续洒金桥原有道路作为基本轴线，建立城市步道系统，激活周边建筑活力，在新老建筑交界处进行退让，形成新旧建筑的交流与共生，激活片区活力。

空间轴测

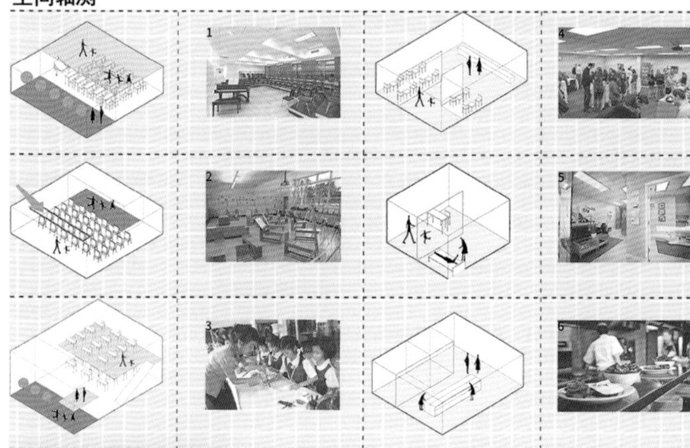

系统图分析

规划系统分析图

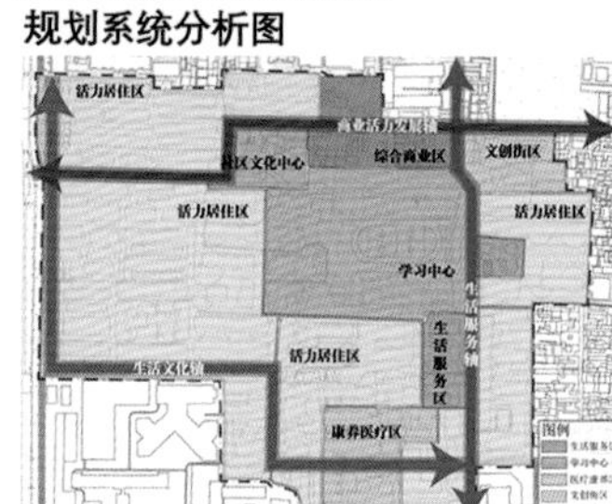

景观系统分析图

社区文化中心

规划系统分析图

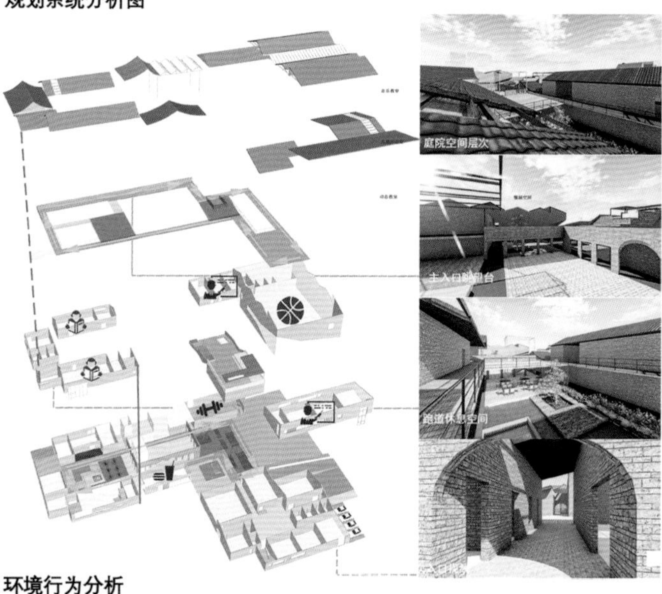

环境行为分析

对望 远眺 观景 交流

寻味古都·乐享晚市

——精准·传承：西安市历史城区局部地段城市更新规划设计 拾贰

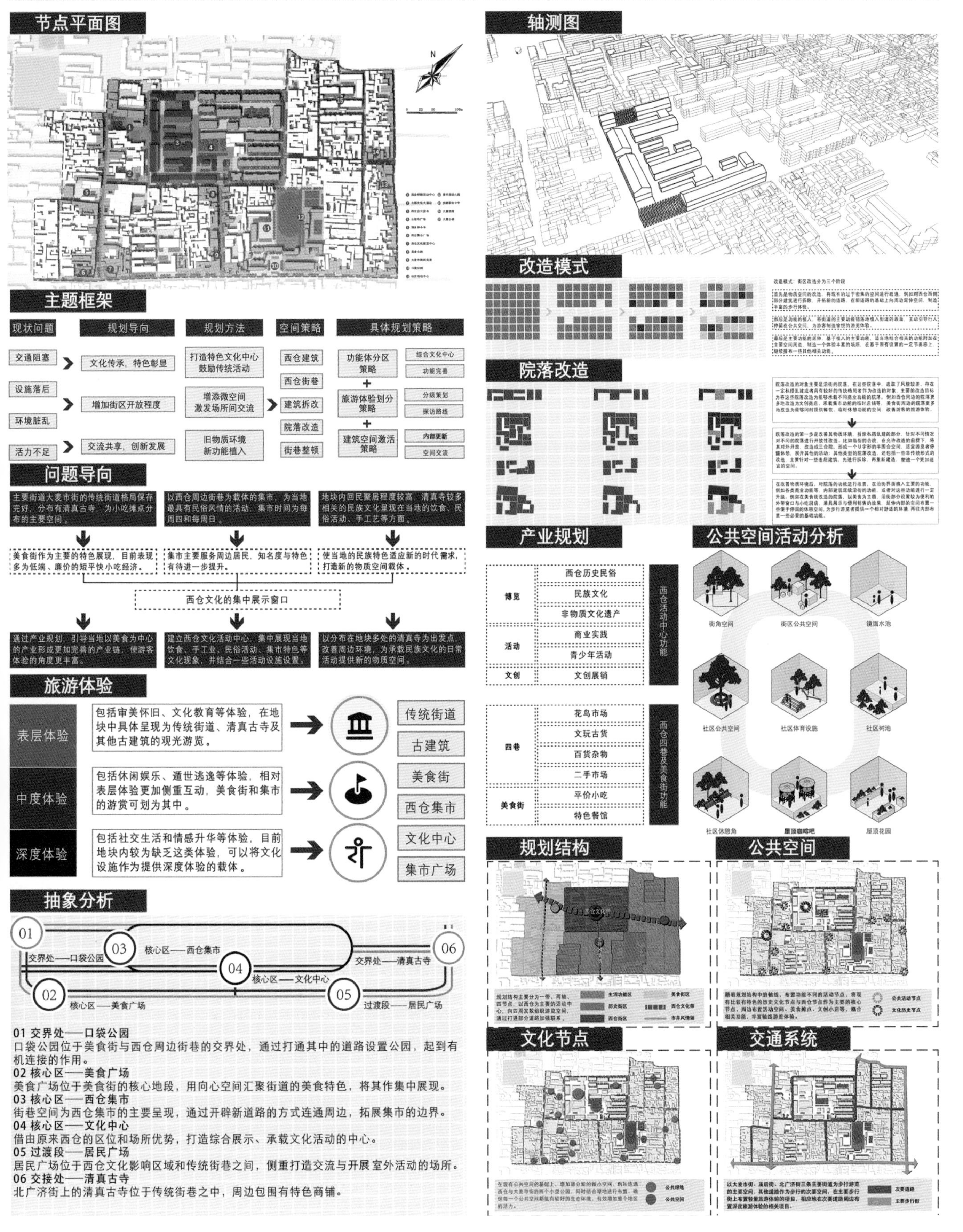

寻味古都·乐享晚市

——精准·传承：西安市历史城区局部地段城市更新规划设计 拾叁

节点平面图

规划思路

STEP 1 现状梳理

现状问题	现状优势	现状重要节点
交通阻塞	基础设施全面	儿童医院
环境品质低	临城市主要道路	儿童公园
活力不足	有可改造空间	主路沿街商业

STEP 2 规划重点

如何改善地块交通，落实人车分流措施
如何解决商业空间与居住空间之间的功能过渡
如何充分利用儿童医院和儿童公园打造地块特色活力点
如何承接、细化整体范围的规划思路

STEP 3 规划主题 儿童友好 开放共享

STEP 4 规划策略

小区空间开放 塑造高品质公共空间
强化功能过渡空间 丰富儿童设施

节点策略

节点轴测图

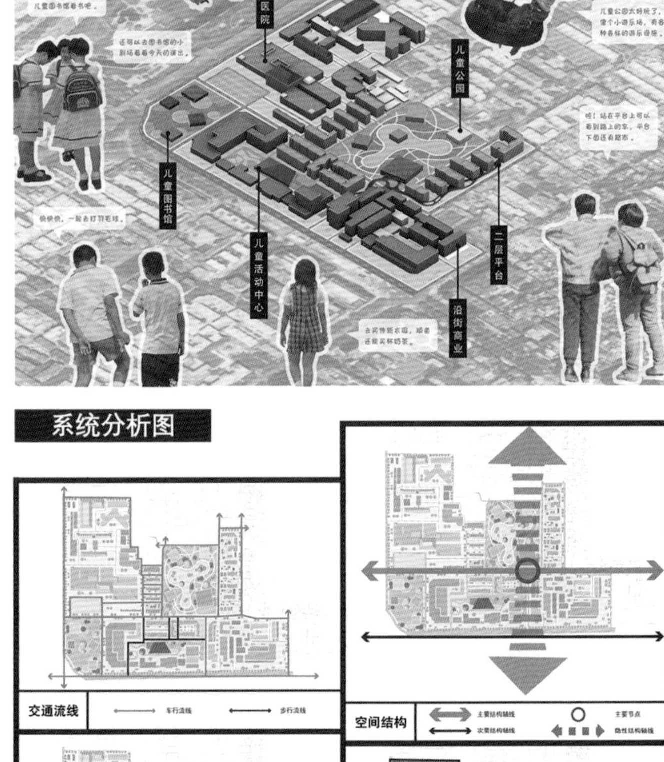

系统分析图

交通流线 车行流线 步行流线

空间结构 主要结构轴线 主要节点 次要结构轴线 隐性结构轴线

绿化系统 面状绿化节点 点状绿化节点

功能分区 商业 住宅 儿童医院 儿童活动中心 儿童公园 儿童图书馆

节点鸟瞰图

寻味古都·乐享晚市

——精准·传承：西安市历史城区局部地段城市更新规划设计 拾肆

节点平面图

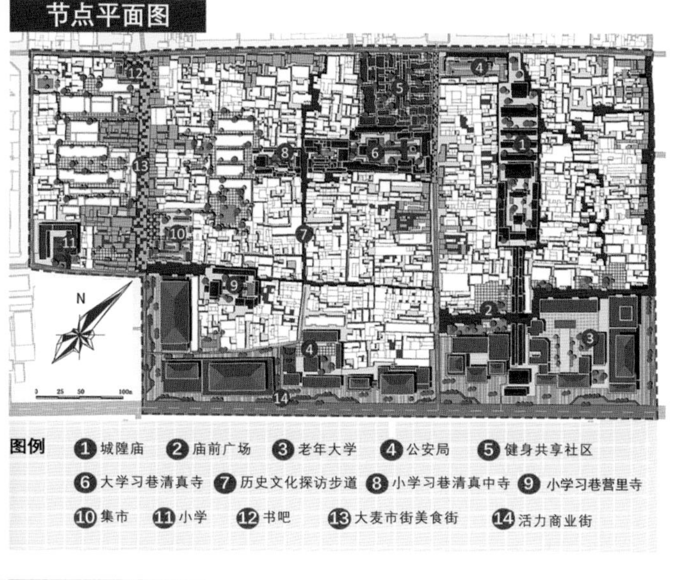

规划主题

该片区是体现西安城市历史文脉和文化特征不可或缺、独一无二的组成部分，其内部拥有丰富的历史文化资源及浓厚的市井气息。本方案着重将该区域内历史资源串联结合，打造一片以“人性化”“舒适”为主的步行友好的体验设施，以及改善部分生活设施，实现共享、开放、包容。

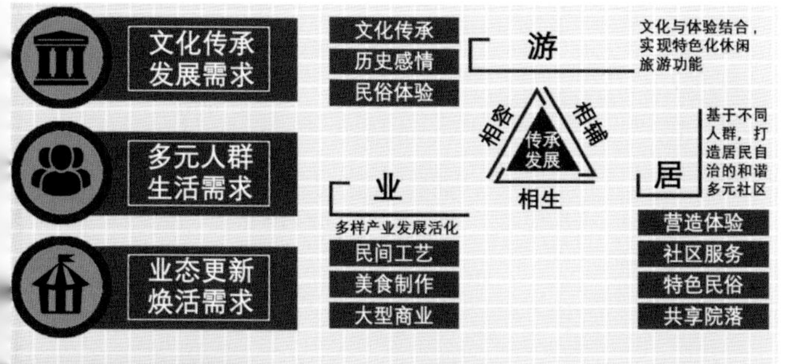

特色资源

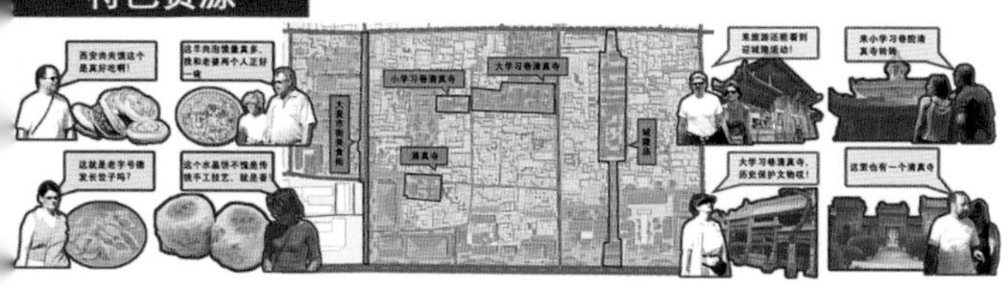

基地内历史文化资源众多，有都城隍庙、大学习巷清真寺、小学习巷营里寺、小学习巷清真中寺等，包含了一部分北院门历史文化街区。基地内商业呈带状分布在南侧，商业资源丰富。在地块西部有一条大麦市街美食街，其内部充满市井气息，为基地内特色资源。美食街主要小吃有老马家腊牛羊肉、灌汤包子、麦仁稀饭、锅贴、砂锅、柿饼、炒凉粉、清真肉丸糊辣汤、酿皮、牛羊肉泡馍等。

人群分析

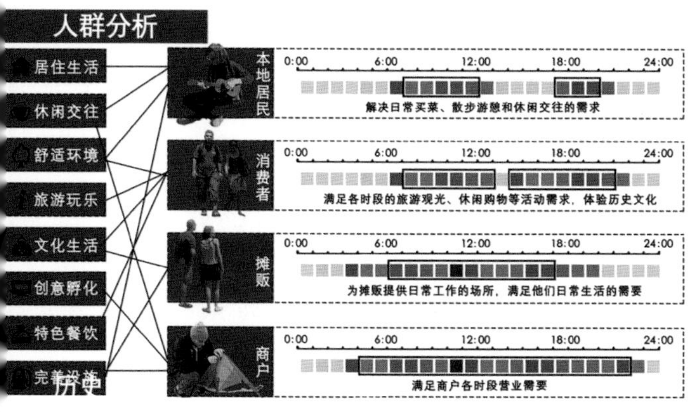

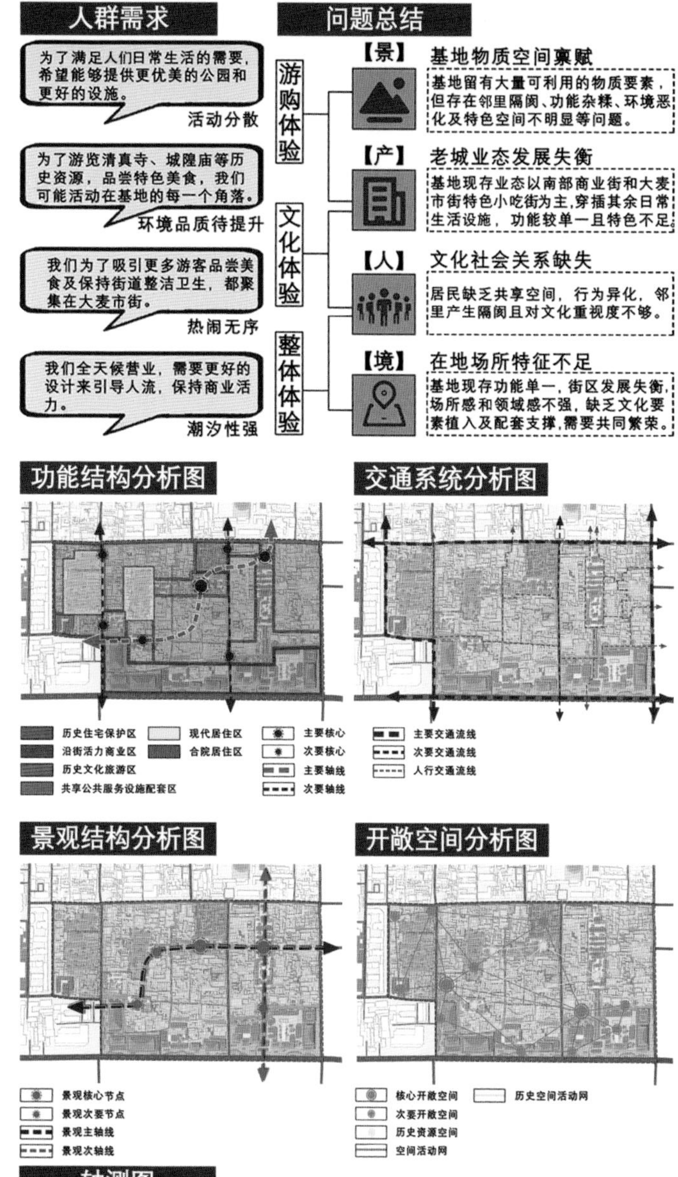

轴测图

在节点片区内建立历史文化探访步道，将内部众多历史文化资源，如都城隍庙、大学习巷清真寺、小学习巷营里寺、小学习巷清真中寺等，以及北院门历史文化街区进行串联。对南部原有的商业街进行整合、整治，添加沿街景观，提升游览体验；对西边的大麦市街美食街进行整治，沿街添加集市、书吧等，提升街区活力。

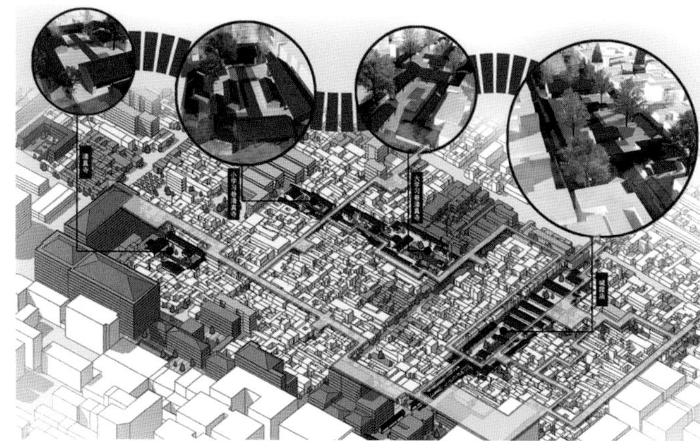

苏州科技大学

梦华坊·大同里·烟火巷

西安明城区青年路地段城市更新规划设计

唐风回韵·承脉生境

『人—时—空』交互视角下西安市历史城区洒金桥地段城市更新设计

前期分析 壹

项目概况

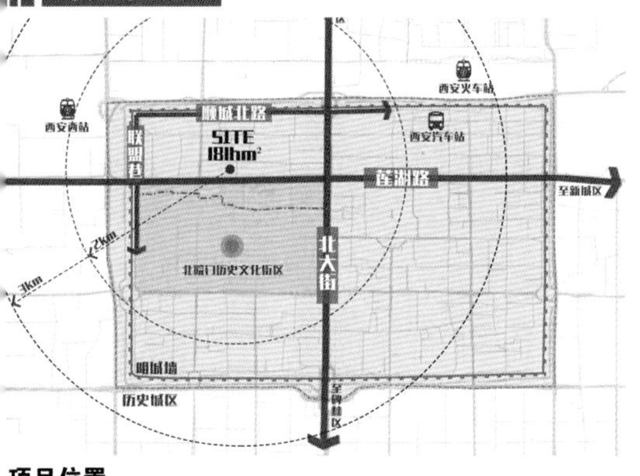

项目位置

项目地处西安市莲湖区东部的青年路街道，西安明城墙内西北隅，为历史城区重要保护范围，位于北院门历史文化街区北侧，为综合性服务片区。

项目面积

项目规划范围内用地面积约181公顷。

规划要点

①人居环境改善；②功能品质提升；③特色风貌塑造；④历史文化传承。

主题解读

传统风貌破坏 设施老化 十三朝古都 西安 历史城区 历史文化名城 长安城 人口密度过大

历史文化是城市的灵魂，是中华民族的根和魂，是我们在世界文化激荡中站稳脚跟的根基，要像爱惜自己的生命一样保护好城市历史文化遗产，延续历史文脉，坚定文化自信，要敬畏历史、敬畏文化、敬畏生态，全面保护好历史文化遗产，实现中华民族伟大复兴的中国梦。

发展与保护的平衡　历史与现代的平衡　整体与局部的平衡

精准更新 + **文脉传承**

针对城市发展存在的问题，因地制宜探索城市更新发展模式，实现城市精准更新。

强化地段历史文化保护和特色风貌塑造，传承地段历史文脉，延续长安繁华。

文化串轴
- 保留历史文化要素 留住历史文化记忆
- 串联历史文化节点 重现老城新鲜活力

空间塑形
- 扩增升级公共空间 优化提升绿化景观
- 完善公服设施配置 梳理道路网络体系

业态赋能
- 发展特色文化产业 突出在地文化特色
- 植入新型前沿产业 推动产业优化提升

社区升维
- 引导公众参与治理 提高居民的归属感
- 协调多方利益平衡 实现综合效益最优

政策总结

"有机更新"西安市未来城市更新总基调

对城市建成区空间形态和城市功能的持续完善及优化调整，是"小规模、渐进式、可持续的更新"。西安历史悠久、文化厚重，更加需要通过有机更新推动城市的高质量发展。

突出老旧小区改造，兼顾多种更新模式

近年来，提及对西安老旧小区进行改造的相关政策不断增多且不断细化完善，包括老旧小区改造、危旧楼房改建、老旧厂房改造、老旧楼宇更新、其他类型空间（公共空间、产业园、棚户区等）改造。

城市各功能区实行差异化的更新原则

文化核心区以保护更新为主，中心城区以减量提质更新为主，城市副中心和新区结合城市更新承接中心城区功能疏解，生态涵养区结合城市更新适度承接与绿色 生态发展相适应的城市功能。

政府统筹管理，健全更新规划

规划、土地、资金等方面的支持性政策落地，并且力度较大，为城市更新提供了新的契机，进一步扩大了适用范围，保障持续、长久的城市更新行动。

历史沿革

隋朝龙首原南平原上规划创建的新都大兴城在唐朝改为长安城。

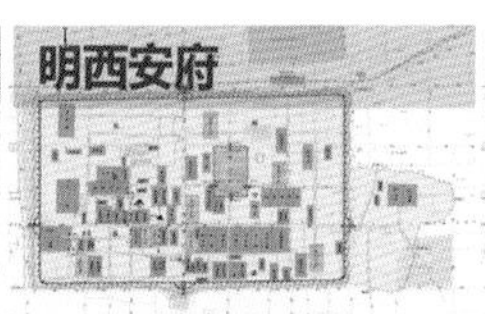

明西安府城是在唐末韩建所筑新城的基础上扩建而成的。

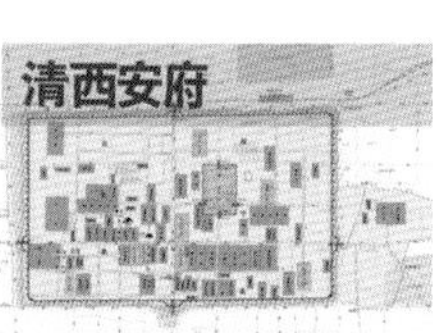

清西安府城的总体规模仍和明代一 样。

现状分析

用地分析

从总体上看，基地现状**用地功能齐全、用地布局均匀**，但存在**用地品质低、服务类用地有待完善**的情况

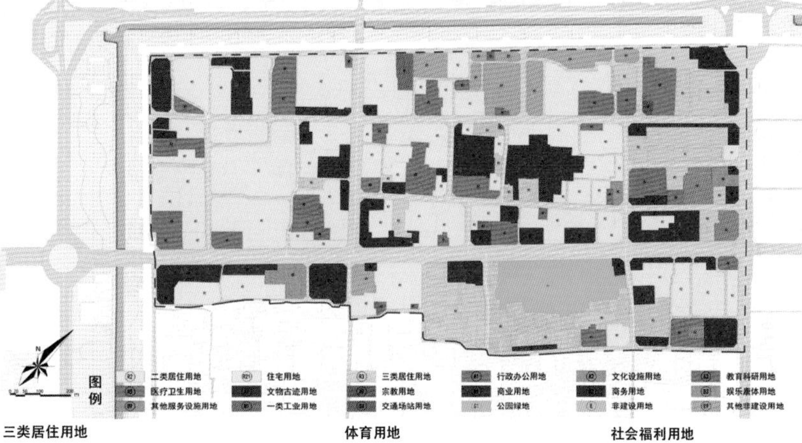

三类居住用地	体育用地	社会福利用地
占地面积：21.08公顷	占地面积：0.00公顷	占地面积：0.00公顷
占城市建设用地比例:15.47%	占城市建设用地比例:0.00%	占城市建设用地比例:0.00%

地区现状用地以**居住、商业用地**为主。多层二类住宅主要分布在地块中西部，东南侧以低层三类住宅为主；商业用地主要分布在**北大街、莲湖路、药王洞**两侧，以零售、商贸为主；医疗、教育、商业、办公等用地分布较均匀；**社会福利用地、体育用地明显较少；绿地、广场等用地不足**；北部有较多其他非建设用地。

人口分析

从总体上看，青年路基地**人口构成丰富，比例协调**，但存在**老龄化较严重，人口分布不均**的情况

特征	问题
自然增长率有所回升，常驻人口比例增加	老龄化较严重：片区内老龄人口占比逐年递增
人口结构丰富，男女比例协调	人口密度不均：片区内地块人口密度差异大
青壮年人口占比较大，劳动力充足	收入水平不高：片区内人群以商业服务为主，收入不高

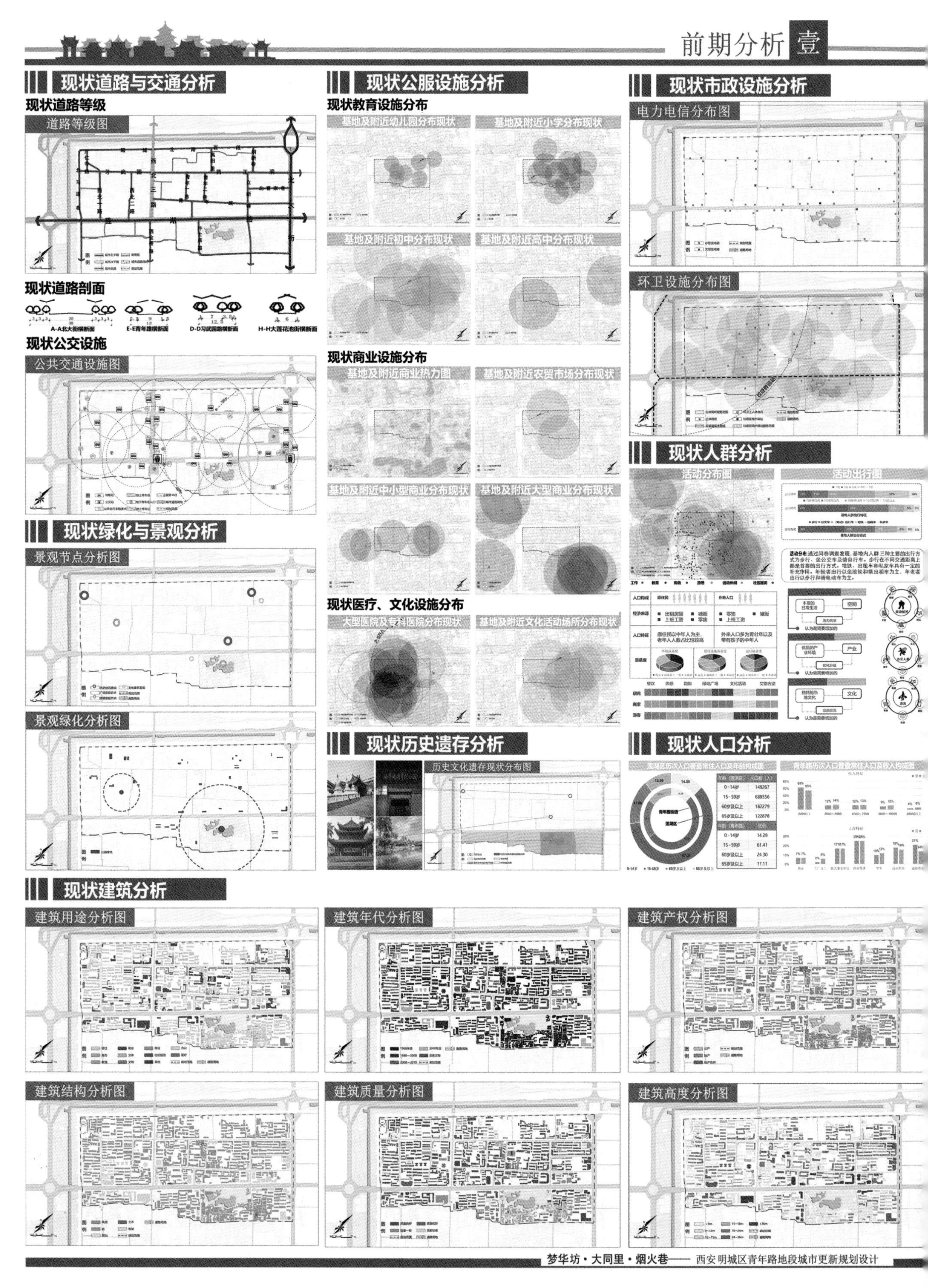

前期分析 壹
现状道路与交通分析
现状道路等级
道路等级图
现状道路剖面
A-A北大街横断面
E-E青年路横断面
D-D习武园路横断面
H-H大莲花池街横断面
现状公交设施
公共交通设施图
现状绿化与景观分析
景观节点分析图
景观绿化分析图
现状公服设施分析
现状教育设施分布
基地及附近幼儿园分布现状
基地及附近小学分布现状
基地及附近初中分布现状
基地及附近高中分布现状
现状商业设施分布
基地及附近商业热力图
基地及附近农贸市场分布现状
基地及附近中小型商业分布现状
基地及附近大型商业分布现状
现状医疗、文化设施分布
大型医院及专科医院分布现状
基地及附近文化活动场所分布现状
现状历史遗存分析
历史文化遗存现状分布图
现状市政设施分析
电力电信分布图
环卫设施分布图
现状人群分析
活动分布图
活动出行图
现状人口分析
现状建筑分析
建筑用途分析图
建筑年代分析图
建筑产权分析图
建筑结构分析图
建筑质量分析图
建筑高度分析图
梦华坊·大同里·烟火巷——西安明城区青年路地段城市更新规划设计

目标愿景 贰

上位规划

《西安市城市总体规划（2008—2020年）》《西安历史文化名城保护规划(2020—2035年)》《文物保护单位规划》

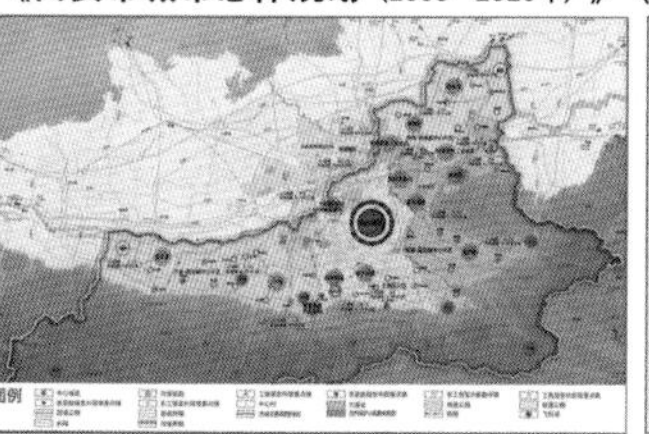
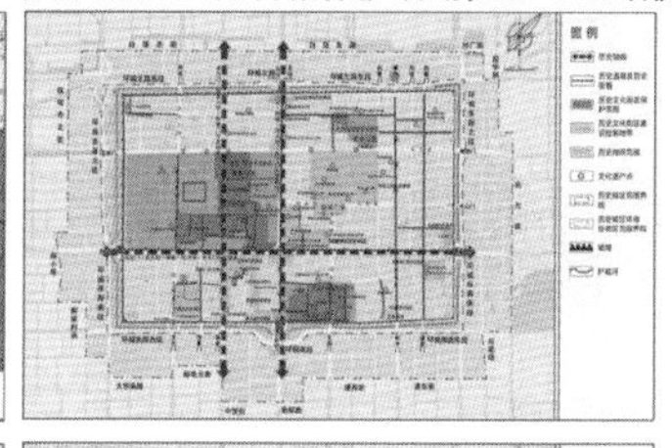
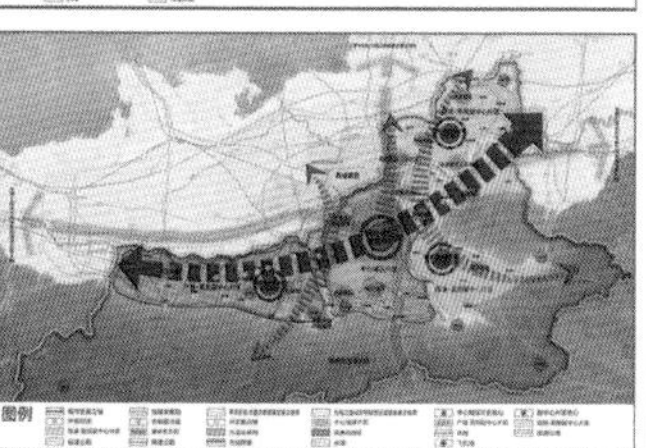
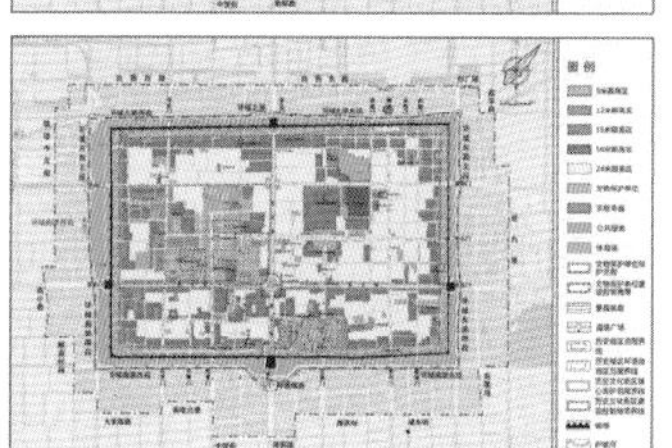
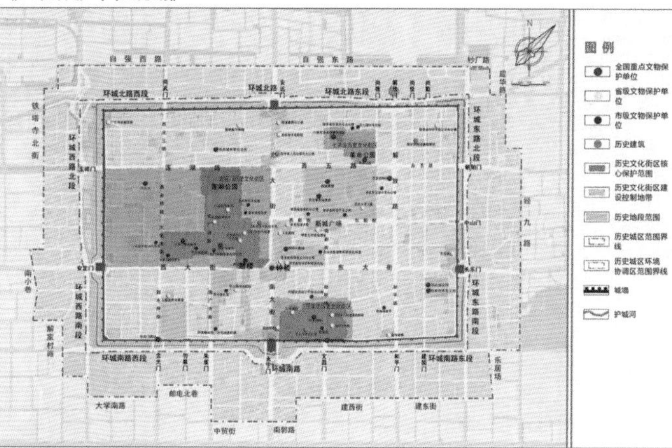

价值总结

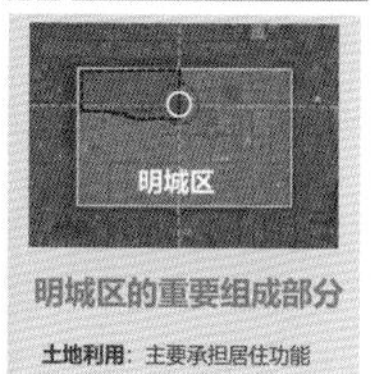
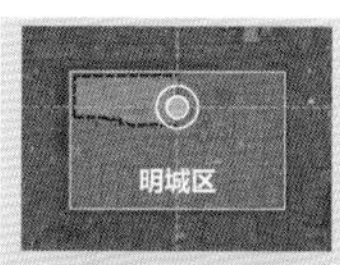

明城区的重要组成部分

土地利用： 主要承担居住功能

文化： 基地内有多处文物保护单位

生态： 莲湖公园为重要开放空间

功能： 医疗资源丰富

边界线的重要历史价值

城墙： 围合限定基地范围，稳重厚实之感

边缘区： 基地位于明城区边缘区，场地空间消极局促

中轴线： 引导空间秩序之感

基地内的明显居住特征

社区： 基地内有多个居住社区

氛围： 生活气息浓厚

精神： 具有一定的场所精神

市井： 古城区的生活方式

问题总结

公服设施配套不足

高密度建筑肌理下如何完善配套功能

基地现状缺少社区级配套设施（养老院、居民活动中心等）和户外活动场所等基本设施。

历史文化彰显不够

如何在文脉传承与未来更新中寻找平衡

基地内的文化发掘不够深入，仿古建筑千篇一律，品牌塑造不够突出，与现代化都市的建设产生矛盾。

空间环境品质不佳

如何提升人居环境改善居民生活品质

基地现状缺少公共空间，无法满足当代人的需求；场地硬化过渡缺乏生态功能，影响美观效果。

道路体系网络不畅

老城区复杂道路网如何保证人车共存

基地交通量大，路网密度低，部分断头路导致通达性不足；人车混行和停车位缺乏问题较严重。

理念阐述

古人将一天分为

十二时辰

昼夜更替，轮回不息

岁月流转，城市更新

当亘古不变的十二时辰遇到人群生活

将会擦出怎样的火花?

连接自上而下与自下而上的双向更新动能

最终实现辰·角·境交互

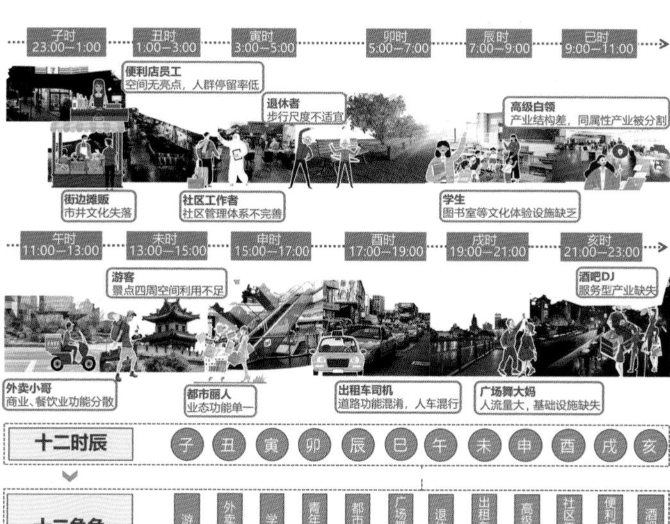

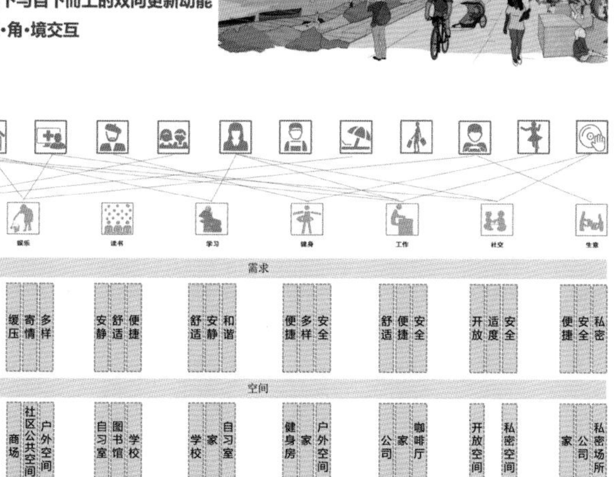

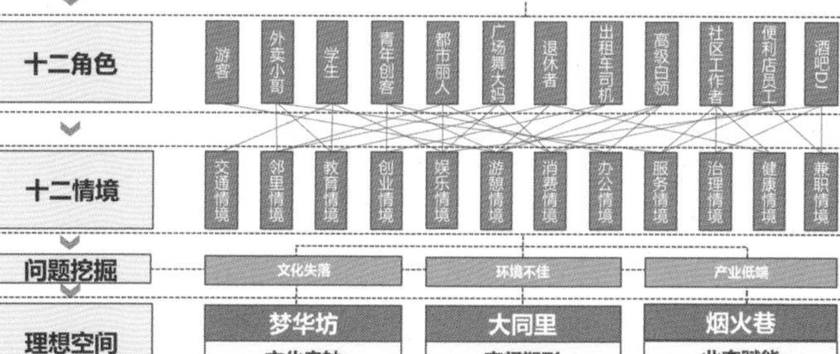

目标愿景

我们对基地的目标

梦华坊：融合古今文化的文创街区

大同里：承载多元价值的共享平台

烟火巷：品味市井生活的生活体验区

我们对基地的愿景

构建共享而融合的全场景生活体验区

打造韧性而包容的高品质生活宜居地

培育美好而和谐的社会氛围和生活场景

效果展示 叁

总平面图

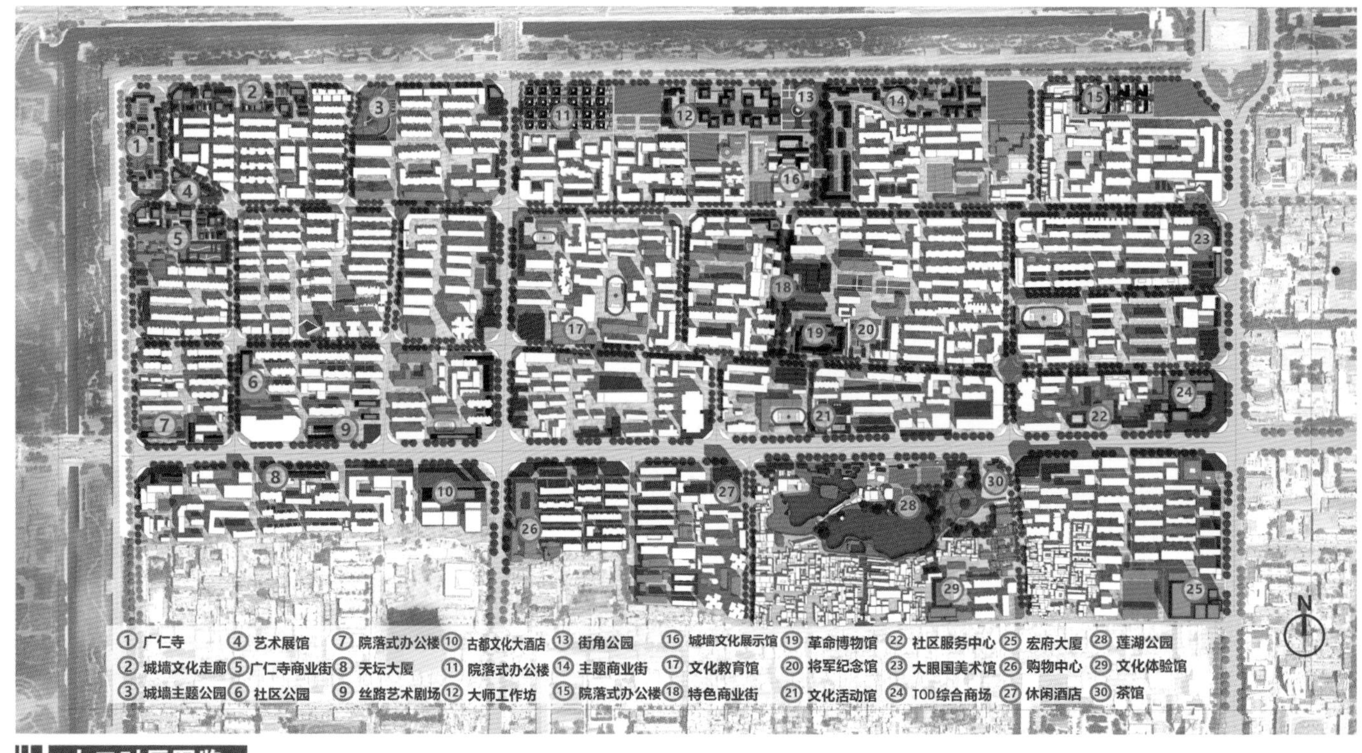

十二时辰图鉴

便利店员工|兼职场景

摊贩|创业场景

社区工作者|治理场景

退休者|健康场景

学生|教育场景

高级白领|办公场景

外卖小哥|服务场景

游客|游憩场景

都市丽人|消费场景

出租车司机|交通场景

广场舞大妈|邻里场景

酒吧DJ|娱乐场景

规划系统

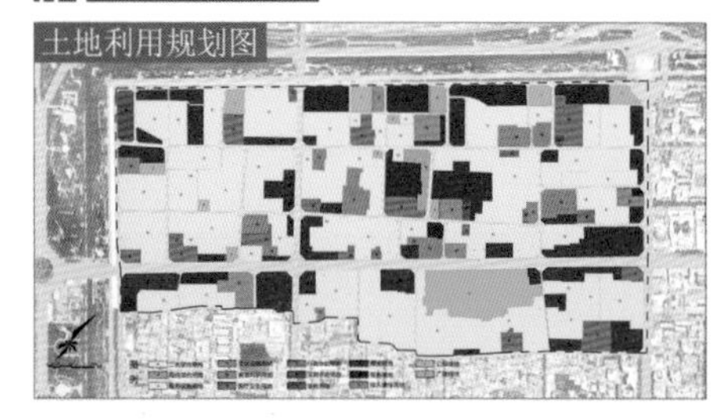

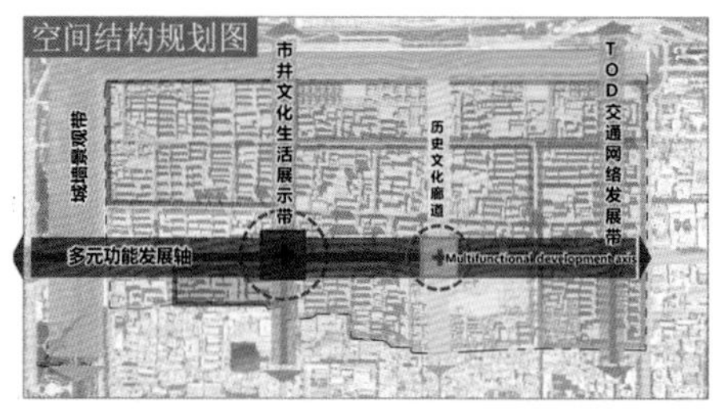

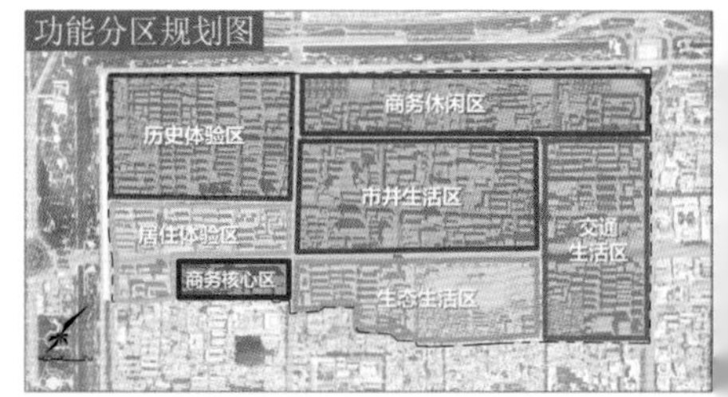

效果展示 叁

鸟瞰图

概念规划

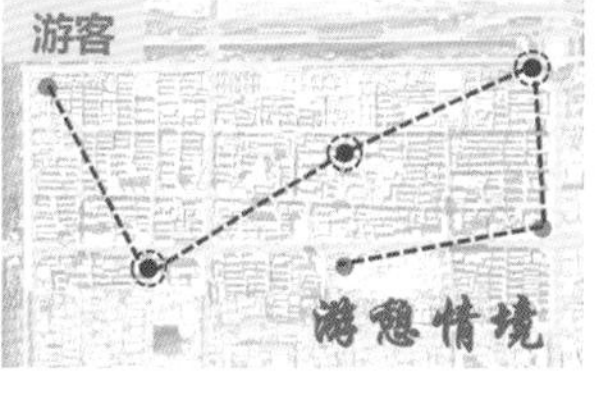

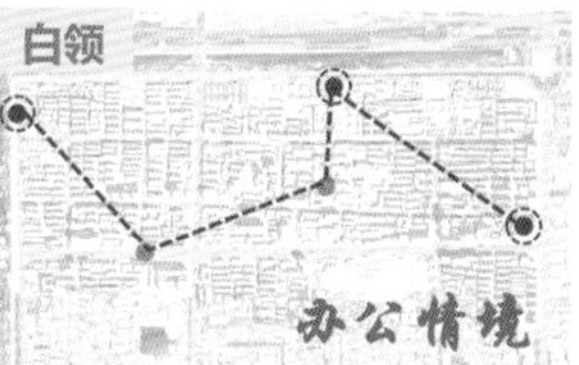

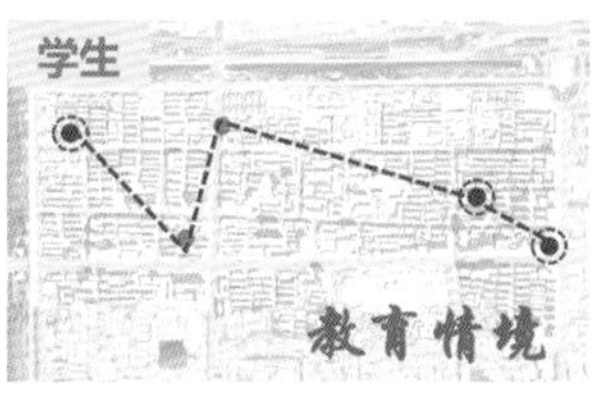

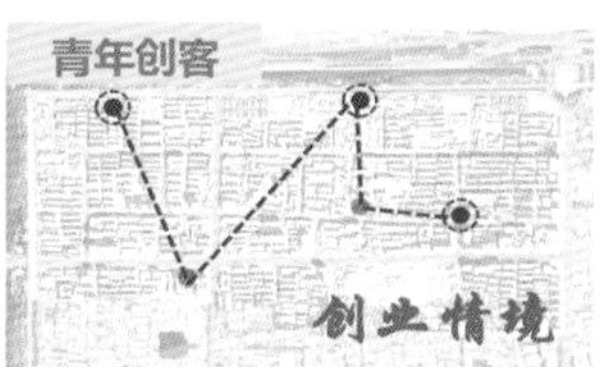

规划策略 肆

空间塑形

引入差异化功能

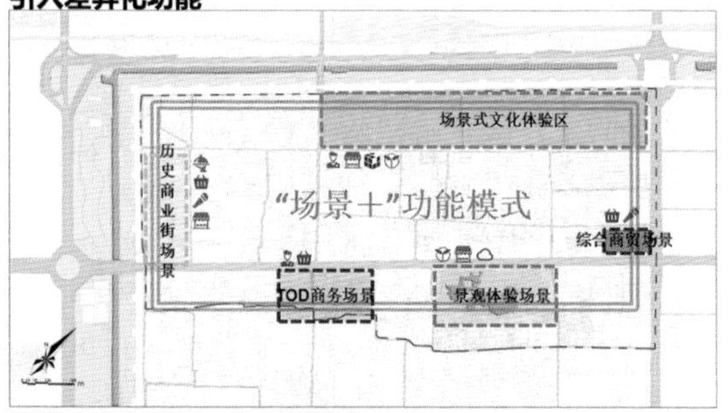

构建"三网串联"的步行体系

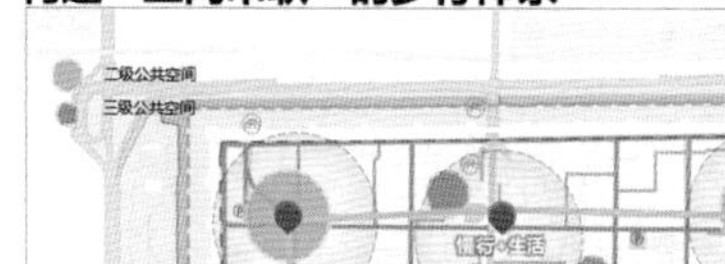

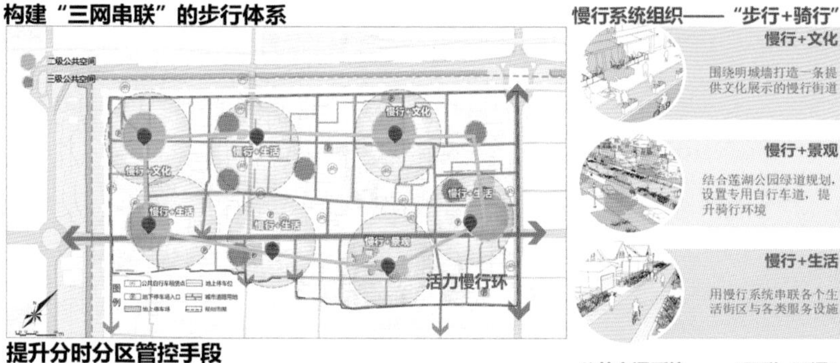

慢行系统组织——"步行+骑行"

慢行+文化

围绕明城墙打造一条提供文化展示的慢行街道

慢行+景观

结合莲湖公园绿道规划，设置专用自行车道，提升骑行环境

慢行+生活

用慢行系统串联各个生活街区与各类服务设施

提升支路网密度，改善微循环

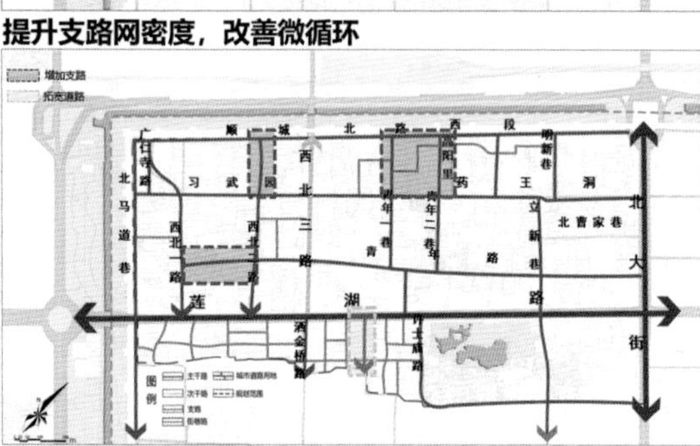

提升分时分区管控手段

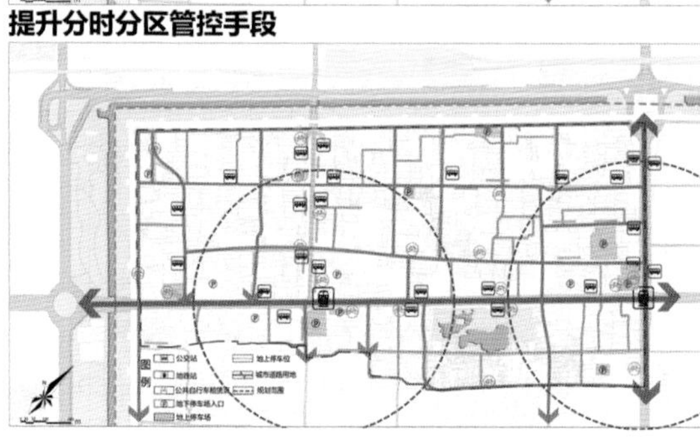

公共交通系统——"互联+互通"

利用互联互通的**分级公共交通技术**，提供更多通畅的公共交通服务。

将**公共交通车站**设置在**便利的位置**，仅**通过步行**即可到达住宅区、工作单位和服务点。

围绕公共交通创建人口密度更高的**混合用途中心**。

近期：适当增加**商业区停车位供给**。

远期：逐步改造为**地下停车**，**鼓励公交出行**，减轻古城交通压力。

文化串轴

文化要素梳理

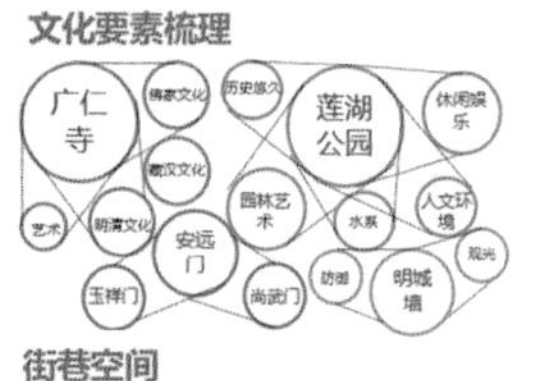

生活记忆

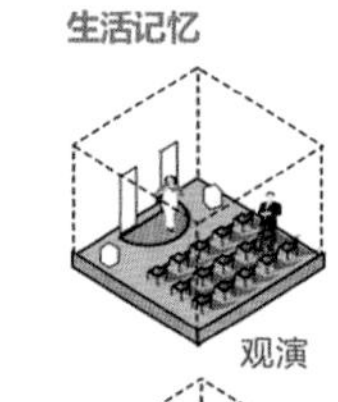

观演

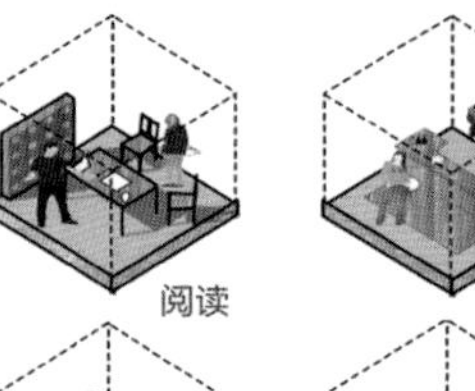

阅读

就餐

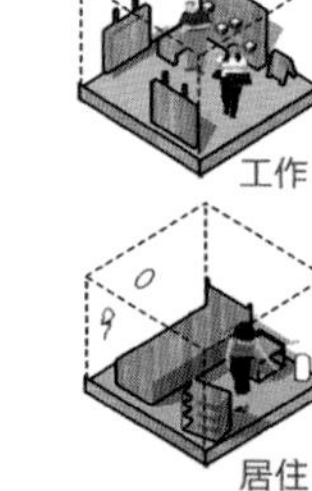

工作

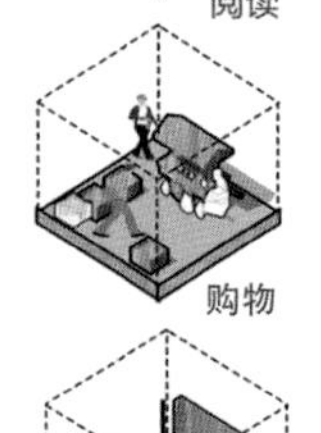

购物

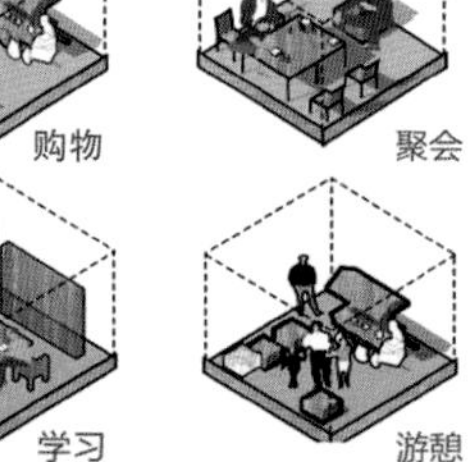

聚会

居住

学习

游憩

街巷空间

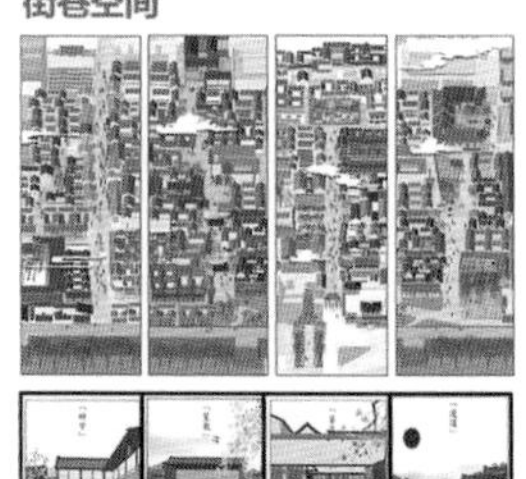

文化传承

构建**文化辐射模型**，体现"双环"的结构性；以重要的历史社区、绿地系统特色路径为主，串联基地各个组团，形成历史—社区—景观特色网络，强化对基地的场景认同。

提升街道商业生活文化记忆氛围，改善居住区的生活品质，提高居民生活品质与趣味，加强居民和附近商户在地认同感，营造新的文化生活氛围，延续文脉，传承记忆。

业态赋能

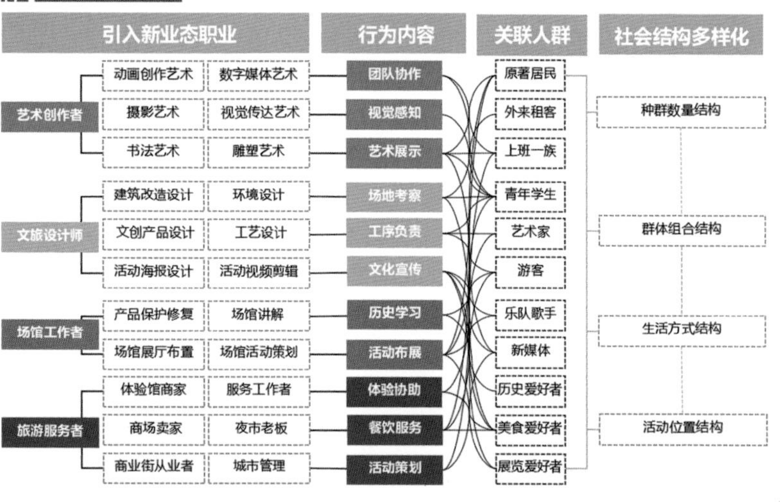

通过**线上**与**线下**同时进行文化营销，对城市品牌进行综合推广，彰显城市价值，带动产业发展，拉动市民、游客进行人气互动，给国内外游客呈现一个从大唐盛世走来的**新时代繁荣西安**。

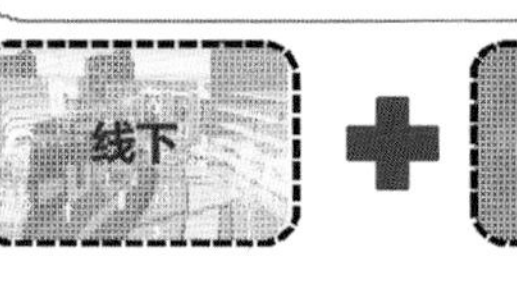

线下

品味传统美食　体验风土人情

游览古迹名胜　感受秦岭文化

梦华坊·大同里·烟火巷——西安明城区青年路地段城市更新规划设计

片区设计 伍

鸟瞰图

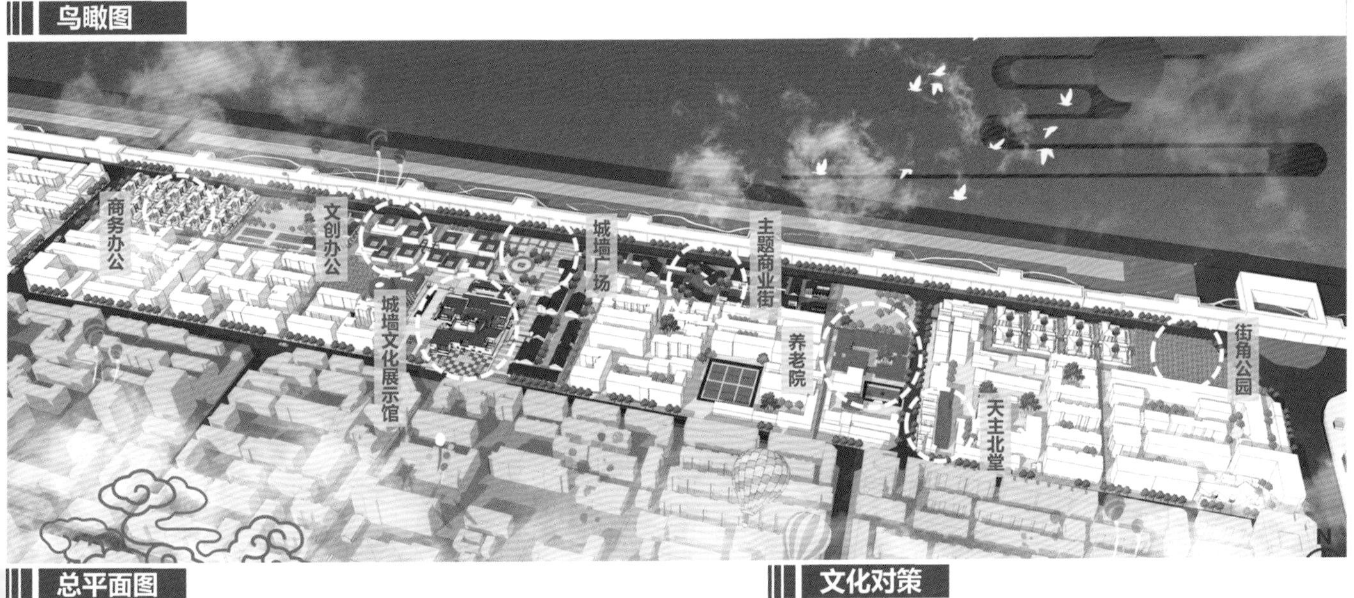

总平面图

需求分析

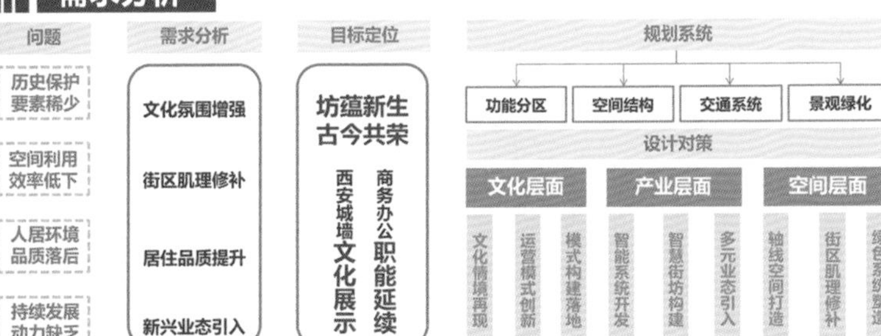

目标愿景

片区名称	主题	建筑类型	功能
商务文化休闲区	城墙文化展示、太极宫办公功能延续的商务街区	以院落型办公为主的街区	办公、居住、城墙文化展示

情境演绎

文化对策

文化情景再现

运营模式创新

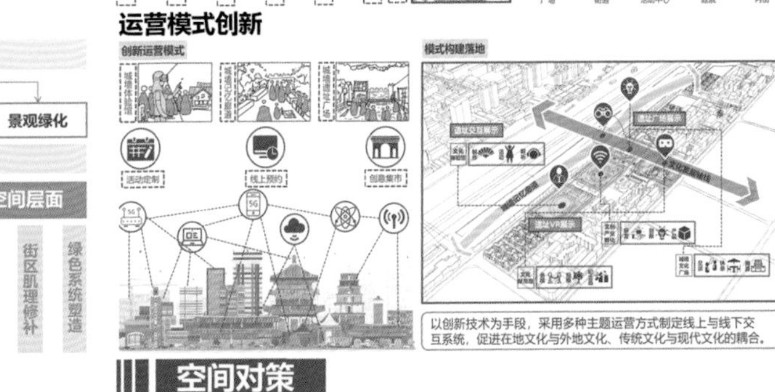

空间对策

街区肌理修补

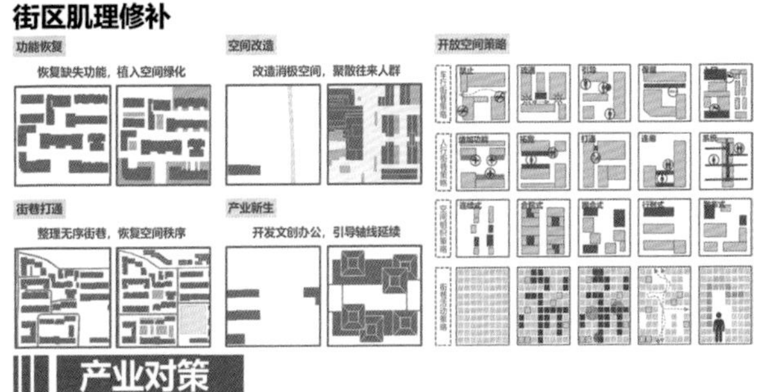

产业对策

智能系统开发

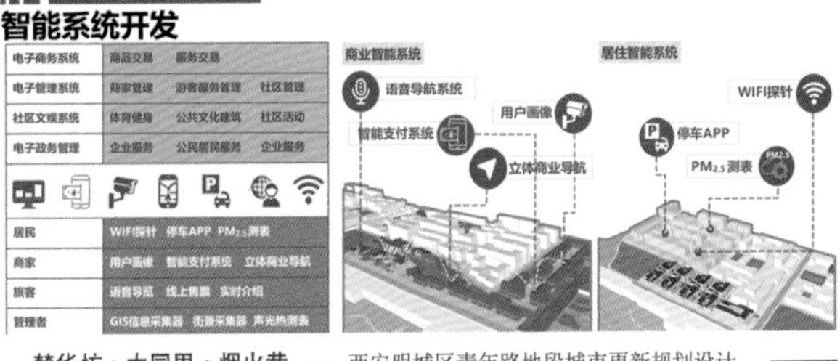

片区设计 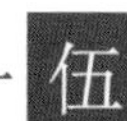

总鸟瞰图

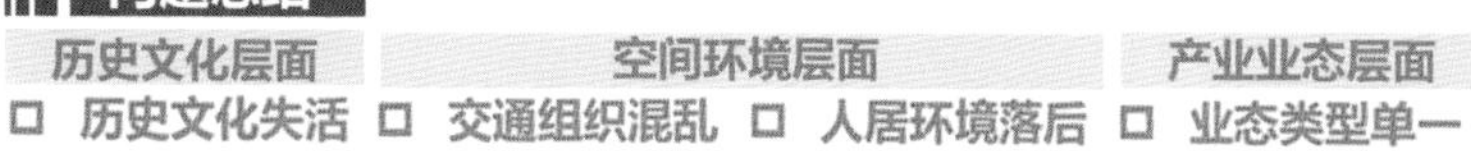

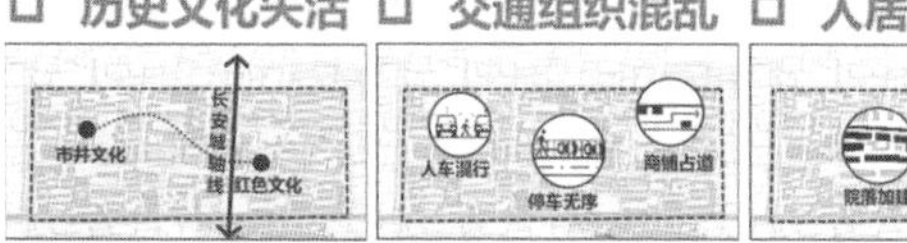

目标定位

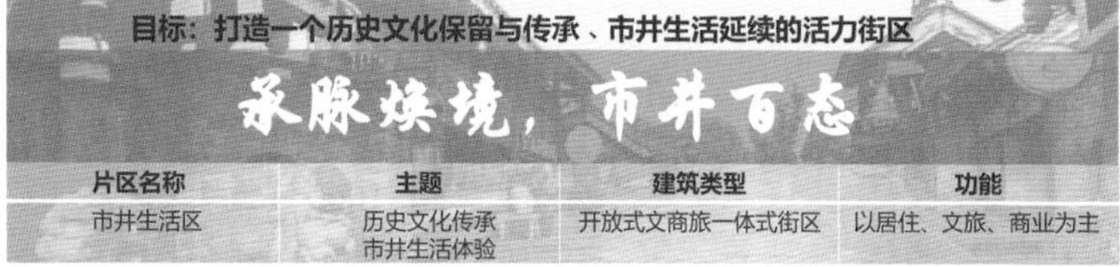

目标：打造一个历史文化保留与传承、市井生活延续的活力街区

承脉焕境，市井百态

片区名称	主题	建筑类型	功能
市井生活区	历史文化传承 市井生活体验	开放式文商旅一体式街区	以居住、文旅、商业为主

总平面图

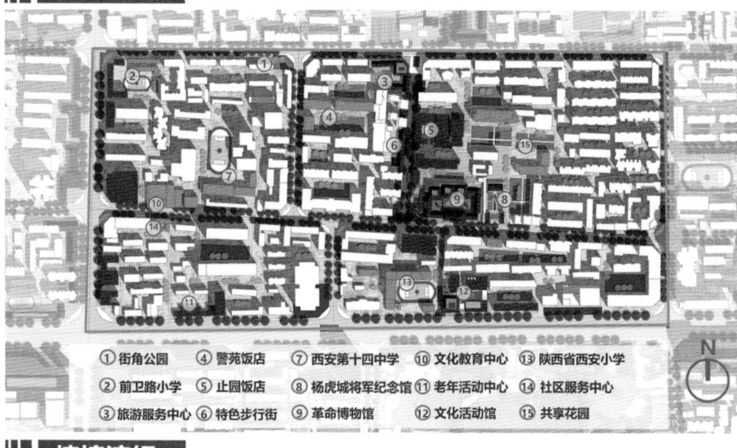

情境演绎

规划系统

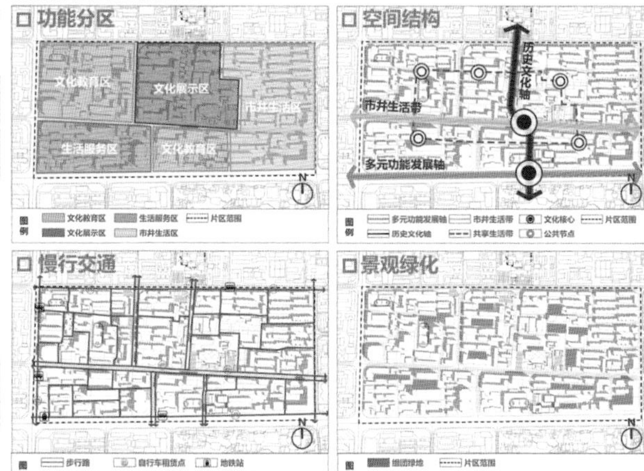

规划策略

文化层面

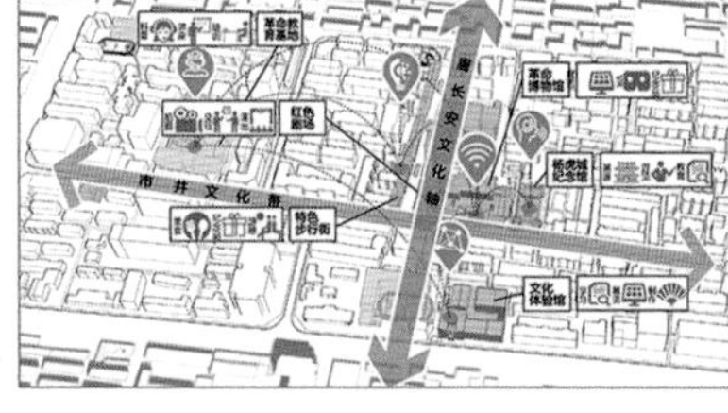

产业层面

空间层面

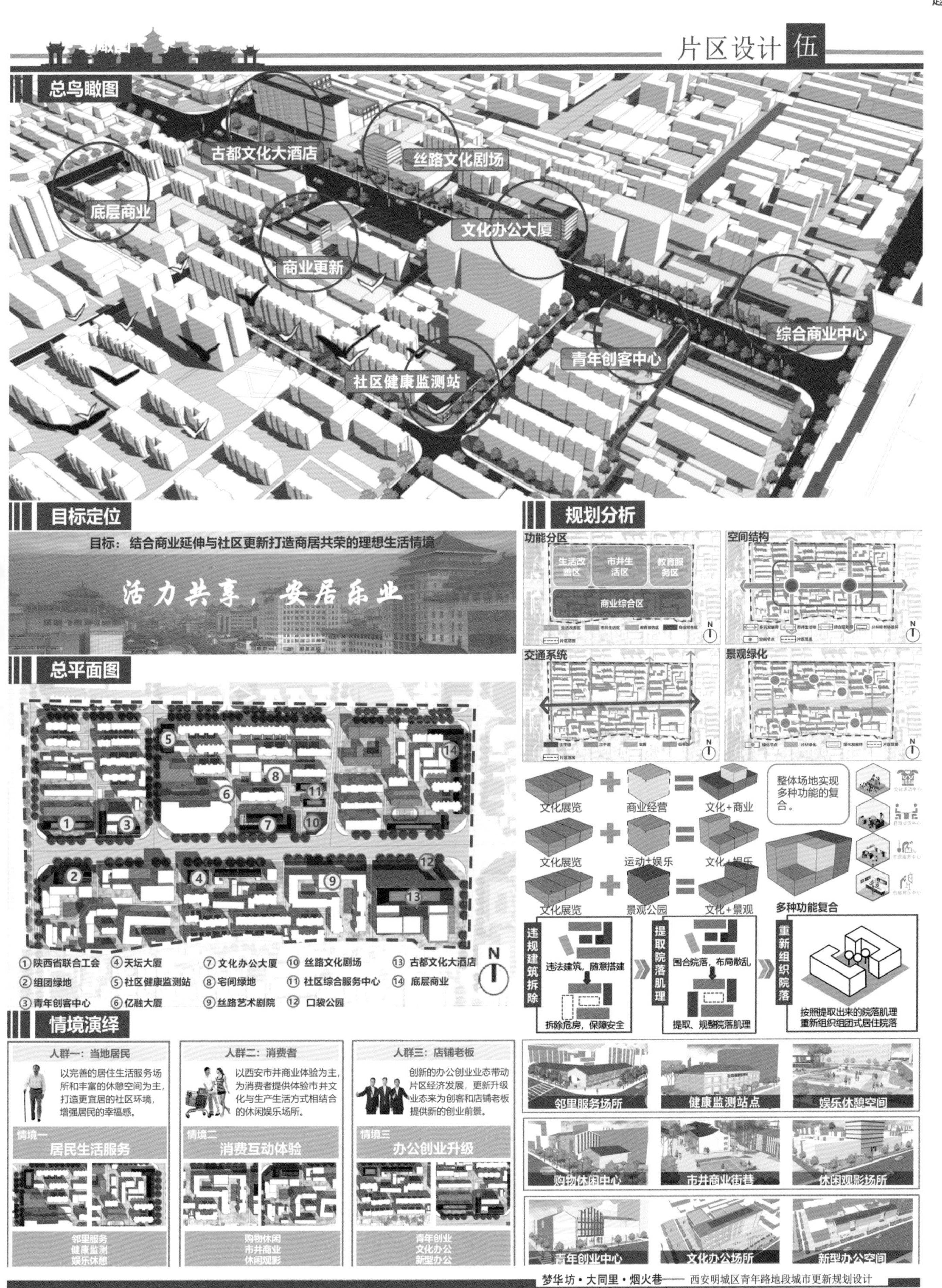

片区设计 伍
总鸟瞰图
古都文化大酒店
丝路文化剧场
底层商业
文化办公大厦
商业更新
综合商业中心
青年创客中心
社区健康监测站
目标定位
目标：结合商业延伸与社区更新打造商居共荣的理想生活情境
活力共享，安居乐业
总平面图
①陕西省联合工会
②组团绿地
③青年创客中心
④天坛大厦
⑤社区健康监测站
⑥亿融大厦
⑦文化办公大厦
⑧宅间绿地
⑨丝路艺术剧院
⑩丝路文化剧场
⑪社区综合服务中心
⑫口袋公园
⑬古都文化大酒店
⑭底层商业
规划分析
功能分区
生活改善区
市井生活区
教育服务区
商业综合区
空间结构
交通系统
景观绿化
文化展览
商业经营
文化+商业
运动+娱乐
文化+娱乐
景观公园
文化+景观
整体场地实现多种功能的复合。
多种功能复合
违规建筑拆除
违法建筑，随意搭建
拆除危房，保障安全
提取院落肌理
围合院落，布局散乱
提取、规整院落肌理
重新组织院落
按照提取出来的院落肌理重新组织组团式居住院落
情境演绎
人群一：当地居民
以完善的居住生活服务场所和丰富的休憩空间为主，打造更宜居的社区环境，增强居民的幸福感。
情境一
居民生活服务
邻里服务
健康监测
娱乐休憩
人群二：消费者
以西安市井商业体验为主，为消费者提供体验市井文化与生产生活方式相结合的休闲娱乐场所。
情境二
消费互动体验
购物休闲
市井商业
休闲观影
人群三：店铺老板
创新的办公创业业态带动片区经济发展，更新升级业态来为创客和店铺老板提供新的创业前景。
情境三
办公创业升级
青年创业
文化办公
新型办公
邻里服务场所
健康监测站点
娱乐休憩空间
购物休闲中心
市井商业街巷
休闲观影场所
青年创业中心
文化办公场所
新型办公空间

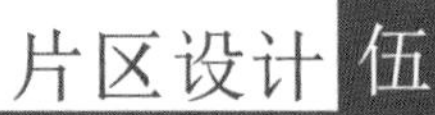

片区设计 伍

问题总结

目标愿景

目标：结合明城区中轴线与轨道交通换乘站打造具有活力的新型居住综合区

中轴塑心，活力交汇

总平面图

道路交通重构

设计对策

产业层面

业态更新原则

完善基础服务	强化业态融合	植入创新业态
结合人群需求，完善基础服务和基础业态水平，提供良好的消费体验。	针对功能业态类型，鼓励业态融合，提升片区业态活力。	利用周边资源，结合不同人群需求植入高端产业，满足高品质多元需求。

业态更新类型

日常服务类	购物体验类	文化体验类
服务人群、当地居民	消费人群、当地居民	消费人群、游客、当地居民
活动偏好	活动偏好	活动偏好
餐饮零售 生活服务	金融服务 商场购物	文化体验
目标定位	目标定位	目标定位
便捷的消费体验 完善的商业业态	个性化与体验感 现代商业综合体	文化性与艺术性 线上线下新平衡

文化层面

轴线节点延续

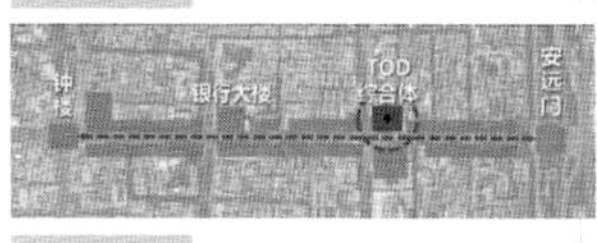

建筑立面延续

空间层面

新型功能植入

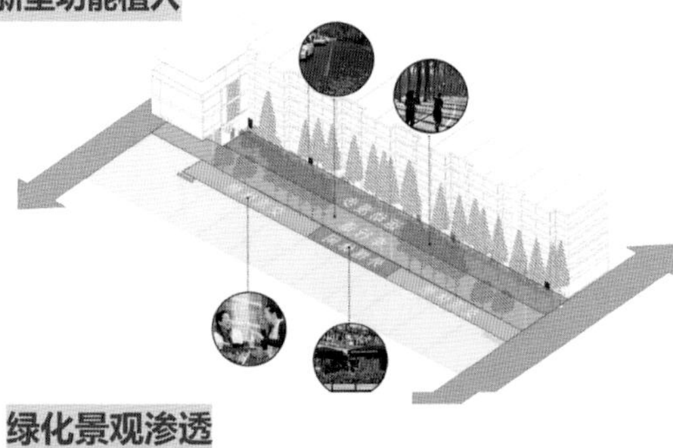

绿化景观渗透

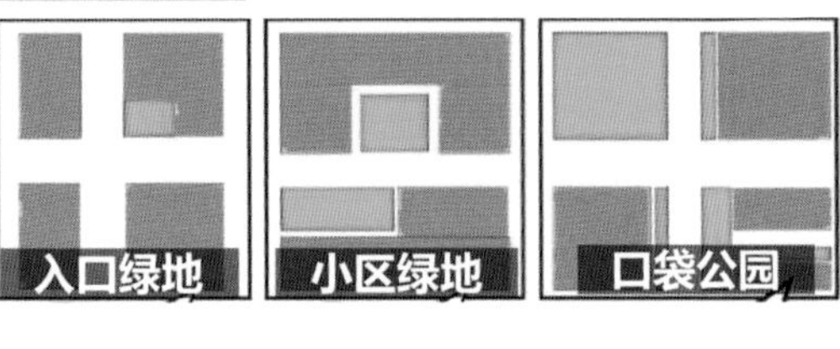

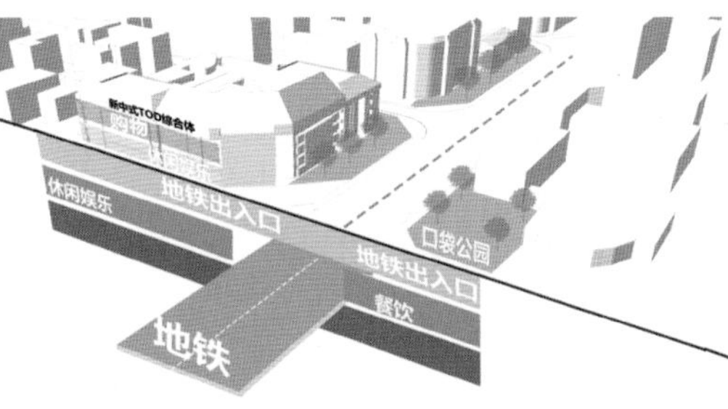

鸟瞰图

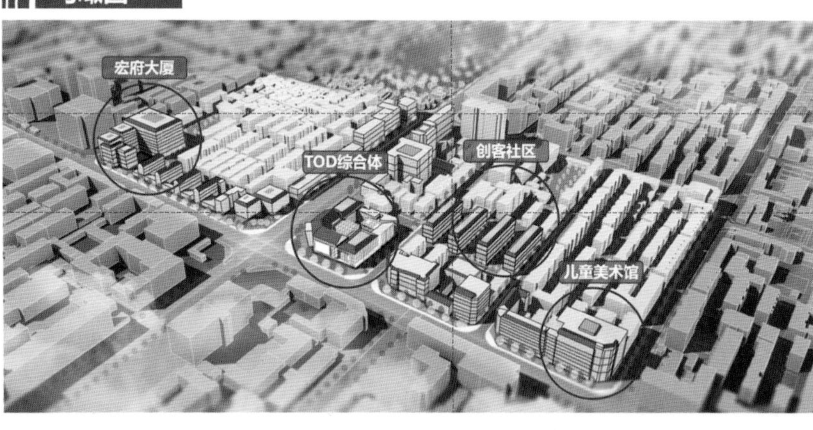

片区设计 伍

规划系统

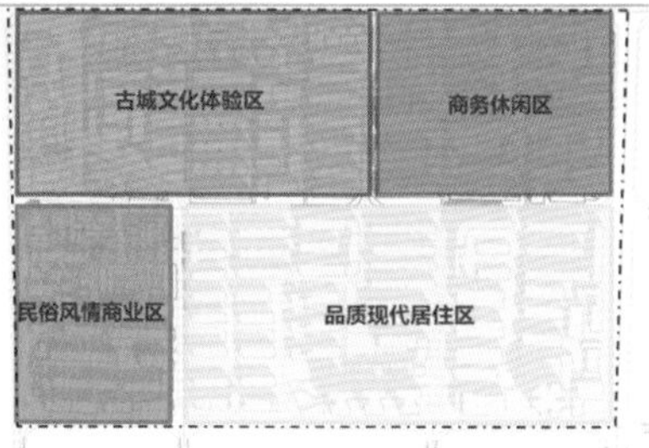

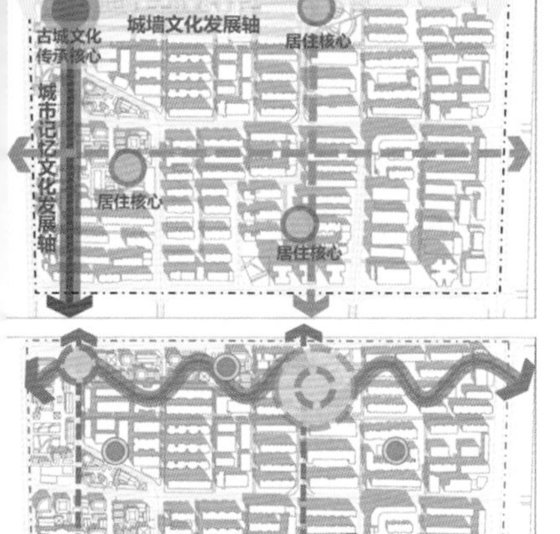

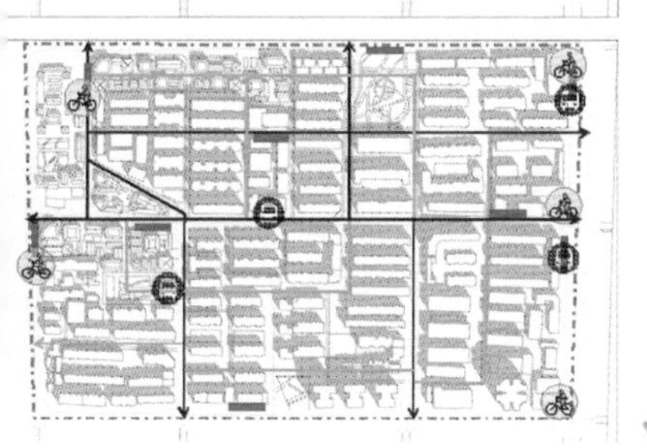

目标定位

目标：结合文化遗产与景观要素打造古城游览观光、西安市井生活体验的文化体验区

城墙映像，韵味百态

总平面

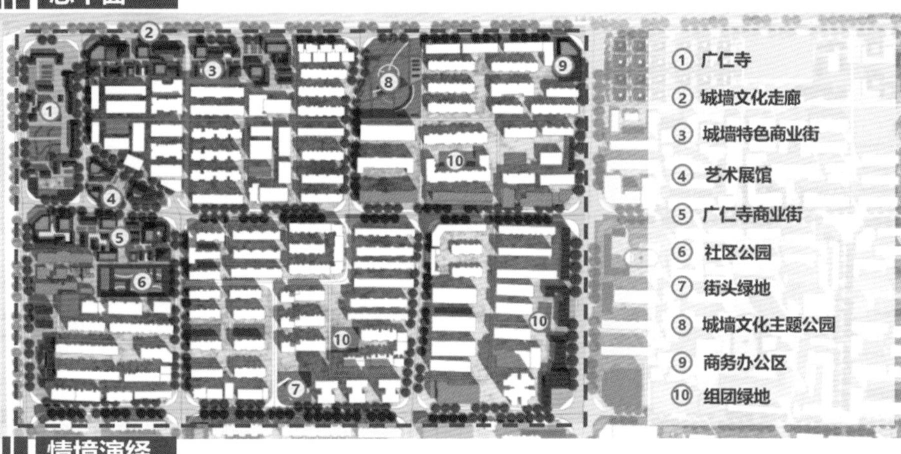

情境演绎

情境一 城墙文化主题公园

场景类型：游览观光
参与人群：居民+游客

情境二 社区公园

场景类型：休闲娱乐
参与人群：居民+学生

片区设计 伍

鸟瞰图

规划系统

平面图

目标定位

情境演绎

文化对策

需求分析

梦华坊·大同里·烟火巷—— 西安明城区青年路地段城市更新规划设计

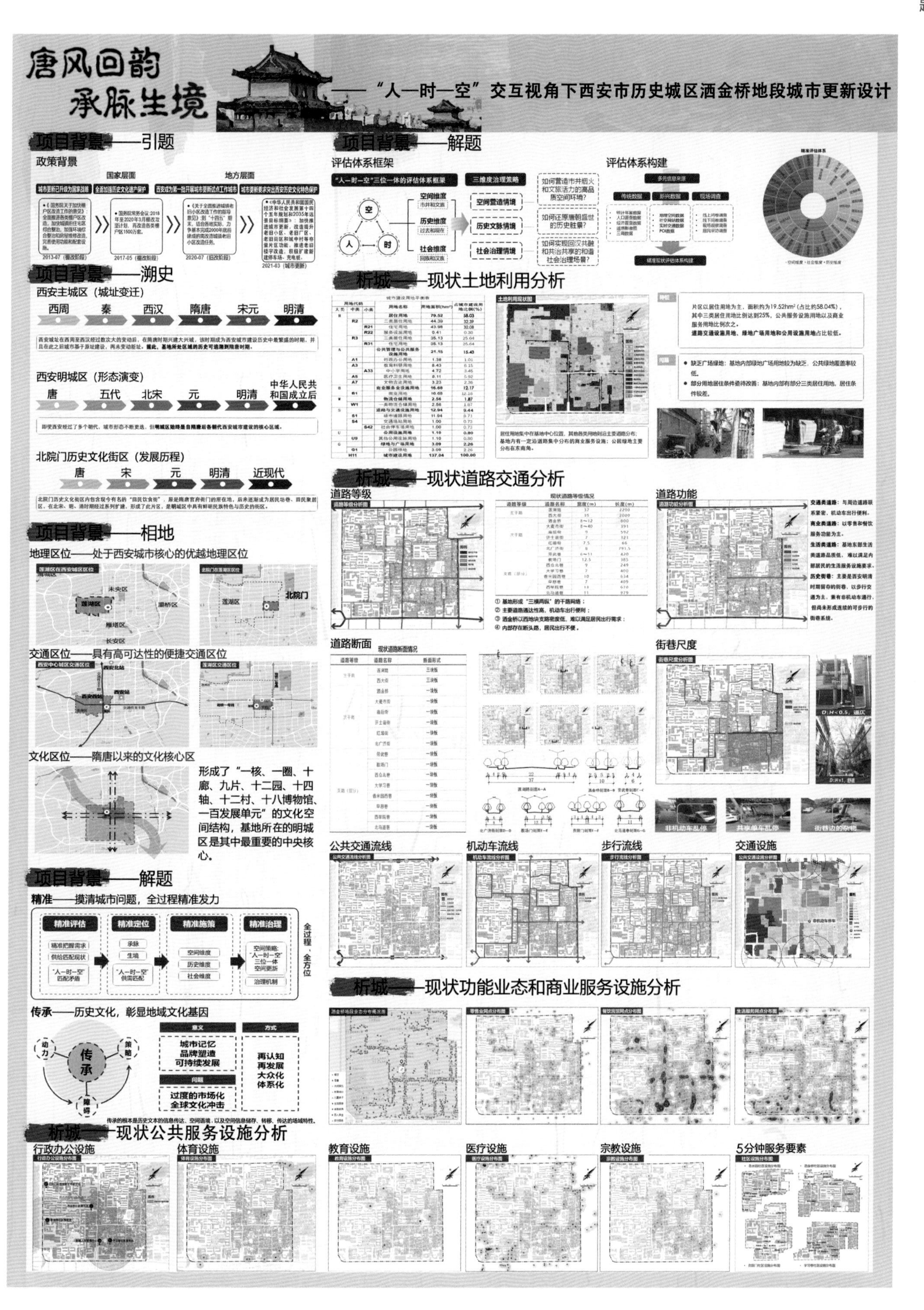

唐风回韵
承脉生境
——“人—时—空”交互视角下西安市历史城区洒金桥地段城市更新设计
项目背景——引题
政策背景
国家层面
地方层面
2013-07（棚改阶段）
2017-05（棚改阶段）
2020-07（旧改阶段）
2021-03（城市更新）
项目背景——溯史
西安主城区（城址变迁）
西周
秦
西汉
隋唐
宋元
明清
西安明城区（形态演变）
唐
五代
北宋
元
明清
中华人民共和国成立后
北院门历史文化街区（发展历程）
唐
宋
元
明清
近现代
项目背景——相地
地理区位——处于西安城市核心的优越地理区位
未央区
莲湖区
灞桥区
雁塔区
长安区
北院门
交通区位——具有高可达性的便捷交通区位
文化区位——隋唐以来的文化核心区
形成了“一核、一圈、十廊、九片、十二园、十四轴、十二村、十八博物馆、一百发展单元”的文化空间结构，基地所在的明城区是其中最重要的中央核心。
项目背景——解题
精准——摸清城市问题，全过程精准发力
精准评估
精准定位
精准施策
精准治理
全过程，全方位
传承——历史文化，彰显地域文化基因
传承
城市记忆
品牌塑造
可持续发展
再认知
再发展
大众化
体系化
过度的市场化
全球文化冲击
项目背景——解题
评估体系框架
“人—时—空”三位一体的评估体系框架
三维度治理策略
空间维度
历史维度
社会维度
空间营造情境
历史文脉情境
社会治理情境
如何营造市井烟火和文旅活力的高品质空间环境？
如何还原唐朝盛世的历史胜景？
如何实现现汉共融和共治共享的和谐社会治理场景？
评估体系构建
析城——现状土地利用分析
析城——现状道路交通分析
道路等级
道路功能
道路断面
街巷尺度
公共交通流线
机动车流线
步行流线
交通设施
析城——现状功能业态和商业服务设施分析
析城——现状公共服务设施分析
行政办公设施
体育设施
教育设施
医疗设施
宗教设施
5分钟服务要素

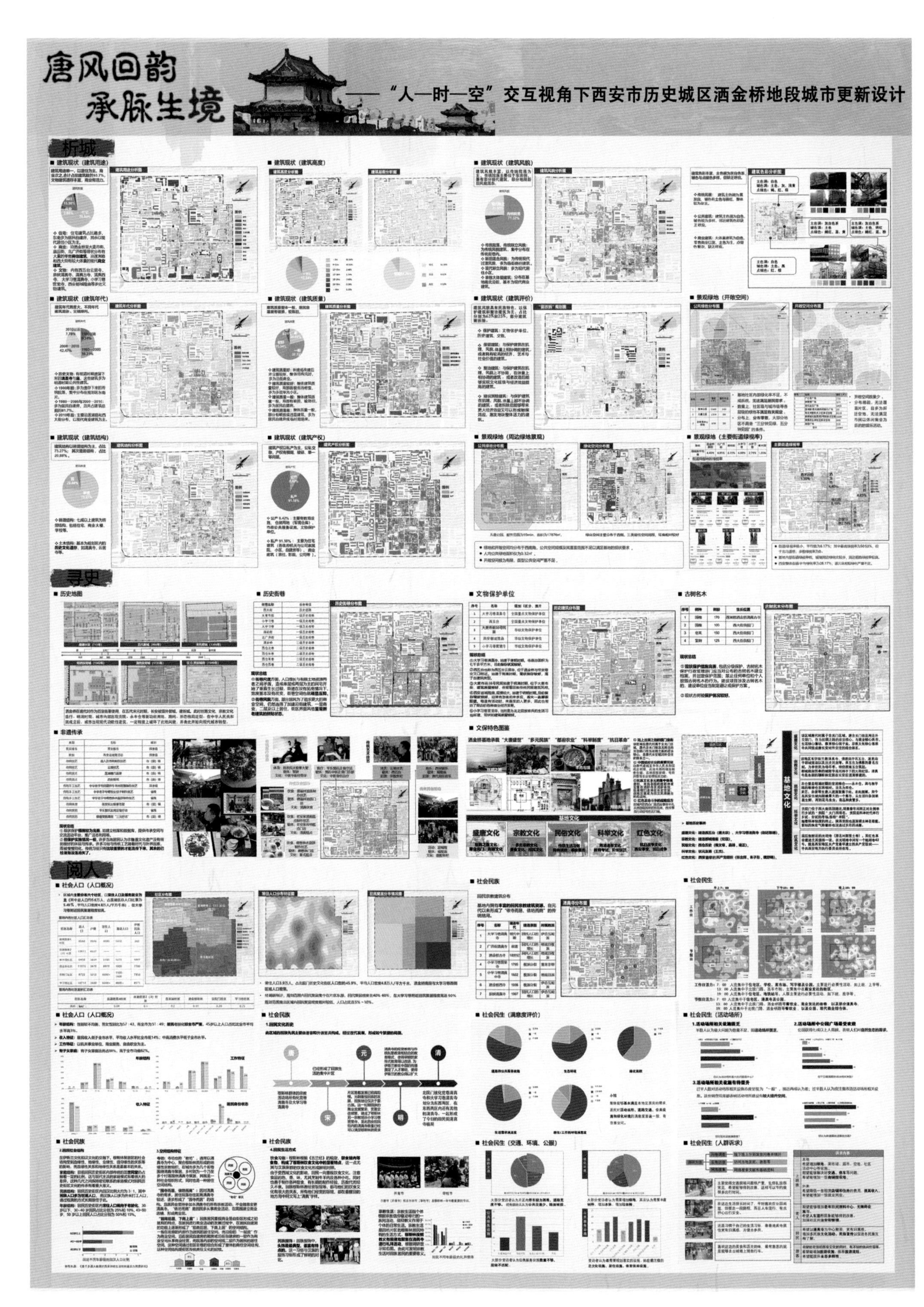

唐风回韵
承脉生境
——"人—时—空"交互视角下西安市历史城区洒金桥地段城市更新设计
析城
建筑现状（建筑用途）
建筑现状（建筑高度）
建筑现状（建筑风貌）
建筑现状（建筑年代）
建筑现状（建筑质量）
建筑现状（建筑评价）
景观绿地（开敞空间）
建筑现状（建筑结构）
建筑现状（建筑产权）
景观绿地（周边绿地景观）
景观绿地（主要街道绿视率）
寻史
历史地图
历史街巷
文物保护单位
古树名木
非遗传承
文保特色图鉴
基地文化
盛唐文化
宗教文化
民俗文化
科举文化
红色文化
阅人
社会人口（人口概况）
社会民族
社会民生
社会民生（满意度评价）
社会民生（活动场所）
社会民生（交通、环境、公服）
社会民生（人群诉求）

唐风回韵
承脉生境
——"人—时—空"交互视角下西安市历史城区洒金桥地段城市更新设计
理序
现状评估结果
空间维度
社会维度
历史维度
· 整体评估
"空间、社会、历史"三个维度的现状需求都级不能满足生活所需能级。
· 空间维度
景观环境能级差，远远不能满足现状需求，商业表现良好。
· 社会维度
人口发展趋势较差，回汉两族总体发展差异较大。
· 历史维度
大量历史遗产未得到很好利用，具有巨大的发展潜力。
空间功能价值
现市井烟火气
历史文化价值
承千年古都文脉
社会情感价值
归回汉精神家园
片区内的沿街小店有很多人气火爆的由当地食材、调料和烹饪工艺制作的特色美食，商业活力十足，烟火气息浓厚。
片区内含2条历史轴线、11条历史街巷、5个文物遗产点、5棵古树名木，并含12个非物质文化遗产，文化资源丰富，价值高。
片区内居民以汉民和回民为主，他们已形成非常稳定的社会网络关系，并将他们的民族情感寄托在这里的宗教寺庙和日常生活之中。
市井
特色美食
活力
非遗
风俗
历史资料
回汉生活
宗教
邻里
核心问题研判
核心问题
空间维度
社会维度
历史维度
空间环境品质差
建筑更新难度大
业态能级偏低
人群结构杂、密度高
利益主体多元
社区治理难度大
文化资源利用不足
历史价值未彰显
规划愿景
唐风回韵，承脉生境
重现历史风貌，展示回族风情的文化街区
传承历史文脉，营造共治共享的历史街区
目标定位
展示地域特色、市井烟火的文旅商街区
体现传统风貌、文化魅力的历史文化街区
打造宜居宜业、回汉共融的西安微更新示范区
技术路线
唐风回韵，承脉生境
案例借鉴
南京小西湖
西安小雁塔
北京大栅栏
扬州仁丰里
成都宽窄巷子
专题指导
空间与历史
空间与社会
空间与产业
历史与空间
产权与建筑
机制与空间
空间形态
建成环境
业态更新
文化基因
产权置换
更新策略
空间策略
历史策略
社会策略
治理策略
策略提出
里坊焕活
承脉赋兴
回汉共融
多方运营
案例分析
南京小西湖
西安小雁塔
片区特征
历史复合 文化复合
功能复合 空间复合 建筑复合
保护与更新策略
突出历史遗产表达
强化保护与展示
丰富产业功能构成
重组片区空间构架
营造空间文化氛围
增强公共性与开放性
梳理片区历史肌理
延续古今城市格局
重构空间布局，对话古今西安
塑造寺塔轴线，突出核心保护区
营造开放空间，赋予传统氛围
改造既有建筑，协调沿街风貌
北京大栅栏
地理位置
节点开发模式
物质空间更新
产业更新
实施主体
更新计划
扬州仁丰里
通过文化开发和
可持续的社区营造
实现街区更新
成立仁丰里文化投资有限公司
收储资产
集中收租
街道
产权不变，街道拥有房子使用权
返租
仁丰里历史文化街区平台组织方式
街区保护与利用新机制
店铺的个性化设计
社区、居民、创客共同参与街区治理
成都宽窄巷子
业态分析
景观分析
运营商业模式

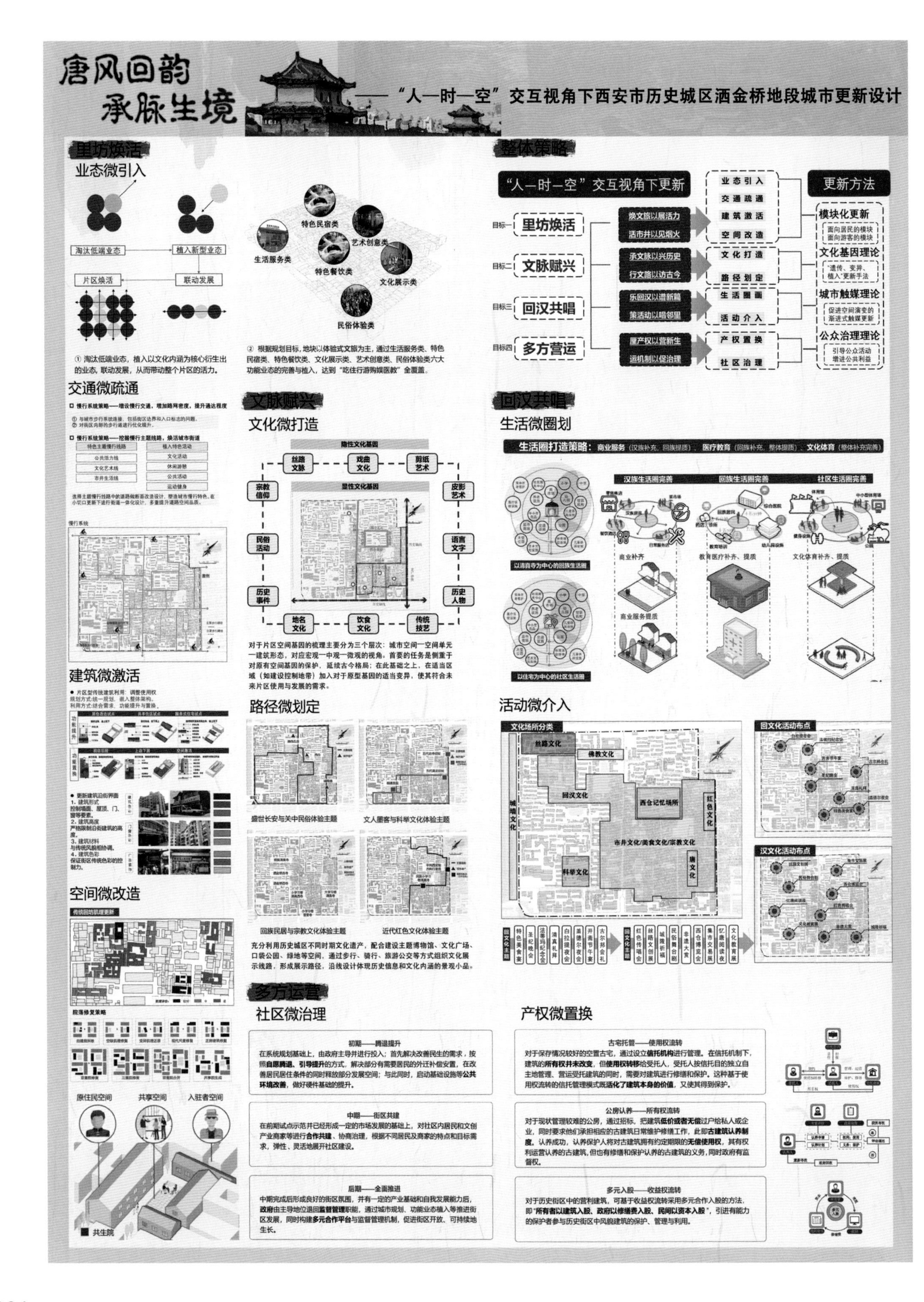
唐风回韵
承脉生境
——"人—时—空"交互视角下西安市历史城区洒金桥地段城市更新设计
里坊焕活
业态微引入
淘汰低端业态
植入新型业态
片区焕活
联动发展
① 淘汰低端业态，植入以文化内涵为核心衍生出的业态，联动发展，从而带动整个片区的活力。
特色民宿类
艺术创意类
生活服务类
特色餐饮类
文化展示类
民俗体验类
② 根据规划目标，地块以体验式文旅为主，通过生活服务类、特色民宿类、特色餐饮类、文化展示类、艺术创意类、民俗体验类六大功能业态的完善与植入，达到"吃住行游购娱医教"全覆盖。
整体策略
"人—时—空"交互视角下更新
目标一 里坊焕活
目标二 文脉赋兴
目标三 回汉共唱
目标四 多方营运
焕文旅以展活力
活市井以见烟火
承文脉以兴历史
行文路以访古今
乐回汉以谱新篇
策活动以唱邻里
厘产权以营新生
运机制以促治理
业态引入
交通疏通
建筑激活
空间改造
文化打造
路径划定
生活圈画
活动介入
产权置换
社区治理
更新方法
模块化更新
面向居民的模块
面向游客的模块
文化基因理论
"遗传、变异、植入"更新手法
城市触媒理论
促进空间演变的渐进式触媒更新
公众治理理论
引导公众活动
增进公共利益
交通微疏通
慢行系统策略——增设慢行交通，增加路网密度，提升通达程度
慢行系统策略——挖掘慢行主题线路，焕活城市街道
建筑微激活
空间微改造
传统回坊机理更新
院落修复策略
原住民空间
共享空间
入驻者空间
共生院
文脉赋兴
文化微打造
隐性文化基因
显性文化基因
丝路文脉
戏曲文化
剪纸艺术
宗教信仰
皮影艺术
民俗活动
语言文字
历史事件
历史人物
地名文化
饮食文化
传统技艺
对于片区空间基因的梳理主要分为三个层次：城市空间—空间单元—建筑形态，对应宏观—中观—微观的视角。首要的任务是侧重于对原有空间基因的保护，延续古今格局；在此基础之上，在适当区域（如建设控制地带）加入对于原型基因的适当变异，使其符合未来片区使用与发展的需求。
路径微划定
盛世长安与关中民俗体验主题
文人墨客与科举文化体验主题
回族民居与宗教文化体验主题
近代红色文化体验主题
充分利用历史城区不同时期文化遗产，配合建设主题博物馆、文化广场、口袋公园、绿地等空间，通过步行、骑行、旅游公交等方式组织文化展示线路，形成展示路径，沿线设计体现历史信息和文化内涵的景观小品。
回汉共唱
生活微圈划
生活圈打造策略：商业服务（汉族补充、回族提质）、医疗教育（回族补充、整体提质）、文化体育（整体补充完善）
汉族生活圈完善
回族生活圈完善
社区生活圈完善
以清真寺为中心的回族生活圈
以住宅为中心的社区生活圈
商业补齐
商业服务提质
教育医疗补齐、提质
文化体育补齐、提质
活动微介入
文化场所分类
丝路文化
佛教文化
回汉文化
西仓记忆场所
红色文化
城墙文化
市井文化/美食文化/宗教文化
科举文化
唐文化
回文化活动布点
汉文化活动布点
多方运营
社区微治理
初期——腾退提升
在系统规划基础上，由政府主导并进行投入；首先解决改善民生的需求，按照自愿腾退、引导提升的方式，解决部分有需要居民的外迁补偿安置，在改善居民居住条件的同时释放部分发展空间；与此同时，启动基础设施等公共环境改善，做好硬件基础的提升。
中期——街区共建
在前期试点示范并已经形成一定的市场发展的基础上，对社区内居民和文创产业商家等进行合作共建、协商治理，根据不同居民及商家的特点和目标需求，弹性、灵活地展开社区建设。
后期——全面推进
中期完成后形成良好的街区氛围，并有一定的产业基础和自我发展能力后，政府由主导地位退回监督管理职能，通过城市规划、功能业态植入等推进街区发展，同时构建多元合作平台与监督管理机制，促进街区开放、可持续地生长。
产权微置换
古宅托管——使用权流转
对于保存情况较好的空置古宅，通过设立信托机构进行管理。在信托机制下，建筑的所有权并未改变，但使用权转移给受托人，受托人按信托目的独立自主地管理、营运受托建筑的同时，需要对建筑进行修缮和保护。这种基于使用权流转的信托管理模式既活化了建筑本身的价值，又使其得到保护。
公房认养——所有权流转
对于现状管理较难的公房，通过招标，把建筑低价或者无偿过户给私人或企业，同时要求他们承担相应的古建筑日常维护修缮工作，此即古建筑认养制度。认养成功，认养保护人将对古建筑拥有约定期限的无偿使用权，其有权利运营认养的古建筑，但也有修缮和保护认养的古建筑的义务，同时政府有监督权。
多元入股——收益权流转
对于历史街区中的营利建筑，可基于收益权流转采用多元合作入股的方法，即"所有者以建筑入股、政府以修缮费入股、民间以资本入股"，引进有能力的保护者参与历史街区中风貌建筑的保护、管理与利用。

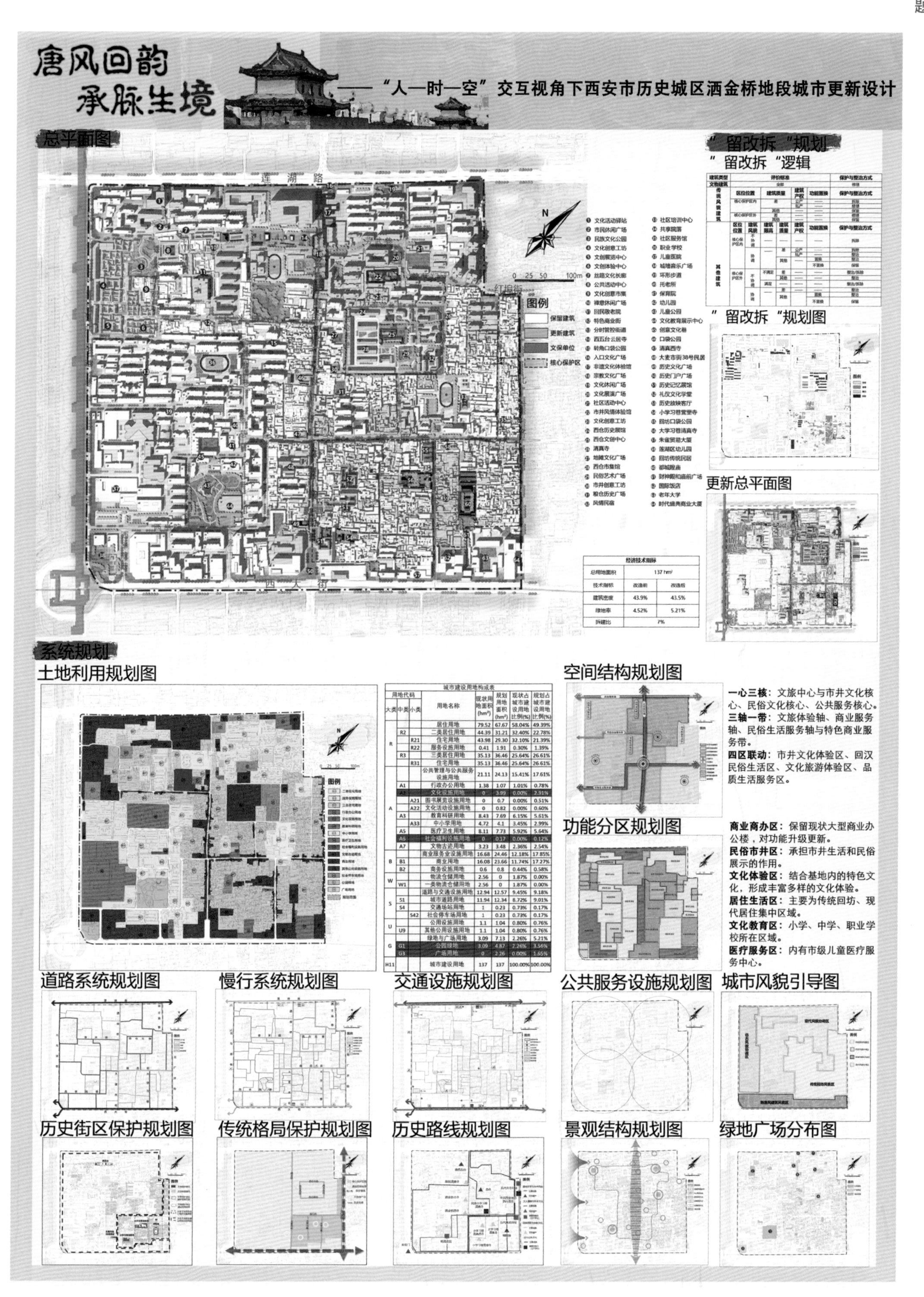

经济技术指标		
总用地面积	137 hm²	
技术指标	改造前	改造后
建筑密度	43.9%	43.5%
绿地率	4.52%	5.21%
拆建比	7%	

城市建设用地构成表

用地代码			用地名称	现状用地面积(hm²)	规划用地面积(hm²)	现状占城市建设用地比例(%)	规划占城市建设用地比例(%)
大类	中类	小类					
R			居住用地	79.52	67.67	58.04%	49.39%
	R2		二类居住用地	44.39	31.21	32.40%	22.78%
		R21	住宅用地	43.98	29.30	32.10%	21.39%
		R22	服务设施用地	0.41	1.91	0.30%	1.39%
	R3		三类居住用地	35.13	36.46	25.64%	26.61%
		R31	住宅用地	35.13	36.46	25.64%	26.61%
A			公共管理与公共服务设施用地	21.11	24.13	15.41%	17.61%
	A1		行政办公用地	1.38	1.07	1.01%	0.78%
	A2		文化设施用地	0	3.99	0.00%	2.91%
		A21	图书展览设施用地	0	0.7	0.00%	0.51%
		A22	文化活动设施用地	0	0.82	0.00%	0.60%
	A3		教育科研用地	8.43	7.69	6.15%	5.61%
		A33	中小学用地	4.72	4.1	3.45%	2.99%
	A5		医疗卫生用地	8.11	7.73	5.92%	5.64%
	A6		社会福利设施用地	0	0.17	0.00%	0.12%
	A7		文物古迹用地	3.23	3.48	2.36%	2.54%
B			商业服务业设施用地	16.68	24.46	12.18%	17.85%
	B1		商业用地	16.08	23.66	11.74%	17.27%
	B2		商务设施用地	0.6	0.8	0.44%	0.58%
W			物流仓储用地	2.56	0	1.87%	0.00%
	W1		一类物流仓储用地	2.56	0	1.87%	0.00%
S			道路与交通设施用地	12.94	12.57	9.45%	9.18%
	S1		城市道路用地	11.94	12.34	8.72%	9.01%
	S4		交通场站用地	1	0.23	0.73%	0.17%
		S42	社会停车场用地	1	0.23	0.73%	0.17%
U			公用设施用地	1.1	1.04	0.80%	0.76%
	U9		其他公用设施用地	1.1	1.04	0.80%	0.76%
G			绿地与广场用地	3.09	7.13	2.26%	5.21%
	G1		公园绿地	3.09	4.87	2.26%	3.56%
	G3		广场用地	0	2.26	0.00%	1.65%
H11			城市建设用地	137	137	100.00%	100.00%

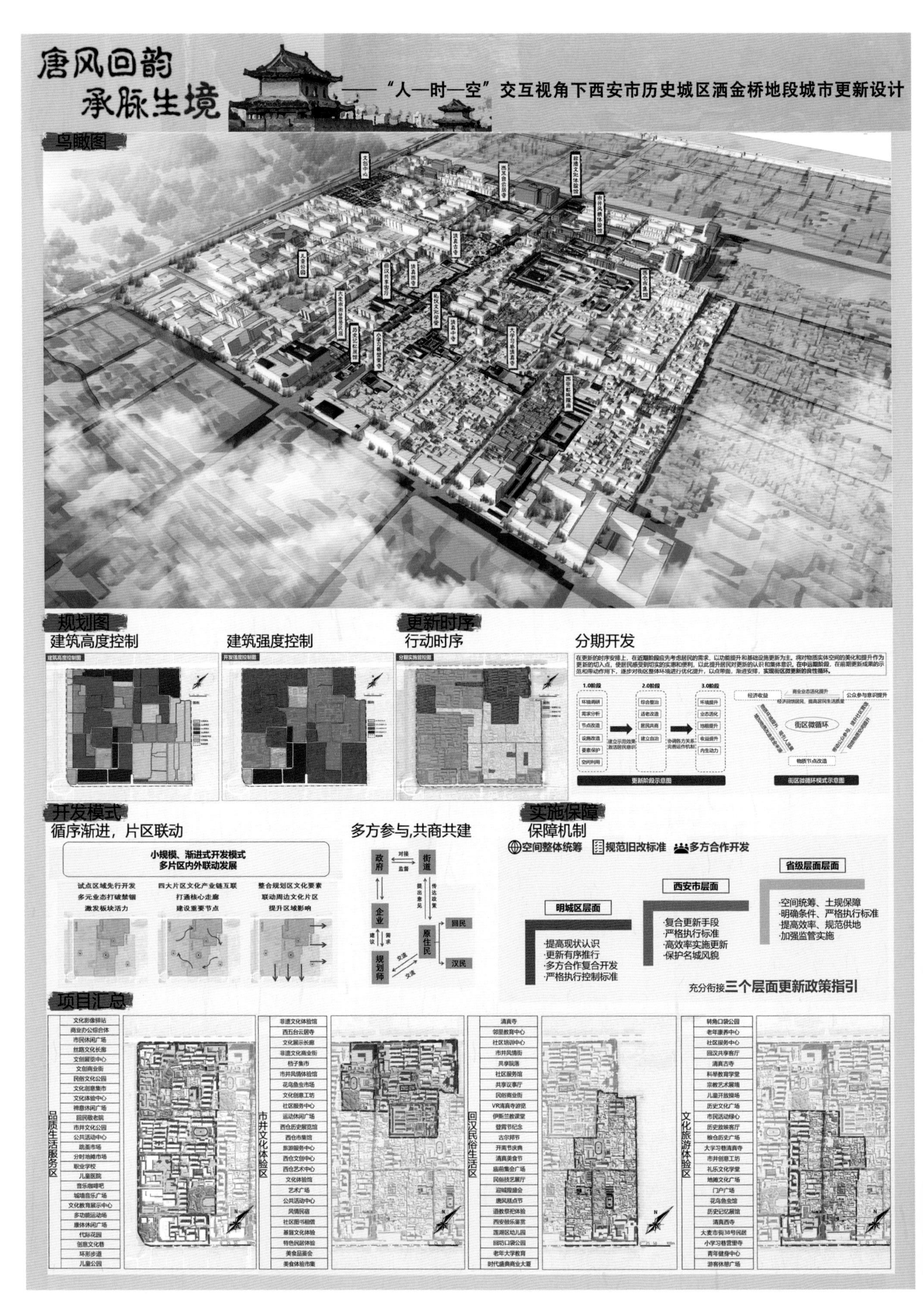

唐风回韵
承脉生境
——"人—时—空"交互视角下西安市历史城区洒金桥地段城市更新设计
鸟瞰图
规划图
建筑高度控制
建筑强度控制
更新时序
行动时序
分期开发
在更新的时序安排上，在近期阶段应先考虑居民的需求，以功能提升和基础设施更新为主。将对物质实体空间的美化和提升作为更新的切入点，使居民感受到切实的实惠和便利，以此提升居民对更新的认识和集体意识。在中远期阶段，在前期更新成果的示范和带动作用下，逐步对街区整体环境进行优化提升，以点带面，渐进安排，实现街区微更新的良性循环。
1.0阶段
环境调研
需求分析
节点改造
设施改造
要素保护
空间利用
建立示范效果 激活居民意识
2.0阶段
综合整治
适老改造
居民共商
建立自治
协调各方关系 完善运作机制
3.0阶段
环境提升
业态活化
地租提升
收益提升
内生动力
更新阶段示意图
经济收益
商业业态活化提升
公众参与意识提升
经济回馈居民，提高居民生活质量
街区微循环
物质节点改造
街区微循环模式示意图
开发模式
循序渐进，片区联动
小规模、渐进式开发模式
多片区内外联动发展
试点区域先行开发
多元业态打破禁锢
激发板块活力
四大片区文化产业链互联
打通核心走廊
建设重要节点
整合规划区文化要素
联动周边文化片区
提升区域影响
多方参与,共商共建
政府
对接
监督
街道
企业
提出意见
传达政策
建议
需求
原住民
回民
汉民
规划师
交流
交流
实施保障
保障机制
空间整体统筹
规范旧改标准
多方合作开发
省级层面层面
·空间统筹、土规保障
·明确条件、严格执行标准
·提高效率、规范供地
·加强监管实施
西安市层面
·复合更新手段
·严格执行标准
·高效率实施更新
·保护名城风貌
明城区层面
·提高现状认识
·更新有序推行
·多方合作复合开发
·严格执行控制标准
充分衔接三个层面更新政策指引
项目汇总
品质生活服务区
文化影像驿站
商业办公综合体
市民休闲广场
丝路文化长廊
文创展览中心
文创商业街
民俗文化公园
文化创意集市
文化体验中心
禅意休闲广场
回民敬老院
市井文化公园
公共活动中心
跳蚤市场
分时地摊市场
职业学校
儿童医院
音乐咖啡吧
城墙音乐广场
文化教育展示中心
多功能运动场
康体休闲广场
代际花园
创意文化巷
环形步道
儿童公园
市井文化体验区
非遗文化体验馆
西五台云居寺
文化展示长廊
非遗文化商业街
梧子集市
市井风情体验馆
花鸟鱼虫市场
文化创意工坊
社区服务中心
运动休闲广场
西仓历史展览馆
西仓市集馆
旅游服务中心
西仓文创中心
西仓艺术中心
文化体验馆
艺术广场
公共活动中心
风情民宿
社区图书租借
基督文化体验
特色民居体验
美食品鉴会
美食体验市集
回汉民俗生活区
清真寺
邻里教育中心
社区培训中心
市井风情街
共享院落
社区服务馆
共享议事厅
民俗商业街
VR清真寺游览
伊斯兰教课堂
登霄节纪念
古尔邦节
开斋节庆典
清真美食节
庙前集会广场
民俗技艺展厅
迎城隍盛会
唐风糕点节
道教祭祀体验
西安鼓乐鉴赏
莲湖区幼儿园
回坊口袋公园
老年大学教育
时代盛典商业大厦
文化旅游体验区
转角口袋公园
老年康养中心
社区服务中心
回汉共享客厅
清真古寺
科举教育学堂
宗教艺术展墙
儿童开放操场
历史文化广场
市民活动绿心
历史放映客厅
粮仓历史广场
大学习巷清真寺
市井创意工坊
礼乐文化学堂
地摊文化广场
门户广场
花鸟鱼虫馆
历史记忆展馆
清真西寺
大麦市街38号民居
小学习巷营里寺
青年健身中心
游客休憩广场

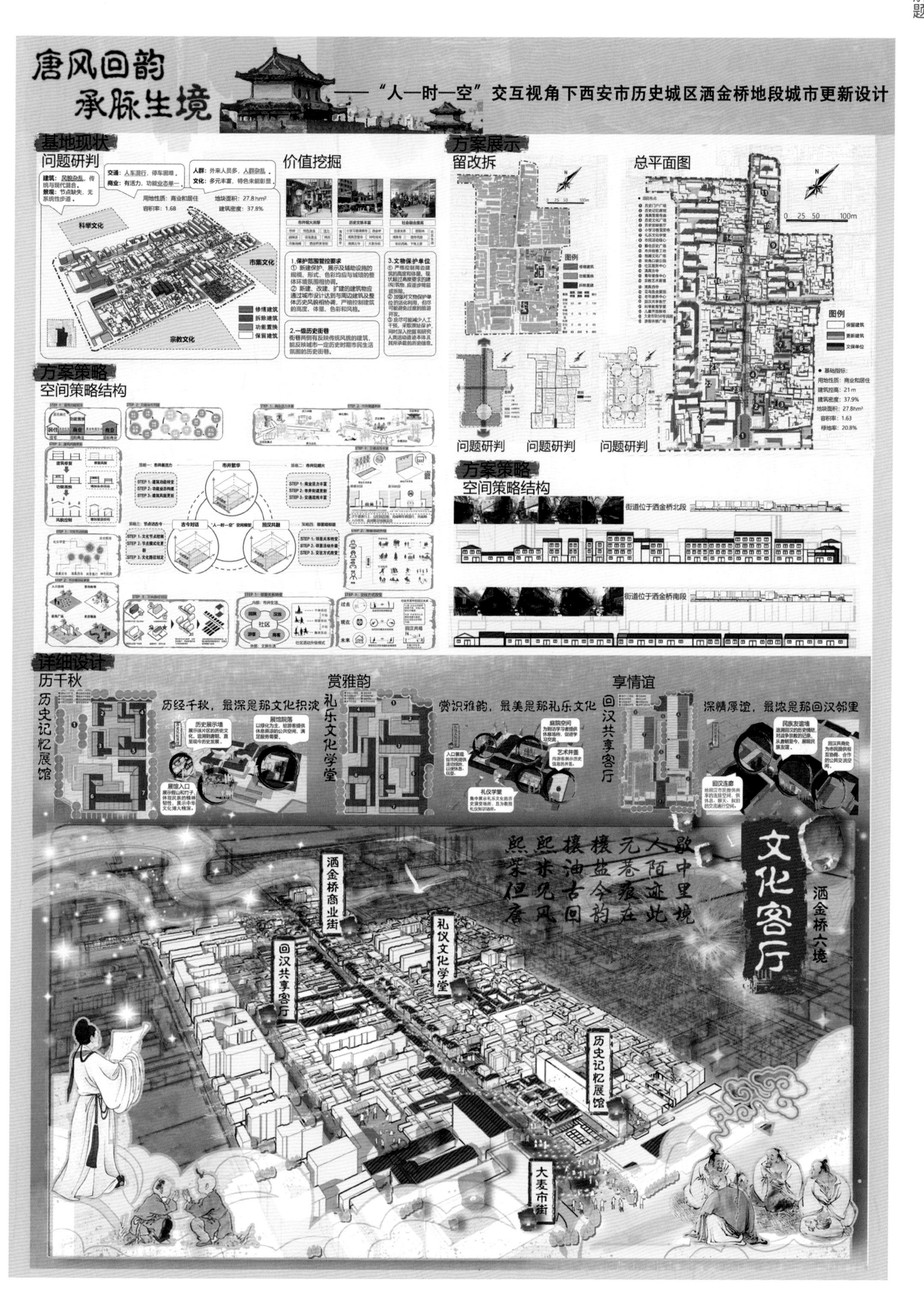

唐风回韵 承脉生境
——"人一时一空"交互视角下西安市历史城区洒金桥地段城市更新设计
基地现状
问题研判
价值挖掘
方案展示
留改拆
总平面图
方案策略
空间策略结构
详细设计
历千秋
历史记忆展馆
历经千秋，最深是那文化积淀
赏雅韵
礼乐文化学堂
赏识雅韵，最美是那礼乐文化
享情谊
回汉共享客厅
深情厚谊，最浓是那回汉邻里
熙熙攘攘无人歇
柴米油盐巷陌中
但见古今痕迹里
唐风回韵在此境
文化客厅
洒金桥六境
洒金桥商业街
礼仪文化学堂
回汉共享客厅
历史记忆展馆
大麦市街

唐风回韵 承脉生境
——"人—时—空"交互视角下西安市历史城区洒金桥地段城市更新设计
价值挖掘
空间价值
——内存传统民居建筑
——保留明清时期街巷格局
——商业街具有活力，人气足
——内存商办空间，吸引企业投资
社会价值
——保留着回汉传统市井生活
——内有回民特色美食店铺
——传承留存的社会习俗
历史价值
——古城墙文化，基地西侧为城墙
——丝路文化，北侧曾有丝路驿站
——佛教文化，基地东北侧有寺庙
——民俗文化，部分地段各民族共居
现状研判
空间层面
建筑风貌混杂
街道空间缺乏活力
底商能级较低
绿地景观无体系
用地范围：25.6 hm²
主导功能：居住、商办
社会层面：回汉生活
观念存异
历史层面：文化特色不显
拆除建筑
修缮建筑
功能置换
保留建筑
规划要求
1.建设控制地带管控要求
严格实行建筑高度分区控制，逐步改造现有超高建筑：城墙内侧100米以内建筑高度不得超过9米；100米以外，以梯级形式过渡。
2.传统风貌和空间格局保护要求
保护西安传统商业和居住空间的传统格局与历史风貌；保护街区内历史街巷的空间尺度，控制街巷两侧的建筑高度、体量、风格等。
3.环城文旅经济带
串联明城墙、大唐西市等文化资源，打造彰显丝路文化、历史文化的旅游观光带。
4.改造提升重点工程
老旧小区改造工程：坚持精准改造策略，对公用设施分类施策，同时合理增加停车场所，增设老人、儿童活动设施。
背街小巷提升改造工程：营造环境整洁、设施齐全、交通顺畅、管理有序、安全舒适的街巷环境。
功能定位
空间层面
社会层面
历史层面
空间形态
风貌更新、尺度修复
公共空间
活力街巷、功能植入
社会习俗
市井生活、民俗体验
历史文脉
特色节点、文化印象
主导功能：文创、居住、商办
针对人群：本地居民、游客、创客
——展现 传统历史风貌 和 回汉市井习俗 的 宜居宜业的生活街区——
——汇聚 丝路文化、城墙文化、民俗文化 的 文化创意街区——
规划策略
空间形态更新
建筑风貌修复
街巷尺度修复
环城立面整治
公共空间挖掘
形态生成演绎
建筑形态要素提取
地块街区形态划分
街区建筑形态生成
文创产业植入
现状商住
文化展览
创意工坊
文化商业
文创体验
文化休闲
文化展览与创意工坊相结合，并融入传统回坊肌理
传统文化的体验中心
特色产业的汇聚中心
城墙、丝路文化结合的创意工坊
空间模式：传统院落式
商业业态提升
主题专卖店
特色美食餐饮
品牌旗舰店
超级百货市场
社会活动路径规划
文化体验路径引导
城墙文化轴
总平面图
经济技术指标
类型 | 指标
总用地面积 | 25.6hm²
总建筑面积 | 42.5hm²
其中 保留 | 16.5hm²
修缮 | 0.7hm²
整治 | 9.2hm²
拆除 | 7.1hm²
建筑密度 | 34.1%
容积率 | 1.66
绿地率 | 6.42%
1 文化影像驿站
2 市民休闲广场
3 公共活动中心
4 民俗文化公园
5 文化创意工坊
6 文创展览中心
7 文创体验中心
8 分时管控街道
9 职业学校
10 特色商业街
11 文化创意市集
12 回民敬老院
13 憩息休闲广场
14 丝路文化长廊
功能分区规划图
规划结构图
绿地景观规划图
节点图
分时地摊交易情境图
回汉特色商业街道情境图
现代居住商办情境图
鸟瞰图

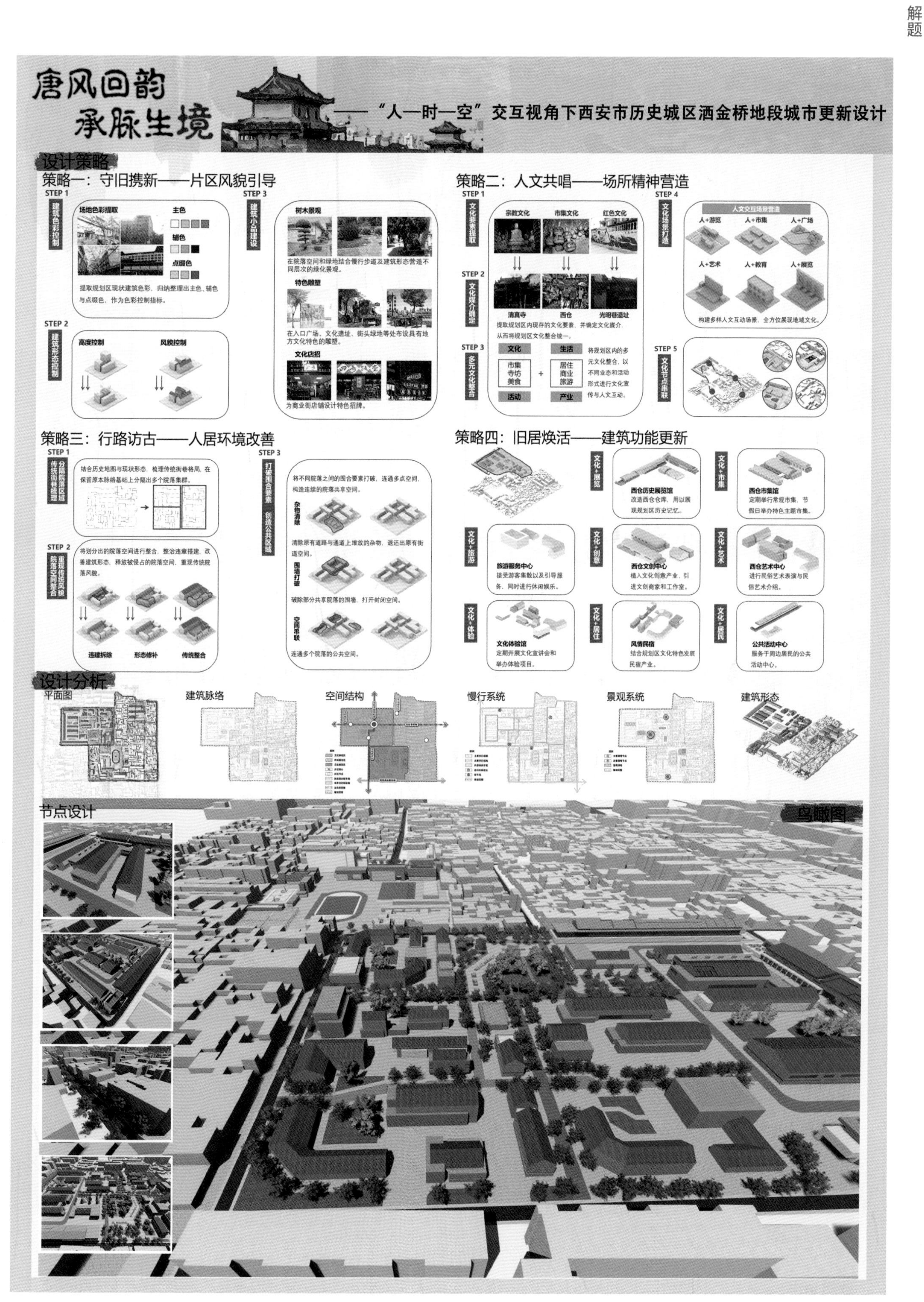

唐风回韵 承脉生境
——“人—时—空”交互视角下西安市历史城区洒金桥地段城市更新设计
设计策略
策略一：守旧携新——片区风貌引导
STEP 1 建筑色彩控制
场地色彩提取
主色
辅色
点缀色
提取规划区现状建筑色彩，归纳整理出主色、辅色与点缀色，作为色彩控制指标。
STEP 2 建筑形态控制
高度控制
风貌控制
STEP 3 建筑小品建设
树木景观
在院落空间和绿地结合慢行步道及建筑形态营造不同层次的绿化景观。
特色雕塑
在入口广场、文化遗址、街头绿地等处布设具有地方文化特色的雕塑。
文化店招
为商业街店铺设计特色招牌。
策略二：人文共唱——场所精神营造
STEP 1 文化要素提取
宗教文化
市集文化
红色文化
STEP 2 文化媒介确定
清真寺
西仓
光明巷遗址
提取规划区内现存的文化要素，并确定文化媒介，从而将规划区文化整合统一。
STEP 3 多元文化整合
文化
生活
市集 寺坊 美食
居住 商业 旅游
活动
产业
将规划区内的多元文化整合，以不同业态和活动形式进行文化宣传与人文互动。
STEP 4 文化场景打造
人文交互场景营造
人+游览
人+市集
人+广场
人+艺术
人+教育
人+展览
构建多样人文互动场景，全方位展现地域文化。
STEP 5 文化节点串联
策略三：行路访古——人居环境改善
STEP 1 分隔院落区域 传统街巷梳理
结合历史地图与现状形态，梳理传统街巷格局，在保留原本脉络基础上分隔出多个院落集群。
STEP 2 重现传统风貌 院落空间整合
将划分出的院落空间进行整合，整治违章搭建，改善建筑形态，释放被侵占的院落空间，重现传统院落风貌。
违建拆除
形态修补
传统整合
STEP 3 打破围合要素 创造公共区域
将不同院落之间的围合要素打破，连通多点空间，构造连续的院落共享空间。
杂物清除
清除原有道路与通道上堆放的杂物，退还出原有街道空间。
围墙打破
破除部分共享院落的围墙，打开封闭空间。
空间串联
连通多个院落的公共空间。
策略四：旧居焕活——建筑功能更新
文化+展览
西仓历史展览馆
改造西仓仓库，用以展现规划区历史记忆。
文化+市集
西仓市集馆
定期举行常规市集，节假日举办特色主题市集。
文化+旅游
旅游服务中心
接受游客集散以及引导服务，同时进行休闲娱乐。
文化+创意
西仓文创中心
植入文化创意产业，引进文创商家和工作室。
文化+艺术
西仓艺术中心
进行民俗艺术表演与民俗艺术介绍。
文化+体验
文化体验馆
定期开展文化宣讲会和举办体验项目。
文化+居住
风情民宿
结合规划区文化特色发展民宿产业。
文化+居民
公共活动中心
服务于周边居民的公共活动中心。
设计分析
平面图
建筑脉络
空间结构
慢行系统
景观系统
建筑形态
节点设计
鸟瞰图

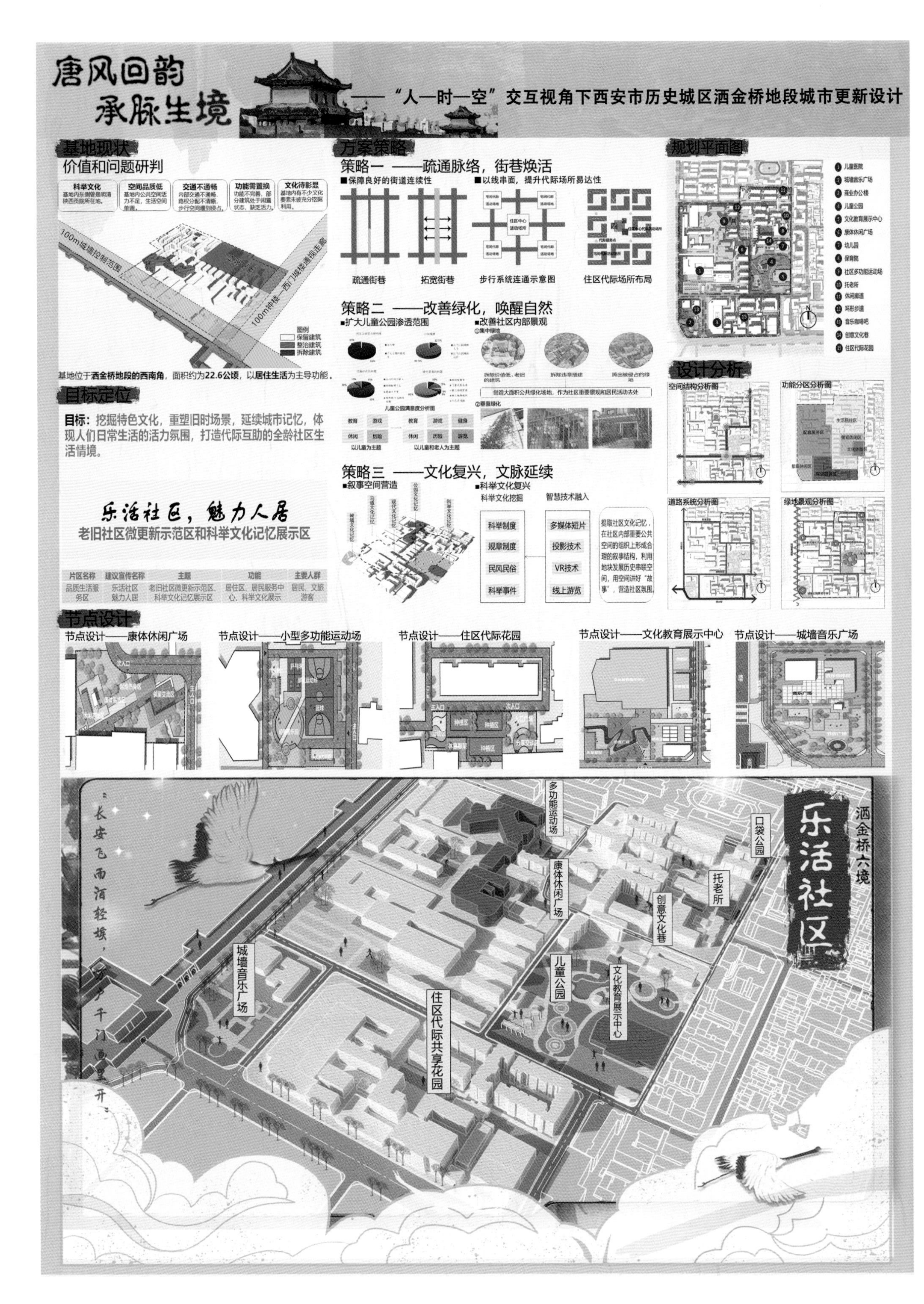
唐风回韵
承脉生境
——“人—时—空”交互视角下西安市历史城区洒金桥地段城市更新设计
基地现状
价值和问题研判
科举文化
空间品质低
交通不通畅
功能需置换
文化待彰显
100m城墙控制范围
100m钟楼—西门城楼通视走廊
图例
保留建筑
整治建筑
拆除建筑
基地位于洒金桥地段的西南角，面积约为22.6公顷，以居住生活为主导功能。
目标定位
目标：挖掘特色文化，重塑旧时场景，延续城市记忆，体现人们日常生活的活力氛围，打造代际互助的全龄社区生活情境。
乐活社区，魅力人居
老旧社区微更新示范区和科举文化记忆展示区
片区名称
建议宣传名称
主题
功能
主要人群
品质生活服务区
乐活社区 魅力人居
老旧社区微更新示范区、科举文化记忆展示区
居住区、居民服务中心、科举文化展示
居民、文旅游客
方案策略
策略一 ——疏通脉络，街巷焕活
保障良好的街道连续性
以线串面，提升代际场所易达性
疏通街巷
拓宽街巷
步行系统连通示意图
住区代际场所布局
策略二 ——改善绿化，唤醒自然
扩大儿童公园渗透范围
改善社区内部景观
儿童公园满意度分析图
拆除价值低、老旧的建筑
拆除违章搭建
腾出被侵占的绿地
创造大面积公共绿化场地，作为社区重要景观和居民活动去处
教育
游戏
休闲
历险
健身
游览
以儿童为主题
以儿童和老人为主题
策略三 ——文化复兴，文脉延续
叙事空间营造
科举文化复兴
科举文化挖掘
智慧技术融入
科举制度
规章制度
民风民俗
科举事件
多媒体短片
投影技术
VR技术
线上游览
提取社区文化记忆，在社区内部重要公共空间的组织上形成合理的叙事结构，利用地块发展历史串联空间，用空间讲好“故事”，营造社区氛围。
规划平面图
儿童医院
城墙音乐广场
商业办公楼
儿童公园
文化教育展示中心
康体休闲广场
幼儿园
保育院
社区多功能运动场
托老所
休闲廊道
环形步道
音乐咖啡吧
创意文化巷
住区代际花园
设计分析
空间结构分析图
功能分区分析图
道路系统分析图
绿地景观分析图
节点设计
节点设计——康体休闲广场
节点设计——小型多功能运动场
节点设计——住区代际花园
节点设计——文化教育展示中心
节点设计——城墙音乐广场
“长安飞雨酒轻埃，万户千门画里开。”
多功能运动场
康体休闲广场
口袋公园
托老所
创意文化巷
城墙音乐广场
儿童公园
文化教育展示中心
住区代际共享花园
乐活社区
洒金桥六境

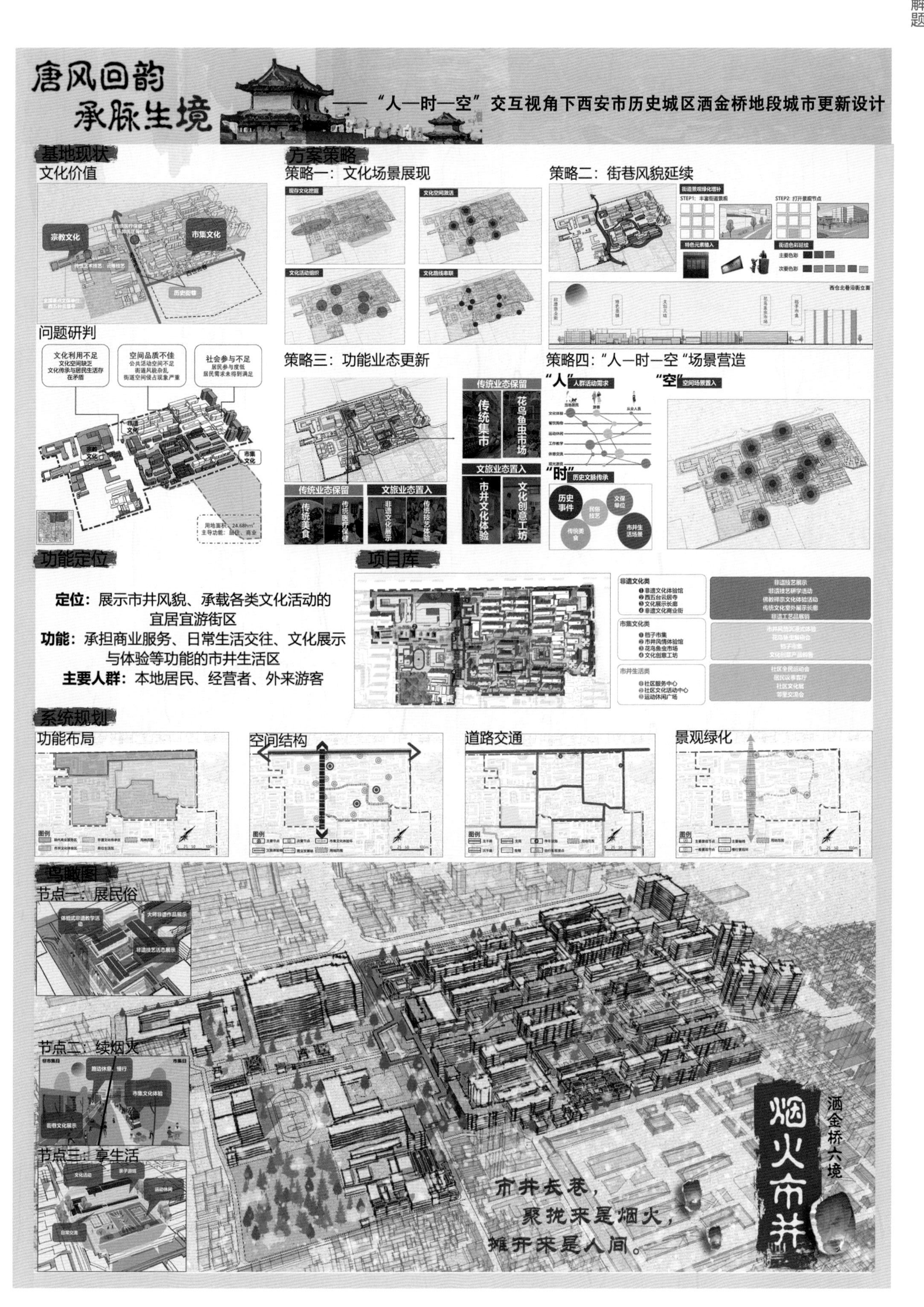
唐风回韵 承脉生境
——"人一时一空"交互视角下西安市历史城区洒金桥地段城市更新设计
基地现状
文化价值
宗教文化
市集文化
历史街巷
问题研判
文化利用不足
文化空间缺乏
文化传承与居民生活存在矛盾
空间品质不佳
公共活动空间不足
街道风貌杂乱
街道空间侵占现象严重
社会参与不足
居民参与度低
居民需求未得到满足
用地面积：24.68hm²
方案策略
策略一：文化场景展现
现存文化挖掘
文化空间激活
文化活动组织
文化路线串联
策略二：街巷风貌延续
STEP1：丰富街道景观
STEP2：打开景观节点
特色元素植入
街道色彩延续
主要色彩
次要色彩
策略三：功能业态更新
传统业态保留
传统集市
花鸟鱼虫市场
文旅业态置入
市井文化体验
文化创意工坊
传统美食
非遗文化展示
传统技艺体验
策略四："人一时一空"场景营造
"人"人群活动需求
"空"空间场景置入
"时"历史文脉传承
历史事件
民俗技艺
文保单位
传统美食
市井生活场景
功能定位
定位：展示市井风貌、承载各类文化活动的宜居宜游街区
功能：承担商业服务、日常生活交往、文化展示与体验等功能的市井生活区
主要人群：本地居民、经营者、外来游客
项目库
非遗文化类
非遗文化体验馆
西五台云居寺
文化展示长廊
非遗文化商业街
市集文化类
鸽子市集
市井风情体验馆
花鸟鱼虫市场
文化创意工坊
市井生活类
社区服务中心
社区文化活动中心
运动休闲广场
非遗技艺展示
非遗技艺研学活动
佛教禅宗文化体验活动
传统文化室外展示长廊
非遗工艺品展销
市井风情沉浸式体验
花鸟鱼虫展销会
鸽子市集
文化创意产品展销
社区全民运动会
居民议事茶厅
社区文化展
邻里交流会
系统规划
功能布局
空间结构
道路交通
景观绿化
图例
鸟瞰图
节点一：展民俗
体验式非遗教学活动
大师非遗作品展示
非遗技艺活态展示
节点二：续烟火
非市集日
市集日
路边休息、餐行
市集文化体验
街巷文化展示
节点三：享生活
文化活动
亲子游戏
运动休闲
日常交通
市井长巷，
聚拢来是烟火，
摊开来是人间。
烟火市井
洒金桥六境

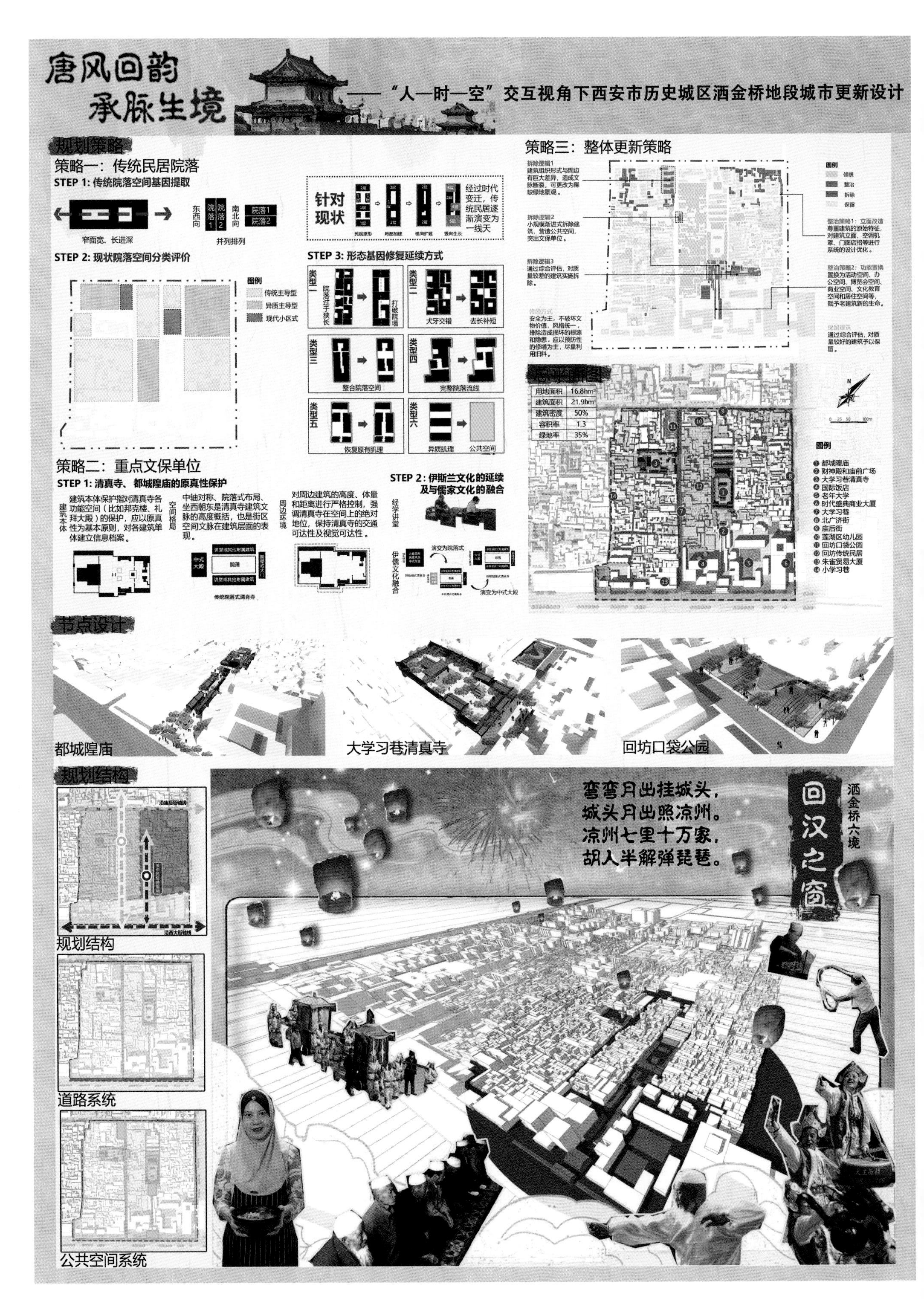

唐风回韵 承脉生境
——"人—时—空"交互视角下西安市历史城区洒金桥地段城市更新设计
规划策略
策略一：传统民居院落
STEP 1: 传统院落空间基因提取
窄面宽、长进深
东西向
院落1
院落2
南北向
院落1
院落2
并列排列
针对现状
经过时代变迁，传统民居逐渐演变为一线天
STEP 2: 现状院落空间分类评价
图例
传统主导型
异质主导型
现代小区式
STEP 3: 形态基因修复延续方式
类型一
院落过于狭长
打破院墙
类型二
犬牙交错
去长补短
类型三
整合院落空间
类型四
完整院落流线
类型五
恢复原有肌理
类型六
异质肌理
公共空间
策略二：重点文保单位
STEP 1: 清真寺、都城隍庙的原真性保护
建筑本体
建筑本体保护指对清真寺各功能空间（比如邦克楼、礼拜大殿）的保护，应以原真性为基本原则，对各建筑单体建立信息档案。
空间格局
中轴对称、院落式布局、坐西朝东是清真寺建筑文脉的高度概括，也是街区空间文脉在建筑层面的表现。
周边环境
对周边建筑的高度、体量和距离进行严格控制，强调清真寺在空间上的绝对地位，保持清真寺的交通可达性及视觉可达性。
传统院落式清真寺
STEP 2: 伊斯兰文化的延续及与儒家文化的融合
经学讲堂
伊儒文化融合
演变为院落式
演变为中式大殿
策略三：整体更新策略
拆除逻辑1
建筑肌理形式与周边有巨大差异，造成文脉断裂，可更改为稀缺绿地景观。
拆除逻辑2
小规模渐进式拆除建筑，营造公共空间，突出文保单位。
拆除逻辑3
通过综合评估，对质量较差的建筑实施拆除。
修缮方式
安全为主，不破坏文物价值，风格统一，排除造成损坏的根源和隐患，应以预防性的修缮为主，尽量利用旧料。
图例
修缮
整治
拆除
保留
整治策略1：立面改造
尊重建筑的原始特征，对建筑立面、空调机罩、门面店招等进行系统的设计优化。
整治策略2：功能置换
置换为活动空间、办公空间、博览会空间、商业空间、文化教育空间和居住空间等，赋予老建筑新的生命。
保留建筑
通过综合评估，对质量较好的建筑予以保留。
总平面图
用地面积 16.8hm²
建筑面积 21.9hm²
建筑密度 50%
容积率 1.3
绿地率 35%
图例
1 都城隍庙
2 财神殿和庙前广场
3 大学习巷清真寺
4 国际饭店
5 老年大学
6 时代盛典商业大厦
7 大学习巷
8 北广济街
9 庙后街
10 莲湖区幼儿园
11 回坊口袋公园
12 回坊传统民居
13 朱雀贸易大厦
14 小学习巷
节点设计
都城隍庙
大学习巷清真寺
回坊口袋公园
规划结构
沿庙后街轴线
沿西大街轴线
规划结构
道路系统
公共空间系统
弯弯月出挂城头，
城头月出照凉州。
凉州七里十万家，
胡人半解弹琵琶。
回汉之窗
洒金桥六境

山东建筑大学

以文承脉·活态市井

西安市历史城区青年路街道城市更新规划设计

游寺栖坊·寻脉兴商

西安市历史城区洒金桥地段城市更新规划设计

以文承脉·活态市井 ——西安市历史城区青年路街道城市更新规划设计 01

项目背景

国家政策层面

保护好、利用好、传承好历史文化是践行文化自信和实现中华民族伟大复兴的一项重要任务，是全面建成小康社会、实现社会主义文化繁荣、提高国家文化软实力的重要抓手。

"传承"之保护

将具有保护价值的历史文化资源发掘出来，纳入保护清单中，明确保护重点和保护要求。

"传承"之利用

活化利用要充分发挥历史文化遗产的使用价值，加大开发力度，更好地服务公众，将其用起来、使其活起来。

城市发展诉求

打造开放共同体：西安是古代丝绸之路的起点，在深入推进共建"一带一路"大格局的背景下，西安再次成为向西开放的前沿城市。

推进创新共同体：西安都市圈发展规划首次提出高水平推进西安丝路科学城建设，布局大型综合性陕西实验室体系。

形成文化共同体：以彰显中华文化、建设丝路文化高地作为重要的目标。继续将传承文化、彰显特色作为规划基本原则之一。

构建空间共同体：推动形成核心区引领、轴线带动、组团支撑的网络化、多层次空间发展格局。

城市更新层面

住房和城乡建设部2022年3月1日印发
《"十四五"住房和城乡建设科技发展规划》
其中城市人居环境品质提升技术是九个方面之一

（三）城市人居环境品质提升技术集成

专栏：城市人居环境品质提升技术重点任务

以促进城市空间结构优化和人居环境品质提升为目标，研究城市更新基础理论与技术方法、城市体检评估技术、城市生态基础设施体系构建技术、开展城市地下空间高效开发、综合防疫技术集成、城市群和区域空间布局优化技术研究，提高城市综合承载力。

在人本主义城市更新背景下，城市人居环境品质提升为重点任务。

价值认知

历史价值

古代国家治理体系的重要发源地,都城营造的典范，历史遗迹的无字史书。

营国制度：古代城市营建规划的工整典范。

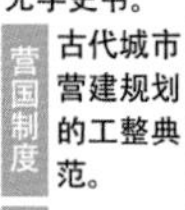

格局秩序：古城肌理与演变脉络的延续。

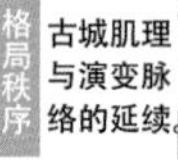

文化价值

东西方文化交流、历史与现代交融的交汇节点，营国思想与地域民俗宗教文化的孕育摇篮。

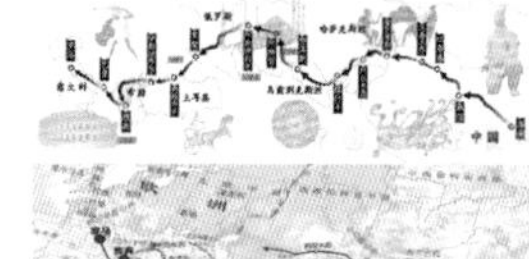

西安是丝绸之路的起点和东西方文化交流的中心。

西安是中华文化的思想摇篮。

西安是古代都城文化的缩影和名片。

生活价值

中华民族精神品质的重要根基，真实记忆要素的具体实物，市民生活风情的独特写照。

周秦汉唐奠定了中华民族的精神气质。

真实记忆要素的具象实物。

人民市井生活的写照再现。

上位规划

建筑高度控制

历史城区内建筑高度应符合《西安市城市总体规划（2008—2020年）》和《西安历史文化名城保护条例（2020—2035年）》实行严格的分区控制，整体建筑控制高度不超过24米。

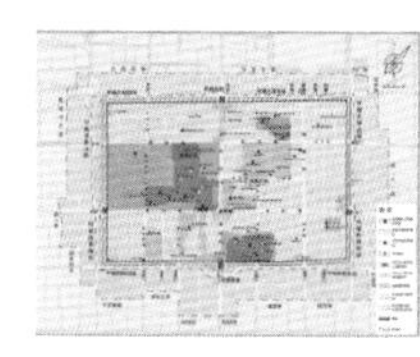

城墙内侧20米以内的建筑物、构筑物应予以拆除，沿墙恢复为马道或者建设为绿地；100米以内建筑高度不得超过9米，建筑形式应采取传统风格；100米以外，应当以梯级形式过渡，过渡区的建筑形式应为青灰色全坡顶建筑。

历史街巷保护

一级历史街巷共22条。原则上不得拓宽，严格保护街巷尺度，保护街巷两侧历史风貌，对影响街巷历史风貌的建筑进行整治，保护具有历史风貌特征的围墙、路灯、地面铺装、绿化小品等要素。

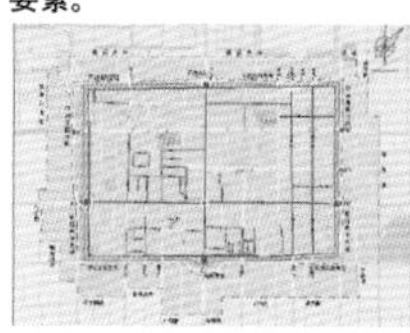

二级历史街巷共14条。原则上不宜拓宽，保持现有走向和肌理，新建建筑应延续街巷历史风貌特色。

三级历史街巷共8条。允许根据实际需要进行适当拓宽，但不得改变走向和线形，协调沿线建筑风貌，通过环境设计增加历史元素。

通视走廊把握

钟楼至东、西、南、北城楼划定文物古迹通视走廊。

钟楼至东门城楼通视走廊宽度为50米，通视走廊内建筑高度不得超过9米，通视走廊外侧20米以内建筑高度不得超过12米。

钟楼至西门城楼通视走廊宽度为100米，通视走廊内建筑高度不得超过9米。钟楼至南门城楼通视走廊宽度为60米。钟楼至北门城楼通视走廊宽度为50米。

现状评估

文化遗存

特征：遗存有限，分布呈散点状特征。

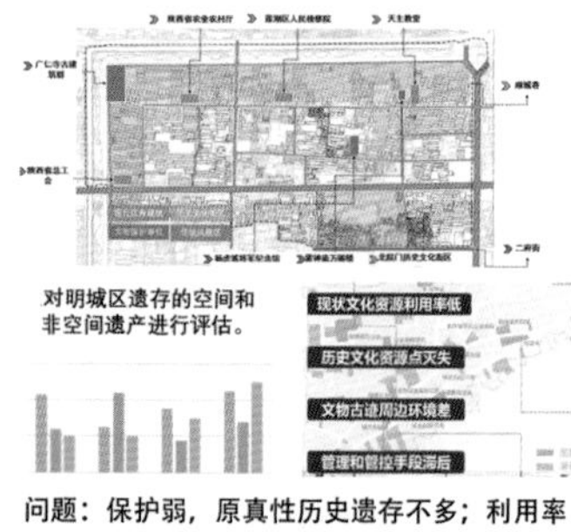

对明城区遗存的空间和非空间遗产进行评估。

问题：保护弱，原真性历史遗存不多；利用率低，隐于市井。

雷神庙万阁楼为明清时期的古楼，位于西安市莲湖区八一街小学内，但缺少开敞空间，与周边不连通。

广仁寺迄今有三百多年历史，在历史上起着促进西北边陲多民族团结的作用，是藏汉文化交流、民族团结的见证。

风貌遗存

特征：传统风貌区和现代风貌区比例差异大。

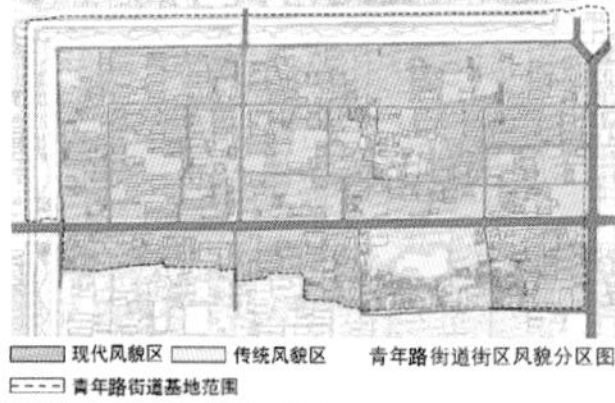

问题：传统风貌居住建筑均为低层，风貌较差；低层现代风貌建筑与部分多层建筑质量较差，高层建筑质量较好，但均与传统风貌不协调。

人居环境

特征：城墙沿线活力度整体较低，活力度较高的点沿两横两纵的城市结构线分布，呈现出沿街活动、向街区内递减的活力状态。

车行系统路径分布

问题：为本地居民服务的娱乐康体设施数量少，集中分布于基地东侧，沿主干路布局，服务对象外向。

商业服务设施：表现出为本地居民服务的明显聚集性;内部地块以居住功能为主，商业服务设施点较集中，形成环带结构。

商务办公设施：沿城市干道分布。

生活网络

居住生活型日常空间特征：缺乏交往空间。

生产消费型日常空间特征：业态结构单一。

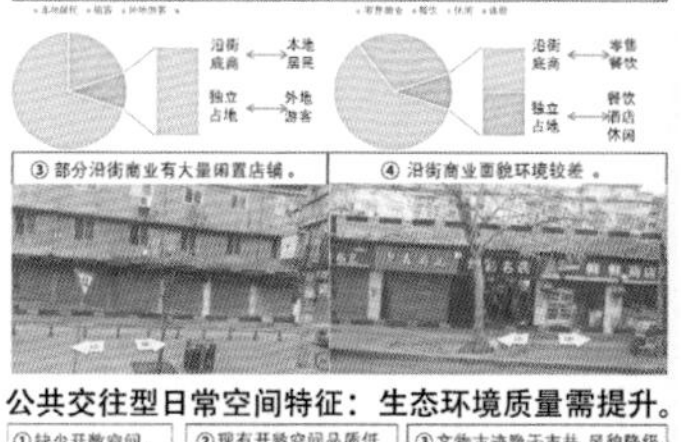

公共交往型日常空间特征：生态环境质量需提升。

精准传承 以文承脉·活态市井 ——西安市历史城区青年路街道城市更新规划设计 02

主题演绎

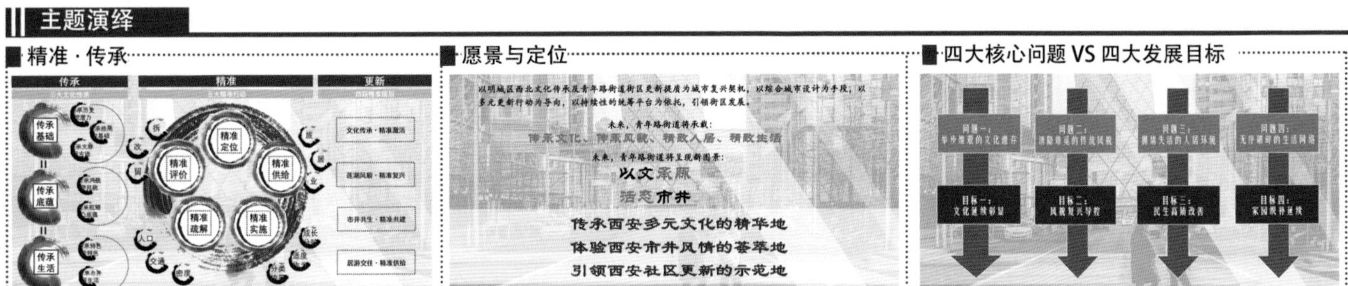

设计策略

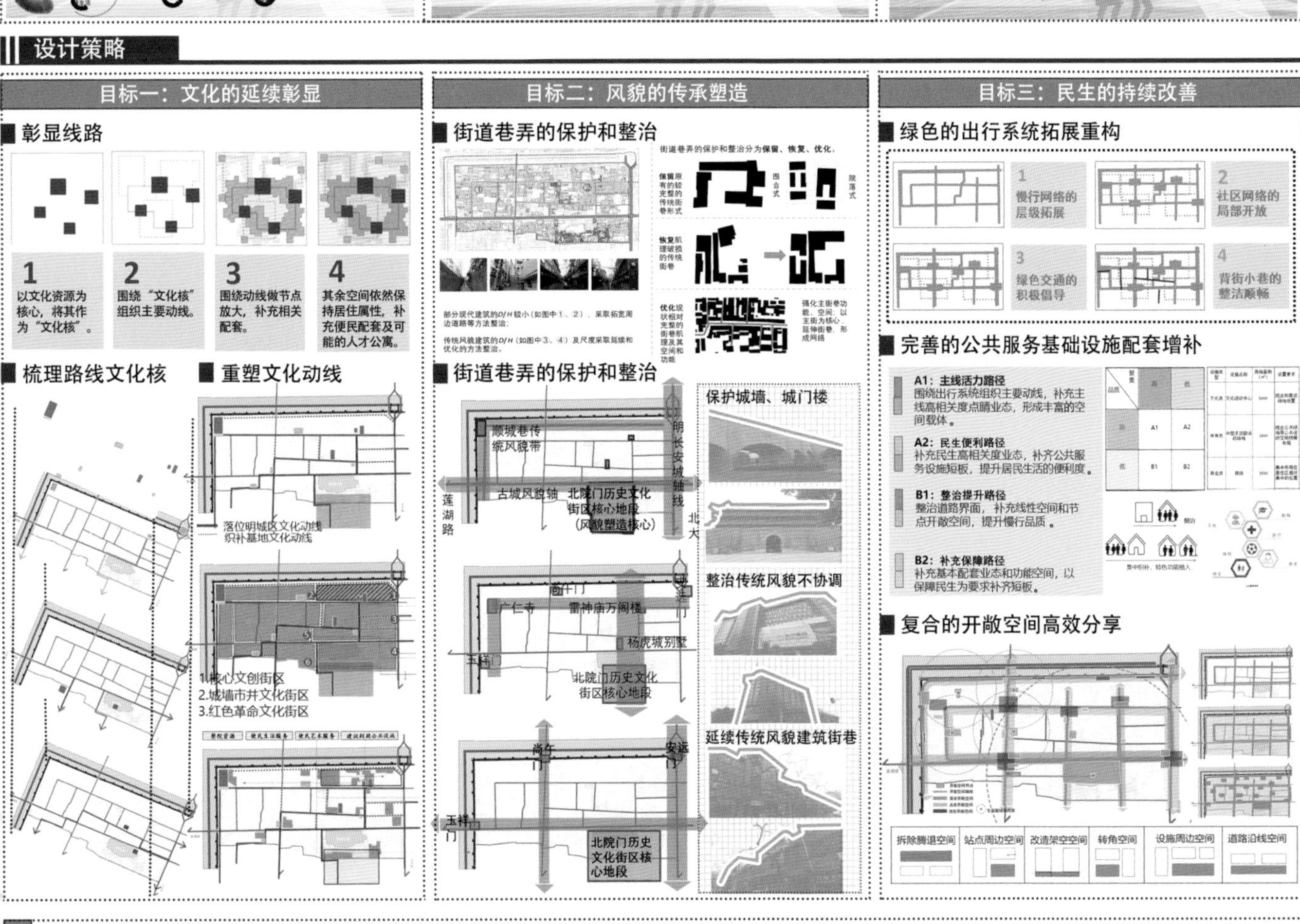

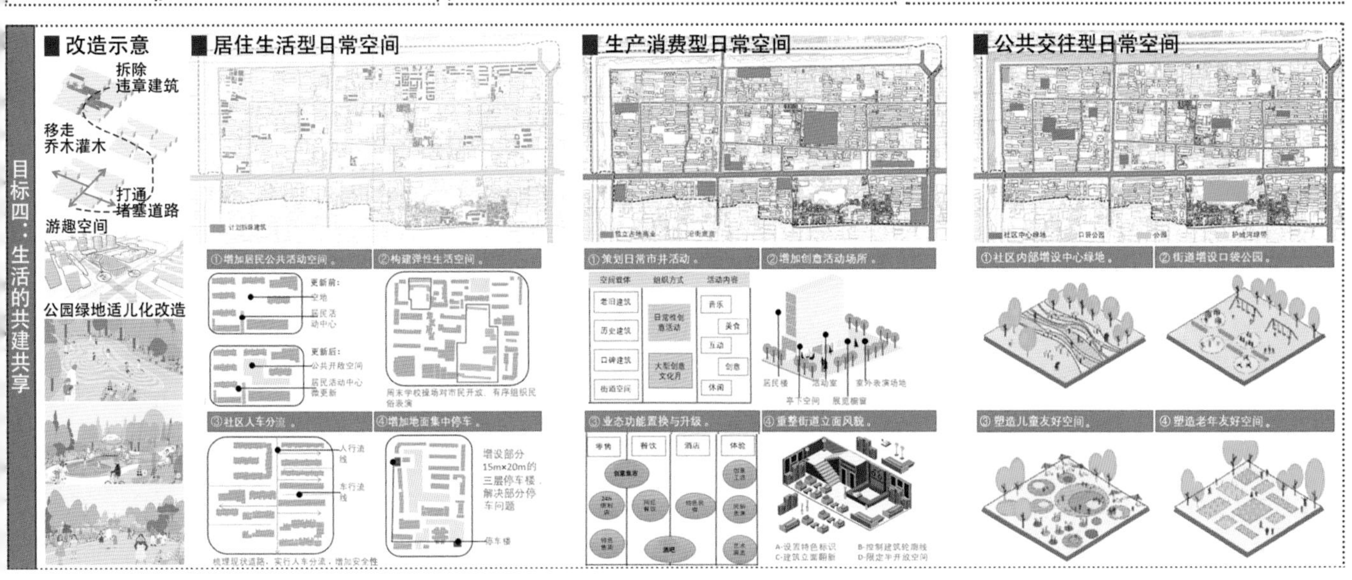

以文承脉·活态市井

——西安市历史城区青年路街道城市更新规划设计 03

总平面图

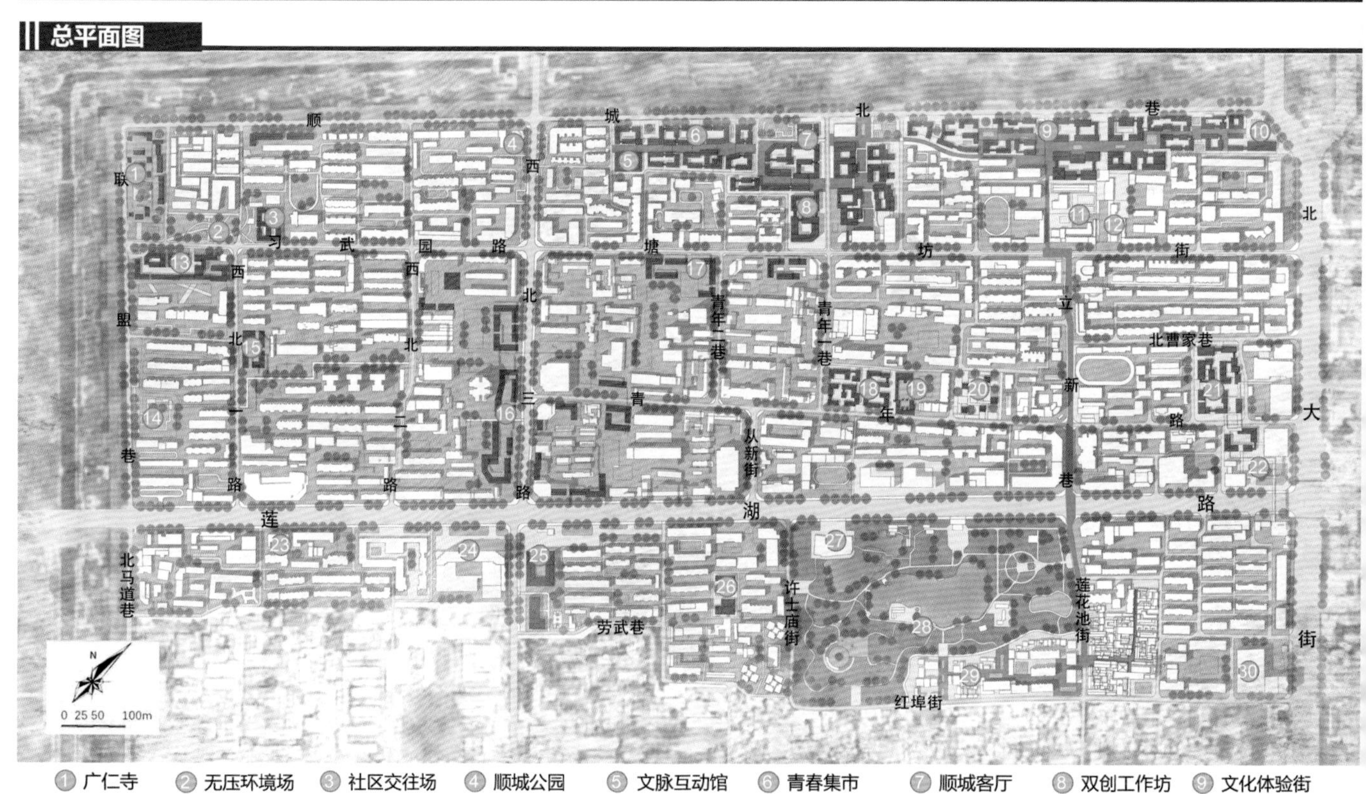

① 广仁寺 ② 无压环境场 ③ 社区交往场 ④ 顺城公园 ⑤ 文脉互动馆 ⑥ 青春集市 ⑦ 顺城客厅 ⑧ 双创工作坊 ⑨ 文化体验街
⑩ 口袋公园 ⑪ 雷神庙万阁楼 ⑫ 塘坊天主教堂 ⑬ 民俗记忆馆 ⑭ 顺城社交场 ⑮ 社区服务中心 ⑯ 社区活动中心 ⑰ 社区便民场 ⑱ 红色文化展馆
⑲ 杨虎城别墅 ⑳ 青年嘉年华 ㉑ 数字体验街区 ㉒ 地铁站 ㉓ 天坛大厦 ㉔ 古都文化酒店 ㉕ 便民商场 ㉖ 社区服务站 ㉗ 轮滑馆
㉘ 莲湖公园 ㉙ 文化街区 ㉚ 宏府大厦

规划分析

规划结构

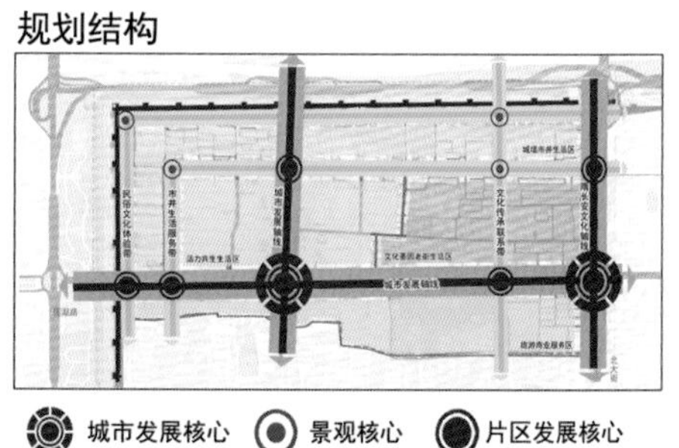

城市发展核心 景观核心 片区发展核心
城市发展轴线 城市发展联系带

公共服务设施

10分钟社区服务中心 学校
5分钟社区服务中心 医院

景观结构

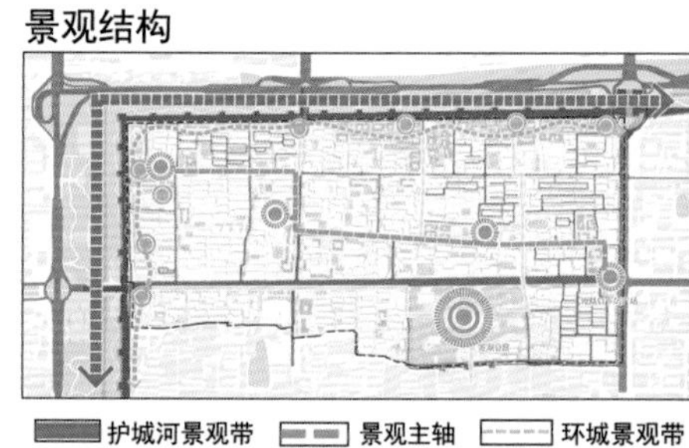

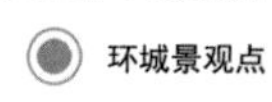

护城河景观带 景观主轴 环城景观带
主要景观节点 景观节点 环城景观点

道路系统

主干路 次干路 支路

景观风貌

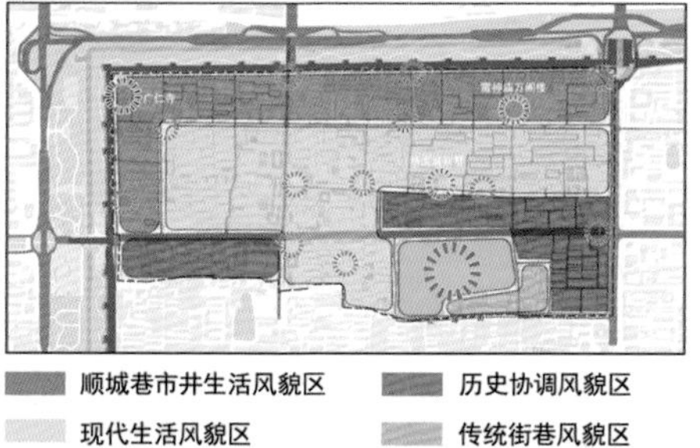

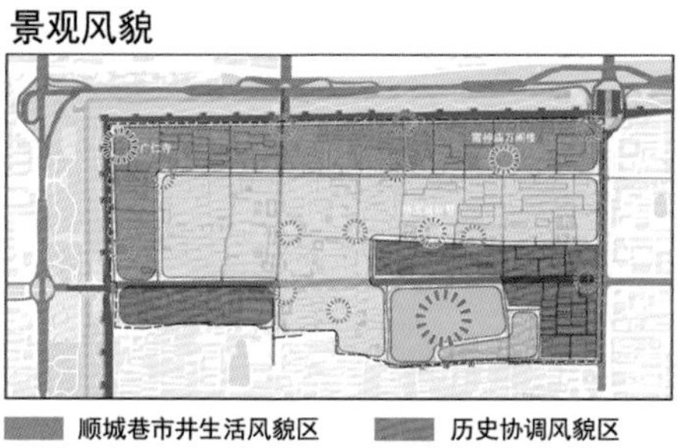

顺城巷市井生活风貌区 历史协调风貌区
现代生活风貌区 传统街巷风貌区
莲湖景观风貌区

文物遗产保护利用

文化资源点 文化引领类
开放互通类 业态整合点
文化联系轴 集成业态组团

以文承脉·活态市井 ——西安市历史城区青年路街道城市更新规划设计 04

精准传承

规划实施

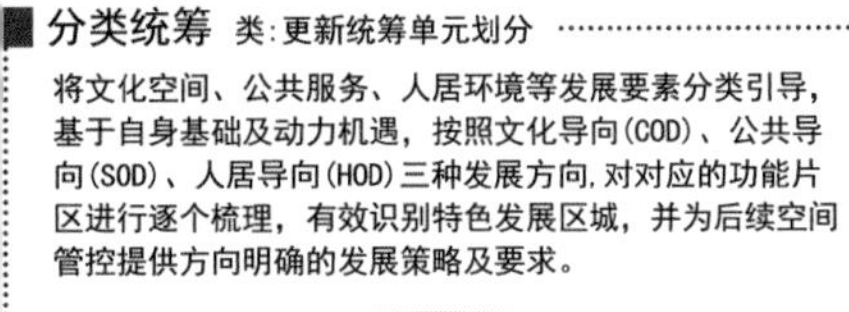

分类统筹 类：更新统筹单元划分

将文化空间、公共服务、人居环境等发展要素分类引导，基于自身基础及动力机遇，按照文化导向（COD）、公共导向（SOD）、人居导向（HOD）三种发展方向，对对应的功能片区进行逐个梳理，有效识别特色发展区域，并为后续空间管控提供方向明确的发展策略及要求。

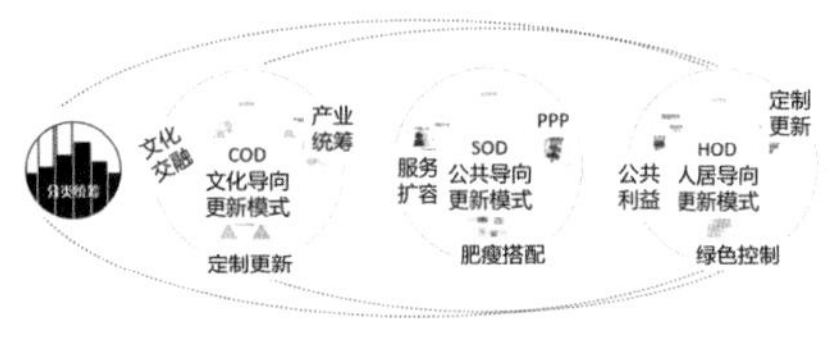

更新导向	发展目标	建设管控
COD	文化传承和交流	**混合利用**：鼓励商业服务业用地、绿地广场、轨道交通用地的混合开发； **立体开发**：进行地下综合开发，加强步行系统
SOD	公共服务功能升级	**保障服务**：商业设施、文体设施、教育设施、医疗设施等基础保障； **混合活力**：鼓励混合开发，活力集聚
HOD	混合活力、宜居宜业	完善临街商业等生活配套，居住环境开放共享

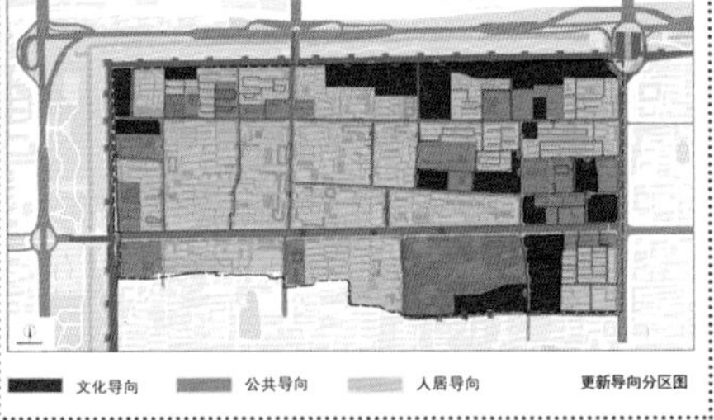

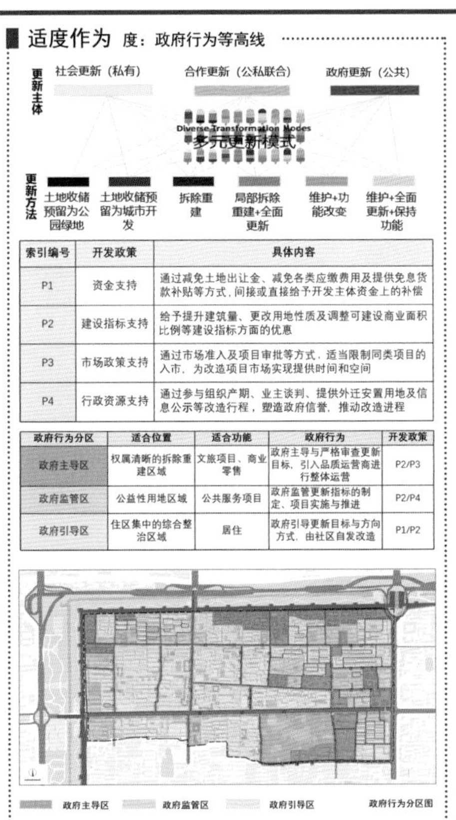

适度作为 度：政府行为等高线

索引编号	开发政策	具体内容
P1	资金支持	通过减免土地出让金、减免各类应缴费用及提供免息贷款补贴等方式，间接或直接给予开发主体资金上的补偿
P2	建设指标支持	给予提升建筑量、更改用地性质及调整可建设商业面积比例等建设指标方面的优惠
P3	市场政策支持	通过市场准入及项目审批等方式，适当限制同类项目的入市，为改造项目市场实现提供时间和空间
P4	行政资源支持	通过参与组织产期、业主谈判、提供外迁安置用地及信息公示等改造行程，塑造政府信誉，推动改造进程

政府行为分区	适合位置	适合功能	政府行为	开发政策
政府主导区	权属清晰的拆除重建区域	文旅项目、商业零售	政府主导与严格审查更新目标，引入品质运营商进行整体运营	P2/P3
政府监管区	公益性用地区域	公共服务项目	政府监管更新指标的制定、项目实施与推进	P2/P4
政府引导区	住区集中的综合整治区域	居住	政府引导更新目标与方向方式，由社区自发改造	P1/P2

成长分阶 时：有序更新与多维协同

成长分阶	阶段目标	行动项目列表	功能布局策略
一期	激活启动区文化更新示范	寻门拾趣古城墙项目：演、仪、集、创、虔、市；雷神庙万阁楼环境整治、核心文化展厅、塘坊街天主教堂及周边建筑	用好启动区的资源，先打造“经典”项目，后充分发挥其带动作用
二期	升级商业民生品质，强化轴线联系	寻脉通镐主体廊项目：红、艺、坊、俗，建立文化轴线	商业、产业、民生服务互动共生，创造典型模式
三期	宜居宜业	住区景观微改造工程、住区立面整治、建筑功能置换项目	后续申请退租等政策

核心地块选择

整体鸟瞰图

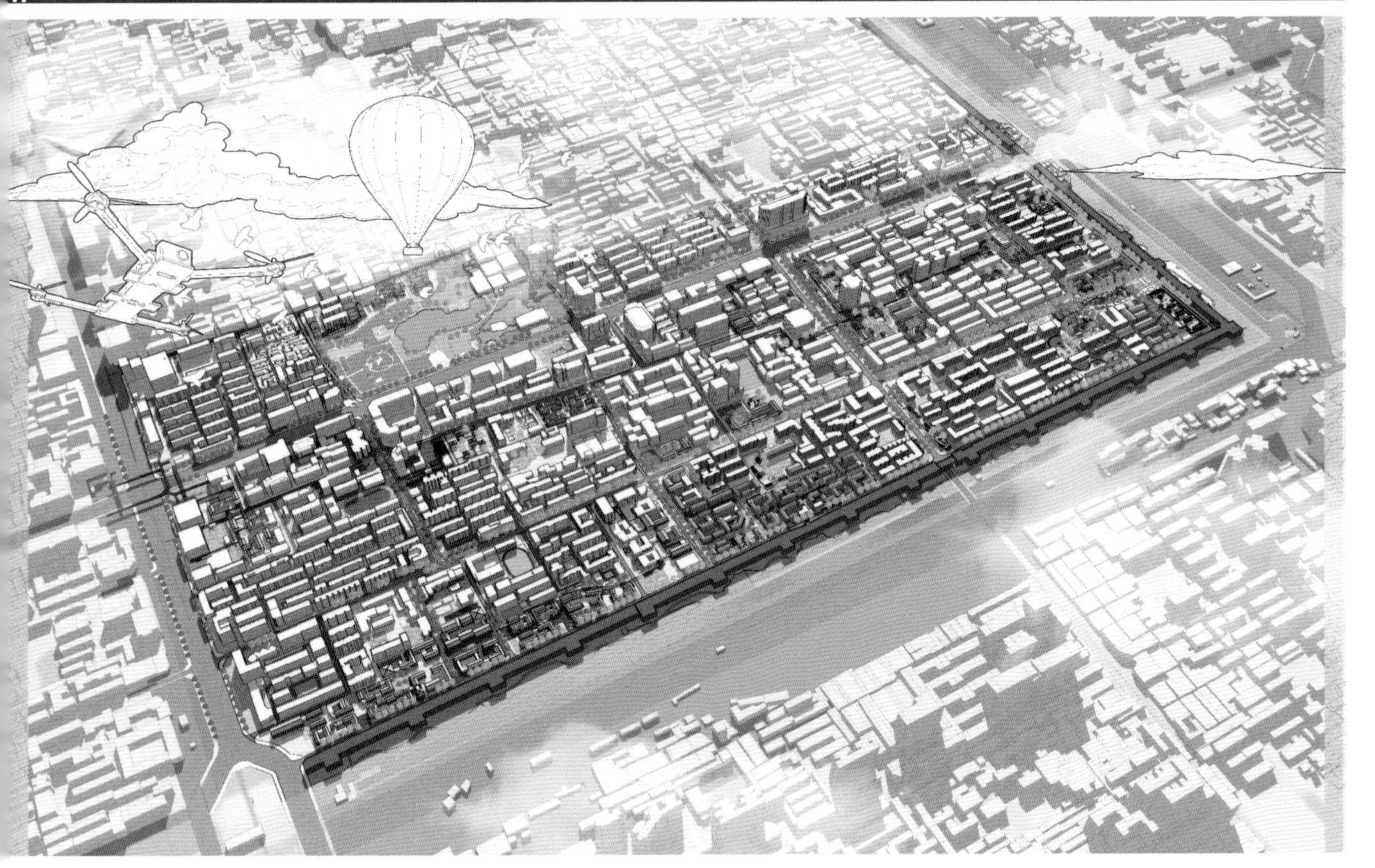

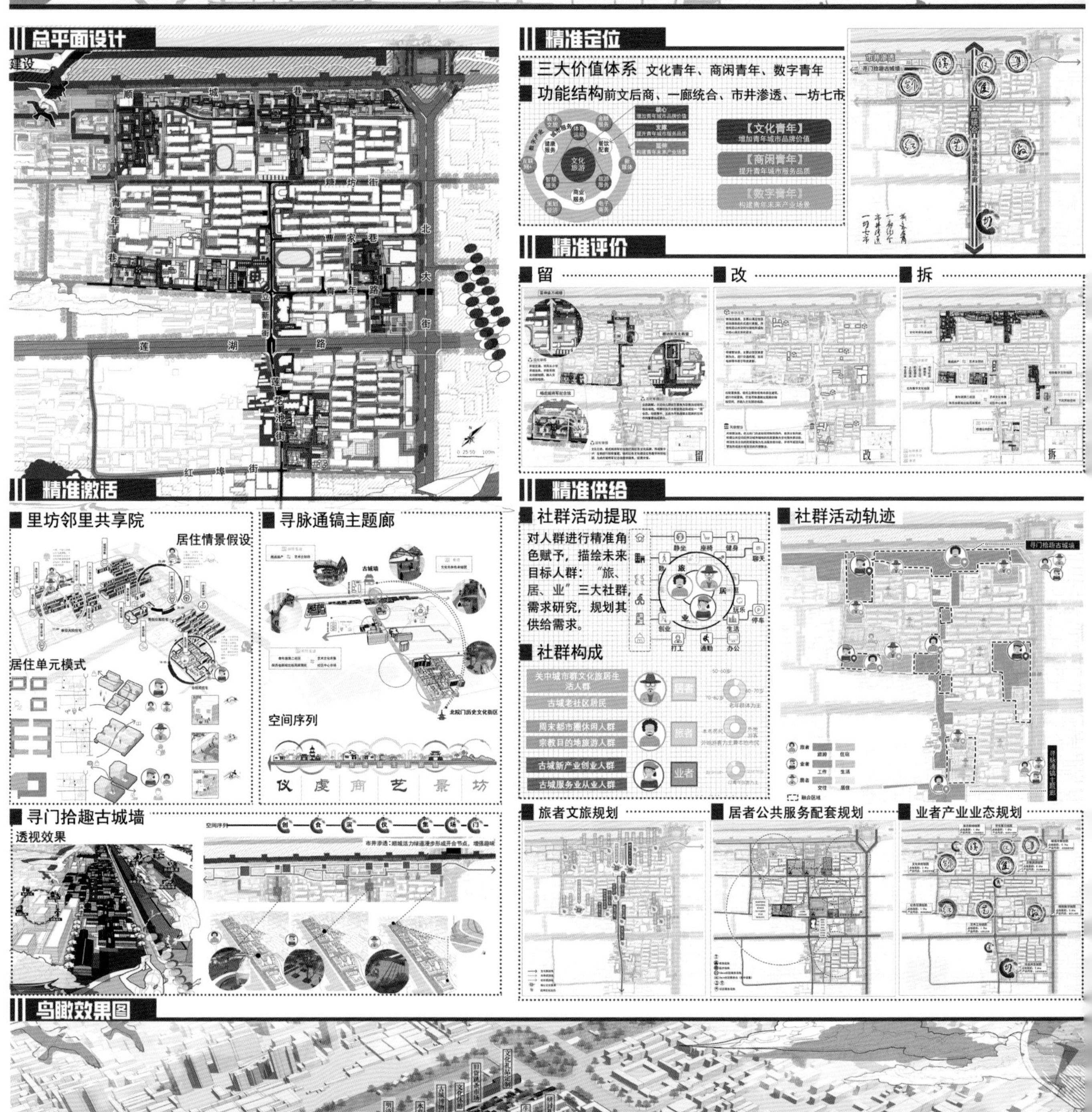

以文承脉·活态市井
——西安市历史城区青年路街道城市更新规划设计 05
总平面设计
精准定位
三大价值体系 文化青年、商闲青年、数字青年
功能结构 前文后商、一廊统合、市井渗透、一坊七市
【文化青年】
【商闲青年】
【数字青年】
精准评价
留
改
拆
精准激活
里坊邻里共享院
居住情景假设
居住单元模式
寻脉通镐主题廊
空间序列
寻门拾趣古城墙
透视效果
精准供给
社群活动提取
对人群进行精准角色赋予，描绘未来目标人群："旅、居、业"三大社群，需求研究，规划其供给需求。
社群构成
关中城市群文化旅居生活人群
古城老社区居民
周末都市圈休闲人群
宗教目的地旅游人群
古城新产业创业人群
古城服务业从业人群
居者
旅者
业者
社群活动轨迹
旅者文旅规划
居者公共服务配套规划
业者产业业态规划

鸟瞰效果图

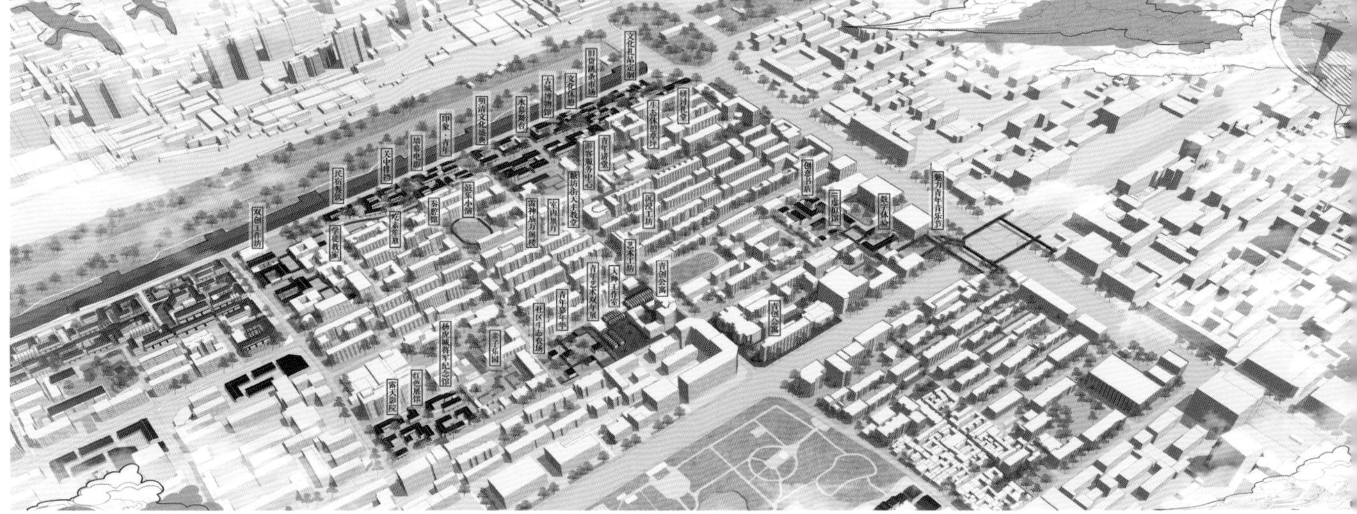

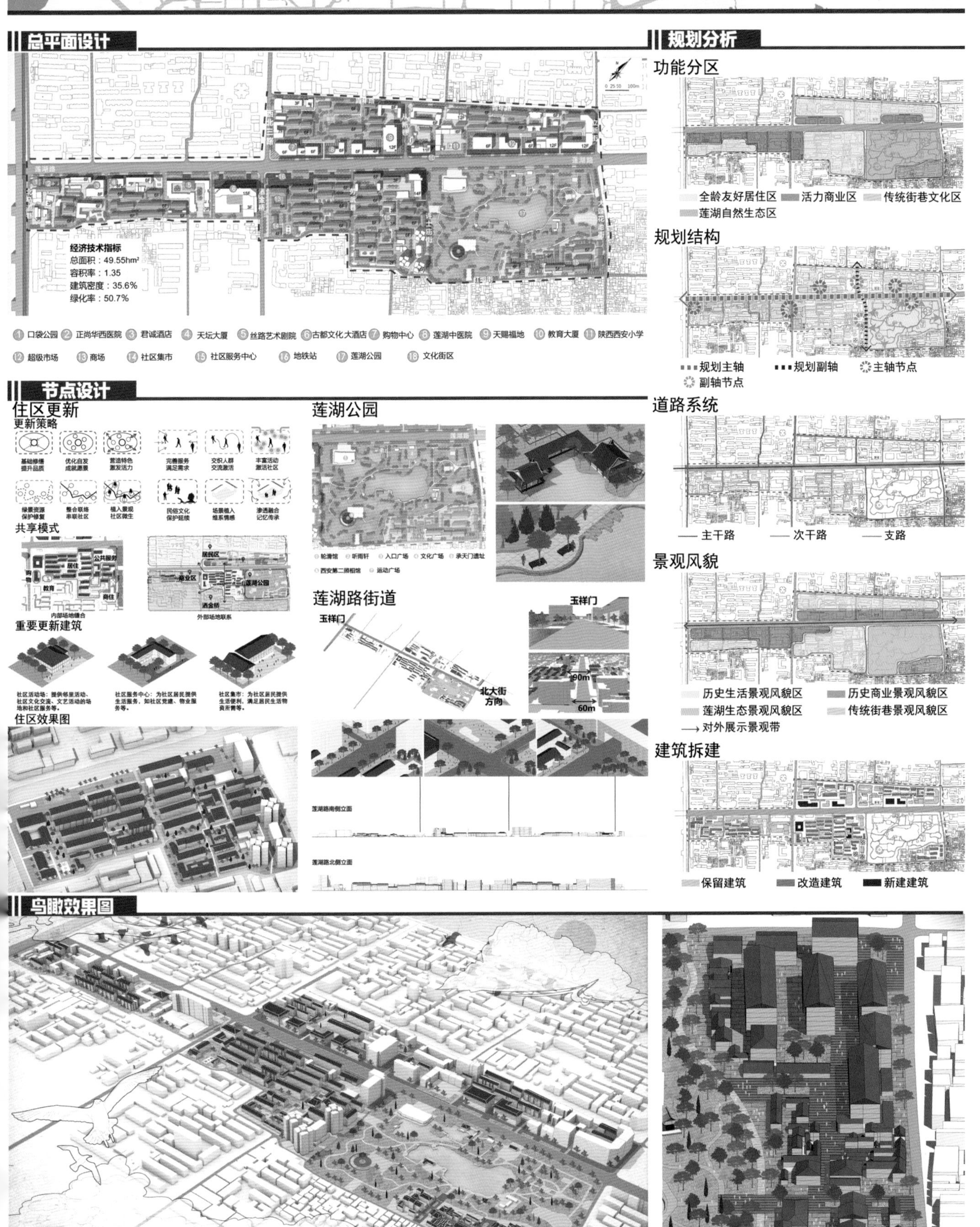
以文承脉·活态市井
——西安市历史城区青年路街道城市更新规划设计 06
总平面设计
经济技术指标
总面积：49.55hm²
容积率：1.35
建筑密度：35.6%
绿化率：50.7%
口袋公园
正尚华西医院
君诚酒店
天坛大厦
丝路艺术剧院
古都文化大酒店
购物中心
莲湖中医院
天赐福地
教育大厦
陕西西安小学
超级市场
商场
社区集市
社区服务中心
地铁站
莲湖公园
文化街区
规划分析
功能分区
全龄友好居住区
活力商业区
传统街巷文化区
莲湖自然生态区
规划结构
规划主轴
规划副轴
主轴节点
副轴节点
节点设计
住区更新
更新策略
共享模式
重要更新建筑
住区效果图
莲湖公园
莲湖路街道
玉祥门
北大街方向
90m
60m
道路系统
主干路
次干路
支路
景观风貌
历史生活景观风貌区
历史商业景观风貌区
莲湖生态景观风貌区
传统街巷景观风貌区
对外展示景观带
建筑拆建
保留建筑
改造建筑
新建建筑
鸟瞰效果图

以文承脉·活态市井
——西安市历史城区青年路街道城市更新规划设计 07

总平面设计

① 广仁寺 ② 无压环境场 ③ 民俗记忆馆 ④ 民俗集市 ⑤ 陕西工运学院 ⑥ 顺城社交场 ⑦ 皮肤病医院 ⑧ 皮肤病医院 ⑨ 陕西省总工会 ⑩ 宗教设施场 ⑪ 社区交往场 ⑫ 玉祥大酒店 ⑬ 陕西省农业厅 ⑭ 西北勘察研究院 ⑮ 顺城守望场 ⑯ 青春集市 ⑰ 文创体验 ⑱ 文化讲堂 ⑲ 传统美食 ⑳ 特色餐饮 ㉑ 纪念品店 ㉒ 活动中心 ㉓ 街头绿地 ㉔ 陕西科技报社 ㉕ 文旅共和场 ㉖ 文化讲堂 ㉗ 顺城客厅 ㉘ 特色美食

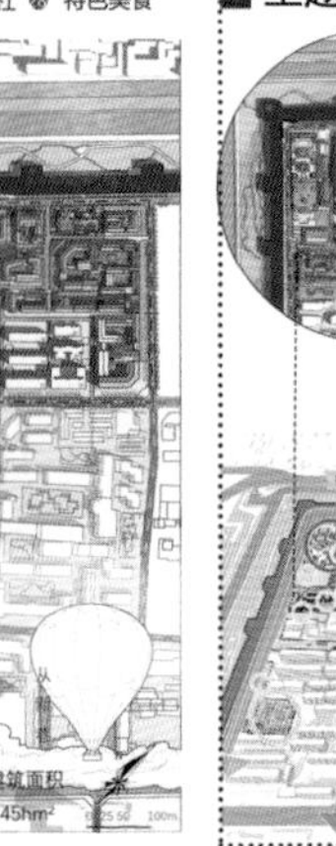

经济技术指标

总用地面积	容积率	建筑密度	绿地率	总建筑面积
33.14hm²	1.13	25%	30%	37.45hm²

主题圈层重塑创新

两大主题圈层 印记承忆主题圈层、活态市井主题圈层

行动者构成 民俗文化、宗教文化、城墙文化、出行环境、开敞空间、生活服务设施、居民、游客

主题圈层分类展示

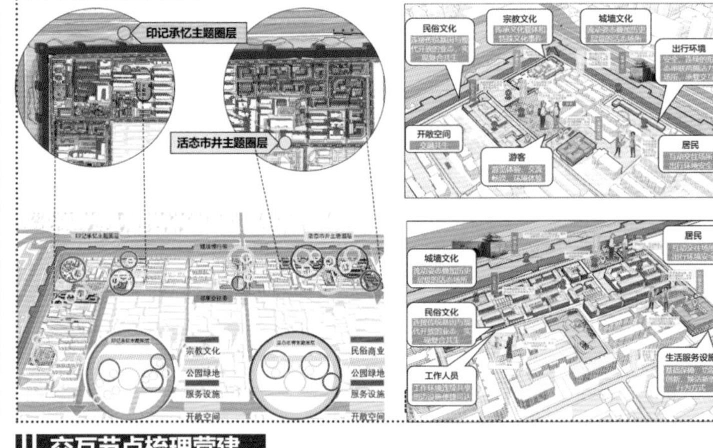

互动环带拓展重构

互动环带分类拓展

行动者主体环带梳理

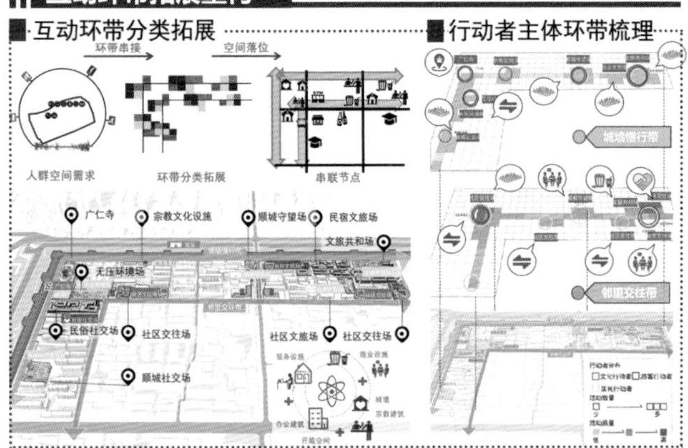

环带分类设计建议

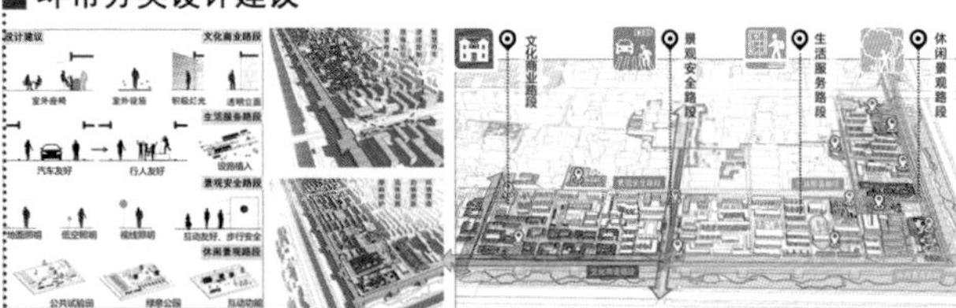

交互节点梳理营建

节点路径互动

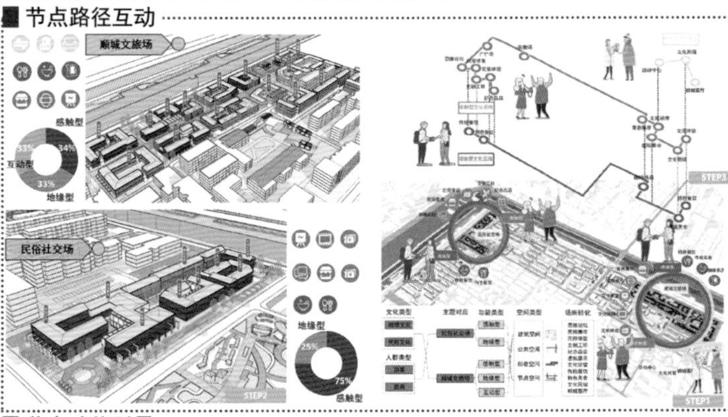

节点功能引导

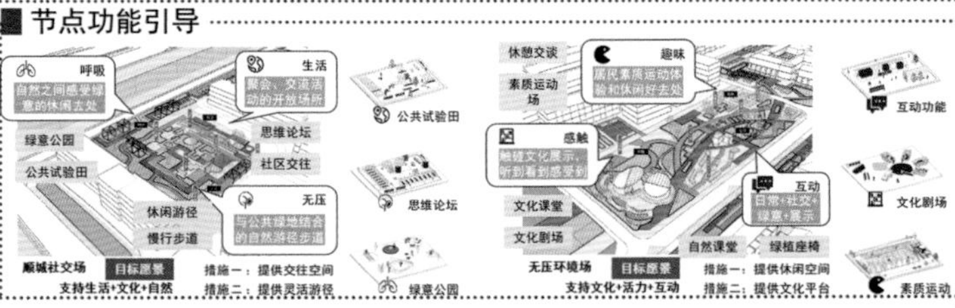

鸟瞰效果图

以文承脉·活态市井 ——西安市历史城区青年路街道城市更新规划设计 08

总平面设计

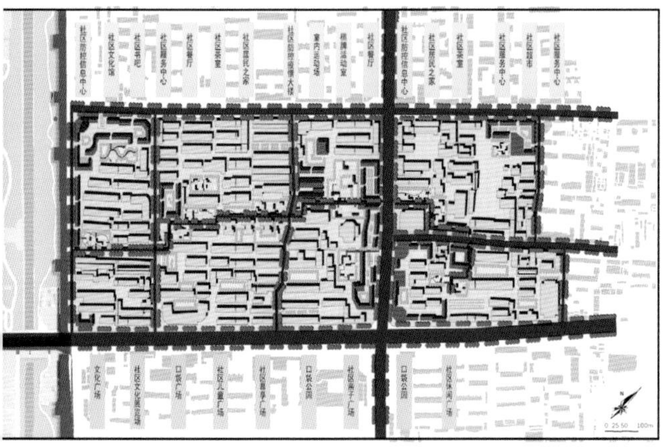

前期分析

需求层次理论分析

在马斯洛需求层次理论中，生理需求是最基础的需求，涵盖了生活、衣、食、住、行等基础需求。它们在人的需求中最重要、最有力量。

安全需求是低级的需要，人需要安全、稳固的环境，需要被保护，才能消除恐惧与恐慌。

人与人之间通过交往建立起情感连接，如友情、爱情等。

人需要尊重自己与被他人尊重，独立且有尊严地生活。

实现低层次的需求后，通过自身努力实现人生价值。

空间现状分析

1. 活动主体构成

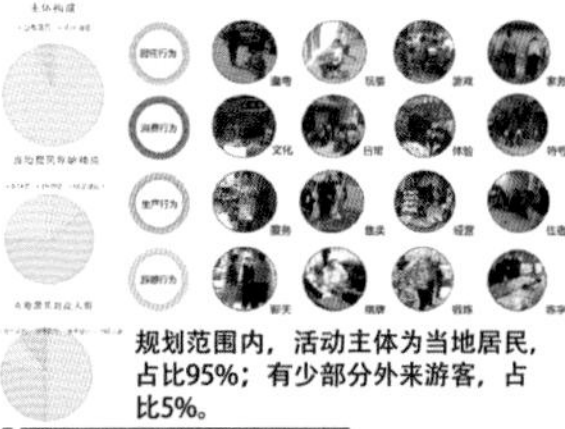

规划范围内，活动主体为当地居民，占比95%；有少部分外来游客，占比5%。

2. 空间问题特征

缺乏交往空间　业态结构单一　生态环境低质

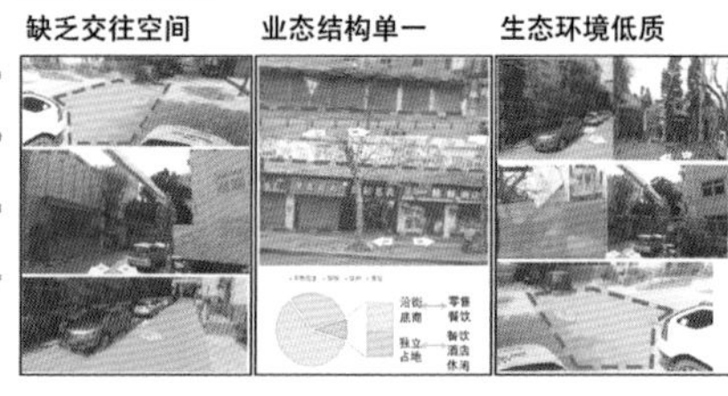

更新结构

功能结构规划

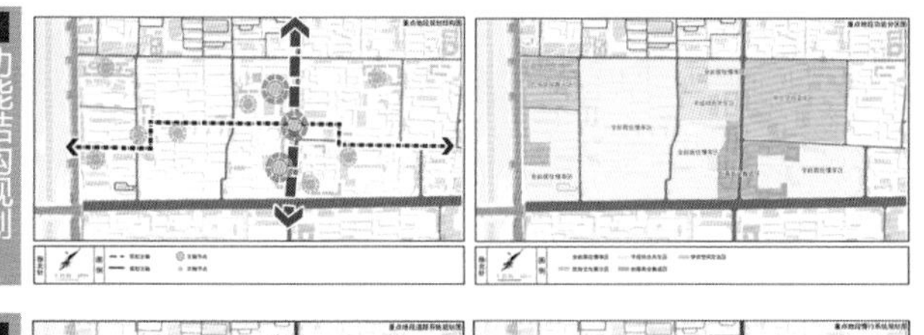

道路交通规划

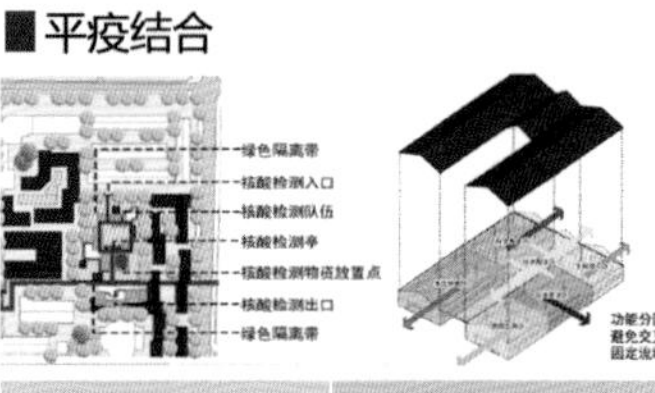

公服设施规划

需求节点构建

平疫结合

慢行系统

1. 打通消防通道

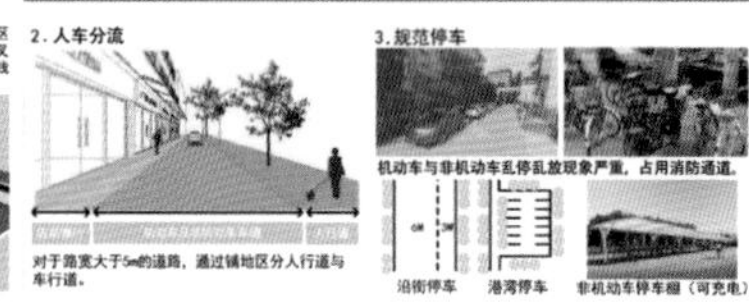

2. 人车分流

对于路宽大于5m的道路，通过铺地区分人行道与车行道。

3. 规范停车

机动车与非机动车乱停乱放现象严重，占用消防通道。

沿街停车　港湾停车　非机动车停车棚（可充电）

公共空间策略

街道公园改造

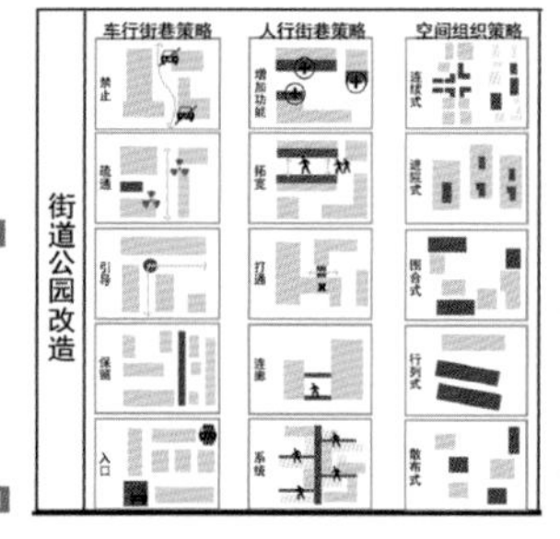

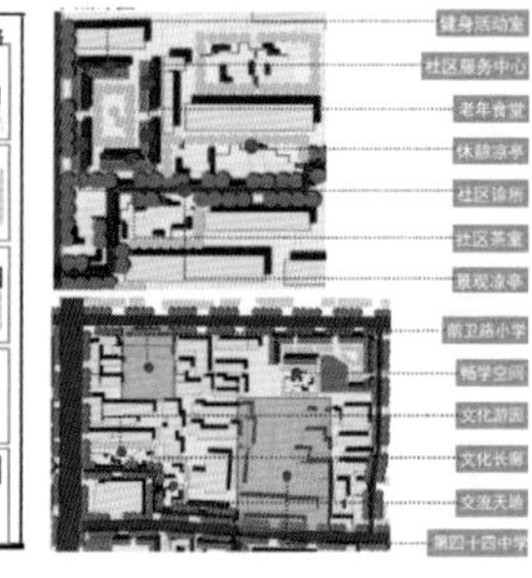

鸟瞰效果图

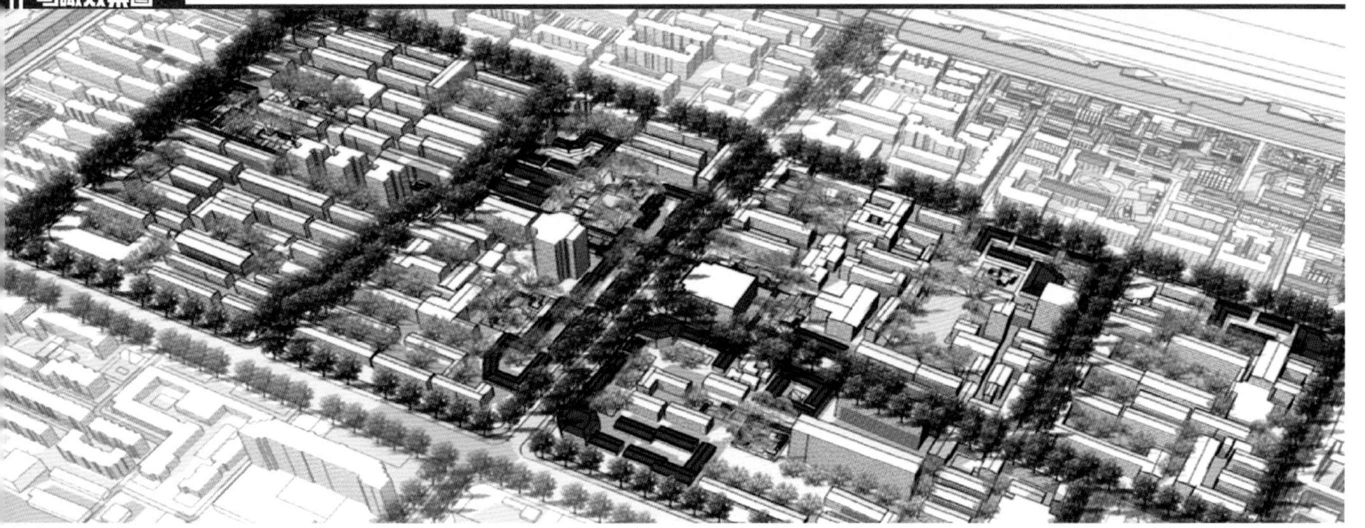

游寺栖坊·寻脉兴商

——西安市历史城区洒金桥地段城市更新规划设计

01

区位分析

地理区位

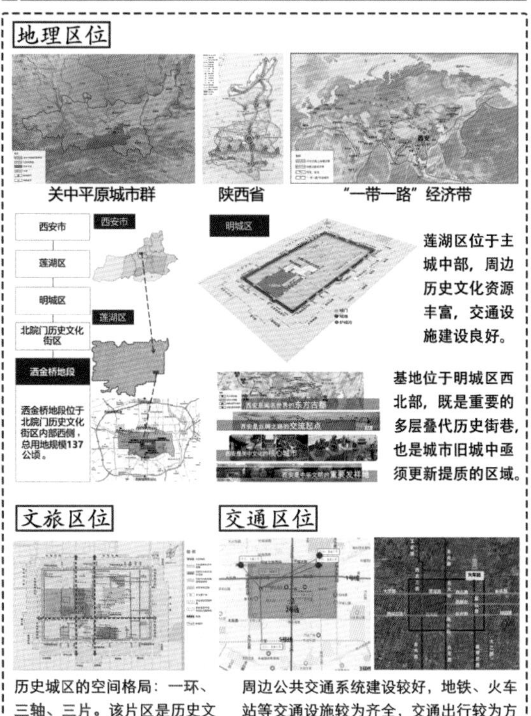

莲湖区位于主城中部，周边历史文化资源丰富，交通设施建设良好。

基地位于明城区西北部，既是重要的多层叠代历史街巷，也是城市旧城中亟须更新提质的区域。

文旅区位

交通区位

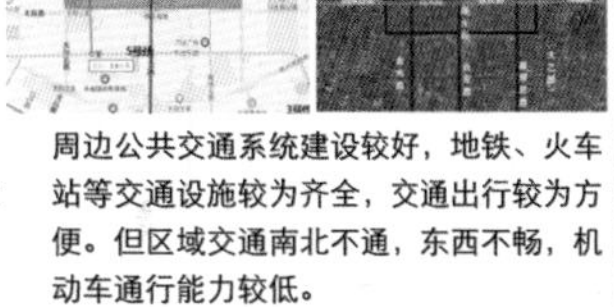

历史城区的空间格局：一环、三轴、三片。该片区是历史文化街区内历史最悠久、文化最包容、生活最西安的片区。

周边公共交通系统建设较好，地铁、火车站等交通设施较为齐全，交通出行较为方便。但区域交通南北不通，东西不畅，机动车通行能力较低。

历史沿革

形态演变

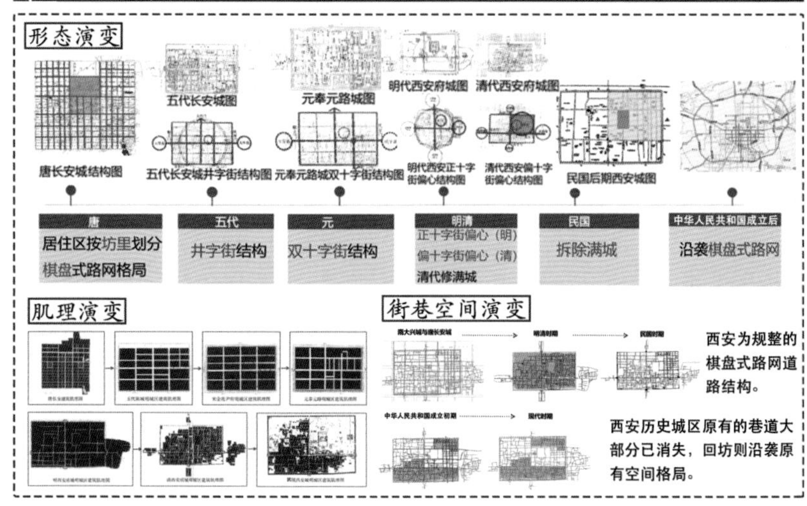

肌理演变

街巷空间演变

西安为规整的棋盘式路网道路结构。

西安历史城区原有的巷道大部分已消失，回坊则沿袭原有空间格局。

上位规划

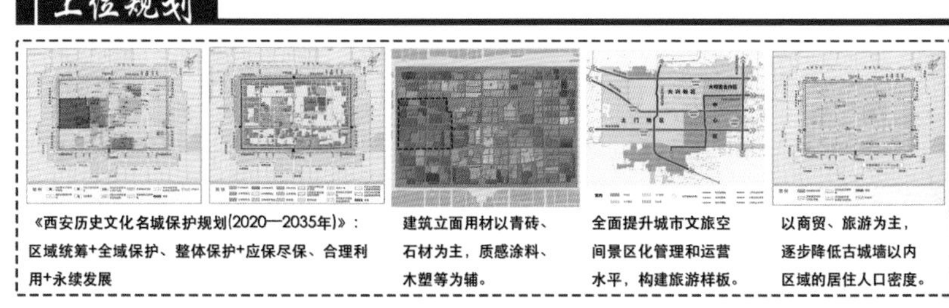

《西安历史文化名城保护规划(2020—2035年)》：区域统筹+全域保护、整体保护+应保尽保、合理利用+永续发展

建筑立面用材以青砖、石材为主，质感涂料、木塑等为辅。

全面提升城市文旅空间景区化管理和运营水平，构建旅游样板。

以商贸、旅游为主，逐步降低古城墙以内区域的居住人口密度。

现状分析

历史维度

文物保护单位

序号	名称	建造年代
1	西五台云居寺	唐
2	酒金桥古寺	18世纪
3	酒金桥西寺	1936年
4	小学习巷营里寺	1795年
5	小学习巷清真中寺	1922年
6	广济街清真寺	明清
7	大学习巷清真寺	明代中期
8	都城隍庙	1387年
9	大麦市街38号民居	民国中期

大部分文物保护单位沿巷道分布在回坊区域，与居民住所紧密融合，但部分文物保护单位入口隐蔽，且无开敞空间进行过渡，识别性弱。

传统习俗

非物质文化遗产资源主要包括传统表演艺术、民俗活动和礼仪、节庆、传统手工艺技能等，以及与上述相关的文化空间。如：皮影戏、西安鼓乐、长安造纸术、传统民居的建筑样式、风味小吃烹饪工艺、传统节日等。

活力维度

人群特征

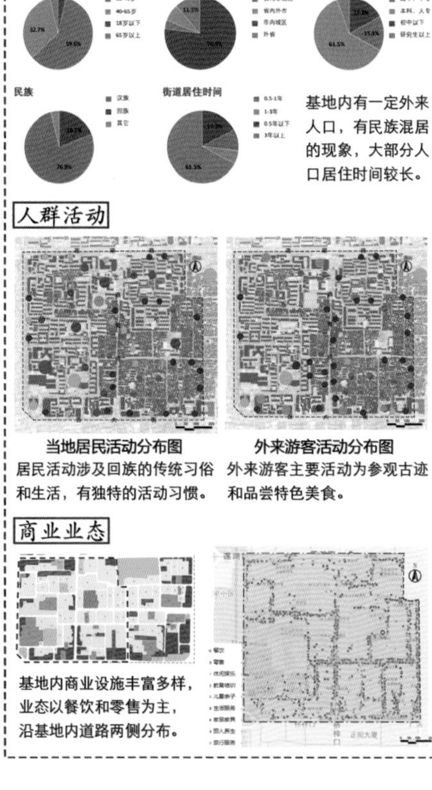

基地内有一定外来人口，有民族混居的现象，大部分人口居住时间较长。

人群活动

当地居民活动分布图

居民活动涉及回族的传统习俗和生活，有独特的活动习惯。

外来游客活动分布图

外来游客主要活动为参观古迹和品尝特色美食。

商业业态

基地内商业设施丰富多样，业态以餐饮和零售为主，沿基地内道路两侧分布。

空间维度

道路交通

主干道	板数	路宽（m）
莲湖路	3	37
西大街	3	38

次干道	板数	路宽（m）
洒金桥	1	10
庙后街	1	16
大学习巷	1	11

基地内道路为方格状，洒金桥路是主要的南北向道路，承载主要交通量。

公共空间

公园与广场主要分布于位于回坊之外的现代居住区。

序号	名称	面积（㎡）	占地比例
1	莲湖公园	22486	—
2	儿童公园	17876	1.30%
3	伊祥苑中心绿地	9706	0.70%
4	安定文化广场	7680	0.56%

居民交往空间大多位于道路上，公共空间拥挤，公共绿化较少。

公共服务设施

基地内部及周边有文化、体育、医疗等设施服务覆盖，基本能满足居民生活需要。

游寺栖坊·寻脉兴商

——西安市历史城区洒金桥地段城市更新规划设计

02

体检评估

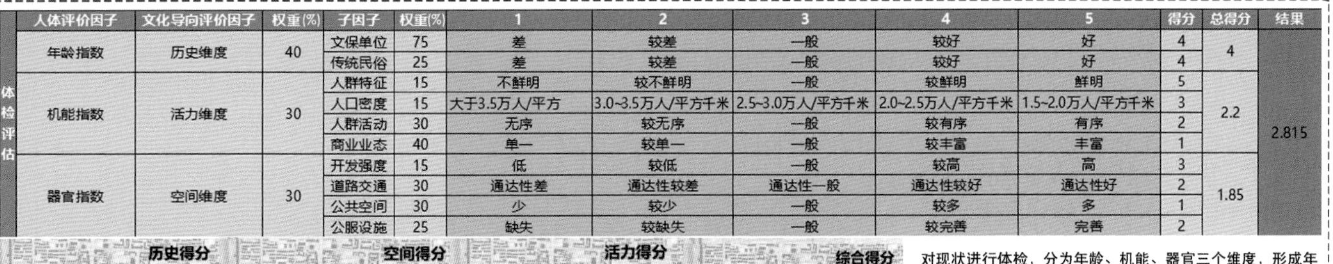

体检评估	人体评价因子	文化导向评价因子	权重(%)	子因子	权重(%)	1	2	3	4	5	得分	总得分	结果
	年龄指数	历史维度	40	文保单位	75	差	较差	一般	较好	好	4	4	2.815
				传统民俗	25	差	较差	一般	较好	好	4		
	机能指数	活力维度	30	人群特征	15	不鲜明	较不鲜明	一般	较鲜明	鲜明	5	2.2	
				人口密度	15	大于3.5万人/平方	3.0~3.5万人/平方千米	2.5~3.0万人/平方千米	2.0~2.5万人/平方千米	1.5~2.0万人/平方千米	3		
				人群活动	30	无序	较无序	一般	较有序	有序	2		
				商业业态	40	单一	较单一	一般	较丰富	丰富	1		
	器官指数	空间维度	30	开发强度	15	低	较低	一般	较高	高	3	1.85	
				道路交通	30	通达性差	通达性较差	通达性一般	通达性较好	通达性好	2		
				公共空间	30	少	较少	一般	较多	多	1		
				公服设施	25	缺失	较缺失	一般	较完善	完善	2		

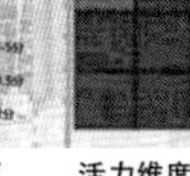

对现状进行体检，分为年龄、机能、器官三个维度，形成年龄指数、机能指数、器官指数三个评价指数，分别对应历史维度、活力维度和空间维度的现状，进行现状体检。

按照现状体检评估体系，洒金桥地段现状体检评估得分为2.815分，高于中间值2.5分。历史维度层面得分较高，但活力维度和空间维度层面仍需优化。

同时将基地网格简单分为25个地块，按评估方法分别打分。

历史维度高分部分文化底蕴深厚，文化价值较高，发展文旅潜力大。

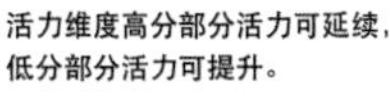

活力维度高分部分活力可延续，低分部分活力可提升。

空间维度回坊部分空间得分最低，空间品质亟须改造提升。

综合得分可作为后续更新策略的参考：高分部分分布于三条主路上，后续继续发挥优势；中等分数部分可以整治、保留为主；低分部分需要改造更新，补齐短板。

更新目标

总体定位

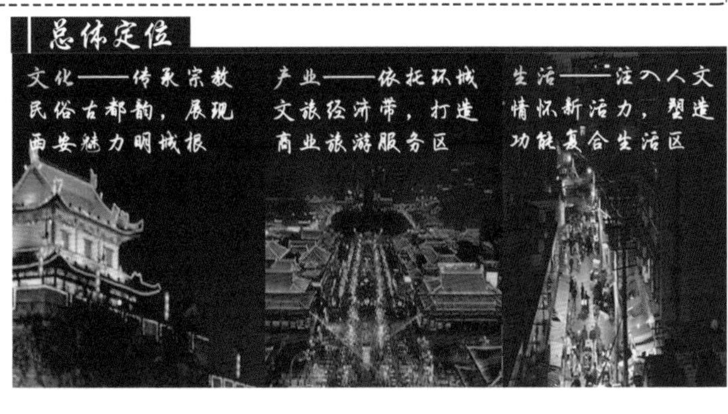

更新策略

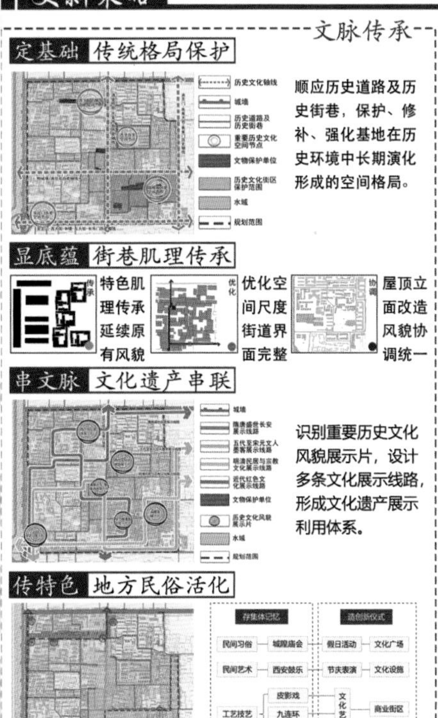

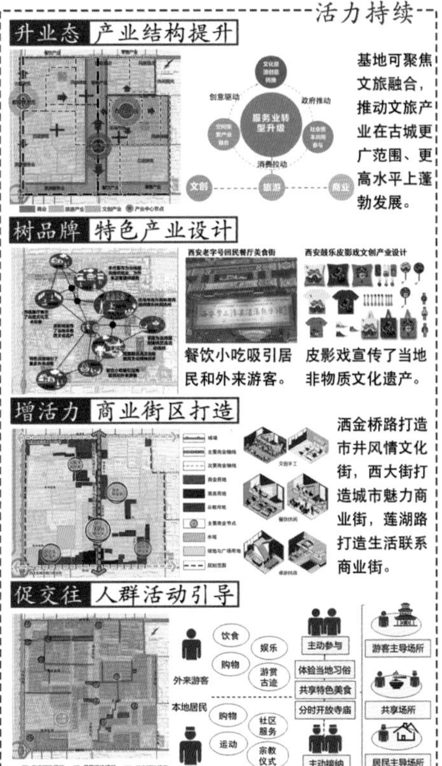

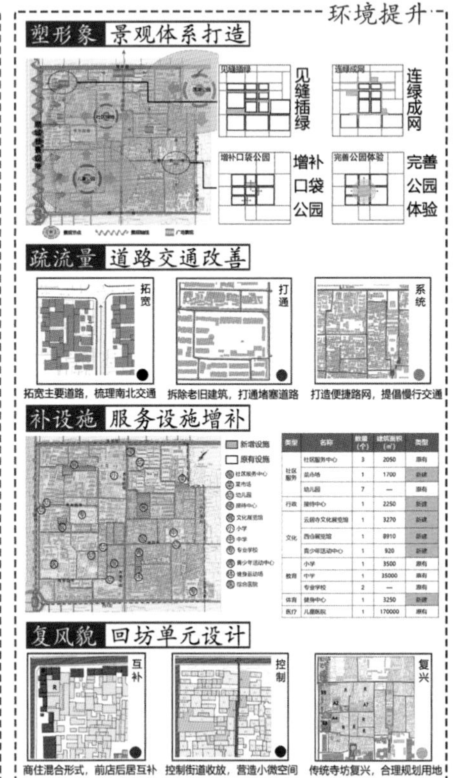

03

游寺栖坊·寻脉兴商

——西安市历史城区洒金桥地段城市更新规划设计

总平面图

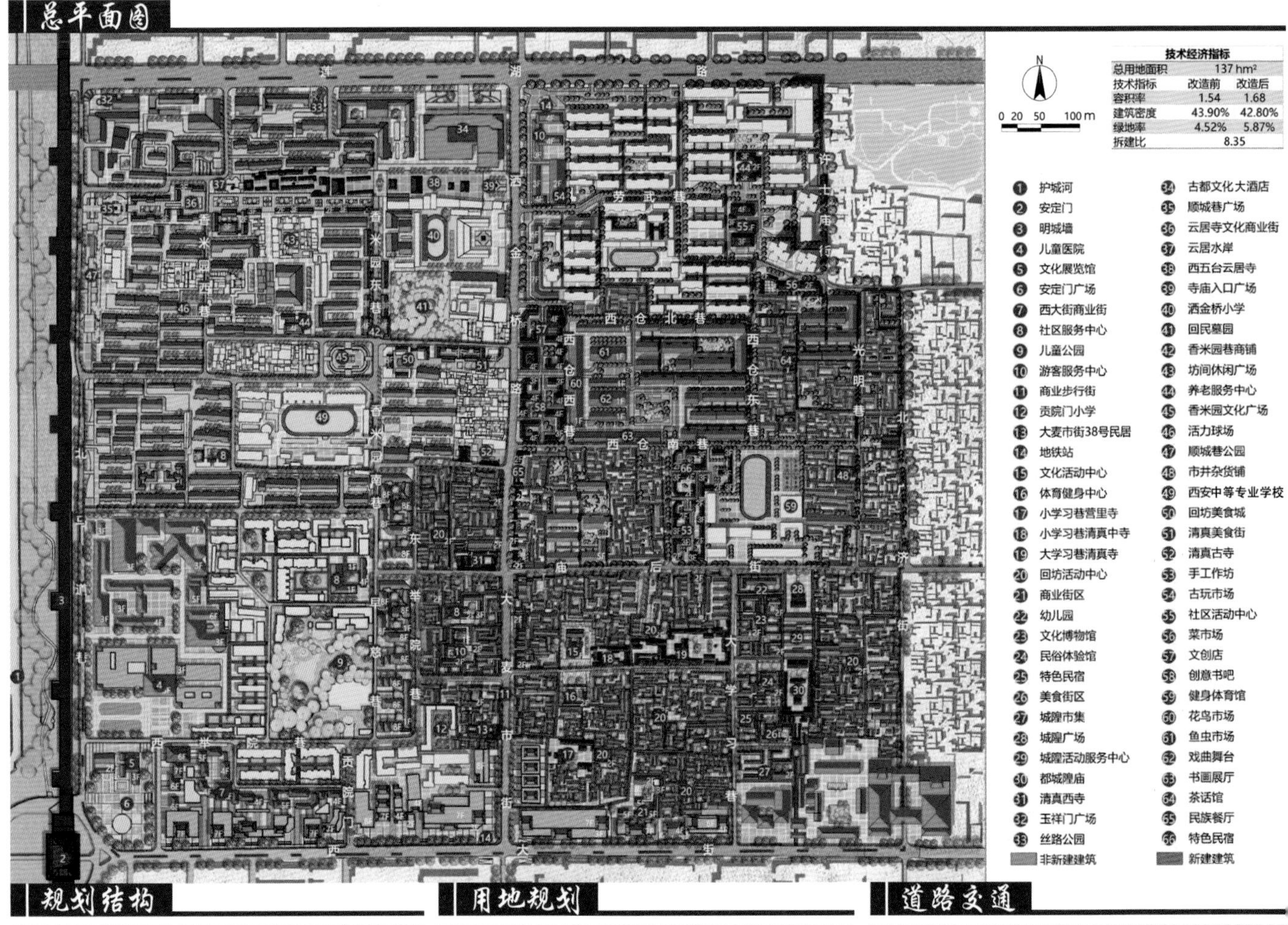

技术经济指标		
总用地面积	137 hm^2	
技术指标	改造前	改造后
容积率	1.54	1.68
建筑密度	43.90%	42.80%
绿地率	4.52%	5.87%
拆建比	8.35	

规划结构

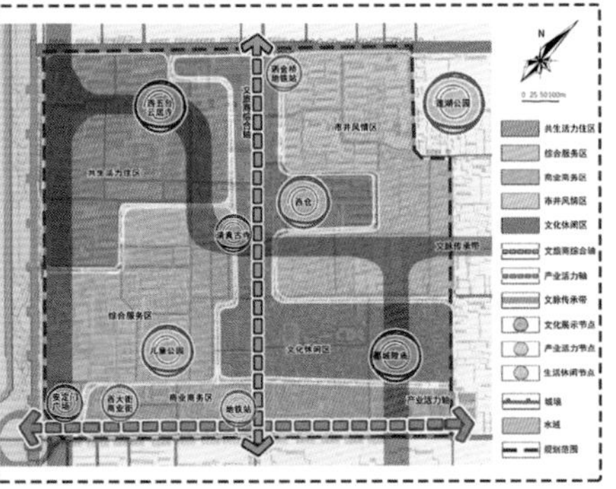

用地规划

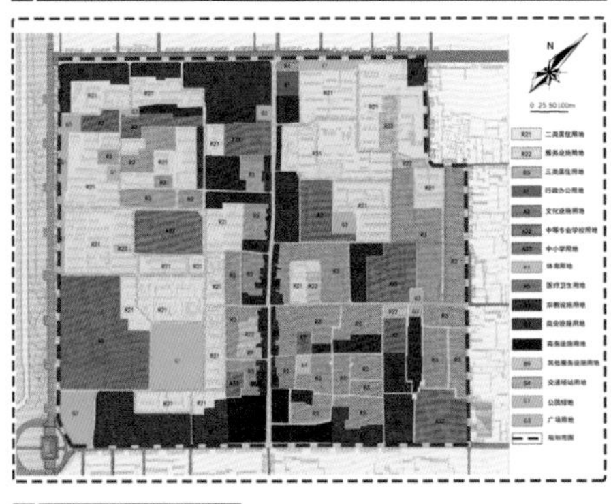

道路交通

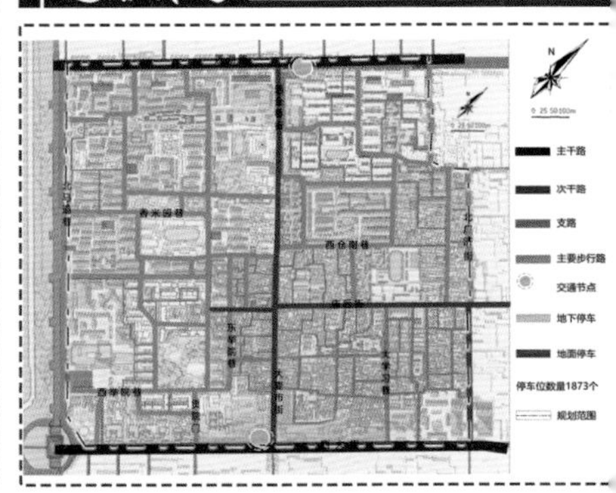

公共服务设施

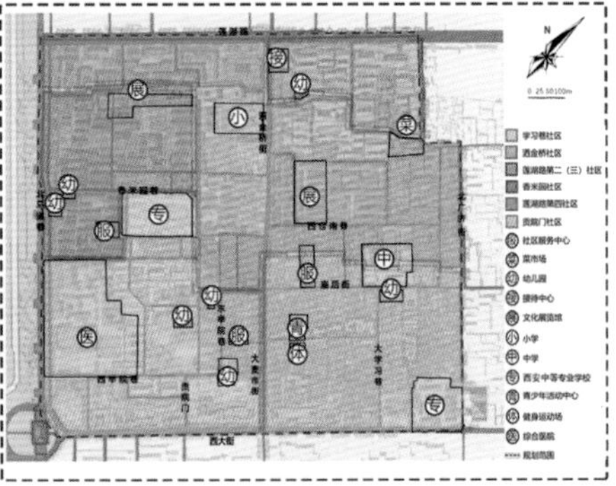

景观体系

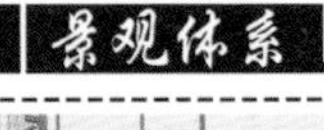

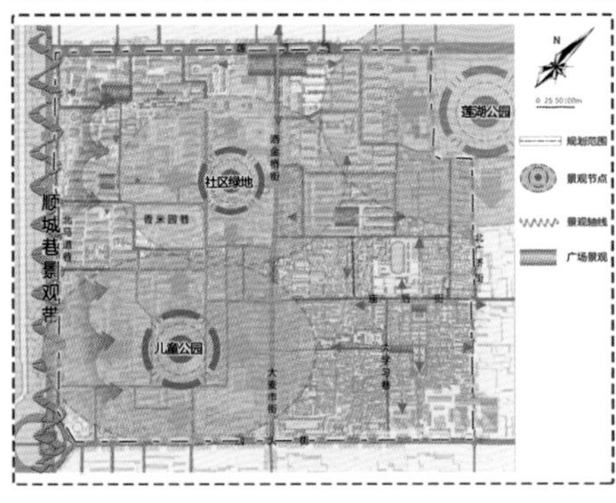

风貌分区

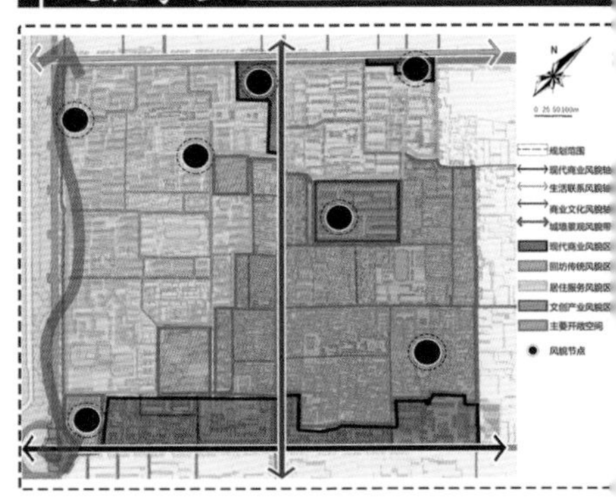

04

游寺栖坊·寻脉兴商

——西安市历史城区洒金桥地段城市更新规划设计

规划时序

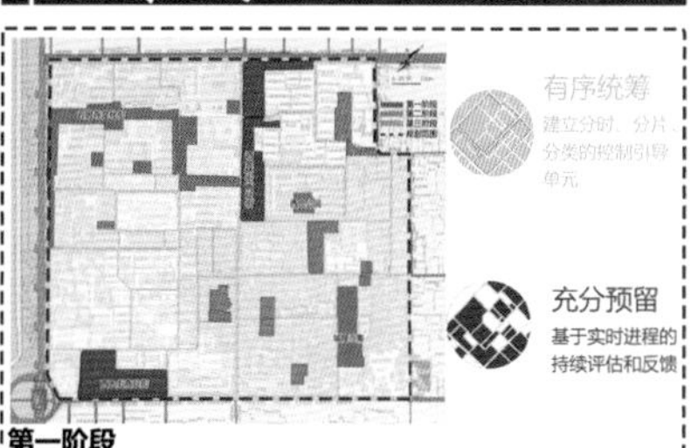

第一阶段

快速见效，优先选择交通区位最优、入口昭示性最强地区，即回坊重点地段内西大街沿街商业，作为品质标杆。

第二阶段

提升文化影响、建立文化地标、优化公共空间。

第三阶段

提升人居品质、全面升级产业、整合各方资源。

更新模式

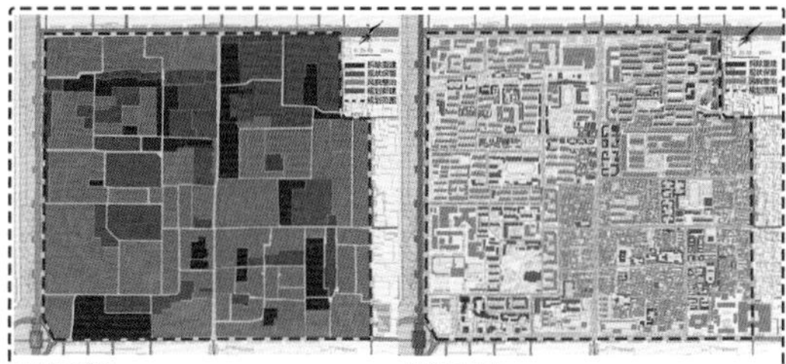

用地更新

拆除重建：以拆建为主；
现状保留：文物保护单位、现状居住建筑等；
风貌整治：主要针对居住用地；
规划新建：局部拆建后，规划建设公共绿地或广场用地。

建筑更新

拆除重建：被拆除后新建的建筑；
风貌整治：保留并进行屋顶平改坡或立面改造的建筑；
现状保留：保留的原有建筑。

项目汇总

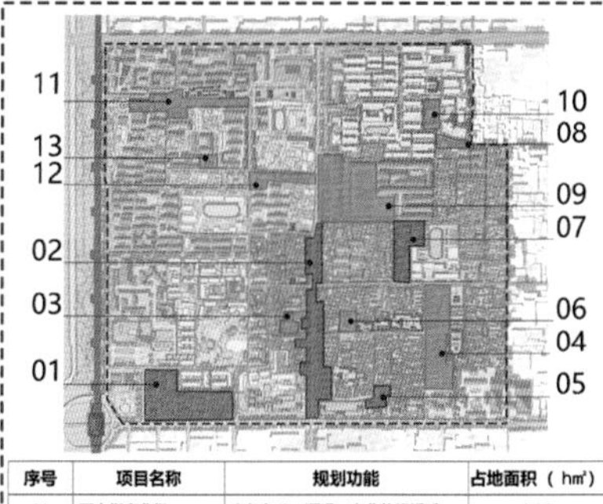

序号	项目名称	规划功能	占地面积（hm²）
01	西大街商业街	商务办公、酒吧、商业休闲娱乐	3.35
02	洒金桥商业步行街	民族餐厅、商业休闲、零售	3.60
03	游客服务中心	游憩场所、商业办公	0.40
04	回坊文化体验区	文化展示、创意产业	1.52
05	小学习巷商业街区	文化创意产业、民俗体验	0.53
06	文化活动中心	文化展示、公共服务	0.47
07	西仓南巷南段	特色民俗、手工作坊	0.96
08	洒金桥菜市场	农副产品销售	0.30
09	西仓文创园	文创体验店、文化科普	3.60
10	社区服务中心	公共服务、休闲娱乐	0.69
11	云居寺文化商业街	文化展示、民俗体验	1.86
12	回坊美食街区	民族餐厅、商业休闲、零售	0.78
13	养老服务中心	公共服务、休闲娱乐	0.23

分区、分类汇总地段内的重点建设项目并进行空间落位。重点地段内主要有洒金桥商业步行街、回坊文化体验区等建设项目，规模相对较大，其余如社区服务中心、文化活动中心则呈散点状分布。所有新建项目需要在风貌上与周围建筑协调统一。

运营机制

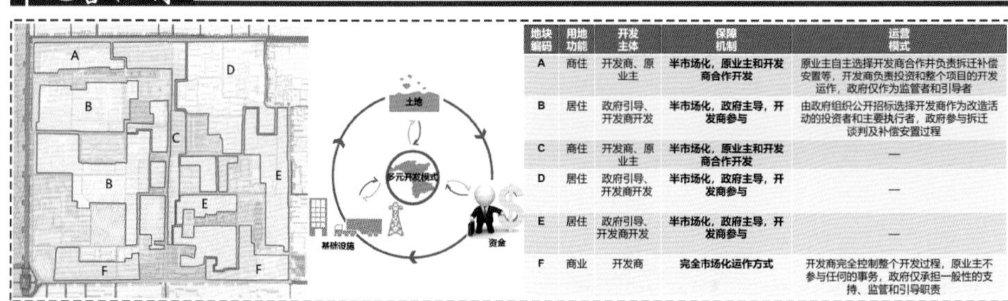

地块编码	用地功能	开发主体	保障机制	运营模式
A	商住	开发商、原业主	**半市场化，原业主和开发商合作开发**	原业主自主选择开发商合作并负责拆迁补偿安置等，开发商负责投资和整个项目的开发运作，政府仅作为监管者和引导者
B	居住	政府引导、开发商开发	**半市场化，政府主导，开发商参与**	由政府组织公开招标选择开发商作为改造活动的投资者和主要执行者，政府参与拆迁谈判及补偿安置过程
C	商住	开发商、原业主	**半市场化，原业主和开发商合作开发**	—
D	居住	政府引导、开发商开发	**半市场化，政府主导，开发商参与**	—
E	居住	政府引导、开发商开发	**半市场化，政府主导，开发商参与**	—
F	商业	开发商	**完全市场化运作方式**	开发商完全控制整个开发过程，原业主不参与任何的事务，政府仅承担一般性的支持、监管和引导职责

鸟瞰图

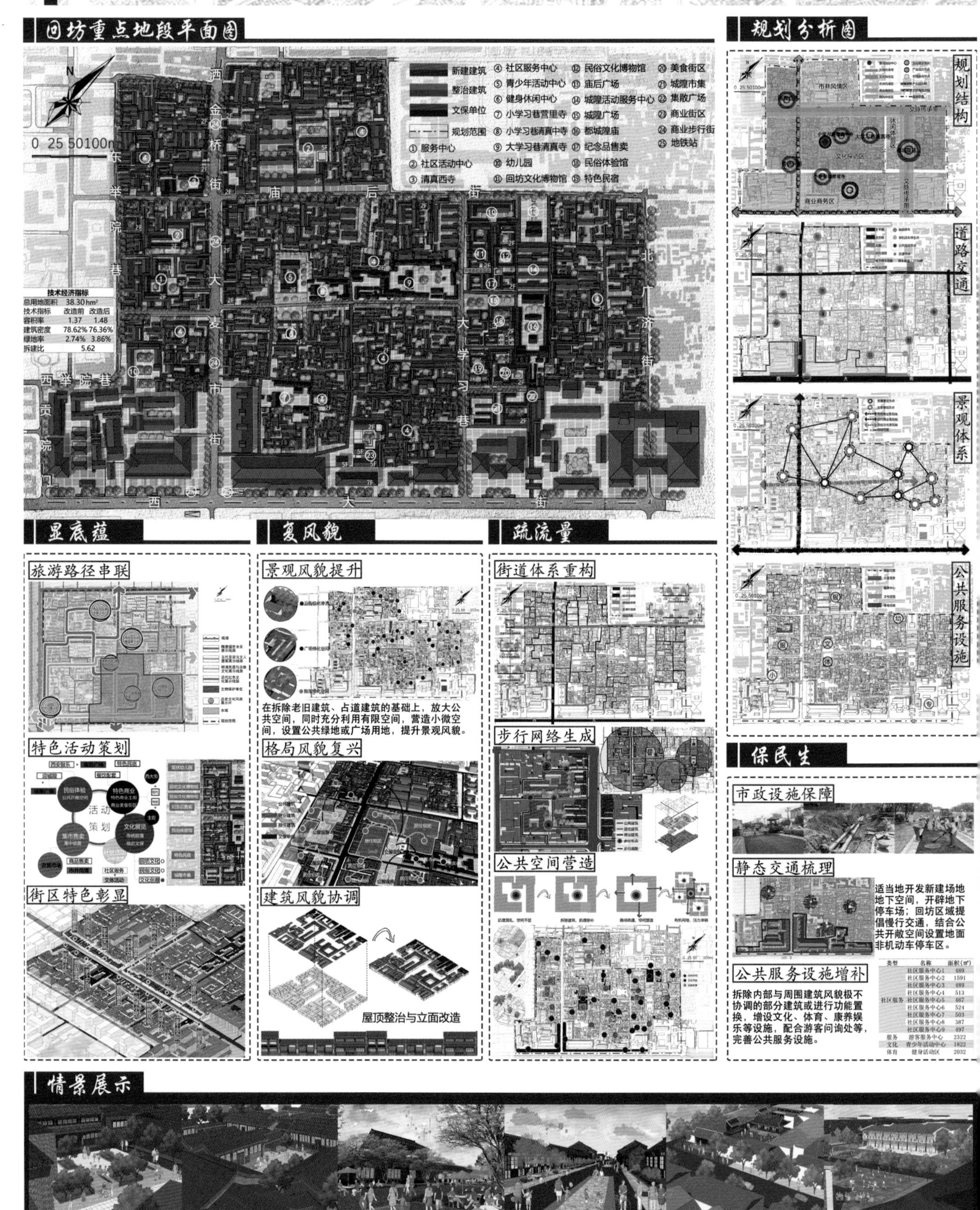
05
游寺栖坊·寻脉兴商
——西安市历史城区洒金桥地段城市更新规划设计
回坊重点地段平面图
新建建筑
整治建筑
文保单位
规划范围
① 服务中心
② 社区活动中心
③ 清真西寺
④ 社区服务中心
⑤ 青少年活动中心
⑥ 健身休闲中心
⑦ 小学习巷营里寺
⑧ 小学习巷清真中寺
⑨ 大学习巷清真寺
⑩ 幼儿园
⑪ 回坊文化博物馆
⑫ 民俗文化博物馆
⑬ 庙后广场
⑭ 城隍活动服务中心
⑮ 城隍广场
⑯ 都城隍庙
⑰ 纪念品售卖
⑱ 民俗体验馆
⑲ 特色民宿
⑳ 美食街区
㉑ 城隍市集
㉒ 集散广场
㉓ 商业街区
㉔ 商业步行街
㉕ 地铁站
0 25 50100m
洒金桥街
东举院巷
庙后街
大麦市街
北广济街
大学习巷
西举院巷
西贡院门
西大街
技术经济指标
总用地面积 38.30hm²
技术指标 改造前 改造后
容积率 1.37 1.48
建筑密度 78.62% 76.36%
绿地率 2.74% 3.86%
拆建比 5.62
规划分析图
规划结构
道路交通
景观体系
公共服务设施
显底蕴
旅游路径串联
特色活动策划
民俗体验
特色商业
活动策划
集市售卖
文化展览
街区特色彰显
复风貌
景观风貌提升
在拆除老旧建筑、占道建筑的基础上，放大公共空间，同时充分利用有限空间，营造小微空间，设置公共绿地或广场用地，提升景观风貌。
格局风貌复兴
建筑风貌协调
屋顶整治与立面改造
疏流量
街道体系重构
步行网络生成
公共空间营造
保民生
市政设施保障
静态交通梳理
适当地开发新建场地地下空间，开辟地下停车场；回坊区域提倡慢行交通，结合公共开敞空间设置地面非机动车停车区。
公共服务设施增补
拆除内部与周围建筑风貌极不协调的部分建筑或进行功能置换，增设文化、体育、康养娱乐等设施，配合游客问询处等，完善公共服务设施。
类型 名称 面积(m²)
社区服务 社区服务中心1 489
社区服务中心2 1591
社区服务中心3 489
社区服务中心4 513
社区服务中心5 467
社区服务中心6 524
社区服务中心7 503
社区服务中心8 387
社区服务中心9 497
服务 游客服务中心 2322
文化 青少年活动中心 1822
体育 健身活动区 2032
情景展示
民俗体验馆南侧
回坊文化博物馆
沿街商业
洒金桥街—大麦市街
大学习巷清真寺
青少年活动中心

06

游寺栖坊·寻脉兴商

——西安市历史城区洒金桥地段城市更新规划设计

安定门重点地段平面图

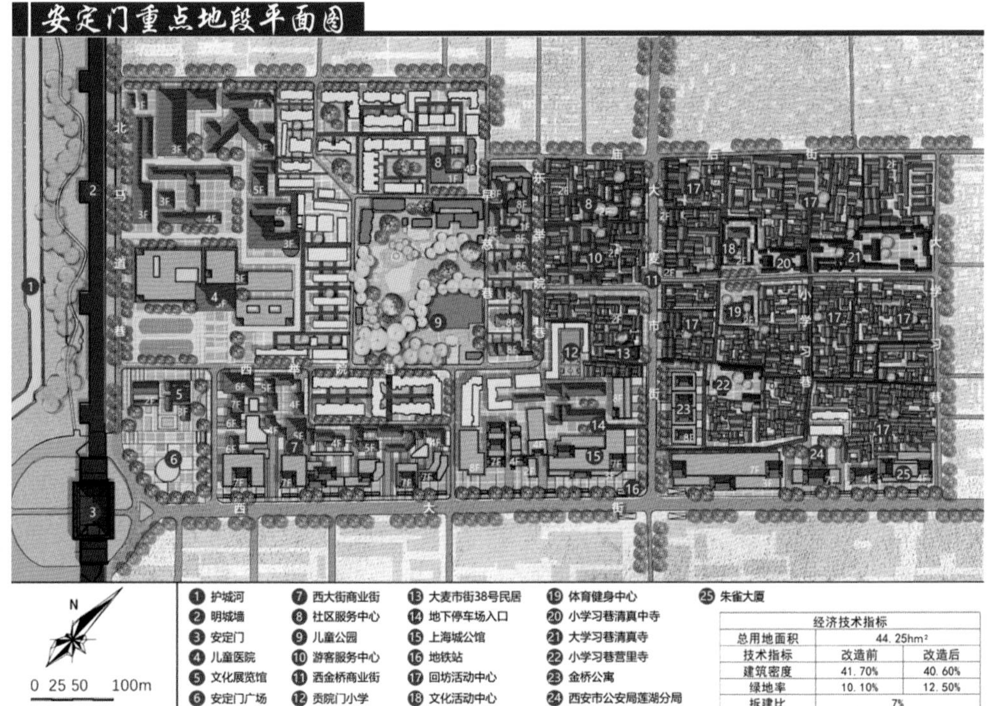

经济技术指标		
总用地面积	44. 25hm²	
技术指标	改造前	改造后
建筑密度	41. 70%	40. 60%
绿地率	10. 10%	12. 50%
拆建比	7%	

规划分析图

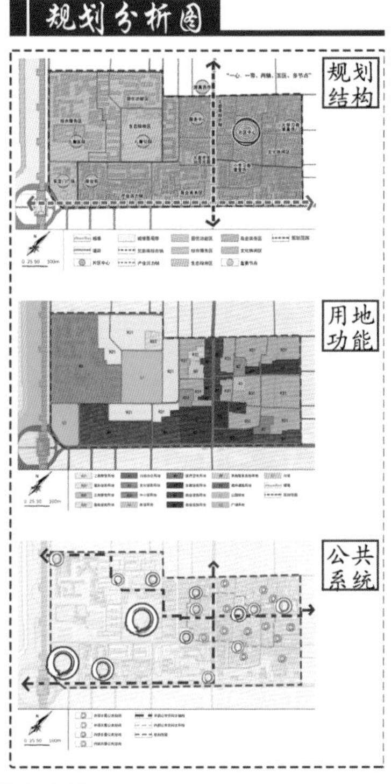

串文脉

文化主题挖掘

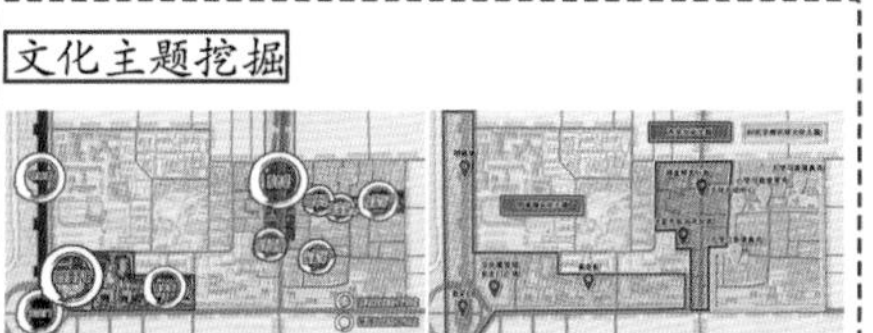

文化价值节点　　文化主题片区

识别地段内文化价值节点，在保护、修缮与利用原有文物保护单位的同时，对有价值的广场空间进行保留和扩建。

经过对地段内文化价值节点进行梳理后，划分出三个不同的文化主题片区，分别为明城墙文化主题片区、市井文化主题片区和回民宗教民居文化主题片区。

文旅路线引导

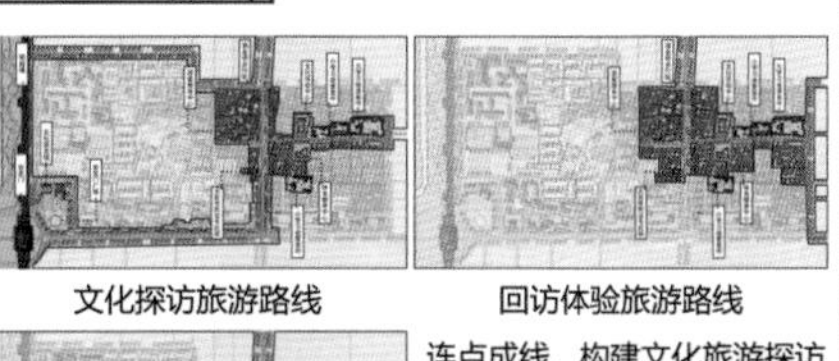

文化探访旅游路线　　回访体验旅游路线

商业购物旅游路线

连点成线，构建文化旅游探访路径。路线引导做到场所多元、功能多样，有足够的交往空间。结合上位规划打造文化探访、商业购物、回坊体验三大旅游路线。

增活力

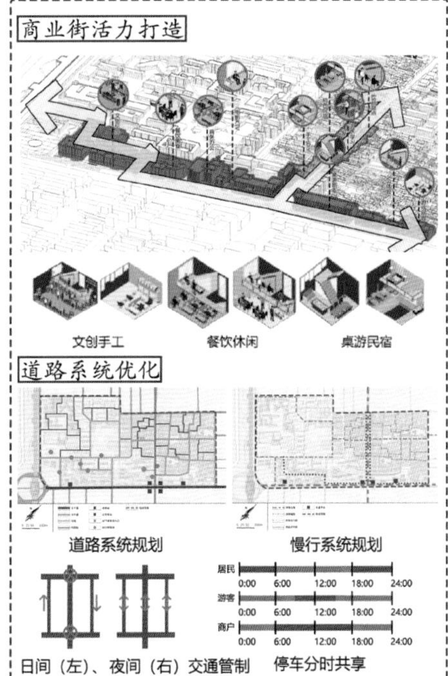

塑风貌

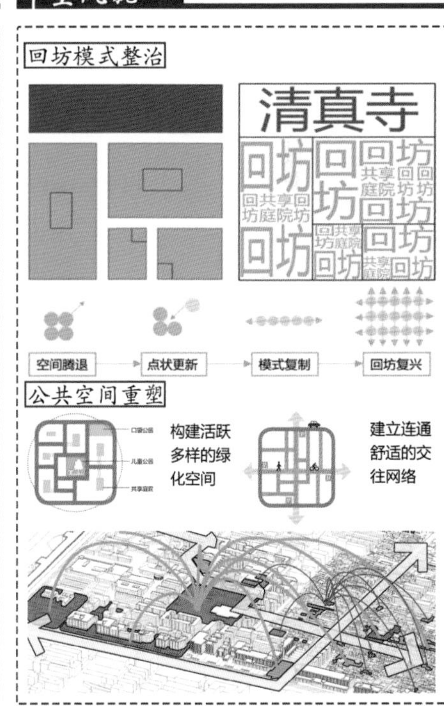

情景展示

洒金桥商业街

大学习巷回坊

安定门

安定门广场

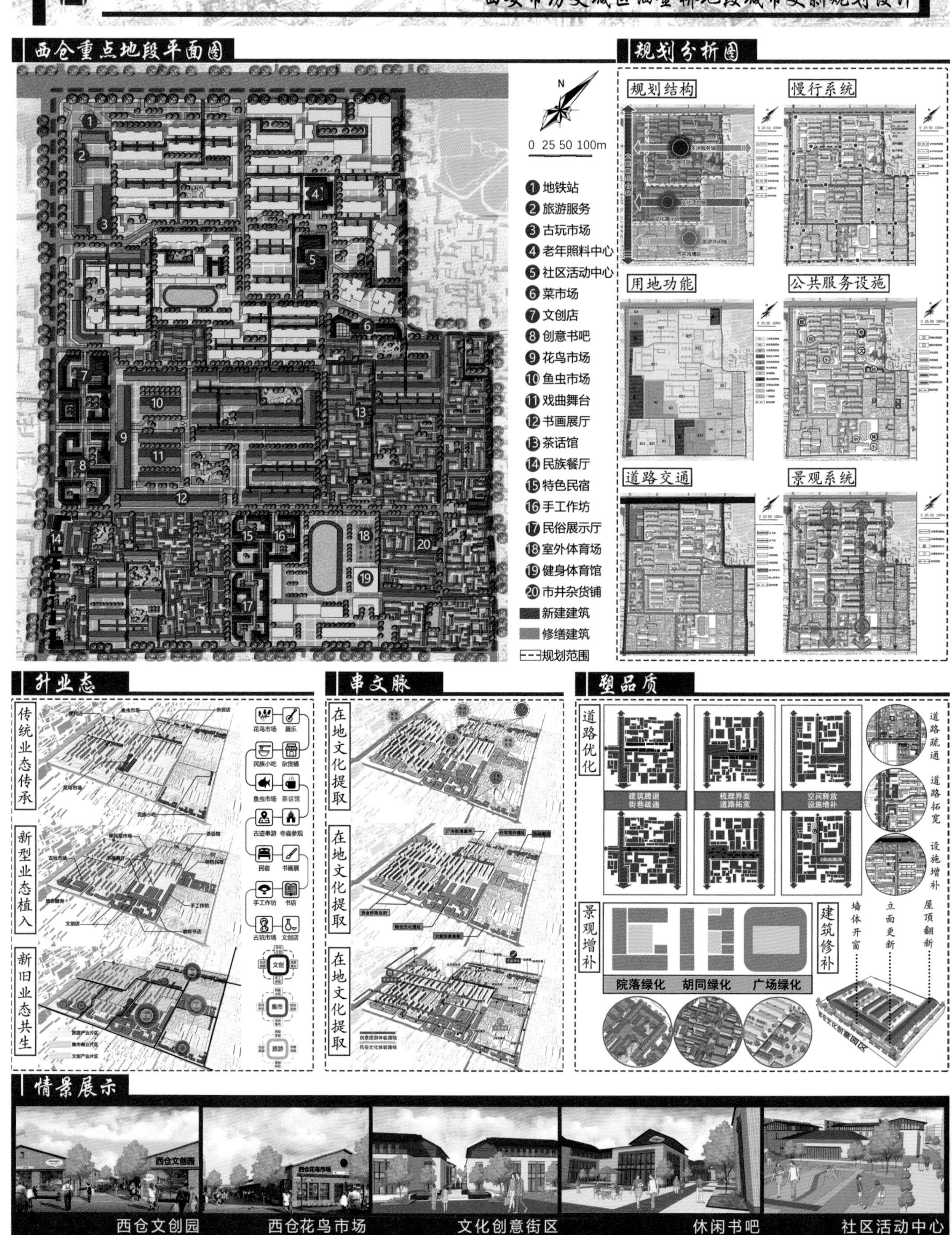
07
游寺栖坊·寻脉兴商
——西安市历史城区洒金桥地段城市更新规划设计
西仓重点地段平面图
0 25 50 100m
1 地铁站
2 旅游服务
3 古玩市场
4 老年照料中心
5 社区活动中心
6 菜市场
7 文创店
8 创意书吧
9 花鸟市场
10 鱼虫市场
11 戏曲舞台
12 书画展厅
13 茶话馆
14 民族餐厅
15 特色民宿
16 手工作坊
17 民俗展示厅
18 室外体育场
19 健身体育馆
20 市井杂货铺
新建建筑
修缮建筑
规划范围
规划分析图
规划结构
慢行系统
用地功能
公共服务设施
道路交通
景观系统
升业态
传统业态传承
新型业态植入
新旧业态共生
花鸟市场
器乐
民族小吃
杂货铺
鱼虫市场
茶话馆
古迹串游
寺庙参观
民宿
书画展
手工作坊
书店
古玩市场
文创店
文创
集市
旅游
串文脉
在地文化提取
在地文化提取
在地文化提取
塑品质
道路优化
建筑腾退
街巷疏通
梳理界面
道路拓宽
空间释放
设施增补
道路疏通
道路拓宽
设施增补
景观增补
院落绿化
胡同绿化
广场绿化
建筑修补
墙体开窗
立面更新
屋顶翻新
情景展示
西仓文创园
西仓花鸟市场
文化创意街区
休闲书吧
社区活动中心

08

游寺栖坊·寻脉兴商

——西安市历史城区洒金桥地段城市更新规划设计

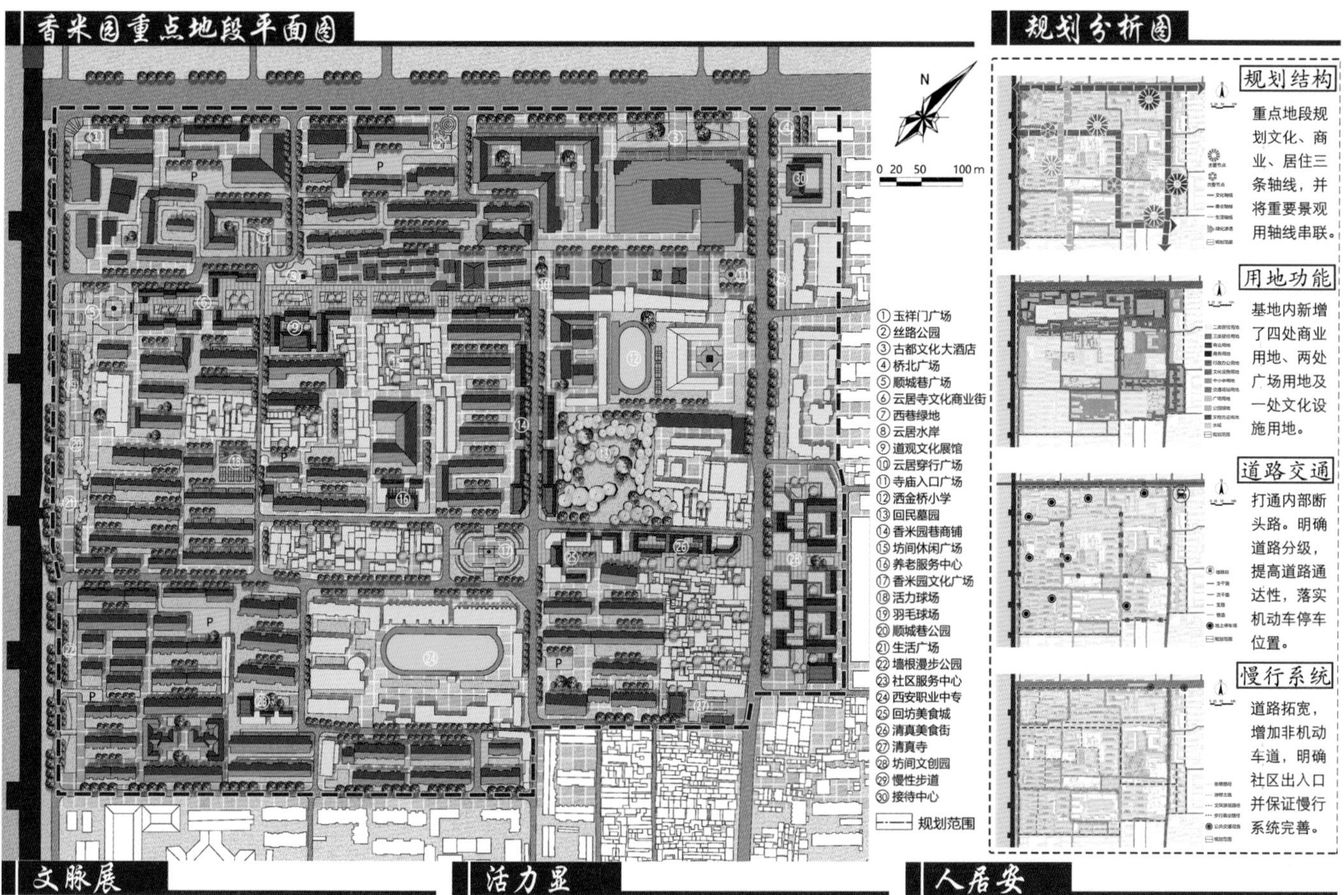

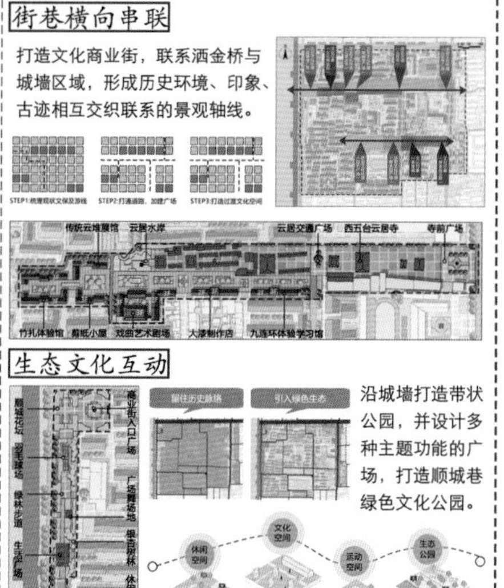

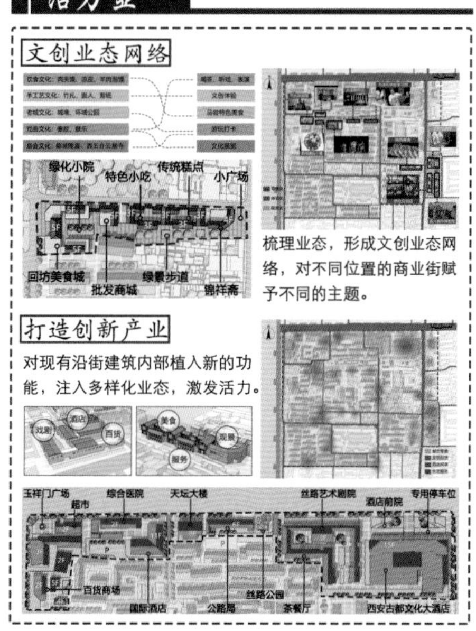

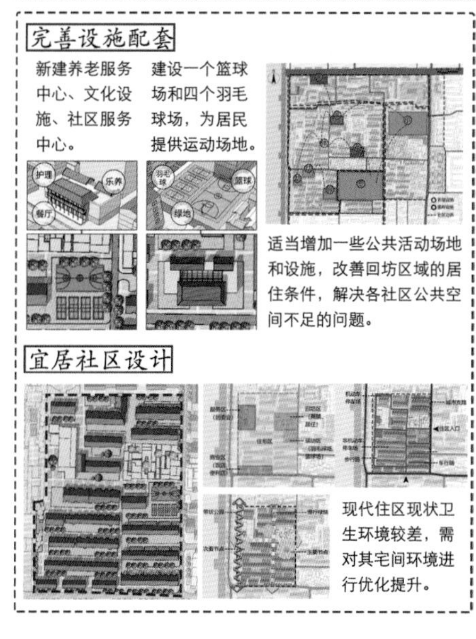

商业街步道　云居水岸　文创街区庭院　香米园公园　顺城巷广场

西安建筑科技大学

见古今·归驿旅·话闲居

精准·传承：西安市历史城区青年路街道城市更新规划设计

市·寺·坊承脉 文·旅·居共生

西安历史城区洒金桥地段城市更新规划设计

见古今·归驿旅·话闲居——精准·传承：西安市历史城区青年路街道城市更新规划设计 01

设计框架

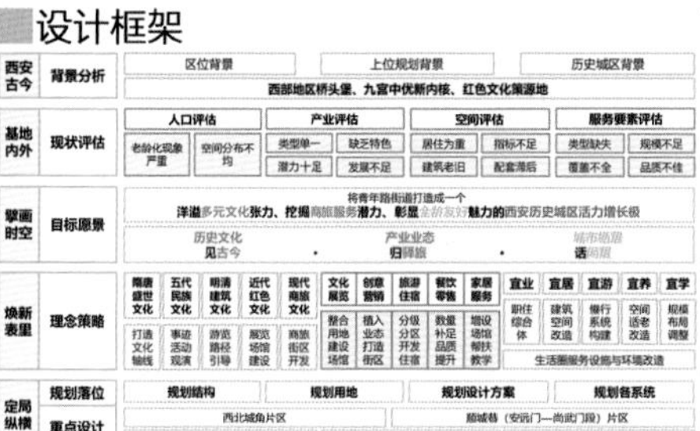

西安古今

区位背景

地理区位

西安行政区划

西安市地理位置

西安有着相当优越的地理位置，不仅是陕西的地理中心，也是整个西北地区的门户。

交通区位

西安市中心城区功能划分　西安市内交通图　西安交通区位

西安具有承东启西、连接南北的重要战略作用，是国家实施西部大开发战略的桥头堡。

上位规划

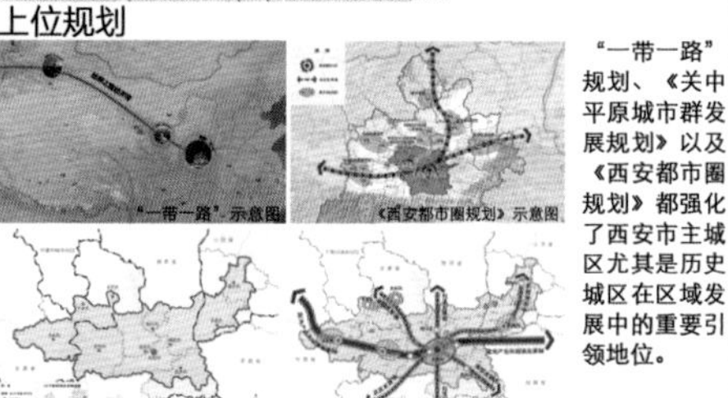

"一带一路"示意图　《西安都市圈规划》示意图　《关中平原城市群发展规划》范围图　《关中平原城市群发展规划》结构图

"一带一路"规划、《关中平原城市群发展规划》以及《西安都市圈规划》都强化了西安市主城区尤其是历史城区在区域发展中的重要引领地位。

《西安市城市总体规划（2008—2020年）》提出"东拓西进南融北跨中优"的主城区格局，凸显历史城区的优化发展趋势。《西安历史文化名城保规划（2020—2035年）》从历史城区传统格局保护、文化遗产保护、历史街巷道路保护、历史文化街区保护等方面强化了发展与保护的原则。

历史城区

历史城区空间格局演变

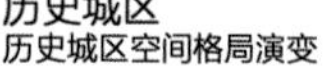

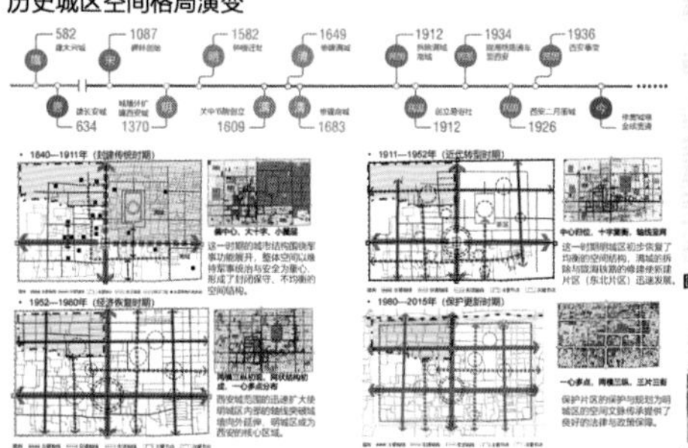

西安历史城区的格局，发端于明府城的方正，打破于清满城的失衡，重塑于近代的自由突破，奠基于中华人民共和国成立后的飞速生长，定形于近几十年的保护发展。

西安城墙的演变

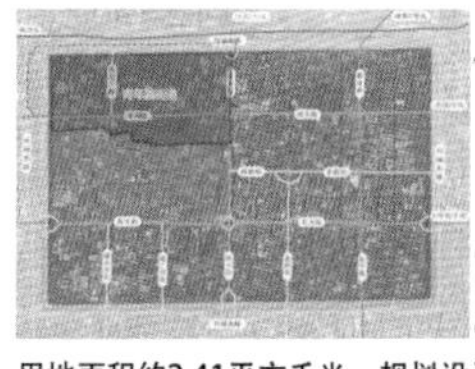

现代西安城墙定型于明朝，是世界上迄今为止保存最为完好、规模最大的古代城垣，以此为边界的西安历史城区是形成西安市主城区空间格局的基石。在明清至中华人民共和国成立后的城市发展中，由于现实需要，开辟的城门与城墙下形成的顺城巷成为西安独特的城市记忆与文化名片。

历史文化资源分布

西安明城区内历史文化资源丰富，广泛分布有多个朝代的历史遗存。

基地内外

外部要素

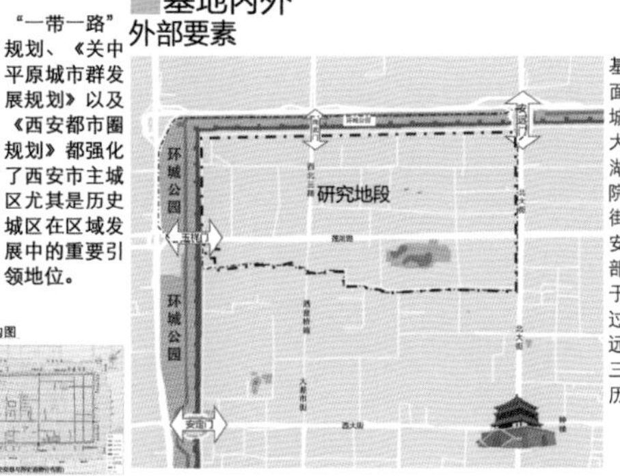

基地西、北两面外邻西安护城河，东邻北大街，南至莲湖路以南与北院门历史文化街区相接。西安城墙的西北部分区段囊括于基地中，通过尚武门、安远门、玉祥门三座城门连通历史城区内外。

内部要素

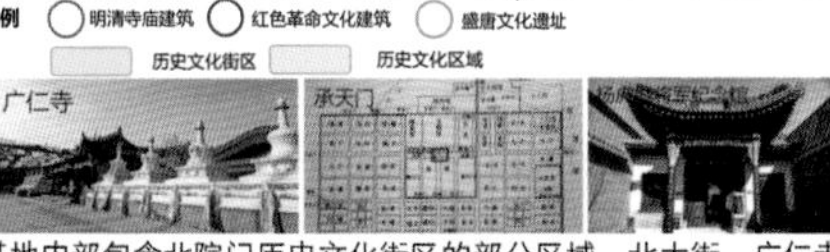

基地内部包含北院门历史文化街区的部分区域，北大街、广仁寺等历史地段，习武园、红阜街等历史街巷，广仁寺、雷神庙等文物保护单位，唐承天门遗址、杨虎城将军纪念馆等文化遗产。隋唐长安城的城市中轴线"承天门—朱雀门轴线"也穿过基地。

概况简述

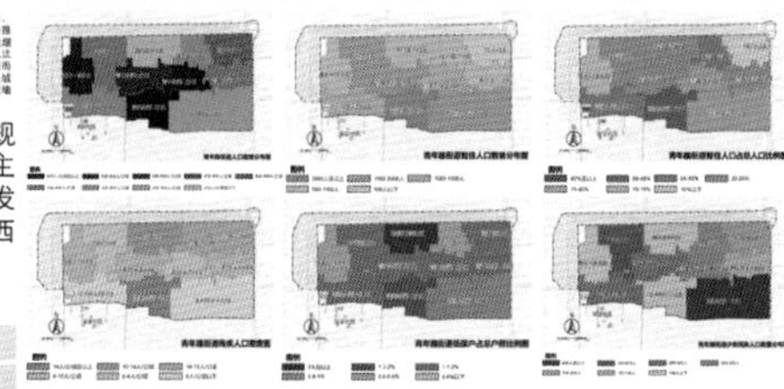

青年路街道下辖12个社区，分别为糖坊街社区、东药王洞社区、西药王洞社区、习武园社区、西北一路社区、莲湖路第一社区、莲湖路第二社区、莲湖路第四社区、青年路第一社区、青年路第二社区、青年路第三社区、安定社区。

用地面积约2.41平方千米，规划设计范围约1.70平方千米。

人口分析

青年路街道常住人口72022人，户籍人口57265人，总户数30753户，暂住人口14757人，户均人口2.34人。基地内老龄化严重，60岁以上人口数量比例高达24.30%。基地内社区居民受教育水平多为初高中，从事行业多为第三产业相关。

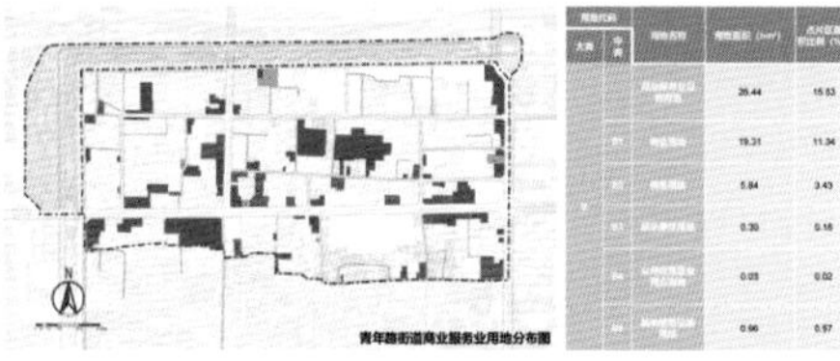

老龄化现象极其严重　弱势群体集群分布　社区人口分布不均匀　少数民族比例较高

产业评估

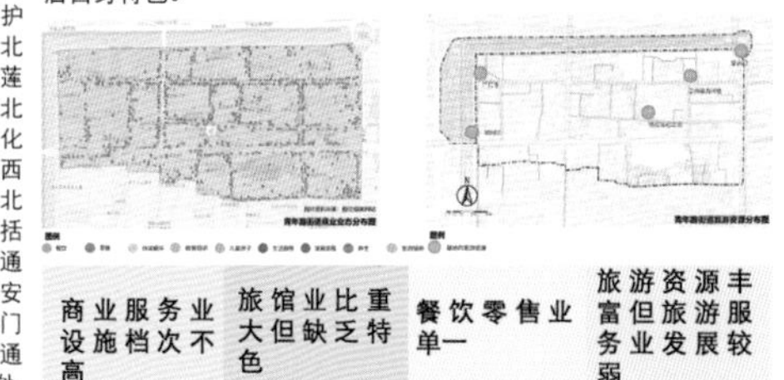

青年路街道内部商业服务业用地面积总量为26.44公顷，占基地总面积的15.53%，其中绝大部分为商业用地。商业用地在基地内分布均衡。

青年路街道内部大型商业设施多为酒店宾馆，旅馆业态在基地内数量繁多，但大多数酒店、宾馆趋同化严重，无法体现基地与酒店自身特色。

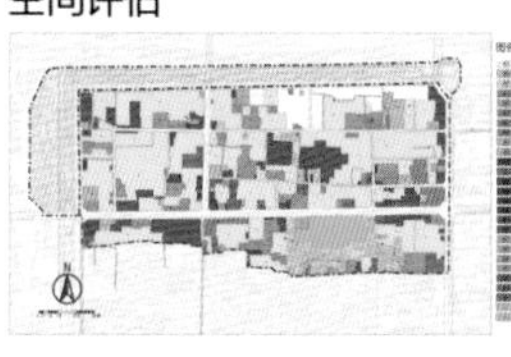

商业服务业设施档次不高　旅馆业比重大但缺乏特色　餐饮零售业单一　旅游资源丰富但旅游服务业发展较弱

空间评估

城市建设用地170.30公顷，居住用地83.15公顷，公共管理与公共服务设施用地21.53公顷，商业服务业设施用地27.18公顷，道路与交通设施用地32.48公顷，公用设施用地0.17公顷，绿地与广场用地5.79公顷。

用地权属图　现状容积率图

基地内私产占比达81.3%。　青年路街道毛容积率为1.38。

现状建筑密度图　现状绿地率图

青年路街道建筑毛密度为27.08%。　青年路街道毛绿地率为3.5%。　城市道路网密度为10.11km/km²。

住宅用地比重高　私有产权比重大　公共绿地严重不足　停车位严重缺乏

见古今·归驿旅·话闲居——精准·传承：西安市历史城区青年路街道城市更新规划设计 02

建筑评估

·建筑用途

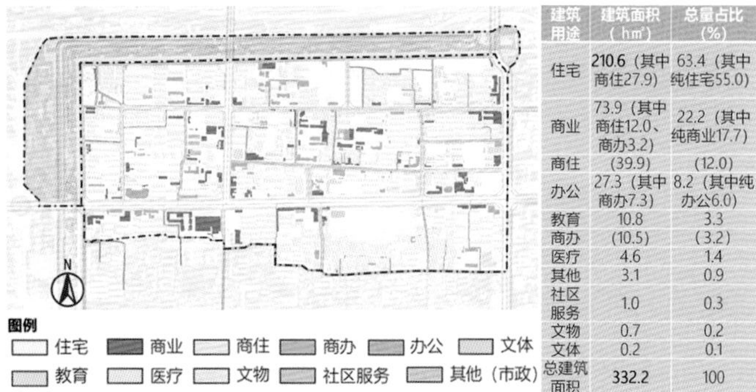

建筑用途	建筑面积（hm²）	总量占比（%）
住宅	210.6（其中商住27.9）	63.4（其中纯住宅55.0）
商业	73.9（其中商住12.0、商办3.2）	22.2（其中纯商业17.7）
商住	（39.9）	（12.0）
办公	27.3（其中商办7.3）	8.2（其中纯办公6.0）
教育	10.8	3.3
商办	（10.5）	（3.2）
医疗	4.6	1.4
其他	3.1	0.9
社区服务	1.0	0.3
文物	0.7	0.2
文体	0.2	0.1
总建筑面积	332.2	100

·基地建筑总量332.2 hm²。
·建筑以住宅用途为主,住宅用途的建筑总量210.6 hm²,占比63.4%。

·建筑年代

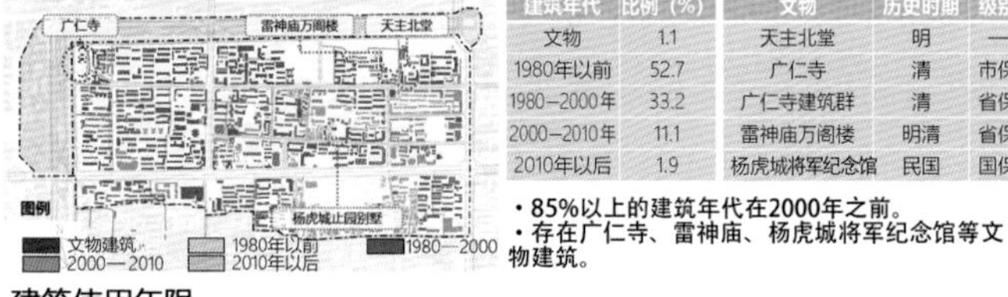

建筑年代	比例（%）
文物	1.1
1980年以前	52.7
1980—2000年	33.2
2000—2010年	11.1
2010年以后	1.9

文物	历史时期	级别
天主北堂	明	—
广仁寺	清	市保
广仁寺建筑群	清	省保
雷神庙万阁楼	明清	省保
杨虎城将军纪念馆	民国	国保

·85%以上的建筑年代在2000年之前。
·存在广仁寺、雷神庙、杨虎城将军纪念馆等文物建筑。

·建筑使用年限

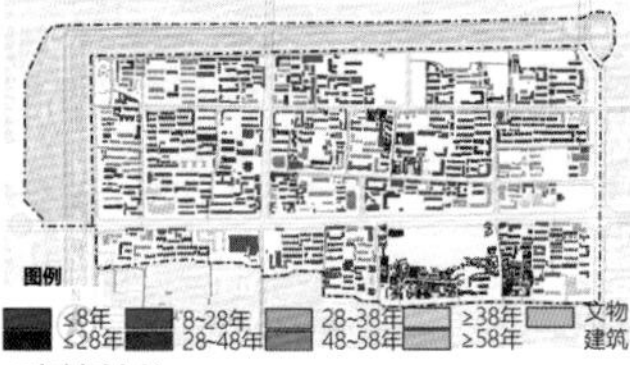

用途	使用年限	比例（%）
商业办公商办	≤8年	7.4
	8~28年	52.8
	28~38年	23.2
	≥38年	16.5

用途	使用年限	比例（%）
住宅商住（住）	≤28年	16.2
	28~48年	67.8
	48~58年	14.7
	≥58年	1.3

·使用年限迫近的公建类建筑集中在青年路第二社区，住宅类建筑集中在莲湖路第一社区。

·建筑结构

建筑结构	建筑总量（hm²）	总量比例（%）
框架	81.1	24.4
砖混	220.2	66.3
砖	30.2	9.1
土木	0.3	0.1
其他	0.3	0.1

·基地内建筑以砖混结构和框架结构的住宅为主，占比超过90%。

·建筑质量

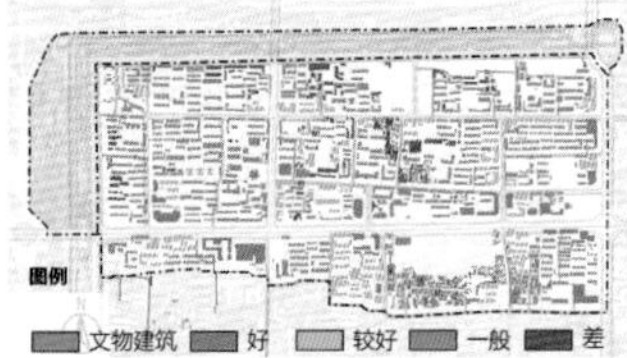

质量等级	建筑总量（hm²）	总量比例（%）
好	28.8	17.7
较好	63.5	19.1
一般	187.0	56.3
差	22.9	6.9

·以建筑结构和建筑年代为影响因子进行建筑质量评估；
·基地内63.2%的建筑质量等级不佳。

·建筑层数

建筑层数	建筑总量（hm²）	总量比例（%）
低层	44.8	13.5
多层	189.0	56.9
高层	98.3	29.6

·基地内建筑以多层为主，各类建筑平均层数为5.02；
·住宅建筑平均层数为6.17，属多层Ⅰ类。

·建筑高度

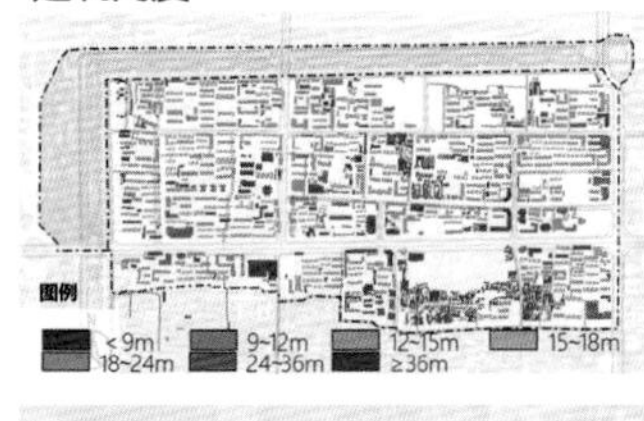

建筑高度	建筑总量（hm²）	总量比例（%）
<9m	26.6	8.0
9~12m	18.3	5.5
12~15m	25.6	7.7
15~18m	54.8	16.5
18~24m	117.9	35.5
24~36m	43.2	13.0
≥36m	46.2	13.9

·基地内建筑制高点位于莲湖路中段，高度45米。

·建筑风貌

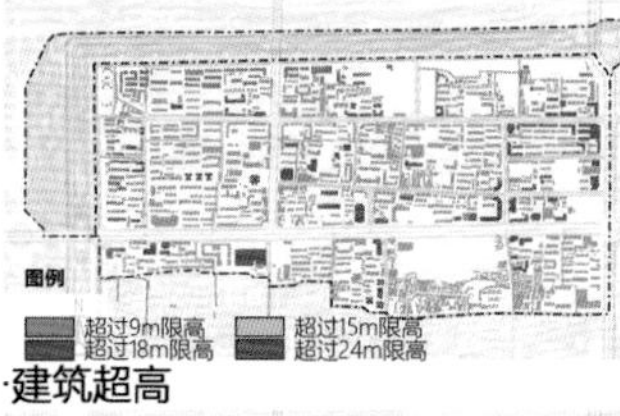

建筑超高	建筑总量（hm²）	比例（%）
超过9m限高	18.6	5.6
超过15m限高	11.3	3.4
超过18m限高	52.2	15.7
超过24m限高	42.9	12.9

·根据相关规定对基地内建筑的高度控制情况进行评估；
·基地内35%以上的建筑超出高度控制。

·建筑超高

建筑风貌	建筑总量（hm²）	比例（%）
文物	0.3	0.1
传统风貌	6.0	1.8
风貌协调	173.4	52.2
风貌不协调	152.5	45.9

·基地内45.9%的建筑风貌不协调。

图例：文物建筑 传统风貌建筑 风貌协调建筑 风貌不协调建筑

·建筑违章

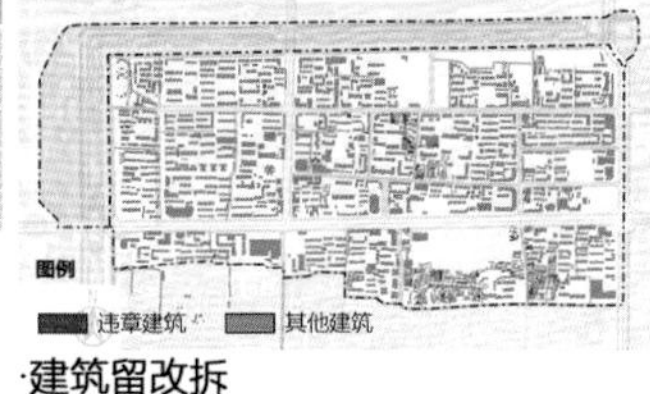

违建类别	建筑总量（hm²）	比例（%）
临时搭建	3.6	1.1
违章加建	1.6	0.5
侵占路侧带	0.8	0.3
碾轧红线	1.3	0.4
合计	7.3	2.2

·基地内的违章建筑主要分布在自建房及老旧小区中；
·违章搭建、加建现象突出；
·存在部分建筑侵占道路用地的现象。

·建筑留改拆

依据	得分	权重
建筑质量	1，2，3，4	0.45
建筑风貌	1，2，3，4	0.25
建筑高度控制	1，3	0.15
建筑违章	1，3	0.10
使用年限	1，2，3，4	0.05

类型	建筑总量（hm²）	比例（%）
留	158.8	47.8
改	114.2	34.4
拆	59.1	17.8

·根据多因子叠加分析，得出留改拆结论；
·拆除建筑总量59.1 hm²，占比17.8%。

图例：留 改 拆

服务要素评估

·社区服务

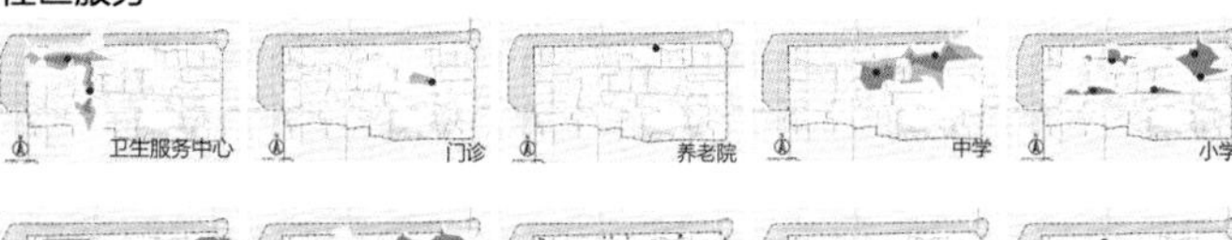

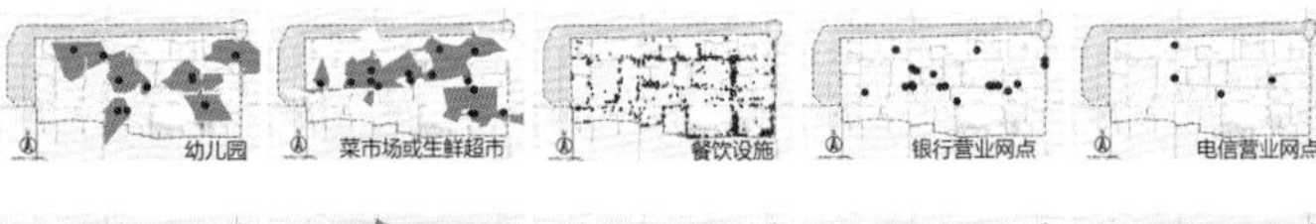

·就业引导和日常出行

文化活动站 开闭所 公共厕所 社区就业服务中心 公交站点

·服务要素评估一览表

要素大项	要素分项	要素层级	要素名称	规模性指标	覆盖性指标	效率性指标	品质性指标
社区服务	健康管理	15分钟	卫生服务中心*（社区医院）	×	×	√	×
		15分钟	门诊部	×	×	√	/
	为老服务	15分钟	养老院*	×	/	√	×
	终身教育	15分钟	初中*	×	√	√	×
		5~10分钟	小学*	×	×	√	×
		5~10分钟	幼儿园*	×	×	√	×
	文化活动	5~10分钟	文化活动站（含青少年活动站、老年活动站）	×	×	√	×
	商业服务	5~10分钟	菜市场或生鲜超市	√	√	√	×
		15分钟	餐饮设施	—	/	√	/
		15分钟	银行营业网点	—	/	√	√
		15分钟	电信营业网点	√	/	√	/
		15分钟	邮政营业场所	√	×	√	/
		5~10分钟	社区商业网点	√	√	√	×
	行政管理	15分钟	社区服务中心（街镇级）	√	√	√	√
		15分钟	街道办事处	√	×	√	√
		15分钟	司法所	√	/	√	√
		5~10分钟	社区服务站	×	√	√	√
	其他	15分钟	开闭所*	√	/	√	/
		5~10分钟	公共厕所*	√	/	√	√
就业引导	—	15分钟	社区就业服务中心	√	/	√	√
日常出行	—	15分钟	公交车站	—	√	√	√

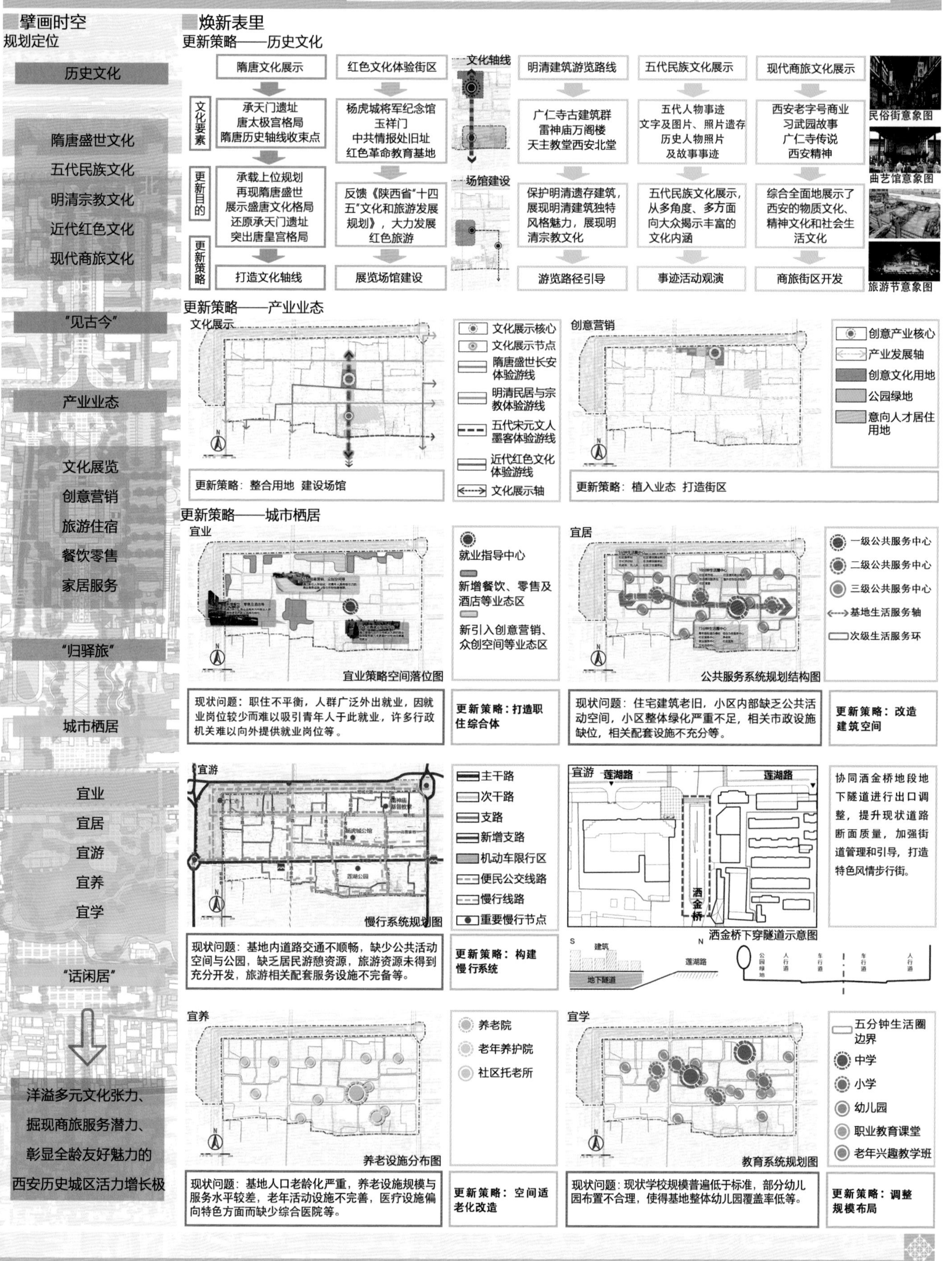
见古今·归驿旅·话闲居——精准·传承：西安市历史城区青年路街道城市更新规划设计
03
壁画时空
规划定位
历史文化
隋唐盛世文化
五代民族文化
明清宗教文化
近代红色文化
现代商旅文化
"见古今"
产业业态
文化展览
创意营销
旅游住宿
餐饮零售
家居服务
"归驿旅"
城市栖居
宜业
宜居
宜游
宜养
宜学
"话闲居"
洋溢多元文化张力、
掘现商旅服务潜力、
彰显全龄友好魅力的
西安历史城区活力增长极
焕新表里
更新策略——历史文化
文化要素
更新目的
更新策略
隋唐文化展示
承天门遗址
唐太极宫格局
隋唐历史轴线收束点
承载上位规划
再现隋唐盛世
展示盛唐文化格局
还原承天门遗址
突出唐皇宫格局
打造文化轴线
红色文化体验街区
杨虎城将军纪念馆
玉祥门
中共情报处旧址
红色革命教育基地
反馈《陕西省"十四五"文化和旅游发展规划》，大力发展红色旅游
展览场馆建设
文化轴线
场馆建设
明清建筑游览路线
广仁寺古建筑群
雷神庙万阁楼
天主教堂西安北堂
保护明清遗存建筑，展现明清建筑独特风格魅力，展现明清宗教文化
游览路径引导
五代民族文化展示
五代人物事迹
文字及图片、照片遗存
历史人物照片
及故事事迹
五代民族文化展示，从多角度、多方面向大众揭示丰富的文化内涵
事迹活动观演
现代商旅文化展示
西安老字号商业
习武园故事
广仁寺传说
西安精神
综合全面地展示了西安的物质文化、精神文化和社会生活文化
商旅街区开发
民俗街意象图
曲艺馆意象图
旅游节意象图
更新策略——产业业态
文化展示
文化展示核心
文化展示节点
隋唐盛世长安体验游线
明清民居与宗教体验游线
五代宋元文人墨客体验游线
近代红色文化体验游线
文化展示轴
更新策略：整合用地 建设场馆
创意营销
创意产业核心
产业发展轴
创意文化用地
公园绿地
意向人才居住用地
更新策略：植入业态 打造街区
更新策略——城市栖居
宜业
就业指导中心
新增餐饮、零售及酒店等业态区
新引入创意营销、众创空间等业态区
宜业策略空间落位图
现状问题：职住不平衡，人群广泛外出就业，因就业岗位较少而难以吸引青年人于此就业，许多行政机关难以向外提供就业岗位等。
更新策略：打造职住综合体
宜居
一级公共服务中心
二级公共服务中心
三级公共服务中心
基地生活服务轴
次级生活服务环
公共服务系统规划结构图
现状问题：住宅建筑老旧，小区内部缺乏公共活动空间，小区整体绿化严重不足，相关市政设施缺位，相关配套设施不充分等。
更新策略：改造建筑空间
宜游
主干路
次干路
支路
新增支路
机动车限行区
便民公交线路
慢行线路
重要慢行节点
慢行系统规划图
现状问题：基地内道路交通不顺畅，缺少公共活动空间与公园，缺乏居民游憩资源，旅游资源未得到充分开发，旅游相关配套服务设施不完备等。
更新策略：构建慢行系统
莲湖路
酒金桥
酒金桥下穿隧道示意图
建筑
地下隧道
协同酒金桥地段地下隧道进行出口调整，提升现状道路断面质量，加强街道管理和引导，打造特色风情步行街。
宜养
养老院
老年养护院
社区托老所
养老设施分布图
现状问题：基地人口老龄化严重，养老设施规模与服务水平较差，老年活动设施不完善，医疗设施偏向特色方面而缺少综合医院等。
更新策略：空间适老化改造
宜学
五分钟生活圈边界
中学
小学
幼儿园
职业教育课堂
老年兴趣教学班
教育系统规划图
现状问题：现状学校规模普遍低于标准，部分幼儿园布置不合理，使得基地整体幼儿园覆盖率低等。
更新策略：调整规模布局

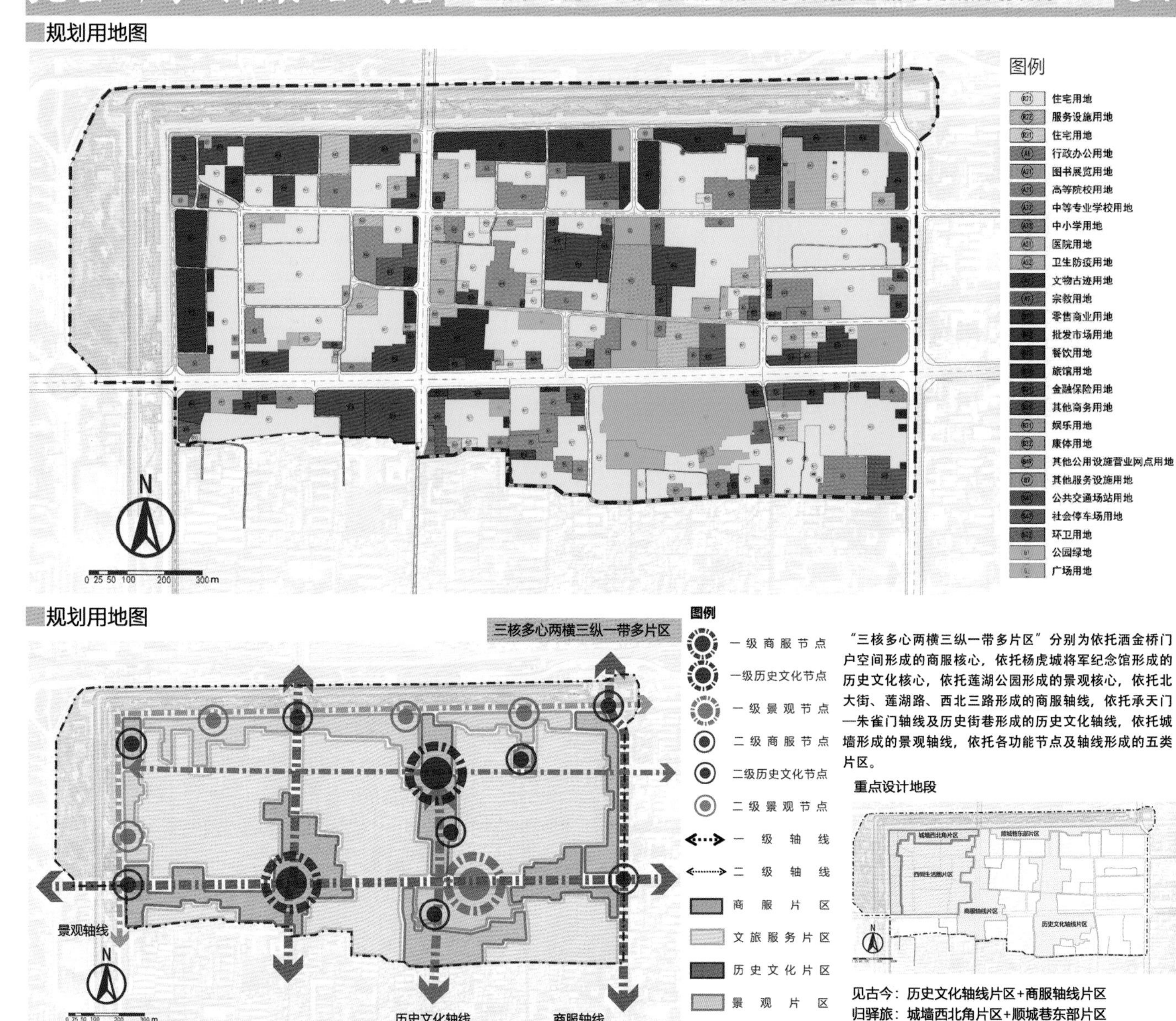

“三核多心两横三纵一带多片区”分别为依托洒金桥门户空间形成的商服核心，依托杨虎城将军纪念馆形成的历史文化核心，依托莲湖公园形成的景观核心，依托北大街、莲湖路、西北三路形成的商服轴线，依托承天门—朱雀门轴线及历史街巷形成的历史文化轴线，依托城墙形成的景观轴线，依托各功能节点及轴线形成的五类片区。

见古今：历史文化轴线片区+商服轴线片区
归驿旅：城墙西北角片区+顺城巷东部片区
话闲居：西侧生活片区

高度分区控制规划图

洒金桥
莲湖公园
北大街沿街面
尚武门
安远门
玉祥门
N
0 25 50 100 200 300m

图例

9m限高区
15m限高区
18m限高区
24m限高区
文物保护单位
宗教寺庙
公共绿地

以洒金桥周边区域为制高点、承天门—朱雀门轴线为重要视线通廊、城墙周边为重点控高面域，打造错落有致的历史城区天际线。

围绕城墙展开第五界面设计视域的引导，确定重要节点的设计视域。

重要节点视线控制

重点设计视域　次要设计视域　环城公园视域

18m 15m 9m 12m
尚武门视线控制

18m 15m 12m
安远门视线控制

18m 15m 9m 12m
玉祥门视线控制

见古今·归驿旅·话闲居——精准·传承：西安市历史城区青年路街道城市更新规划设计 05

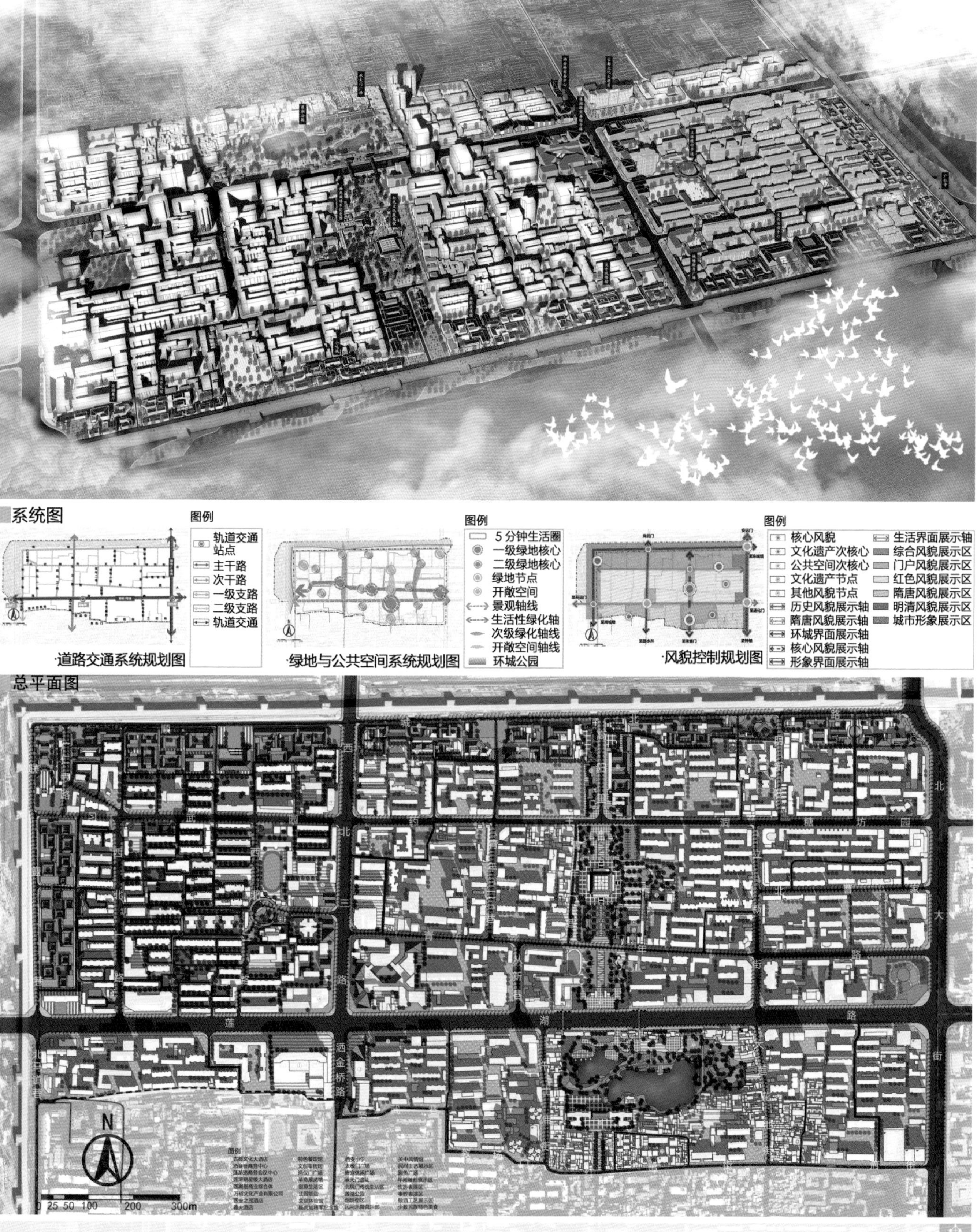

见古今·归驿旅·话闲居——见古今：西北三路更新规划设计 06

平面图

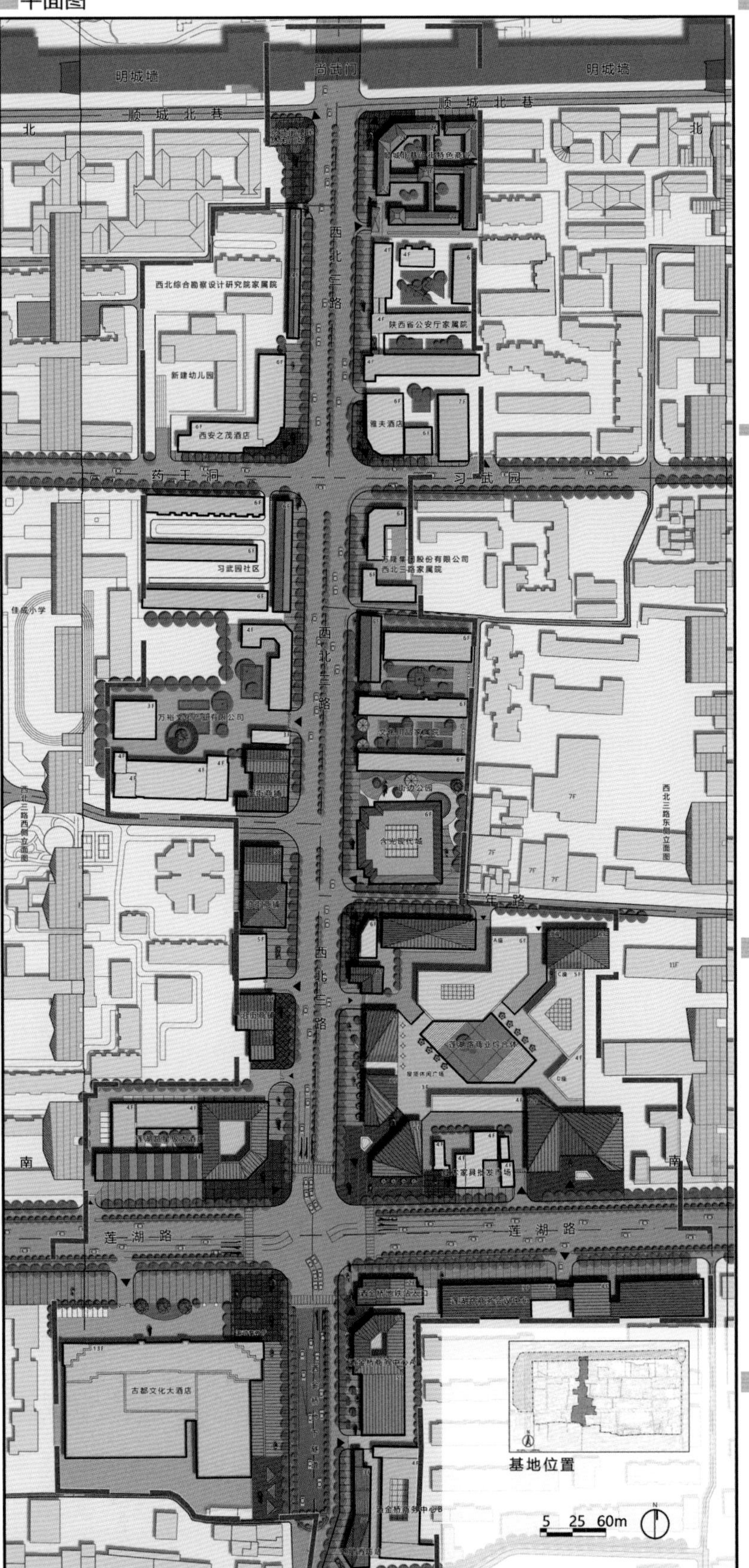

设计说明

将西北三路与莲湖路交叉口打造成一个片区商务商业中心，植入新的业态，提升其商业活力。同时对西北三路的街道空间、建筑立面、公共环境进行改造更新，以适应其片区级商旅轴线的定位和特征。特别是作为西安明城北门户，具有最直接的形象展示作用，通过与环城公园、顺城北巷规划商业街进行联合设计，在西北三路北部布置便民娱乐广场，吸引居民和游客，创造交往空间，提升活力。

最终，努力将原有普通城市道路打造成一个集文化商旅、休闲游憩、传文承脉为一体的老城特色商旅轴线空间。

经济技术指标

类型		指标
总用地面积（hm²）		16.14
总建筑面积（m²）		348769
其中	保留（m²）	109006
	新建（m²）	144685
	改造（m²）	95078
建筑密度（%）		72.6
容积率（%）		2.16
绿地率（%）		30.5

用地统计表

类型	指标（hm²）
总用地面积	16.14
道路交通用地	6.32
居住用地	0.74
商业服务业设施用地	8.30
广场用地	0.25
公共设施用地	0.14
医疗用地	0.39

各级系统分析图

建筑拆改留图

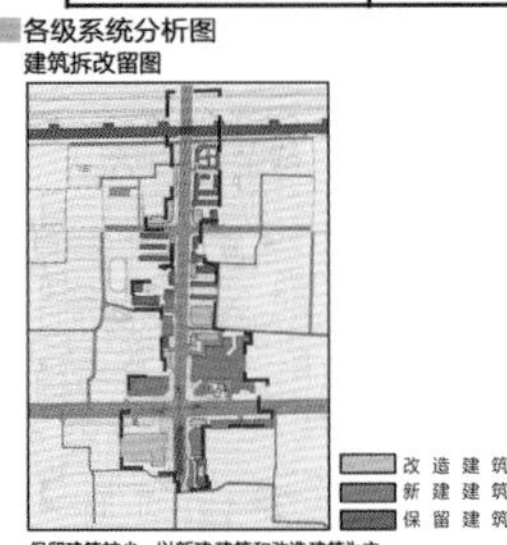

保留建筑较少，以新建建筑和改造建筑为主

规划结构图

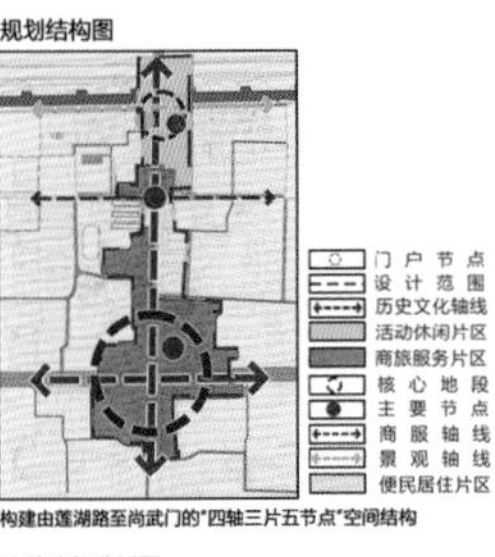

构建由莲湖路至尚武门的"四轴三片五节点"空间结构

规划用地图

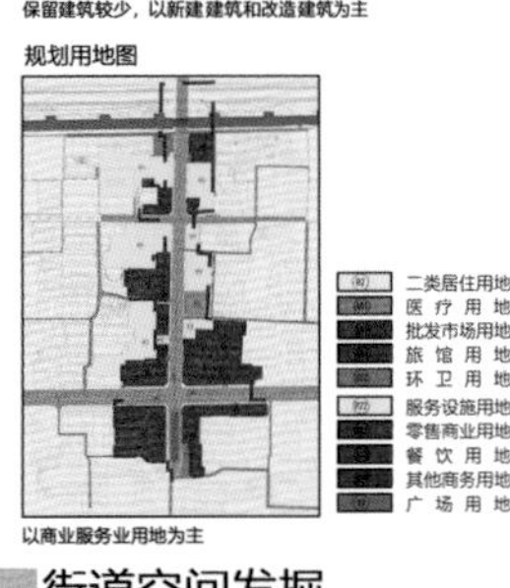

以商业服务业用地为主

建筑功能分析图

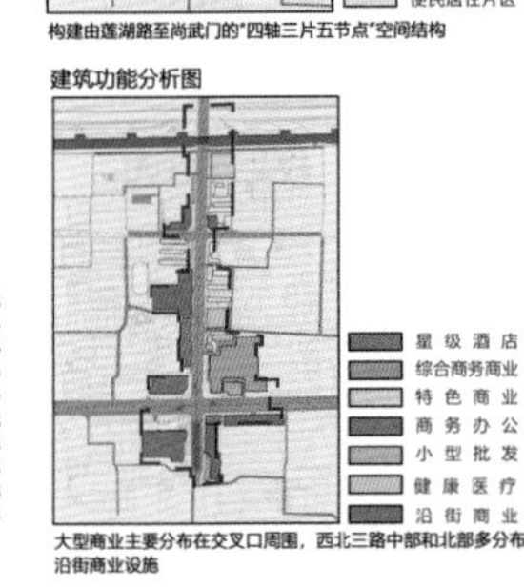

大型商业主要分布在交叉口周围，西北三路中部和北部多分布沿街商业设施

街道空间发掘

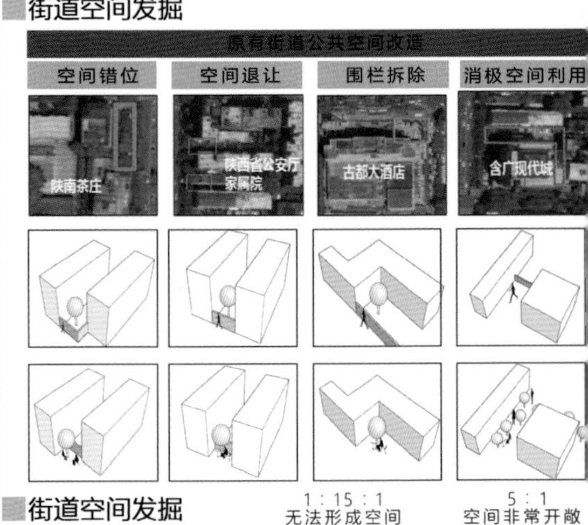

街道空间发掘

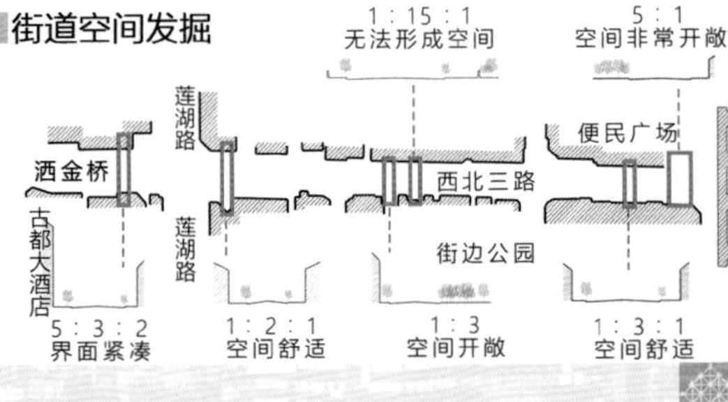

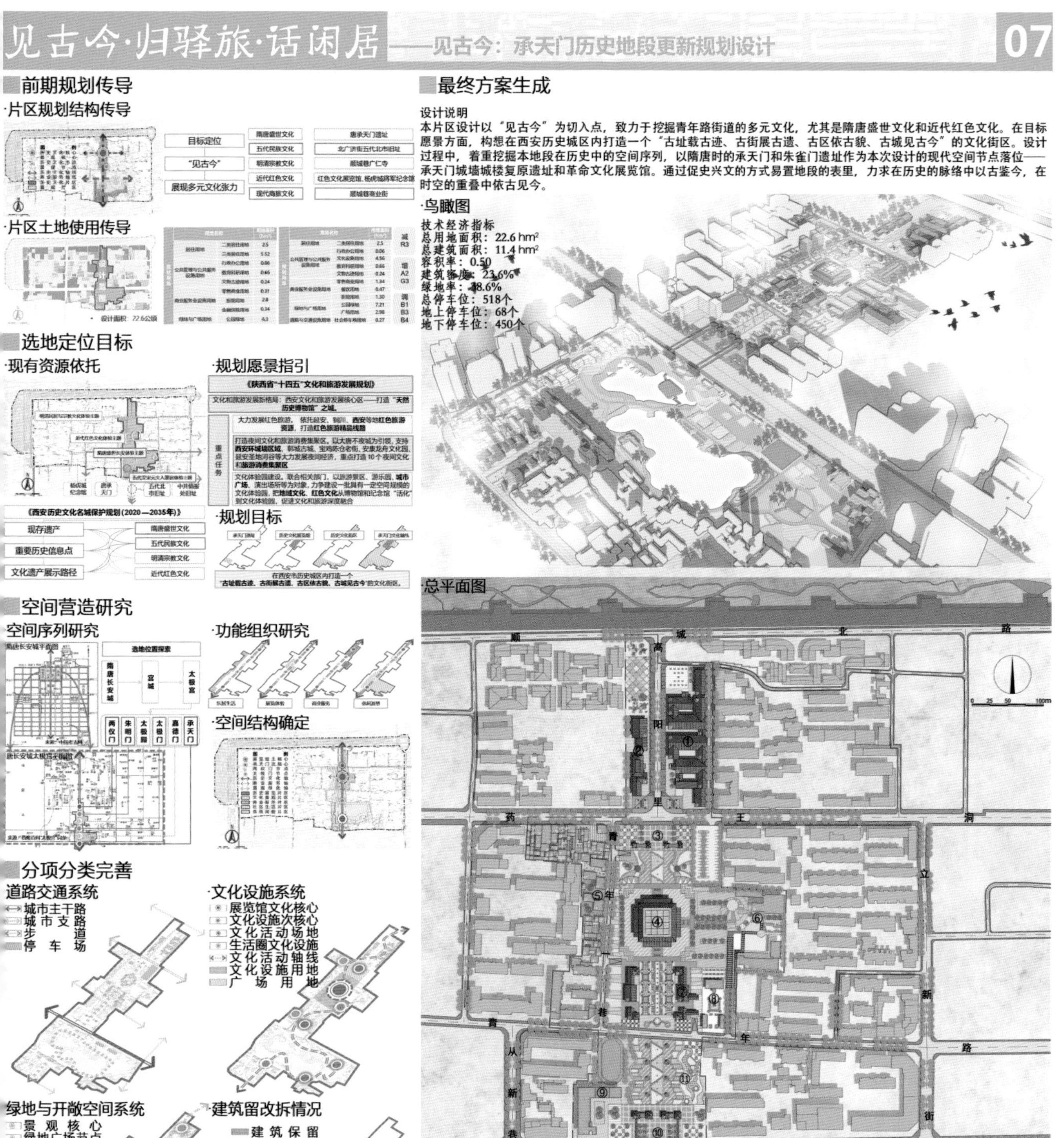
见古今·归驿旅·话闲居
——见古今：承天门历史地段更新规划设计
07
前期规划传导
·片区规划结构传导
目标定位
"见古今"
展现多元文化张力
隋唐盛世文化
五代民族文化
明清宗教文化
近代红色文化
现代商旅文化
唐承天门遗址
北广济街五代北市旧址
顺城巷广仁寺
红色文化展览馆、杨虎城将军纪念馆
顺城巷商业街
·片区土地使用传导
设计面积：22.6公顷
选地定位目标
·现有资源依托
·规划愿景指引
《陕西省"十四五"文化和旅游发展规划》
《西安历史文化名城保护规划（2020—2035年）》
现存遗产
重要历史信息点
文化遗产展示路径
隋唐盛世文化
五代民族文化
明清宗教文化
近代红色文化
·规划目标
在西安市历史城区内打造一个"古址载古迹、古街展古遗、古区依古貌、古城见古今"的文化街区。
空间营造研究
·空间序列研究
·功能组织研究
·空间结构确定
分项分类完善
道路交通系统
城市主干路
城市支路
步道
停车场
·文化设施系统
展览馆文化核心
文化设施次核心
文化活动场地
生活圈文化设施
文化活动轴线
文化设施用地
广场用地
绿地与开敞空间系统
景观核心
绿地广场节点
开敞空间节点
绿地景观廊道
主要开敞空间
·建筑留改拆情况
建筑保留
建筑改造
建筑拆除
重要节点塑造
·承天门广场节点示意图
·革命展览馆节点示意图
最终方案生成
设计说明
本片区设计以"见古今"为切入点，致力于挖掘青年路街道的多元文化，尤其是隋唐盛世文化和近代红色文化。在目标愿景方面，构想在西安历史城区内打造一个"古址载古迹、古街展古遗、古区依古貌、古城见古今"的文化街区。设计过程中，着重挖掘本地段在历史中的空间序列，以隋唐时的承天门和朱雀门遗址作为本次设计的现代空间节点落位——承天门城墙城楼复原遗址和革命文化展览馆。通过促史兴文的方式易置地段的表里，力求在历史的脉络中以古鉴今，在时空的重叠中依古见今。
·鸟瞰图
技术经济指标
总用地面积：22.6 hm²
总建筑面积：11.4 hm²
容积率：0.50
建筑密度：23.6%
绿地率：38.6%
总停车位：518个
地上停车位：68个
地下停车位：450个
·总平面图
顺城北路
药王洞
青年路
莲湖路
图例
①特色餐饮馆
②文创零售馆
③两仪门广场
④革命展览馆
⑤创意生活区
⑥上园饭店
⑦文创体验馆
⑧杨虎城将军纪念馆
⑨西安小学
⑩太极门广场
⑪唐宫休闲广场
⑫承天门遗址
⑬北院门传统生活区
⑭莲湖公园
⑮特色民宿

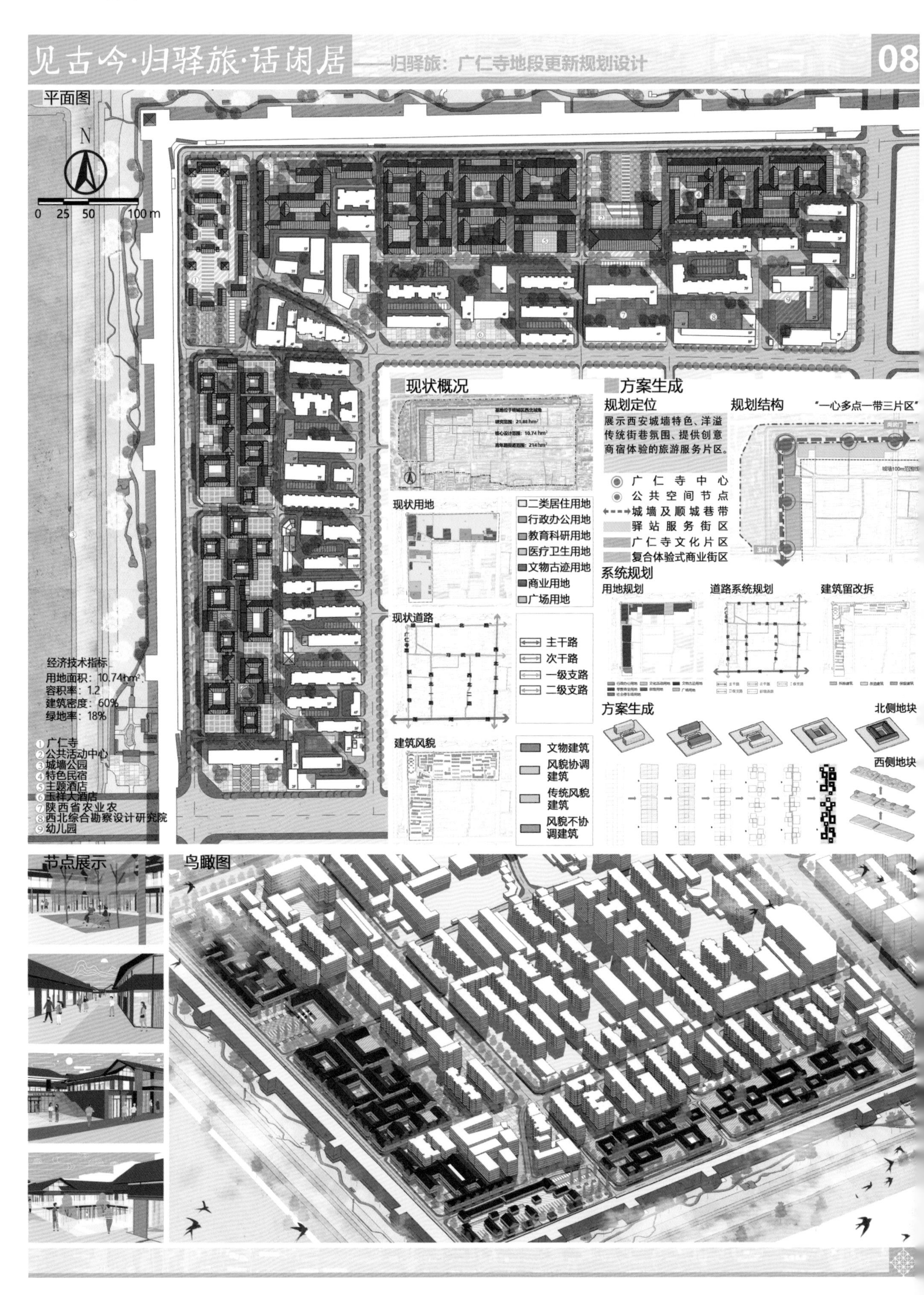
见古今·归驿旅·话闲居
——归驿旅：广仁寺地段更新规划设计
08
平面图
N
0 25 50 100 m
经济技术指标
用地面积：10.74hm²
容积率：1.2
建筑密度：60%
绿地率：18%
①广仁寺
②公共活动中心
③城墙公园
④特色民宿
⑤主题酒店
⑥玉祥大酒店
⑦陕西省农业农
⑧西北综合勘察设计研究院
⑨幼儿园
现状概况
现状用地
二类居住用地
行政办公用地
教育科研用地
医疗卫生用地
文物古迹用地
商业用地
广场用地
现状道路
主干路
次干路
一级支路
二级支路
建筑风貌
文物建筑
风貌协调建筑
传统风貌建筑
风貌不协调建筑
方案生成
规划定位
展示西安城墙特色、洋溢传统街巷氛围、提供创意商宿体验的旅游服务片区。
规划结构
"一心多点一带三片区"
广仁寺中心
公共空间节点
城墙及顺城巷带
驿站服务街区
广仁寺文化片区
复合体验式商业街区
系统规划
用地规划
道路系统规划
建筑留改拆
方案生成
北侧地块
西侧地块
节点展示
鸟瞰图

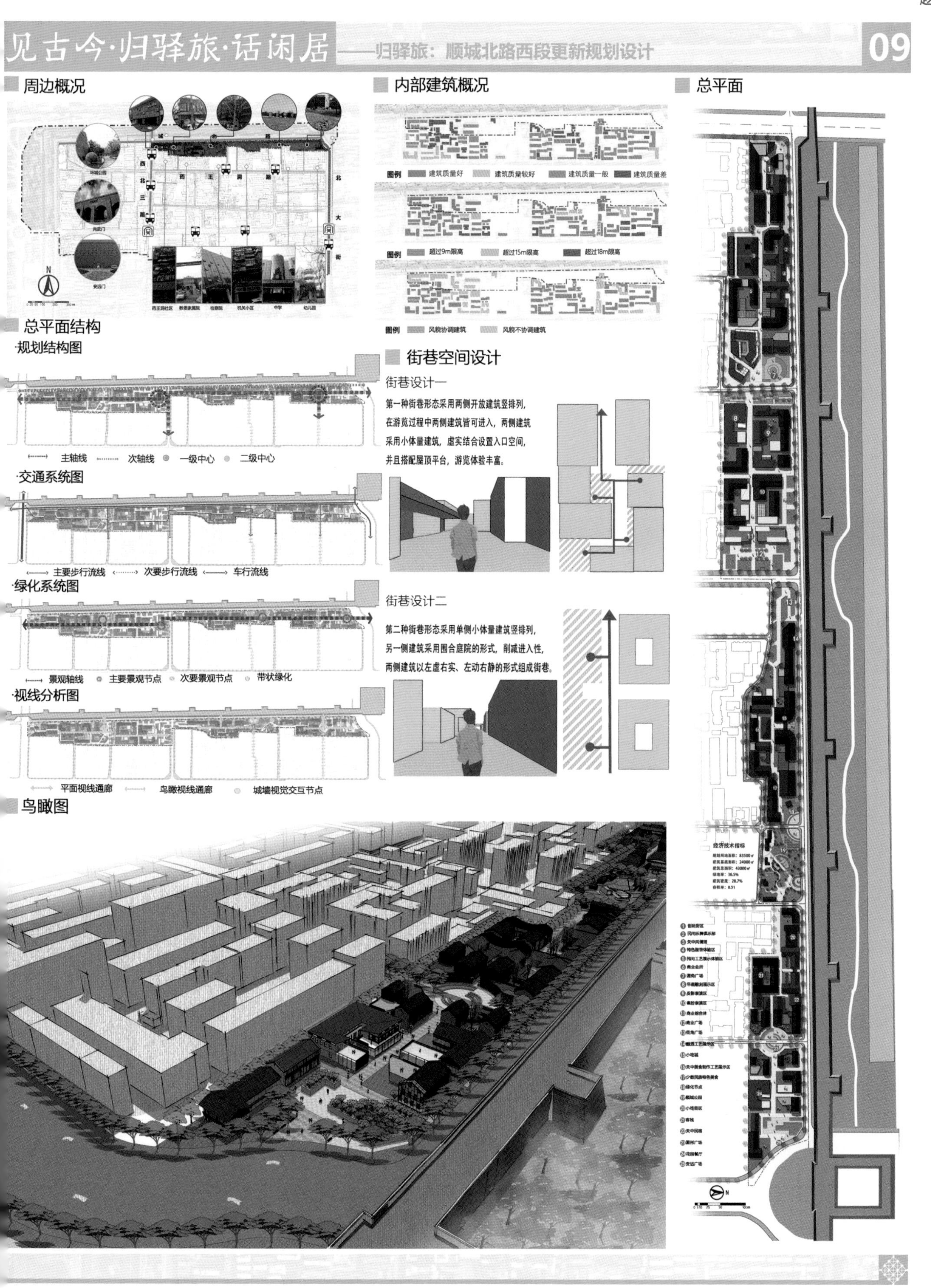

见古今·归驿旅·话闲居
——归驿旅：顺城北路西段更新规划设计
09
周边概况
内部建筑概况
图例 建筑质量好 建筑质量较好 建筑质量一般 建筑质量差
图例 超过9m限高 超过15m限高 超过18m限高
图例 风貌协调建筑 风貌不协调建筑
总平面
总平面结构
·规划结构图
主轴线 次轴线 一级中心 二级中心
·交通系统图
主要步行流线 次要步行流线 车行流线
·绿化系统图
景观轴线 主要景观节点 次要景观节点 带状绿化
·视线分析图
平面视线通廊 鸟瞰视线通廊 城墙视觉交互节点
街巷空间设计
街巷设计一
第一种街巷形态采用两侧开放建筑竖排列，
在游览过程中两侧建筑皆可进入，两侧建筑
采用小体量建筑，虚实结合设置入口空间，
并且搭配屋顶平台，游览体验丰富。
街巷设计二
第二种街巷形态采用单侧小体量建筑竖排列，
另一侧建筑采用围合庭院的形式，削减进入性，
两侧建筑以左虚右实、左动右静的形式组成街巷。
鸟瞰图
经济技术指标

见古今·归驿旅·话闲居 ——话闲居：习武园地段生活圈更新规划设计 10

鸟瞰图

总平面图

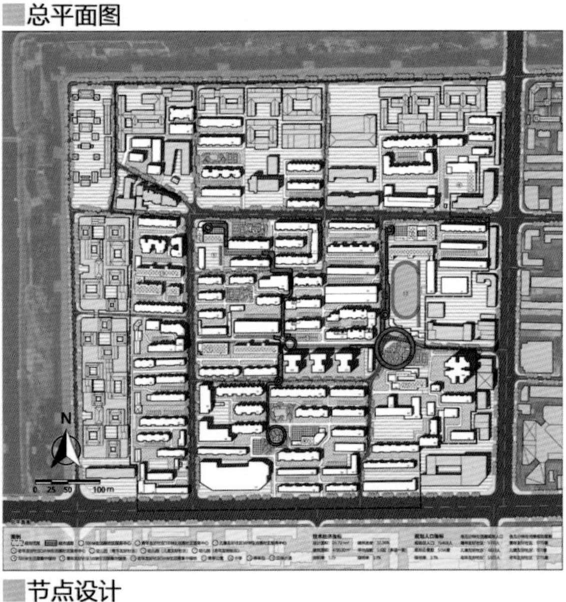

设计理念

现状问题

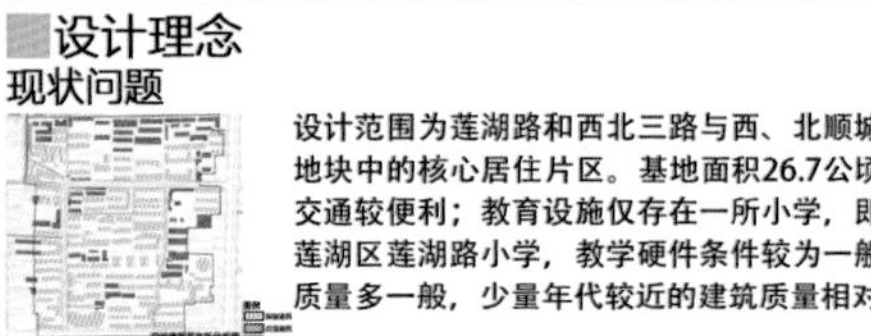

设计范围为莲湖路和西北三路与西、北顺城巷围合地块中的核心居住片区。基地面积26.7公顷。基地交通较便利；教育设施仅存在一所小学，即西安市莲湖区莲湖路小学，教学硬件条件较为一般；建筑质量多一般，少量年代较近的建筑质量相对较好。

设计概念

结合现状存在的问题，以及上位规划中五宜社区的营造目标，得出基地的设计目标——营造全龄友好社区。

设计策略

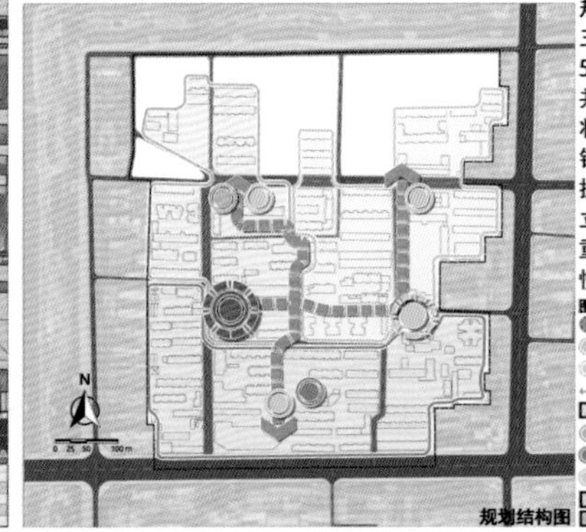

规划结构将基地分为三个不同服务侧重的5分钟生活圈居住区，并依据各自主题与现状资源，以各自5分钟生活圈核心为中心，提升服务水平。建立立体慢行廊道，将各重点服务要素串联进慢行系统中。

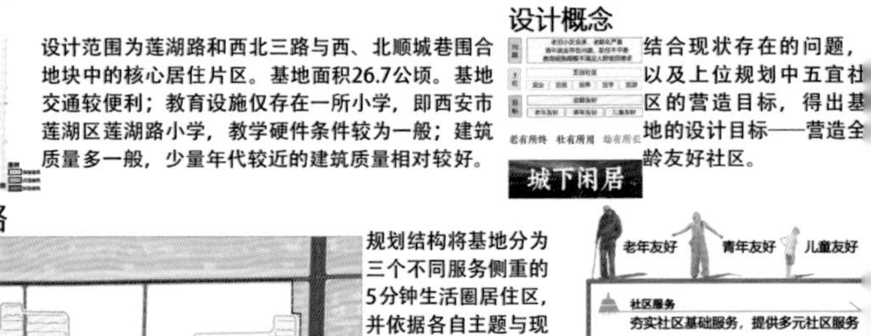

为实现全龄友好，设计策略从社区服务、就业引导、住房改善、日常出行、生态休闲、公共安全六个方面横向提出，并将老年友好、青年友好及儿童友好纵向贯插其中。

节点设计

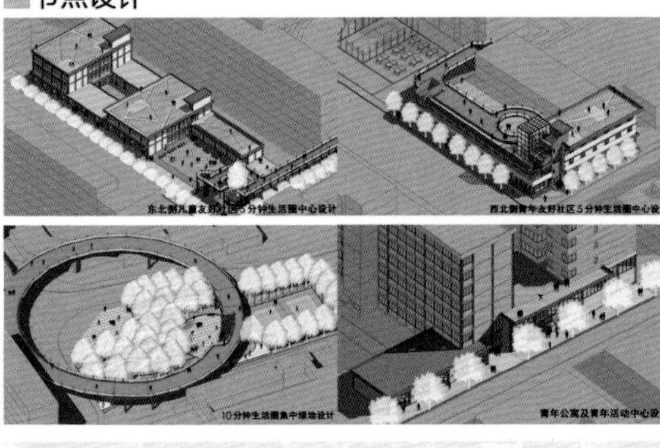

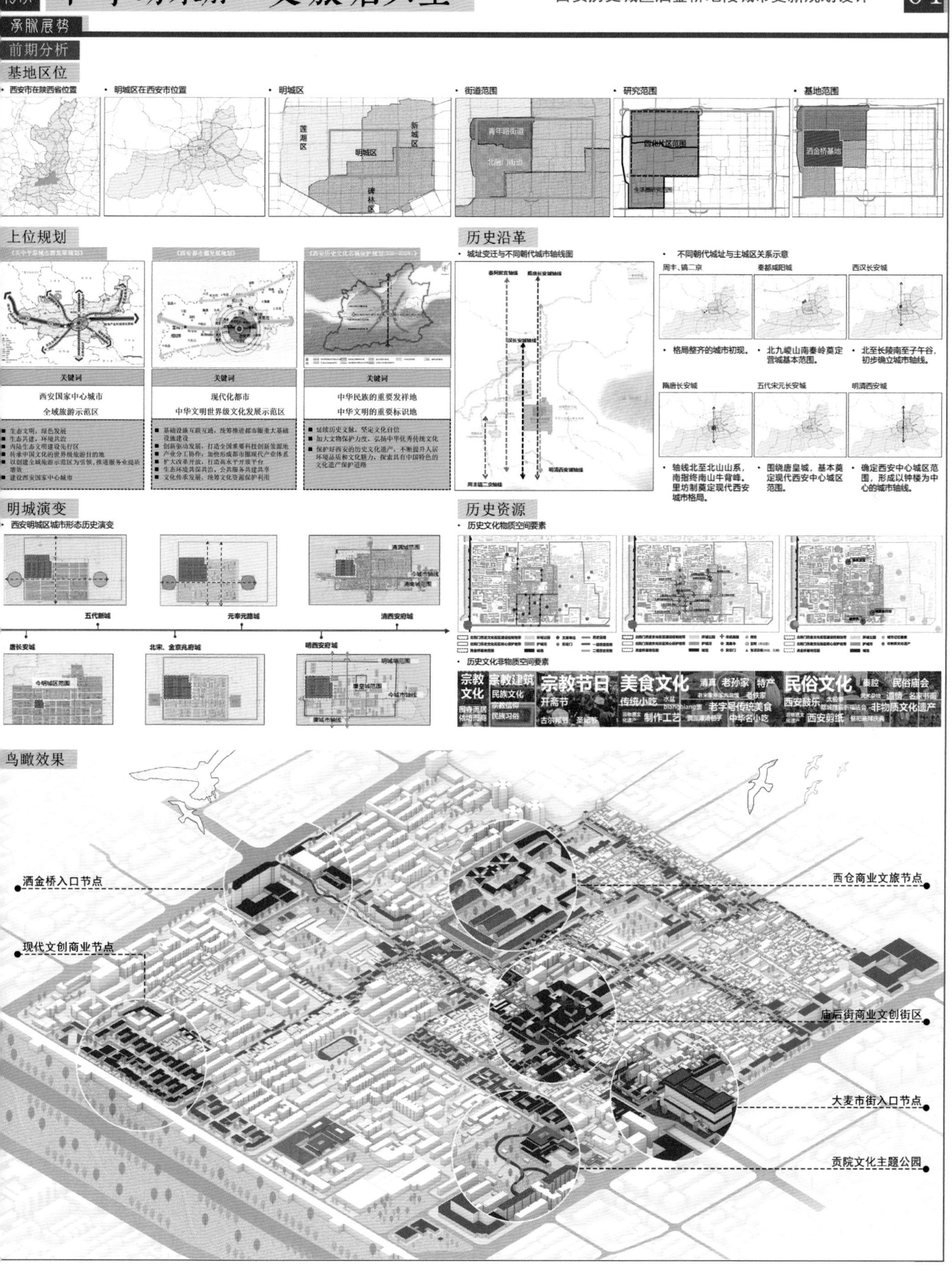

精准传承
市·寺·坊承脉 文·旅·居共生
——西安历史城区洒金桥地段城市更新规划设计
01
承脉展势
前期分析
基地区位
西安市在陕西省位置
明城区在西安市位置
明城区
莲湖区
新城区
明城区
碑林区
街道范围
青年路街道
北院门街道
研究范围
西北片区范围
基地范围
洒金桥基地
上位规划
关键词
西安国家中心城市
全域旅游示范区
现代化都市
中华文明世界级文化发展示范区
中华民族的重要发祥地
中华文明的重要标识地
历史沿革
城址变迁与不同朝代城市轴线图
不同朝代城址与主城区关系示意
周丰、镐二京
秦都咸阳城
西汉长安城
格局整齐的城市初现。
北九嵕山南秦岭奠定营城基本范围。
北至长陵南至子午谷，初步确立城市轴线。
隋唐长安城
五代宋元长安城
明清西安城
轴线北至北山山系，南指终南山牛背峰。里坊制奠定现代西安城市格局。
围绕唐皇城，基本奠定现代西安中心城区范围。
确定西安中心城区范围，形成以钟楼为中心的城市轴线。
明城演变
西安明城区城市形态历史演变
五代新城
元奉元路城
清西安府城
唐长安城
北宋、金京兆府城
明西安府城
历史资源
历史文化物质空间要素
历史文化非物质空间要素
宗教文化
宗教建筑
宗教节日
美食文化
民俗文化
开斋节
传统小吃
老字号传统美食
老孙家
特产
西安鼓乐
非物质文化遗产
制作工艺
中华名小吃
西安剪纸
鸟瞰效果
洒金桥入口节点
现代文创商业节点
西仓商业文旅节点
庙后街商业文创街区
大麦市街入口节点
贡院文化主题公园

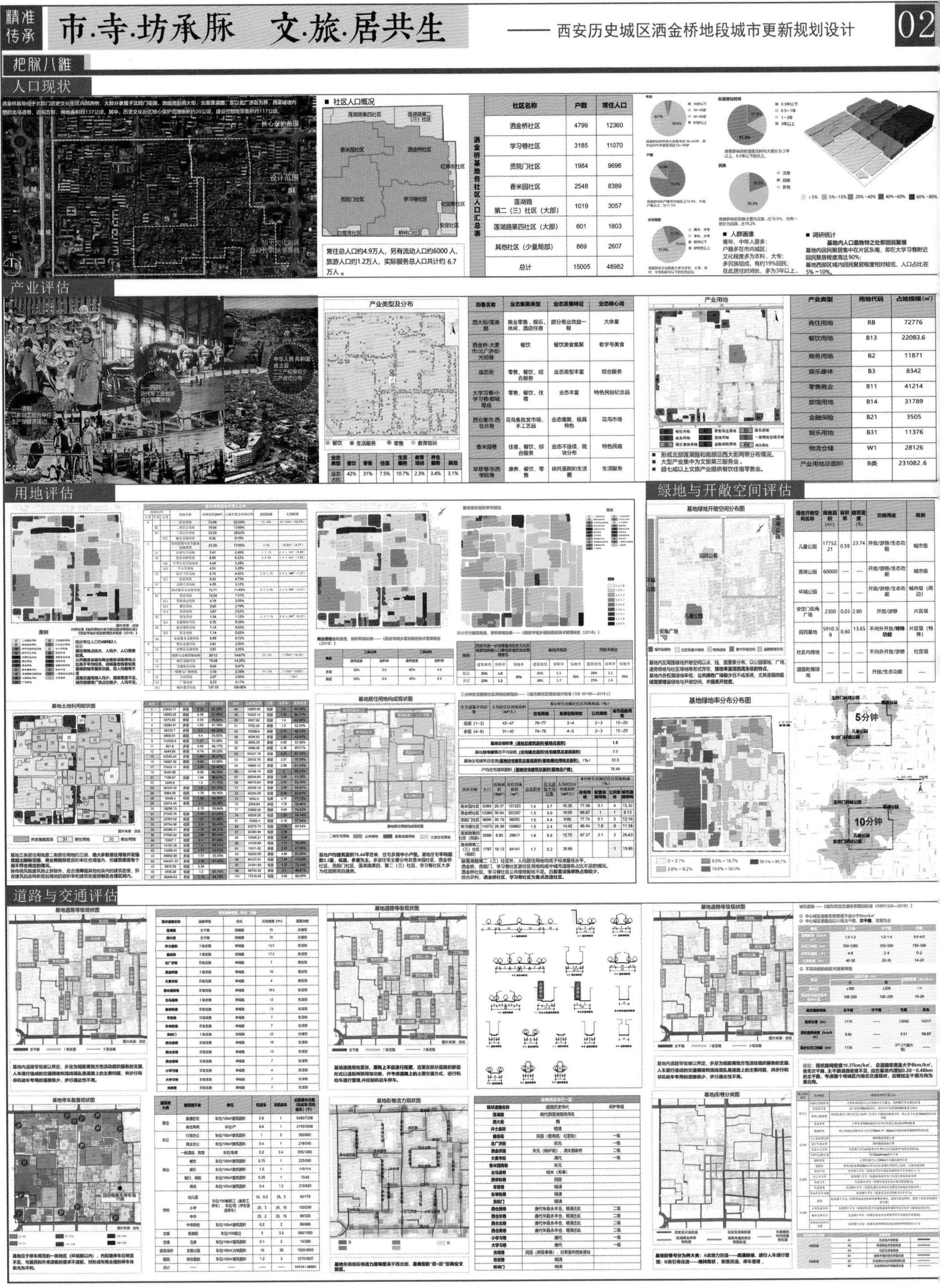

精准
传承
市·寺·坊承脉 文·旅·居共生
——西安历史城区洒金桥地段城市更新规划设计
02
把脉八維
人口现状
社区人口概况
酒金桥基地各社区人口汇总表
社区名称 | 户数 | 常住人口
洒金桥社区 | 4799 | 12360
学习巷社区 | 3185 | 11070
贡院门社区 | 1984 | 9696
香米园社区 | 2548 | 8389
莲湖路第二（三）社区（大部） | 1019 | 3057
莲湖路第四社区（大部） | 601 | 1803
其他社区（少量局部） | 869 | 2607
总计 | 15005 | 48982
常住总人口约4.9万人，另有流动人口约6000人、旅游人口约1.2万人，实际服务总人口共计约6.7万人。
人群画像
调研统计
产业评估
产业类型及分布
产业用地
产业类型 | 用地代码 | 占地规模（m²）
商住用地 | RB | 72776
餐饮用地 | B13 | 22083.6
商务用地 | B2 | 11871
娱乐康体 | B3 | 8342
零售商业 | B11 | 41214
旅馆用地 | B14 | 31789
金融保险 | B21 | 3505
娱乐用地 | B31 | 11376
物流仓储 | W1 | 28126
产业用地总面积 | B类 | 231082.6
用地评估
基地土地利用规状图
基地居住用地构成现状图
绿地与开敞空间评估
基地绿地开敞空间分布图
基地绿地率分布分布图
5分钟
10分钟
道路与交通评估
基地道路等级现状图
基地停车数量现状图
基地街巷活力现状图
基地街巷分类图

精准传承 市·寺·坊承脉 文·旅·居共生

——西安历史城区洒金桥地段城市更新规划设计 03

把脉八维

服务设施评估

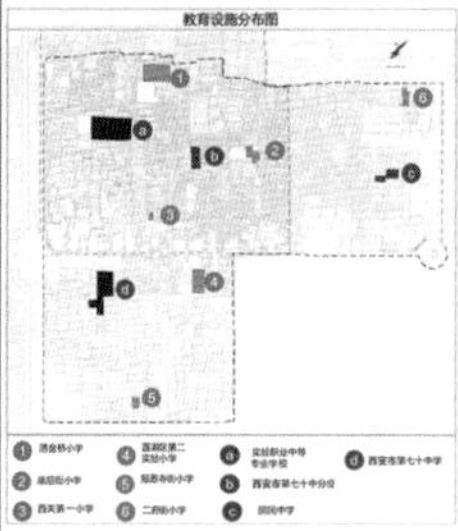
教育设施分布图
1 洒金桥小学
2 莲湖区第二实验小学
3 西关第一小学
4 二府街小学
5 莲湖第七十中学分校
6 回民中学
7 实验职业中等专业学校
8 西安市第七十中学
9 西安市第七十中学分校

■中学教育资源浪费，数量多、规模小；
■小学教育资源浪费，数量多、规模小、班级数少。

类型	名称	占地面积	学生数（人）	人均占地	班级数	人数（人）	规模性指标	效率性指标	品质型指标
中学	实验职业中等专业学校	23600	800~900	29.5	6*3年级+18	5450~5900	19200	独立占地	操场独立不对外开放
	西安市第七十中分校	5500	1050~1200	5	（初一+初二）*9=18		10380	独立占地	操场独立不对外开放
	西安市回民中学（第二十三中分校）	8200	600~700	12	12*初三1常级=12		10380	独立占地	操场独立不对外开放
	西安市第七十中学	18080	3000	6.1	14*（完全高中+初3）=56		35640	独立占地	操场独立不对外开放

类型	名称	占地面积	学生数（人）	班级数（班）	人均占地	人数（人）	规模性指标	效率性指标	品质型指标
小学	洒金桥小学	6454	848	16	7.6	3611~4011	5280	独立占地	操场独立不对外开放
	二府街小学	3150	200~300	6+1=6	12.6			独立占地	环形跑道直跑道不对外开放
	温后街小学	3150	250~300	6+1=6	11.5			独立占地	操场独立不对外开放
	西关第一小学分校	2500	250~400	6+1.5班=9	7.8			独立占地	环形跑道直跑道不对外开放
	莲湖区第二实验小学	6657	1176	24班	5.6			独立占地	操场独立不对外开放
	保吉巷街小学	3200	700~800	15班	4.2			独立占地	操场独立不对外开放

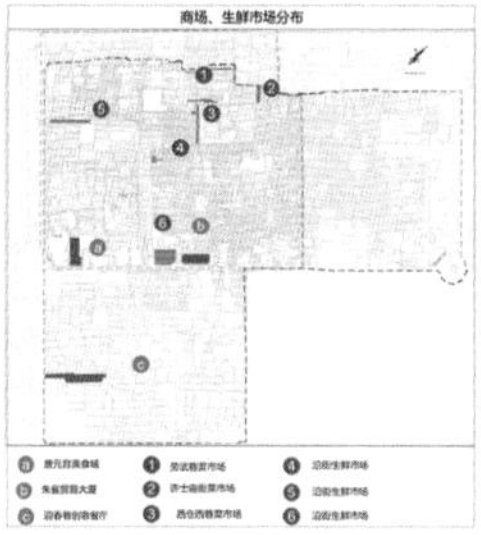
商场、生鲜市场分布

■商场满足各项指标
■菜市场满足规模型、效率型指标，但10分钟服务区高度重叠，沿街巷违规占道经营；且不提供独立机动车、非机动车停车位。

类型	名称	建筑面积（m²）	规模性指标（m²）	品质型指标
商场	庙元宫美食城	3040	1500~3000	居住区相对居中
	朱雀贸易大厦	3500	1500~3000	居住区相对居中
	洒香巷创意餐厅	2700	1500~3000	居住区相对居中

类型	名称	用地面积（m²）	规模性指标（m²）	品质型指标
生鲜市场/菜市场	劳武巷菜市场	700	750~2500	机动车、非机动停车位
	许士庙菜市场	650	750~2500	机动车、非机动停车位
	西仓西巷菜市场	1200	750~2500	机动车、非机动停车位
	沿街生鲜市场	450	750~2500	机动车、非机动停车位
	沿街生鲜市场	450	750~2500	机动车、非机动停车位
	沿街生鲜市场	2000	750~2500	机动车、非机动停车位

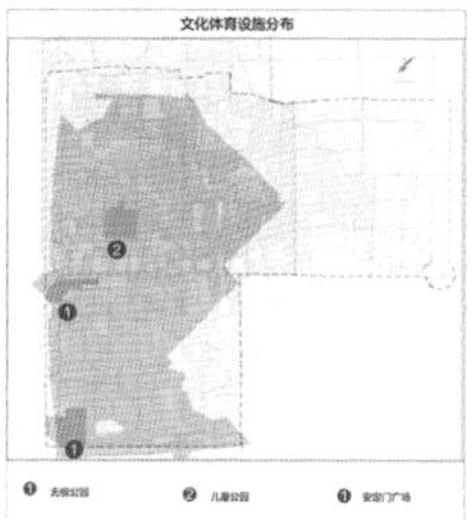
文化体育设施分布
1 无极公园
2 儿童公园
1 安定门广场

■15分钟层面街道范围全覆盖；
■东北部依靠莲湖公园完成居民需求；
■无极公园缺少艺术活动承载空间；
■无极公园缺少球类活动场地；
■儿童公园缺少排球、足球场地。

类型	名称	占地面积（m²）	规模性指标（m²）	效率型指标	品质型指标
文化活动场地	安定广场	11160	3150~5920	结合公共绿地	综合设置

类型	名称	占地面积（m²）	规模性指标（m²）	效率型指标	品质型指标
体育健身场地	无极公园	11160	3150~5920	结合公共绿地 篮球、排球、足球五人场地	独立占地
	儿童公园	12330	3150~5920	结合公共绿地 篮球、排球、足球五人场地	独立占地

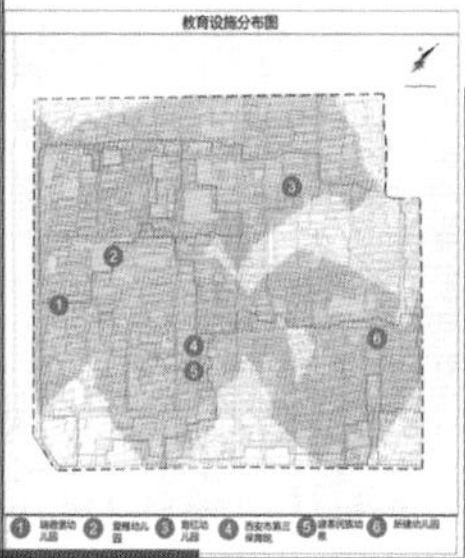
教育设施分布图

■幼儿园规模小、数量多、资源浪费，考虑合并，爱格与瑞德堡合并；
■基地公共绿地紧张，幼儿园围绕绿地建设，位置不适宜且重复建设，育红幼儿园新增绿地。

类型	名称	占地面积（m²）	学生数（人）	班级数	生均用地（m²）	人数（人）	规模性指标	效率性指标	品质型指标
中学	瑞德堡幼儿园	2280	270	9	8	约1250	3050~7580	独立占地	接近绿地<3层3h日照
	爱格幼儿园	1200	210	7	5.7		3050~7580	独立占地	接近绿地<3层3h日照
	育红幼儿园	1200	180	6	6.6		3050~7580	独立占地	接近绿地<3层3h日照
	西安市第三保育院	1800	230	8	7.8		3050~7580	独立占地	接近绿地<3层3h日照
	建翠民族幼教	1200	210	7	5.7		3050~7580	独立占地	接近绿地<3层3h日照
	新建幼儿园	1100	150	5	7.3		3050~7580	独立占地	接近绿地<3层3h日照

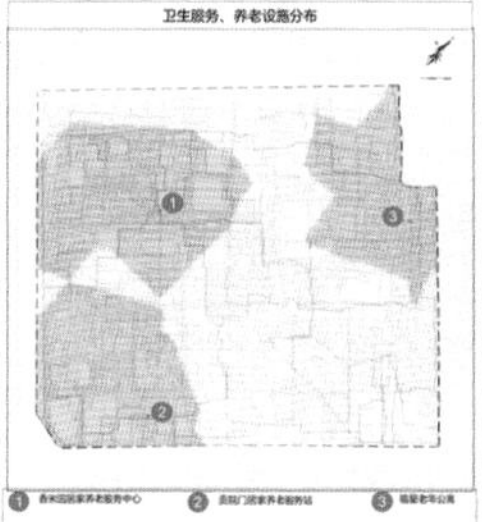
卫生服务、养老设施分布
1 香米园居家养老服务中心
2 贡院门居家养老服务站
3 福星老年公寓

■老人日间照料数量缺失、规模不足。
学习巷社区需补足数量及规模；
会香米园、贡院门及福星老年公寓均需扩大规模。

类型	名称	占地面积（m²）	规模性指标（m²）	效率型指标
为老服务	香米园居家养老服务中心	270	350-1750	可结合设置
	贡院门居家养老服务站	230	350-1750	可结合设置
	福星老年公寓	300	350-1750	可结合设置

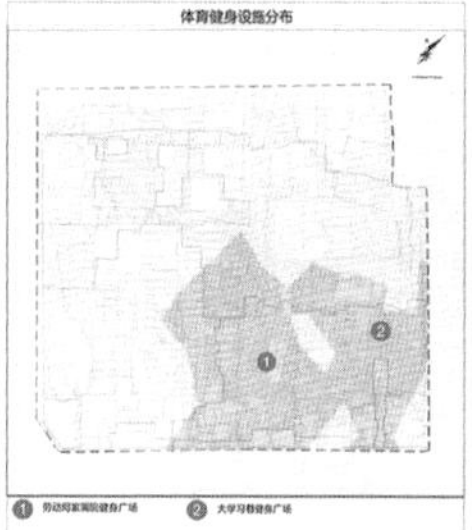
体育健身设施分布
1 劳动局家属院健身广场
2 大学习巷健身广场

■健身广场覆盖性不足、规模不足、品质不足。
化觉巷社区、香米园社区、洒金桥社区均需补足数量。
学习巷社区需扩大规模。
扩建需增加休憩空间、公共座椅。

类型	名称	占地面积（m²）	规模性指标（m²）	品质指标
体育健身	劳动局家属院健身广场	70	150-750	休憩、公共座椅
	大学习巷健身广场	120	150-750	休憩、公共座椅

风貌评估

■ 空间视廊——线

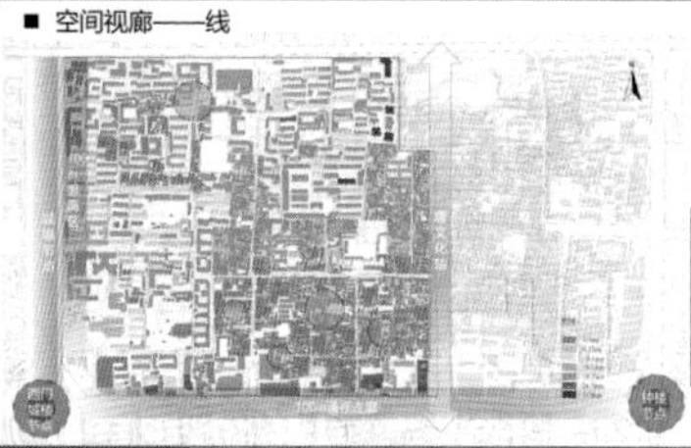

评估判断：通过百米通视走廊和城墙范围内侧范围限高研究可得出下表。

	通视走廊	100m内侧	20m内侧
白马巷道	/	20处违规	/
西大街侧	6处违规	/	/

■ 空间界面——面

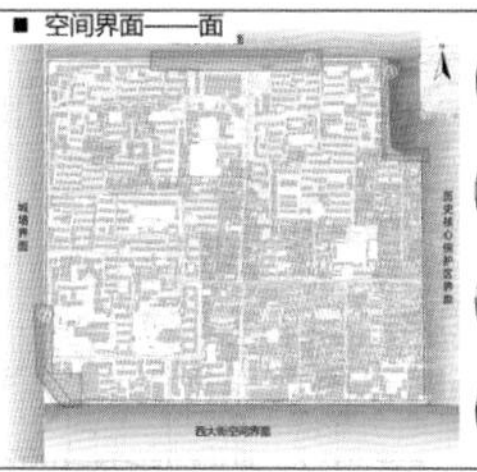
城墙界面
历史核心保护区界面
西大街空间界面

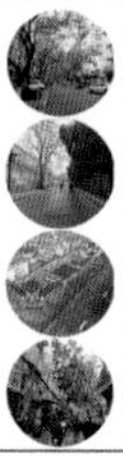

莲湖路综合界面

D/H	界面连续性	风貌协调性
2	界面较为连续，局部参差 ①	协调统一

城墙空间界面

D/H	界面连续性	风貌协调性
1.5	界面连续程度较高 ②	城墙空间高度协调，建筑界面一般

西大街空间界面

D/H	界面连续性	风貌协调性
>3	界面连续程度较高	协调统一

历史核心保护区界面

D/H	界面连续性	风貌协调性
<1	界面连续程度较高	较为协调局部不齐③

■ 风貌资源点——点

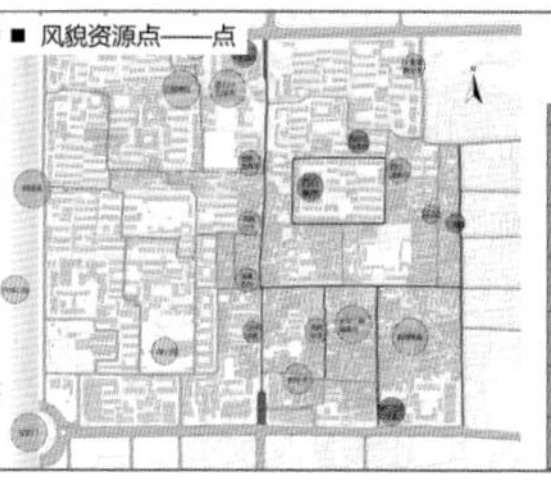

评估判断：洒金桥基地内点式风貌资源丰富，集中分布在洒金桥—大麦市街以及传统回坊风貌区，具体类型如下。

分类	数量	用途/等级
历史/宗教文化风貌点	13	6处省级以上文化因素，7处地方特色文化因素
近现代历史风貌点	2	/
现代艺术风貌点	1	/
现代商业风貌点	4	星级酒店/特色集市
景观风貌点	2	/
历史街区风貌点	7	2处一级历史街区，5处二级历史街区

建筑评估

■ 建筑质量

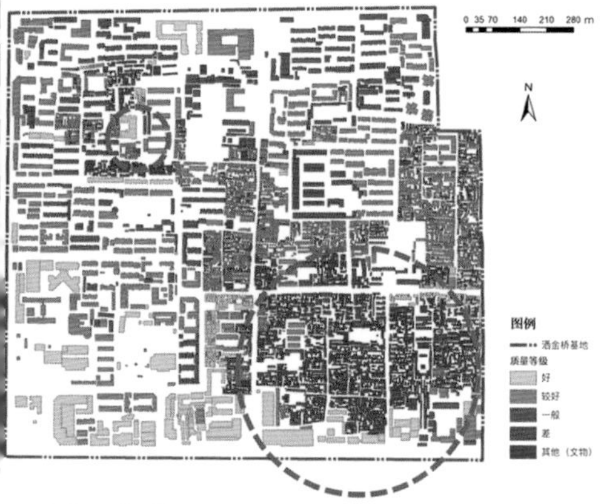
0 35 70 140 210 280 m
N
图例
洒金桥基地
质量等级
好
较好
一般
差
其他（文物）

评级差的建筑**总建筑面积约10.39 hm²，占比约5%**，分布多集中于**大学习巷与都城隍庙附近，香米园社区也有局部集中。**

■ 建筑高度与上位规划限高

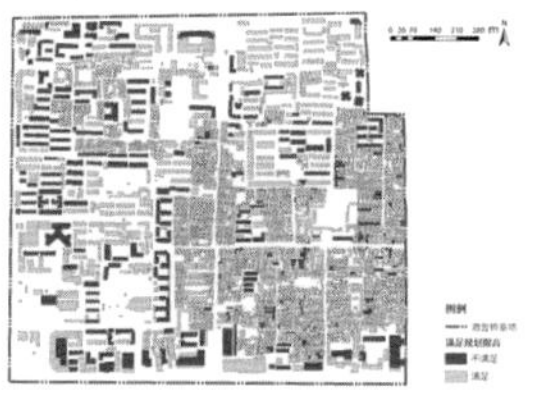

根据《西安历史文化名城保护规划（2020—2035年）》，基地内超限高建筑数量有369栋，**总建筑面积97.22 hm²，占比近48%**。

■ 建筑用途

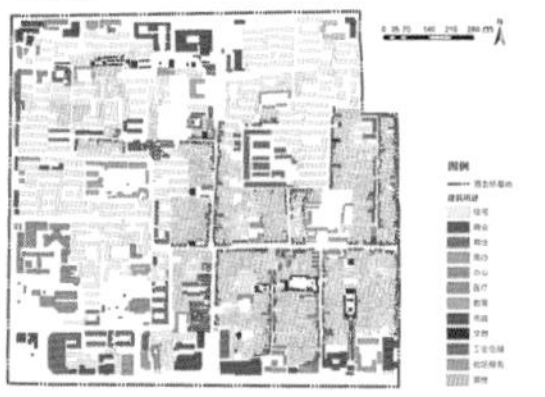

居住类建筑（住宅+40%商住）：**总建筑面积约126.1 hm²，占比62.6%**；
商业类建筑（商业+60%商住+商办）：**总建筑面积约49.4 hm²，占比24.4%**。

■ 建筑高度

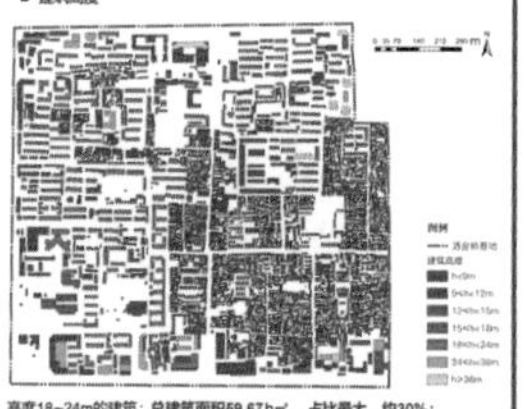

高度18~24m的建筑：**总建筑面积59.67 hm²，占比最大，约30%**；
高度小于9m的建筑：**总建筑面积39.29 hm²，占比次之，约19%**；
高度大于36m的建筑：**总建筑面积 9.58 hm²，占比最小，约5%**。

■ 建筑风貌

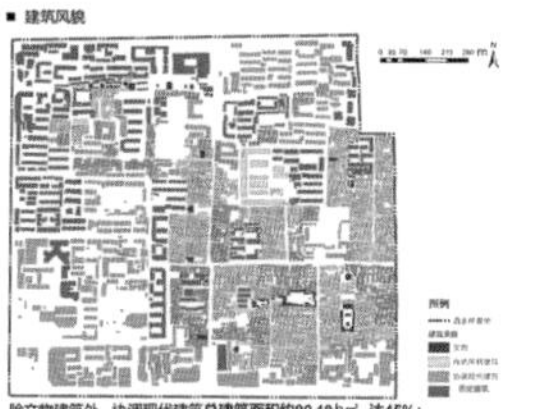

除文物建筑外，协调现代建筑总建筑面积约90.19 hm²，达45%；
不协调现代建筑总建筑面积约76.52 hm²，达38%；
传统风貌建筑总建筑面积约33.53 hm²，仅16%。

■ 建筑年代

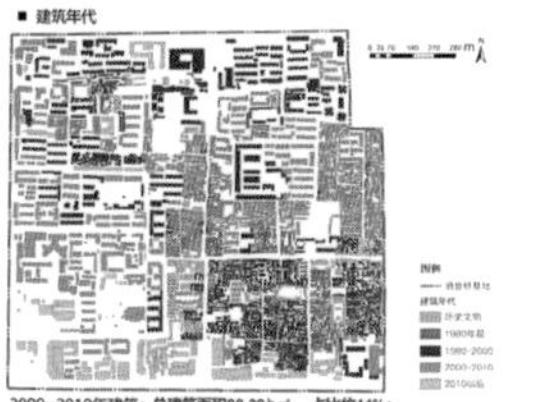

2000—2010年建筑：**总建筑面积88.39 hm²，占比约44%**；
1980—2000年建筑：**总建筑面积69.36 hm²，占比约34%**；
1980年之前建筑：**总建筑面积5.56 hm²，占比最少，约1%**。

■ 建筑结构

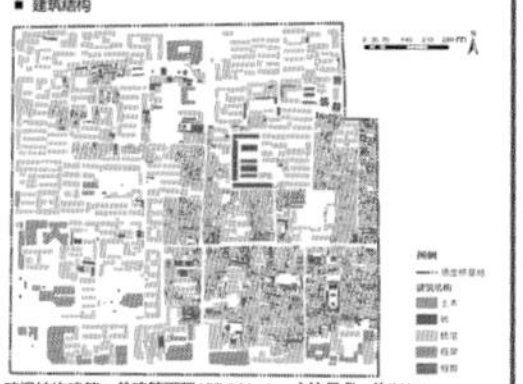

砖混结构建筑：**总建筑面积157.92 hm²，占比最多，约78%**；
框架结构建筑：**总建筑面积28.02 hm²，占比次之，约14%**；
土木结构建筑：**总建筑面积0.87 hm²，占比最少，不到1%**。

理脉归究

产业评价层	评估问题
业态效益	南北部分大体量商业效益一般
用地效率	内部业态现状和用地属性不匹配，影响后期更好的规划发展
服务水平	业态服务类型较为固化，服务质量不高，物质空间环境局部较差
文化关联	文化资源利用度较低，部分街巷业态与文化创新关联度较低

策略：文化+产业

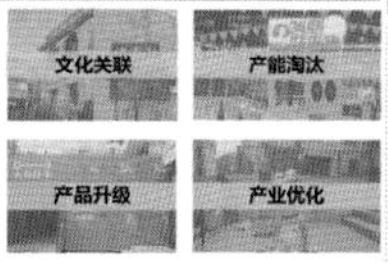
文化关联
产能淘汰
产品升级
产业优化

建筑评价层	评估问题
建筑功能	主要界面建筑功能复合性低
建筑高度	建筑高度违规
建筑质量	大学习巷、都城隍庙质量差，香米园社区局部质量差
建筑风貌	街巷历史名片感召力与定位不匹配

策略：文化+建筑

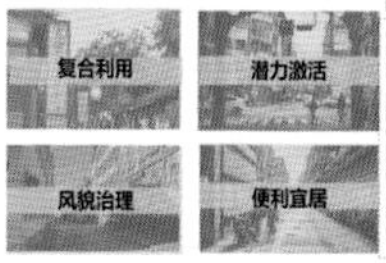
复合利用
潜力激活
风貌治理
便利宜居

交通评价层	评估问题
功能等级	南北向主干路密度不足，无次干路
机非停车	配建机非停车位不足
人车关系	部分街巷与周边用地功能不协调
历史传承	街巷历史名片感召力与定位不匹配

策略：文化+道路

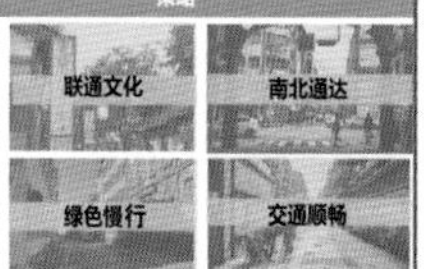
联通文化
南北通达
绿色慢行
交通顺畅

绿地与开敞空间评价层	评估问题
可达性与开放度	绿地与开敞空间不成体系，多位于地块内侧，道路衔接性低
公共开敞空间	广场等开敞空间少，仅有道路空间、门户、核心等空间等待节点体现不明显
社区级绿地	建筑密集，社区级绿地数量严重缺乏
城市绿地	城市级绿地对基地的覆盖度低

策略：文化+绿地广场

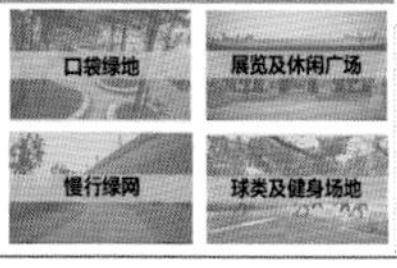
口袋绿地
展览及休闲广场
慢行绿网
球类及健身场地

公服评价层	评估问题
种类缺失	文化活动站、中小运动场地、健身场、健身步道、康养中心；托管中心、托儿所、就业
覆盖问题	中小学、幼儿园服务区重叠，健身场、照料中心覆盖性不足
规模问题	医疗养老、日间照料中心不足，服务点不足
品质问题	安定广场、无极公园、儿童公园缺少球类场地及座椅；生鲜市场及商场需补足地下停车

策略：文化+服务

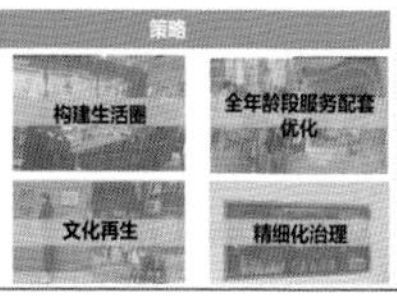
构建生活圈
全年龄段服务配套优化
文化再生
精细化治理

风貌评价层	评估问题
风貌节点	地段内各界区及各空间节点风貌营造不突出
文脉落位	地段整体肌理格局不显著，且连廊范围内存在违规现象
通视走廊	地段现状发展忽视了历史隐性文脉落位及传承利用
历史传承	地段内各界区及各空间节点风貌营造不突出

策略：文脉延续

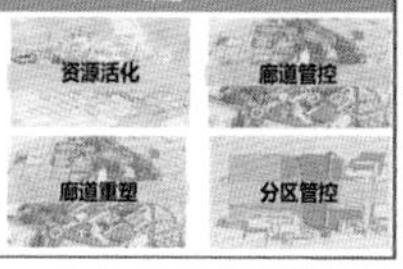
资源活化
廊道管控
廊道重塑
分区管控

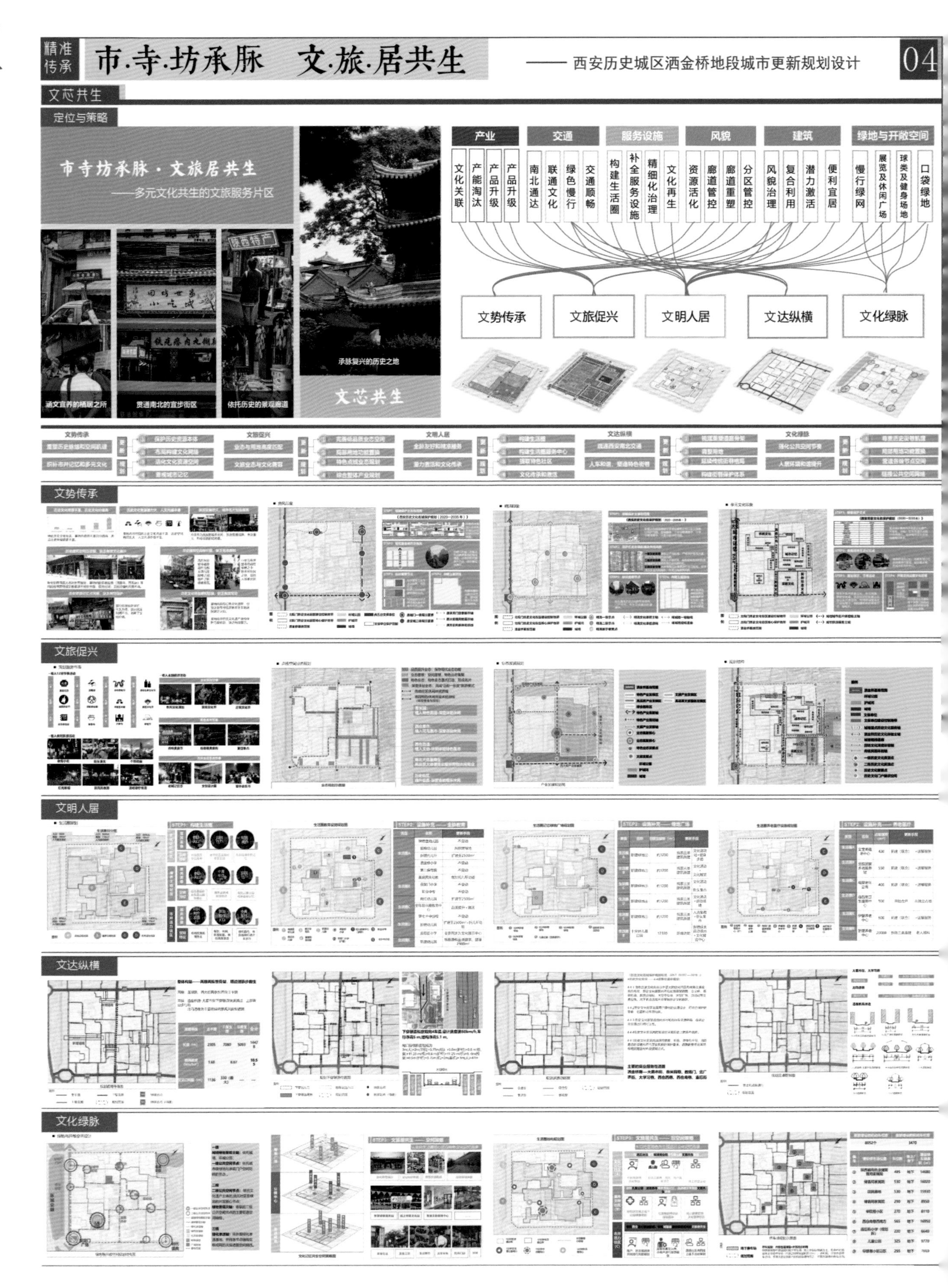
精准
传承
市·寺·坊承脉 文·旅·居共生
—— 西安历史城区洒金桥地段城市更新规划设计
04
文芯共生
定位与策略
市寺坊承脉 · 文旅居共生
——多元文化共生的文旅服务片区
涵文宜养的栖居之所
贯通南北的宜步街区
依托历史的景观廊道
承脉复兴的历史之地
文芯共生
产业
交通
服务设施
风貌
建筑
绿地与开敞空间
文化关联
产能淘汰
产品升级
产品升级
南北通达
联通文化
绿色慢行
交通顺畅
构建生活圈
补全服务设施
精细化治理
文化再生
资源活化
廊道管控
廊道重塑
分区管控
风貌治理
复合利用
潜力激活
便利宜居
慢行绿网
展览及休闲广场
球类及健身场地
口袋绿地
文势传承
文旅促兴
文明人居
文达纵横
文化绿脉
文势传承
文旅促兴
文明人居
文达纵横
文化绿脉

精准传承 **市·寺·坊承脉 文·旅·居共生** —— 西安历史城区洒金桥地段城市更新规划设计 05

唤文造境：洒金桥大麦市街主街片区更新设计

总体结构控制

"三横 三纵 四区 多点"
以文旅及相关服务为主要功能片区
依靠多个文化记忆传承点串联成的骨架与城墙景观控制轴共同形成结构网络

总平面图

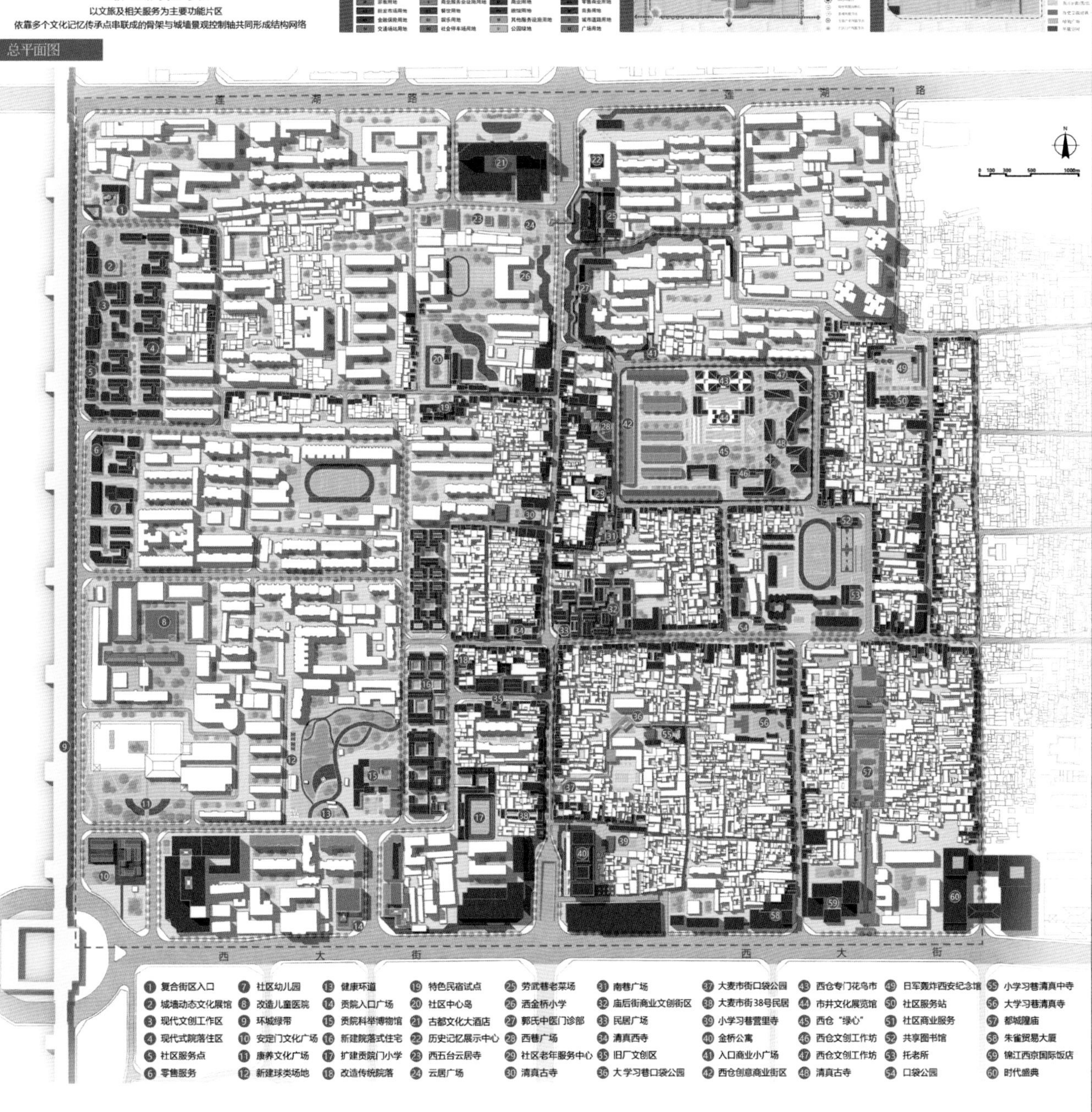

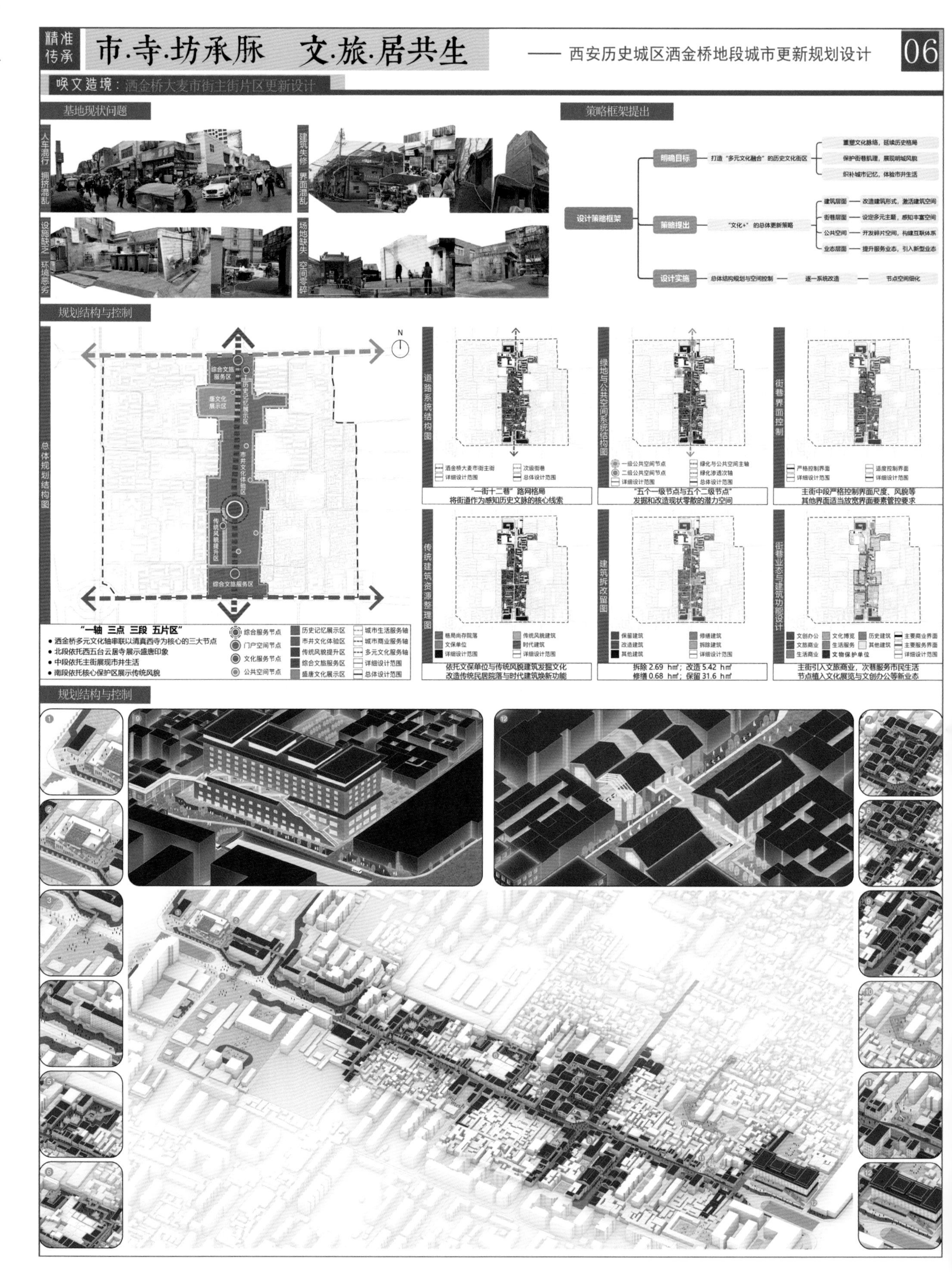

精准传承
市·寺·坊承脉 文·旅·居共生
—— 西安历史城区洒金桥地段城市更新规划设计
06
唤文造境：洒金桥大麦市街主街片区更新设计
基地现状问题
人车混行 拥挤混乱
建筑失修 界面混乱
设施缺乏 环境恶劣
场地缺失 空间零碎
策略框架提出
设计策略框架
明确目标
打造“多元文化融合”的历史文化街区
重塑文化脉络，延续历史格局
保护街巷肌理，展现明城风貌
织补城市记忆，体验市井生活
策略提出
“文化+”的总体更新策略
建筑层面 — 改造建筑形式，激活建筑空间
街巷层面 — 设定多元主题，感知丰富空间
公共空间 — 开发碎片空间，构建互联体系
业态层面 — 提升服务业态，引入新型业态
设计实施
总体结构规划与空间控制 — 逐一系统改造 — 节点空间细化
规划结构与控制
总体规划结构图
综合文旅服务区
盛唐文化展示区
历史记忆展示区
市井文化体验区
传统风貌提升区
综合文旅服务区
“一轴 三点 三段 五片区”
• 洒金桥多元文化轴串联以清真西寺为核心的三大节点
• 北段依托西五台云居寺展示盛唐印象
• 中段依托主街展现市井生活
• 南段依托核心保护区展示传统风貌
综合服务节点
门户空间节点
文化服务节点
公共空间节点
历史记忆展示区
市井文化体验区
传统风貌提升区
综合文旅服务区
盛唐文化展示区
城市生活服务轴
城市商业服务轴
多元文化服务轴
详细设计范围
总体设计范围
道路系统结构图
洒金桥大麦市街主街
次级街巷
详细设计范围
总体设计范围
“一街十二巷”路网格局
将街道作为感知历史文脉的核心线索
绿地与公共空间系统结构图
一级公共空间节点
二级公共空间节点
详细设计范围
绿化与公共空间主轴
绿化渗透次轴
总体设计范围
“五个一级节点与五个二级节点”
发掘和改造现状零散的潜力空间
街巷界面控制
严格控制界面
适度控制界面
详细设计范围
详细设计范围
主街中段严格控制界面尺度、风貌等
其他界面适当放宽界面要素管控要求
传统建筑资源整理图
格局尚存院落
传统风貌建筑
文保单位
时代建筑
详细设计范围
详细设计范围
依托文保单位与传统风貌建筑发掘文化
改造传统民居院落与时代建筑焕新功能
建筑拆改留图
保留建筑
修缮建筑
改造建筑
拆除建筑
其他建筑
详细设计范围
拆除 2.69 hm²；改造 5.42 hm²
修缮 0.68 hm²；保留 31.6 hm²
街巷业态与建筑功能设计
文创办公
文化博览
历史建筑
主要商业界面
文旅商业
生活服务
其他建筑
主要服务界面
生活商业
文物保护单位
详细设计范围
主街引入文旅商业，次巷服务市民生活
节点植入文化展览与文创办公等新业态
规划结构与控制

精准传承

市·寺·坊承脉 文·旅·居共生

—— 西安历史城区洒金桥地段城市更新规划设计

07

唤文造境：洒金桥大麦市街主街片区更新设计

总平面图

莲湖路

N 1:9000

西大街

图例

① 古都文化大酒店
② 历史记忆展示中心
③ 西五台云居寺
④ 云居广场
⑤ 劳武巷老菜场
⑥ 洒金桥小学
⑦ 郭氏中医门诊部
⑧ 西巷广场
⑨ 社区老年服务中心
⑩ 清真古寺
⑪ 南巷广场
⑫ 庙后街商业文创区
⑬ 民居广场
⑭ 清真西寺
⑮ 旧厂文创区
⑯ 学习巷口袋公园
⑰ 大麦市街口袋公园
⑱ 大麦市街38 号民居
⑲ 小学习巷营里寺
⑳ 金桥公寓

经济技术指标

总建筑面积：39.0 hm²
新建建筑面积：1.3 hm²
建筑密度：44.8%
容积率：1.35
绿地率：8%

绿地与公共空间

——利用先期研判的地面潜力公共空间，将其改造设计为承载不同功能的公共空间

公共空间控制图

商业透明化　底层缩进　适当商业外摆　退台改造

建筑管控Ⅰ区（商业透明化 / 严控外摆）
建筑管控Ⅱ区（商业透明化 / 适当外摆）
建筑管控Ⅲ区（底层局部缩进 / 退台）
历史风貌建筑与文保单位
地面潜力空间
其他建筑
主要界面
详细设计范围

公共空间平面与节点图

云居广场口袋公园　西巷广场　南巷广场　清真西寺广场　营里社区广场　大麦市街口袋公园

连廊系统

必要性

场地内公共空间严重碎片化 → 连廊系统连接 → 连通的公共空间 丰富的立体层次

连廊组织形式

① 直接架设型　② 内穿建筑型　③ 穿越屋顶型　④ 屋顶架设型　⑤ 附着立面型　⑥ 节点平台型

连廊轴测图

连廊节点设计

连廊路线 1：文化展示中心——老厂房文创区

a 连接展览馆 3F H=6.00～8.00m
b 西五台广场出入口 H=4.00m
c 西巷广场出入口 H=6.00m
d 老年服务中心平台 H=6.00m
e 南巷广场出入口 H=6.00m
f 商业街北平台 H=4.50～6.00m
g 街区内连廊 四出入口 H=4.50m
h 主街南侧出入口 H=4.50m
i 老厂房出入口 H=4.50m

连廊路线 2：大学习巷清真寺——金桥公寓

① 金桥公寓退台出入口 H=0.00～13.50m
② 金桥公寓屋面出入口 H= 6.00～13.50m
③ 大麦市街口袋公园出入口 H =6.00m
④ 屋顶平台 H=6.00～9.00m
⑤ 营里小区出入口 H=6.00m
⑥ 大学习巷清真寺出入口 H =6.00m

街巷空间

主街空间 ——打造有节奏变化且适宜步行感知的主街空间

主街空间平面图

道牙线　道路红线　剖切符号　主街道路空间　内部道路边界　详细设计范围

主街空间断面图

1-1 北入口 D/H=3.2，宽阔，一览全貌
2-2 南入口 D/H=1.9，略宽阔
3-3 街边公园 D/H=3.2，宽阔，可览全貌
4-4 清真西寺 D/H=2.4-3.7，宽阔，可览全貌
5-5 D/H=1.2，尺度适宜　6-6 D/H=0.9，略紧凑

主街交通管理

主街段机动车下穿 地面预留消防通道
主街段地面变更为人非共行
通过升降路障管控地面机动车通行
口袋公园非机动车位

次巷空间 —— “一巷一策”结合自身特征赋予主题，完成商业向生活的过渡

次巷空间平面图

香米园巷　庙后街（西）　庙后街（东）　劳动巷

次巷断面图

1-1 剖面图 D/H=0.8，略微狭窄
2-2 剖面图 D/H=1，尺度适宜
3-3 剖面图 D/H=0.9，略微狭窄
4-4 剖面图 D/H=1，尺度适宜

改造策略

沿街绿化引导内部绿地　适用小巷的植物箱绿化
协同传统建筑　增设坡屋顶构件
底层商业透明化　统一管理商业门头
路口设构筑物提示节点　恢复老厂房历史记忆

建筑改造

建筑改造选型

建筑构件改造

a. 底层商业直接透明化
b. 底层外伸游廊 / 橱窗
c. 街巷空间局促处底层缩进
d. 架空外伸平台
e. 增设坡屋顶构件
f. 清理混乱搭建，统一管理商业门头

商业外摆形式

g. 直接商业外摆
h. 结合植物箱（花池）商业外摆

建筑形式改造

i. 门户建筑做退台处理

历史／时代建筑改造

j. 局部增建坡屋顶，留出屋面平台
k. 院落加入附属用房，满足商业需求
l. 民居建筑透明化，打开围墙添绿地

主要界面风貌设计

清真西寺西立面　主街北段西立面

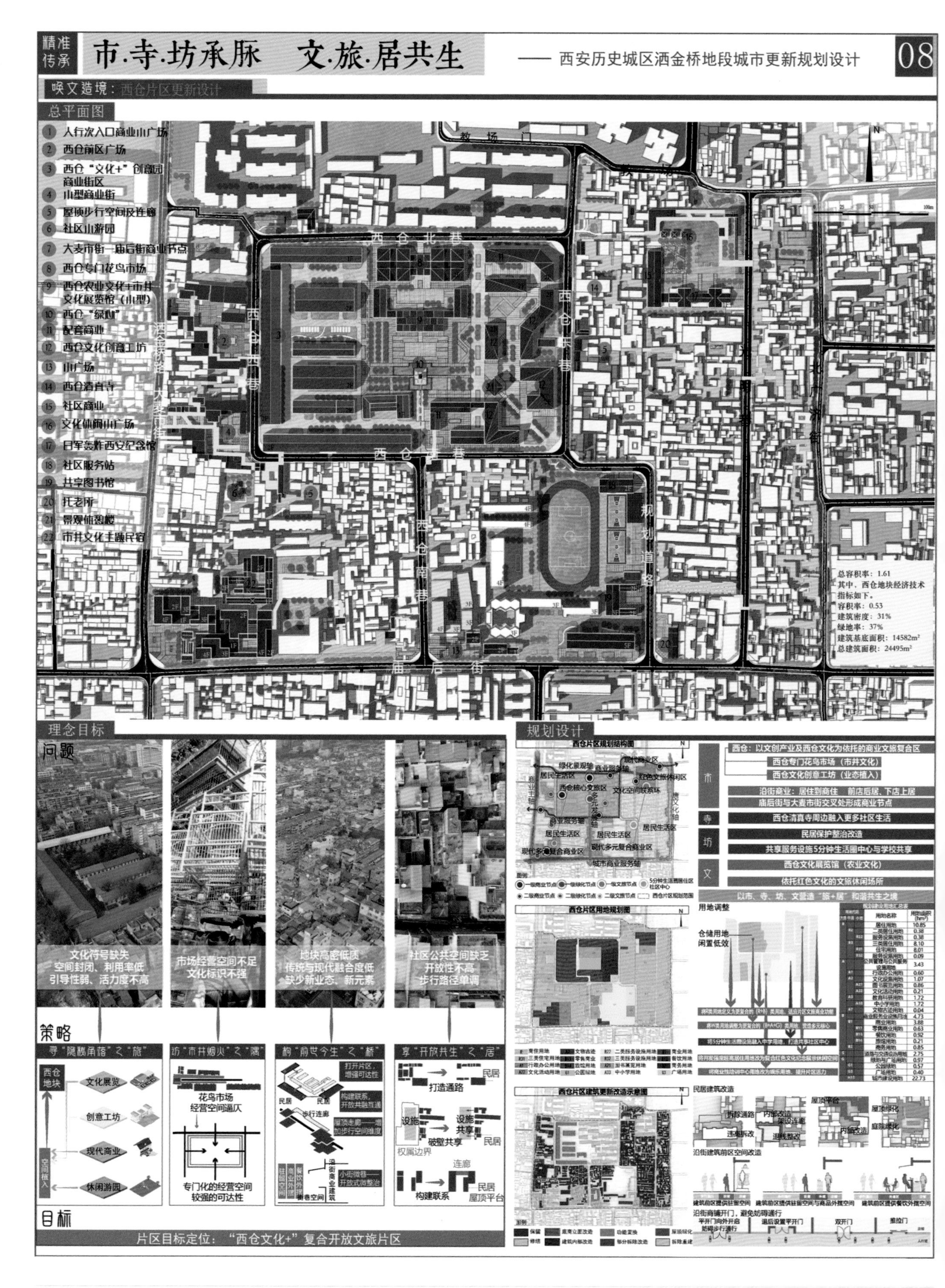
精准传承
市·寺·坊承脉　文·旅·居共生
—— 西安历史城区洒金桥地段城市更新规划设计
08
唤文造境：西仓片区更新设计
总平面图
1 人行次入口商业小广场
2 西仓前区广场
3 西仓“文化+”创意园商业街区
4 小型商业街
5 屋顶步行空间及连廊
6 社区小游园
7 大麦市街—庙后街商业节点
8 西仓专门花鸟市场
9 西仓农业文化+市井文化展览馆（小型）
10 西仓“绿心”
11 配套商业
12 西仓文化创意工坊
13 小广场
14 西仓清真寺
15 社区商业
16 文化休闲小广场
17 日军轰炸西安纪念馆
18 社区服务站
19 共享图书馆
20 托老所
21 景观休憩楼
22 市井文化主题民宿
教场门
西仓北巷
西仓西巷
西仓东巷
西仓南巷
西仓南巷
洒金桥路
大麦市街
北广济街
规划道路
庙后街
总容积率：1.61
其中，西仓地块经济技术指标如下。
容积率：0.53
建筑密度：31%
绿地率：37%
建筑基底面积：14582m²
总建筑面积：24495m²
理念目标
问题
文化符号缺失
空间封闭、利用率低
引导性弱、活力度不高
市场经营空间不足
文化标识不强
地块高密低质
传统与现代融合度低
缺少新业态、新元素
社区公共空间缺乏
开放性不高
步行路径单调
策略
寻“隐藏角落”之“旅”
西仓地块
文化展览
创意工坊
现代商业
休闲游园
空间植入
访“市井烟火”之“寓”
花鸟市场
经营空间通仄
专门化的经营空间
较强的可达性
构“前世今生”之“新”
打开片区，增强可达性
民居
构建联系，开放共融互通
步行连廊
屋顶走廊——增加步行空间维度
小街微巷——开放式微治
街巷空间
享“开放共生”之“居”
打造通路
民居
设施
设施共享
破壁共享
权属边界
连廊
构建联系
屋顶平台
目标
片区目标定位：“西仓文化+”复合开放文旅片区
规划设计
西仓片区规划结构图
西仓片区用地规划图
西仓片区建筑更新改造示意图
市
寺
坊
文
西仓：以文创产业及西仓文化为依托的商业文旅复合区
西仓专门花鸟市场（市井文化）
西仓文化创意工坊（业态植入）
沿街商业：居住到商住　前店后居、下店上居
庙后街与大麦市街交叉处形成商业节点
西仓清真寺周边融入更多社区生活
民居保护整治改造
共享服务设施5分钟生活圈中心与学校共享
西仓文化展览馆（农业文化）
依托红色文化的文旅休闲场所
以市、寺、坊、文营造“旅+居”和谐共生之境
用地调整
仓储用地闲置低效
民居建筑改造
拆除通路
内部改造
连廊拆改
屋顶平台
屋顶绿化
庭院绿化
内院改造
沿街建筑前区空间改造
沿街商铺开门，避免妨碍通行
平开门向外开启妨碍步行通行
退后设置平开门
双开门
推拉门

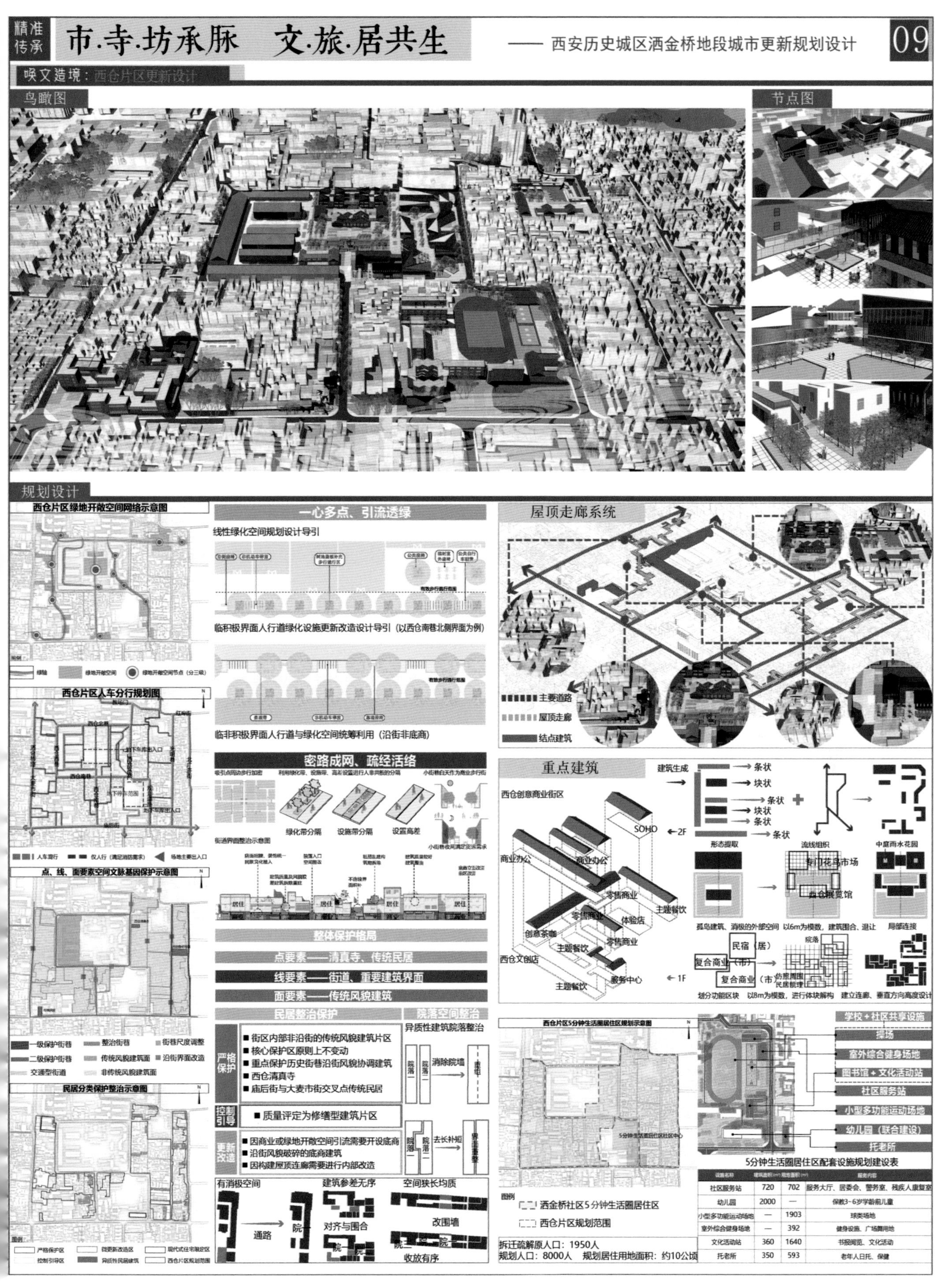

5分钟生活圈居住区配套设施规划建设表

设施名称	建筑面积（m²）	用地面积（m²）	服务内容
社区服务站	720	702	服务大厅、居委会、警务室、残疾人康复室
幼儿园	2000	—	保教3~6岁学龄前儿童
小型多功能运动场地	—	1903	球类场地
室外综合健身场地	—	392	健身设施、广场舞用地
文化活动站	360	1640	书报阅览、文化活动
托老所	350	593	老年人日托、保健

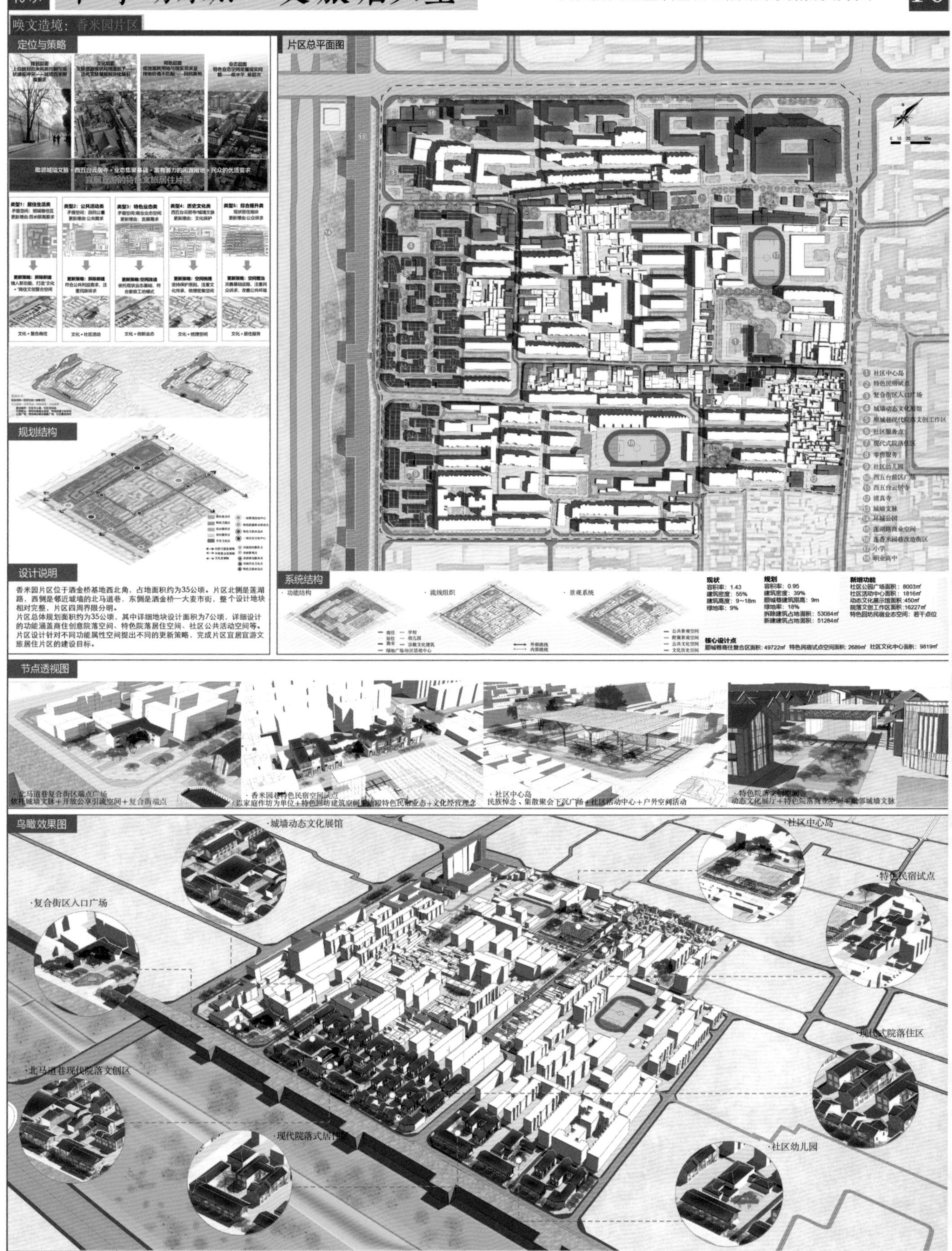

精准
传承
市·寺·坊承脉 文·旅·居共生
—— 西安历史城区洒金桥地段城市更新规划设计
唤文造境：香米园片区
定位与策略
片区总平面图
宜居宜游的特色文旅居住片区
类型1：居住生活类
类型2：公共活动类
类型3：特色业态类
类型4：历史文化类
类型5：综合提升类
文化＋复合商住
文化＋社区活动
文化＋创新业态
文化＋历史保护
文化＋居住服务
规划结构
设计说明
香米园片区位于洒金桥基地西北角，占地面积约为35公顷。片区北侧是莲湖路，西侧是邻近城墙的北马道巷，东侧是洒金桥—大麦市街，整个设计地块相对完整，片区四周界限分明。
片区总体规划面积约为35公顷，其中详细地块设计面积为7公顷，详细设计的功能涵盖商住创意院落空间、特色院落居住空间、社区公共活动空间等。片区设计针对不同功能属性空间提出不同的更新策略，完成片区宜居宜游文旅居住片区的建设目标。
① 社区中心岛
② 特色民宿试点
③ 复合街区入口广场
④ 城墙动态文化展馆
⑤ 顺城巷现代院落文创工作区
⑥ 社区服务点
⑦ 现代式院落住区
⑧ 零售服务
⑨ 社区幼儿园
⑩ 西五台前区广场
⑪ 西五台云居寺
⑫ 清真寺
⑬ 城墙文脉
⑭ 环城公园
⑮ 莲湖路商业空间
⑯ 莲香米园巷改造街区
⑰ 小学
⑱ 职业高中
系统结构
功能结构
流线组织
景观系统
现状
容积率：1.43
建筑密度：55%
建筑高度：9~18m
绿地率：9%
规划
容积率：0.95
建筑密度：39%
顺城巷建筑限高：9m
绿地率：18%
拆除建筑占地面积：53084㎡
新建建筑占地面积：51284㎡
新增功能
社区公园广场面积：8003㎡
社区活动中心面积：1816㎡
动态文化展示馆面积：450㎡
院落文创工作区面积：16227㎡
特色回坊民宿业态空间：若干点位
核心设计点
顺城巷商住复合区面积：49722㎡ 特色民宿试点空间面积：2689㎡ 社区文化中心面积：9819㎡
节点透视图
·北马道巷复合街区端点广场
依托城墙文脉＋开放公享引流空间＋复合街端点
·香米园巷特色民宿空间试点
以家庭作坊为单位＋特色回坊建筑空间
·社区中心岛
民族悼念、集散聚会下沉广场＋社区活动中心＋户外空间活动
·特色院落文创空间
动态文化展厅＋特色院落商业空间＋毗邻城墙文脉
鸟瞰效果图
·城墙动态文化展馆
·社区中心岛
·特色民宿试点
·复合街区入口广场
·现代式院落住区
·北马道巷现代院落文创区
·现代院落式居住区
·社区幼儿园

10

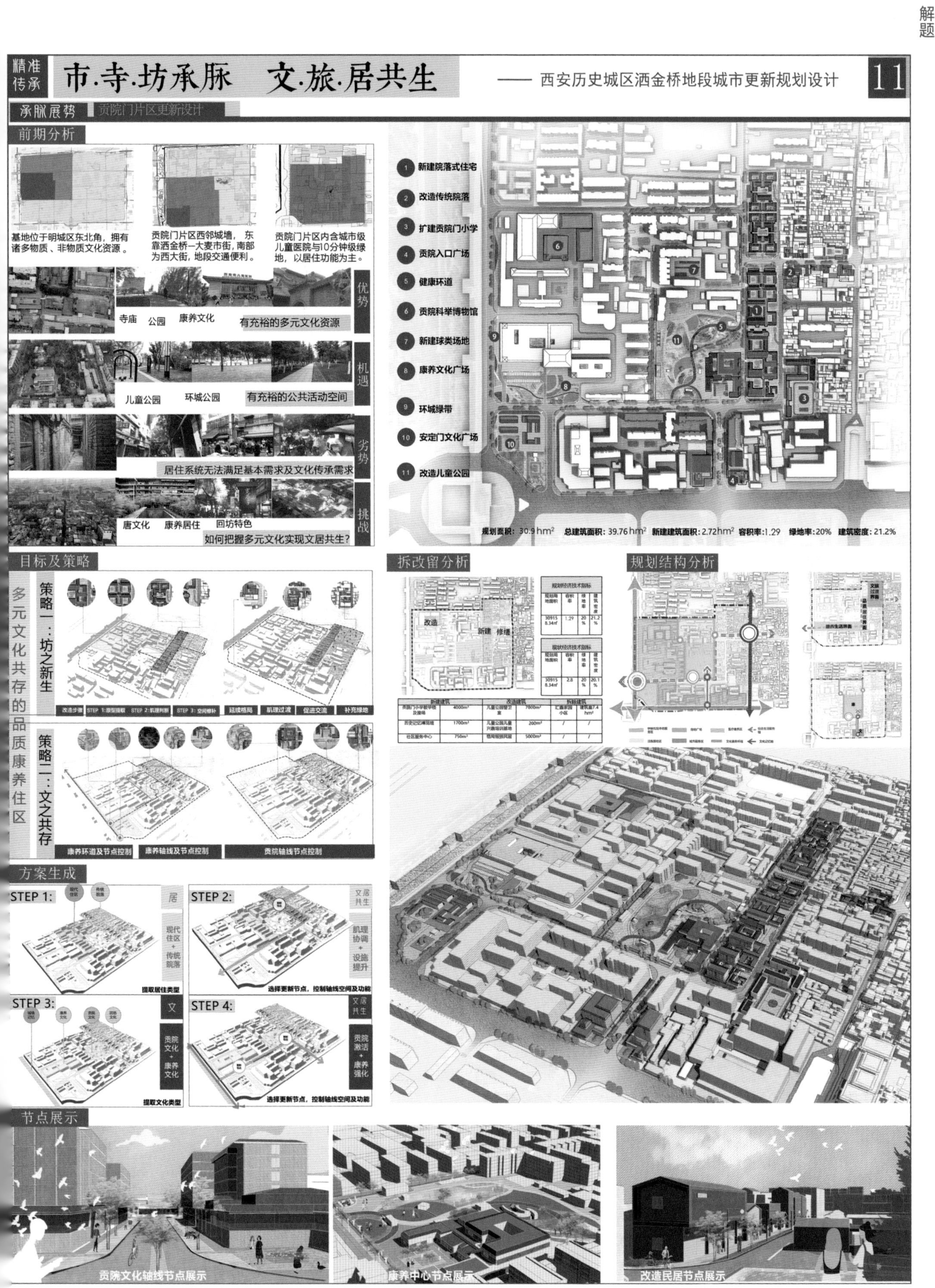
精准传承
市·寺·坊承脉 文·旅·居共生
—— 西安历史城区洒金桥地段城市更新规划设计
11
承脉展势 贡院门片区更新设计
前期分析
基地位于明城区东北角，拥有诸多物质、非物质文化资源。
贡院门片区西邻城墙，东靠洒金桥—大麦市街，南部为西大街，地段交通便利。
贡院门片区内含城市级儿童医院与10分钟级绿地，以居住功能为主。
寺庙 公园 康养文化
有充裕的多元文化资源
优势
儿童公园 环城公园
有充裕的公共活动空间
机遇
居住系统无法满足基本需求及文化传承需求
劣势
唐文化 康养居住 回坊特色
如何把握多元文化实现文居共生?
挑战
1 新建院落式住宅
2 改造传统院落
3 扩建贡院门小学
4 贡院入口广场
5 健康环道
6 贡院科举博物馆
7 新建球类场地
8 康养文化广场
9 环城绿带
10 安定门文化广场
11 改造儿童公园
规划面积：30.9hm² 总建筑面积：39.76hm² 新建建筑面积：2.72hm² 容积率：1.29 绿地率：20% 建筑密度：21.2%
目标及策略
多元文化共存的品质康养住区
策略一：坊之新生
改造步骤 STEP 1:原型提取 STEP 2:肌理判断 STEP 3:空间修补
延续格局 肌理过渡 促进交流 补充绿地
策略二：文之共存
康养环道及节点控制 康养轴线及节点控制 贡院轴线节点控制
拆改留分析
改造 新建 修缮
规划经济技术指标
现状经济技术指标
规划结构分析
方案生成
STEP 1: 居 现代住区+传统院落 提取居住类型
STEP 2: 文居共生 肌理协调+设施提升 选择更新节点，控制轴线空间及功能
STEP 3: 文 贡院文化+康养文化 提取文化类型
STEP 4: 文居共生 贡院激活+康养强化 选择更新节点，控制轴线空间及功能
节点展示
贡院文化轴线节点展示
康养中心节点展示
改造民居节点展示

安徽建筑大学

铭城忆·焕『回』味·栖新境

文化空间视角下西安历史城区洒金桥地段城市更新规划设计

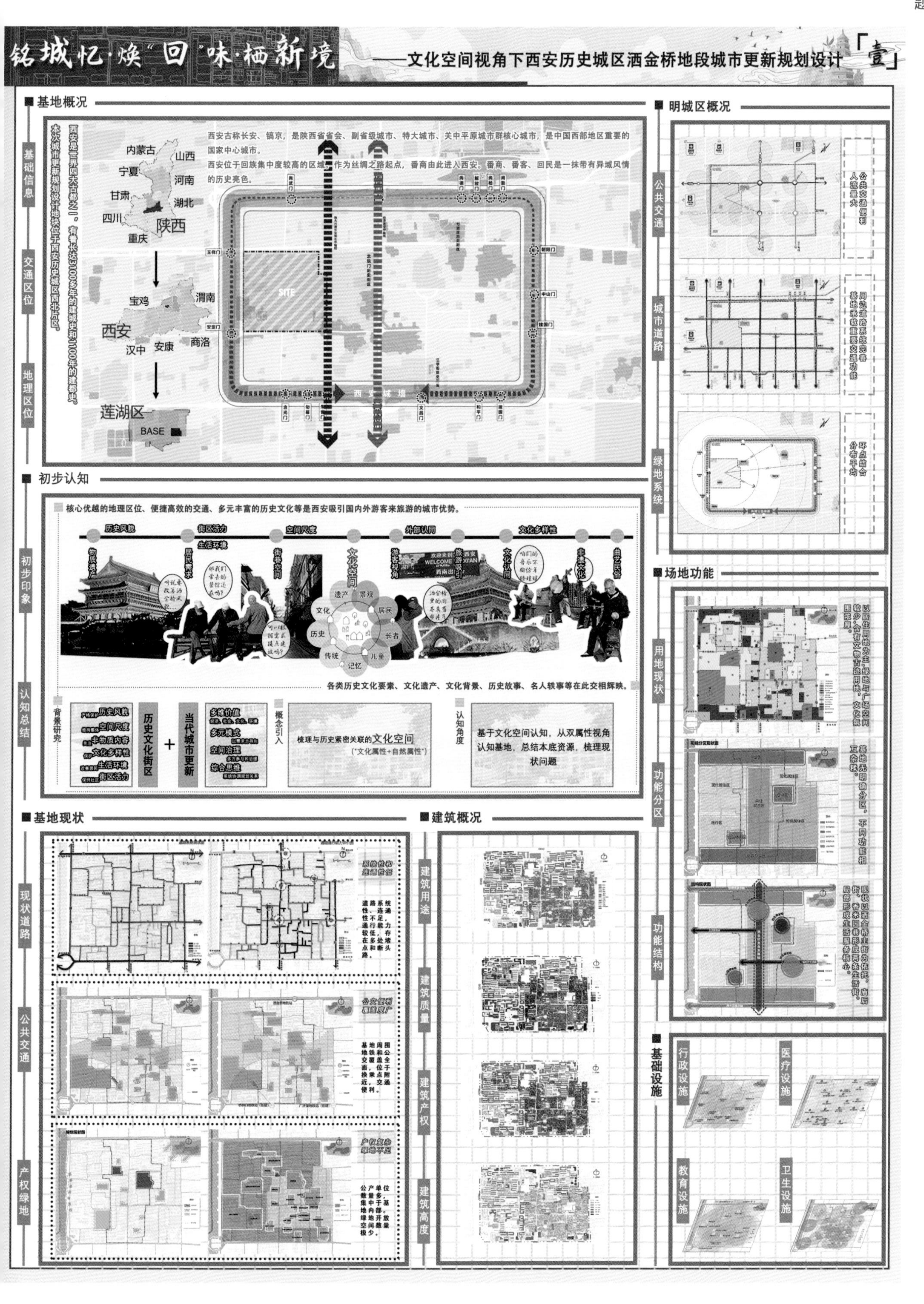

铭城忆·焕"回"味·栖新境
——文化空间视角下西安历史城区洒金桥地段城市更新规划设计「壹」
基地概况
基础信息
交通区位
地理区位
西安是世界四大古都之一，有着长达3100多年的建城史和1100年的建都史，本次城市更新规划设计地块位于西安历史城区西北片区。
内蒙古
山西
宁夏
河南
甘肃
湖北
四川
陕西
重庆
宝鸡
渭南
西安
汉中
安康
商洛
莲湖区
BASE
西安古称长安、镐京，是陕西省省会、副省级城市、特大城市、关中平原城市群核心城市，是中国西部地区重要的国家中心城市。
西安位于回族集中度较高的区域，作为丝绸之路起点，番商由此进入西安。番商、番客、回民是一抹带有异域风情的历史亮色。
SITE
西安城墙
明城区概况
公共交通
城市道路
绿地系统
公共交通便利人流量大
周边道路系统完善基地承载重要交通功能
环点结合分布均匀
初步认知
初步印象
认知总结
核心优越的地理区位、便捷高效的交通、多元丰富的历史文化等是西安吸引国内外游客来旅游的城市优势。
历史风貌
街区活力
空间尺度
外部认同
文化多样性
物质遗存
居民需求
生活环境
街巷空间
游客视角
旅游吸引
文化空间
非遗文化
曲艺民俗
文化空间
遗产
景观
文化
居民
历史
长者
传统
儿童
记忆
各类历史文化要素、文化遗产、文化背景、历史故事、名人轶事等在此交相辉映。
背景研究
历史风貌
空间尺度
非物质内容
文化多样性
生活环境
街区活力
历史文化街区
+
当代城市更新
多维价值
多元模式
空间治理
综合思维
概念引入
梳理与历史紧密关联的文化空间
("文化属性+自然属性")
认知角度
基于文化空间认知，从双属性视角认知基地，总结本底资源，梳理现状问题
基地现状
现状道路
公共交通
产权绿地
系统性和通达性低
道路系统性、连通性不足，通行能力较低，存在多处断头路。
公交便利覆盖度广
基地周围公交地铁全覆盖，位于换乘点附近，交通便利。
产权复杂绿地不足
公产单位数量多，集中于基地内部，基地绿地开放空间数量极少。
建筑概况
建筑用途
建筑质量
建筑产权
建筑高度
场地功能
用地现状
以居住用地为主，绿地与广场空间较少，含有文物古迹用地，文化氛围浓厚。
功能分区
基地无明确分区，不同功能相互交杂。
功能结构
以洒金桥为街道依托，商住混合，形成居民生活街区。
基础设施
行政设施
医疗设施
教育设施
卫生设施

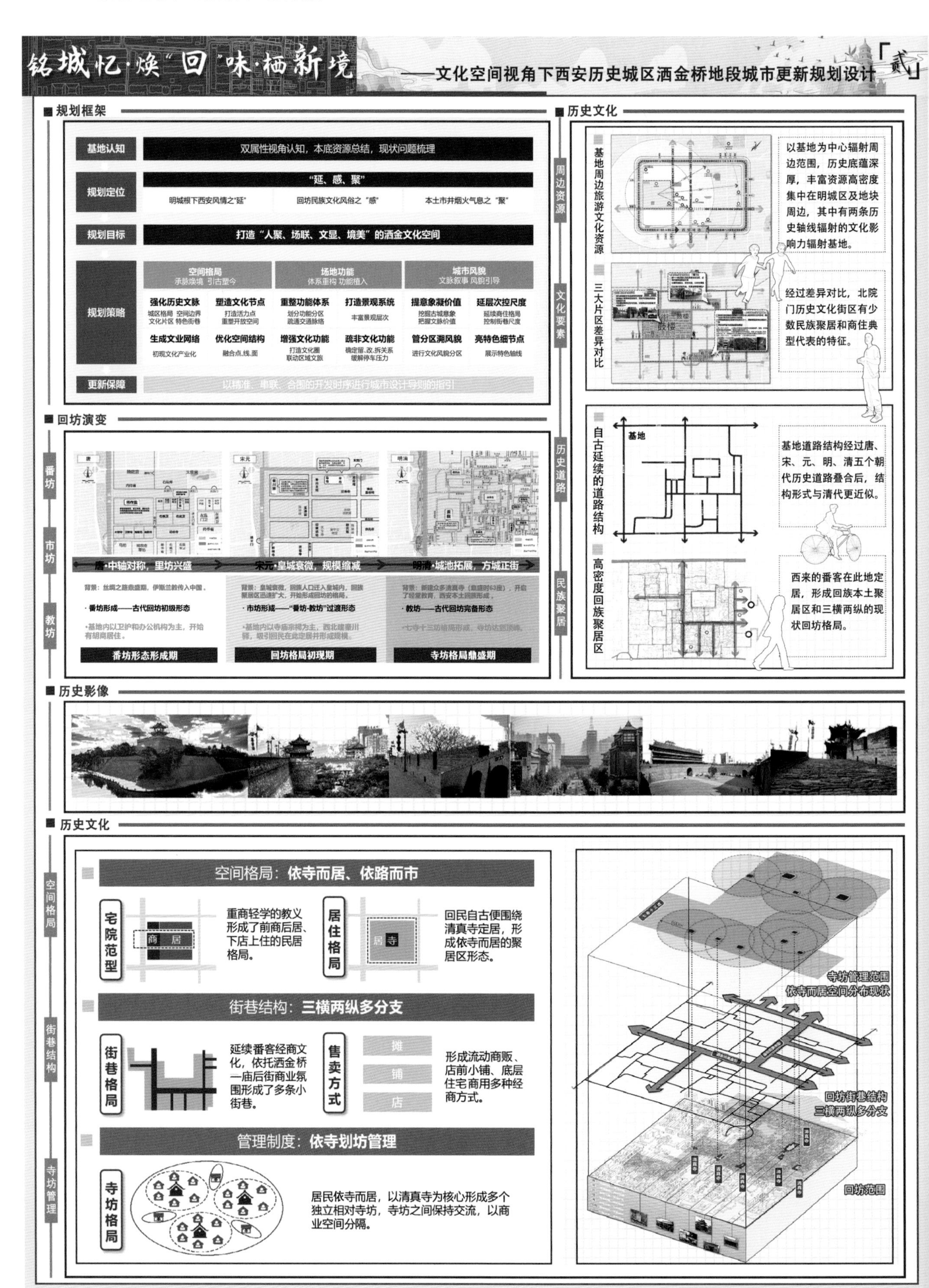
铭城忆·焕"回"味·栖新境
——文化空间视角下西安历史城区洒金桥地段城市更新规划设计「贰」
规划框架
基地认知
双属性视角认知，本底资源总结，现状问题梳理
规划定位
"延、感、聚"
明城根下西安风情之"延"
回坊民族文化风俗之"感"
本土市井烟火气息之"聚"
规划目标
打造"人聚、场联、文显、境美"的洒金文化空间
规划策略
空间格局 承脉焕境 引古塑今
场地功能 体系重构 功能植入
城市风貌 文脉叙事 风貌引导
强化历史文脉
城区格局 空间边界 文化片区 特色街巷
塑造文化节点
打造活力点 重塑开放空间
重整功能体系
划分功能分区 疏通交通脉络
打造景观系统
丰富景观层次
提意象凝价值
挖掘古城意象 把握文脉价值
延层次控尺度
延续商住格局 控制街巷尺度
生成文业网络
初现文化产业化
优化空间结构
融合点.线.面
增强文化功能
打造文化圈 联动区域文旅
疏非文化功能
确定留.改.拆关系 缓解停车压力
管分区溯风貌
进行文化风貌分区
亮特色细节点
展示特色轴线
更新保障
以精准、串联、合围的开发时序进行城市设计导则的指引
回坊演变
番坊
市坊
教坊
唐·中轴对称，里坊兴盛
宋元·皇城衰微，规模缩减
明清·城池拓展，方城正街
背景：丝绸之路鼎盛期，伊斯兰教传入中国。
·番坊形成——古代回坊初级形态
·基地内以卫护和办公机构为主，开始有胡商居住。
番坊形态形成期
·市坊形成——"番坊-教坊"过渡形态
回坊格局初现期
·教坊——古代回坊完备形态
寺坊格局鼎盛期
历史文化
周边资源
基地周边旅游文化资源
以基地为中心辐射周边范围，历史底蕴深厚，丰富资源高密度集中在明城区及地块周边，其中有两条历史轴线辐射的文化影响力辐射基地。
文化要素
三大片区差异对比
经过差异对比，北院门历史文化街区有少数民族聚居和商住典型代表的特征。
历史道路
自古延续的道路结构
基地
基地道路结构经过唐、宋、元、明、清五个朝代历史道路叠合后，结构形式与清代更近似。
民族聚居
高密度回族聚居区
西来的番客在此地定居，形成回族本土聚居区和三横两纵的现状回坊格局。
历史影像
历史文化
空间格局
空间格局：依寺而居、依路而市
宅院范型
商 居
重商轻学的教义形成了前商后居、下店上住的民居格局。
居住格局
居 寺
回民自古便围绕清真寺定居，形成依寺而居的聚居区形态。
街巷结构
街巷结构：三横两纵多分支
街巷格局
延续番客经商文化，依托洒金桥一庙后街商业氛围形成了多条小街巷。
售卖方式
摊
铺
店
形成流动商贩、店前小铺、底层住宅商用多种经商方式。
寺坊管理
管理制度：依寺划坊管理
寺坊格局
居民依寺而居，以清真寺为核心形成多个独立相对寺坊，寺坊之间保持交流，以商业空间分隔。
寺坊管理范围
依寺而居空间分布现状
回坊街巷结构
三横两纵多分支
回坊范围

铭城忆·焕"回"味·栖新境
——文化空间视角下西安历史城区洒金桥地段城市更新规划设计「叁」
资源本底
西安城墙 第一大亮点
保障安民，崇高敬意
抵御外侵的保障
现代西安的名片
古老西安，文化魅力
十八城门，回味无穷
无字的千年史书
城市记忆的具象
人文情怀，城市史脉
基地西侧紧邻西安古城墙玉祥门—安定门一段。在古代城墙是抵御外侵的保障，具有崇高的建筑地位。在现代则作为无字的千年史书、现代西安的名片，展现古老西安的文化魅力，为西安居民及游客的城市记忆具象。
安定门
玉祥门
历史街巷与地名由来 第二大亮点
基地内拥有洒金桥、大学习巷、小学习巷、香米园巷、劳武巷等多条历史街巷，街巷名称也承载着街巷千百年来的故事。
基地如今形成了三横两纵多分支的街巷结构。
秦腔选段
拾金子
唐玄宗洒金
贡品进贡必经之路
大桥街
民居院落类型 第三大亮点
民居院落分为三类。前两类基本维持院落形态。第三类为一线天院落形态，是居民多年自发加建后的结果。
三类民居具有窄面宽、长进深的建筑特点。
特色美食分布 第四大亮点
民族美食集中分布在大麦市街、洒金桥街与庙后街上，不断吸引人流。
文化保护单位与清真寺 第五大亮点
清真寺以传统院落式、对称式布局为主，建筑朝向统一为坐西朝东。
20处物质文化遗产基本沿洒金桥主街两侧分布。
非遗文化 第六大亮点
当地非物质文化遗产认可度高、识别性强。
非物质文化遗产在基地内存在留存点。随着时代发展，民俗逐渐向市井化、多元化、生活化发展，是当地生活的写照。
宫廷艺术向民间传播
宗教的融合与碰撞
向市井化、多元化、生活化转型
文化总结 第七大亮点
宗教文化
宗教格局
宗教建筑
宗教节日
民俗文化
非遗文化
民俗艺术
市井文化
地道美食
烟火百态
城市记忆
场所记忆
情景记忆
西安明城墙
街巷地名
民居院落
特色美食
文保单位
非遗文化与总结

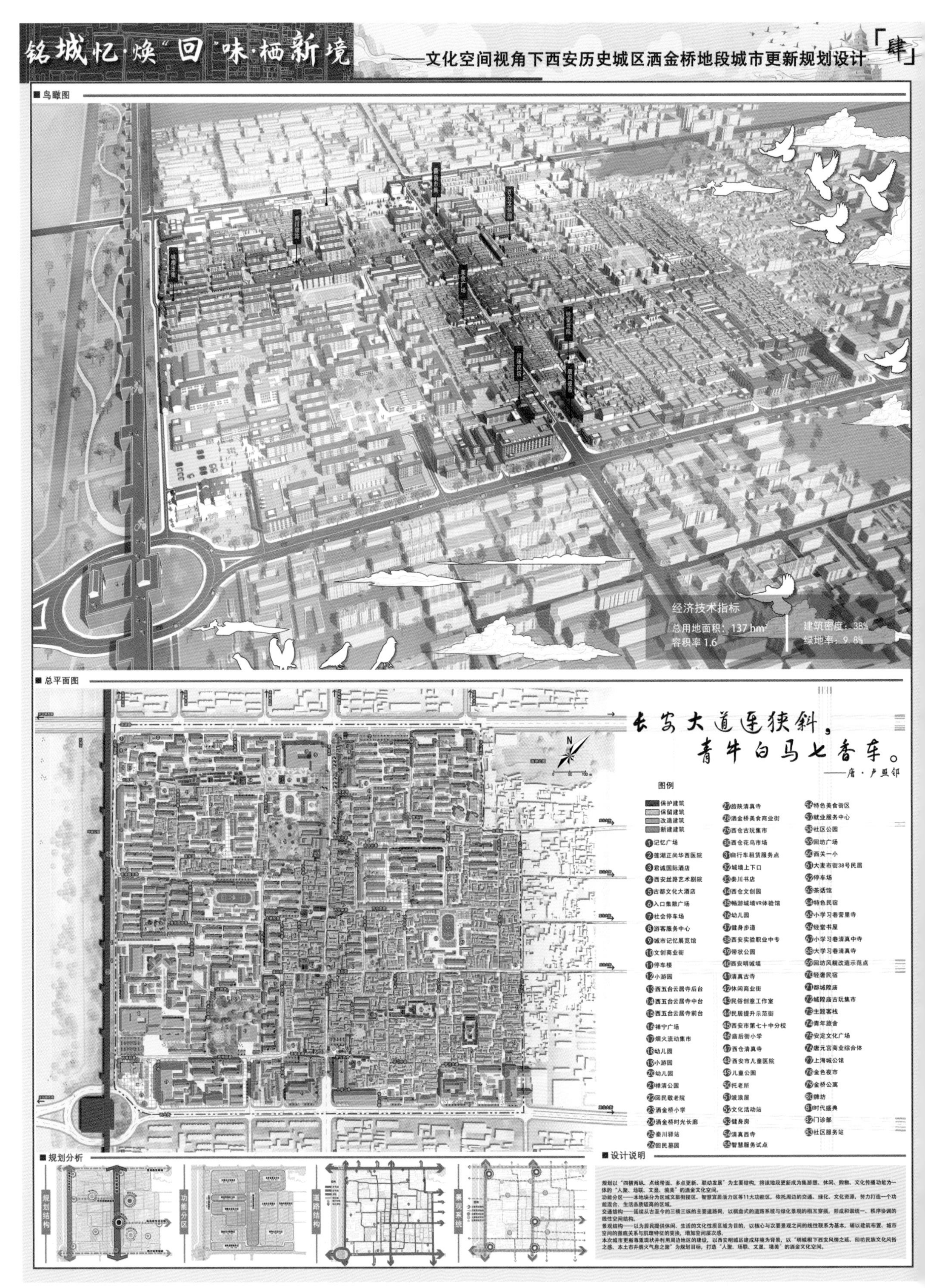
铭城忆·焕"回"味·栖新境
——文化空间视角下西安历史城区洒金桥地段城市更新规划设计
「肆」
鸟瞰图
经济技术指标
总用地面积：137 hm²
容积率 1.6
建筑密度：38%
绿地率：9.8%
总平面图
长安大道连狭斜，
青牛白马七香车。
——唐·卢照邻
图例
保护建筑
保留建筑
改造建筑
新建建筑
1记忆广场
2莲湖正尚华西医院
3君诚国际酒店
4西安丝路艺术剧院
5古都文化大酒店
6入口集散广场
7社会停车场
8游客服务中心
9城市记忆展览馆
10文创商业街
11停车楼
12小游园
13西五台云居寺后台
14西五台云居寺中台
15西五台云居寺前台
16禅宁广场
17烟火流动集市
18幼儿园
19小游园
20幼儿园
21禅清公园
22回民敬老院
23洒金桥小学
24洒金桥时光长廊
25秦川驿站
26回民墓园
27旅陕清真寺
28洒金桥美食商业街
29西仓古玩集市
30西仓花鸟市场
31自行车租赁服务点
32城墙上下口
33秦川书店
34西仓文创园
35畅游城墙VR体验馆
36幼儿园
37健身步道
38西安实验职业中专
39带状公园
40西安明城墙
41清真古寺
42休闲商业街
43民俗创意工作室
44民居提升示范街
45西安市第七十中分校
46庙后街小学
47西仓清真寺
48西安市儿童医院
49儿童公园
50托老所
51波浪屋
52文化活动站
53健身房
54清真西寺
55智慧服务试点
56特色美食街区
57就业服务中心
58社区公园
59回坊广场
60西关一小
61大麦市街38号民居
62停车场
63茶话馆
64特色民宿
65小学习巷营里寺
66经堂书屋
67小学习巷清真中寺
68大学习巷清真寺
69回坊风貌改造示范点
70轻奢民宿
71都城隍庙
72城隍庙古玩集市
73主题客栈
74青年旅舍
75安定文化广场
76唐元宫商业综合体
77上海城公馆
78金色夜市
79金桥公寓
80牌坊
81时代盛典
82门诊部
83社区服务站
规划分析
规划结构
功能分区
道路结构
景观系统
设计说明
规划以"四横两纵、点线带面、多点更新、联动发展"为主要结构，将该地段更新成为集游憩、休闲、购物、文化传播功能为一体的"人聚、场联、文显、境美"的洒金文化空间。
功能分区——本地块分为区域文旅衔接区、智慧宜居活力区等11大功能区，依托周边的交通、绿化、文化资源，努力打造一个功能混合、生活品质较高的区域。
交通结构——延续从古至今的三横三纵的主要道路网，以棋盘式的道路系统与绿化景观的相互穿插，形成和谐统一、秩序协调的线性空间结构。
景观结构——以为居民提供休闲、生活的文化性质区域为目的，以核心与次要景观之间的线性联系为基本，辅以建筑布置、城市空间的图底关系与肌理特征的变换，增加空间层次感。
本次城市更新尊重现状并利用周边地区的建设，以西安明城区建成环境为背景，以"明城根下西安风情之延、回坊民族文化风俗之感、本土市井烟火气息之聚"为规划目标，打造"人聚、场联、文显、境美"的洒金文化空间。

铭城忆·焕"回"味·栖新境——文化空间视角下西安历史城区洒金桥地段城市更新规划设计「伍」

■ 空间格局策略

【STEP 1.承脉焕境 · 空间梳理与结构识别】【STEP 2.引古塑今 · 节点塑造与空间优化】【STEP 3.系统成网 · 资源整合与空间串联】【STEP 4.文城融合 · 业态植入与文业网络】

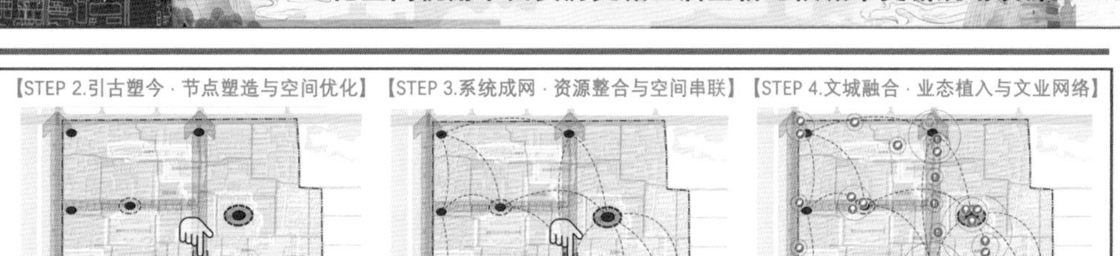

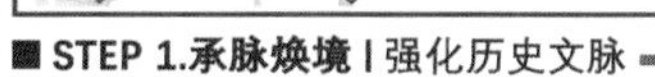

■ STEP 1.承脉焕境 | 强化历史文脉

明城区格局强化

空间边界强化

文化片区强化

特色街巷强化

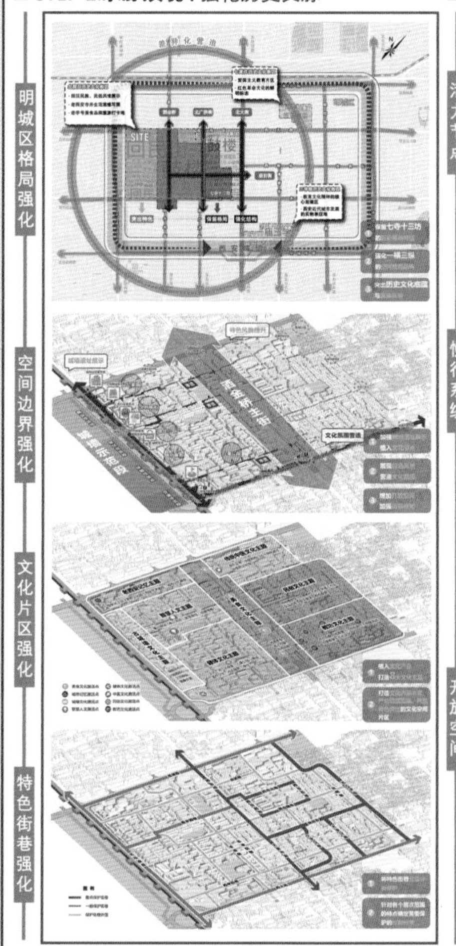

■ STEP 2.引古塑今 | 塑造文化节点

活力节点

慢行系统

开放空间

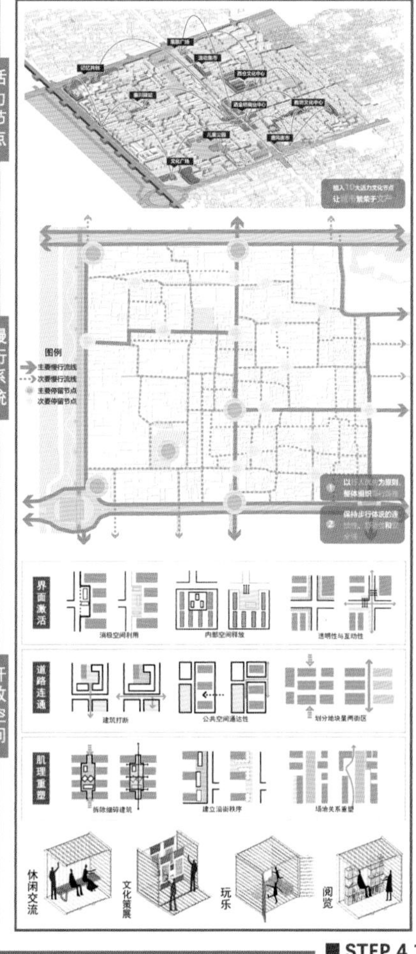

■ STEP 3.系统成网 | ①四大主题流线

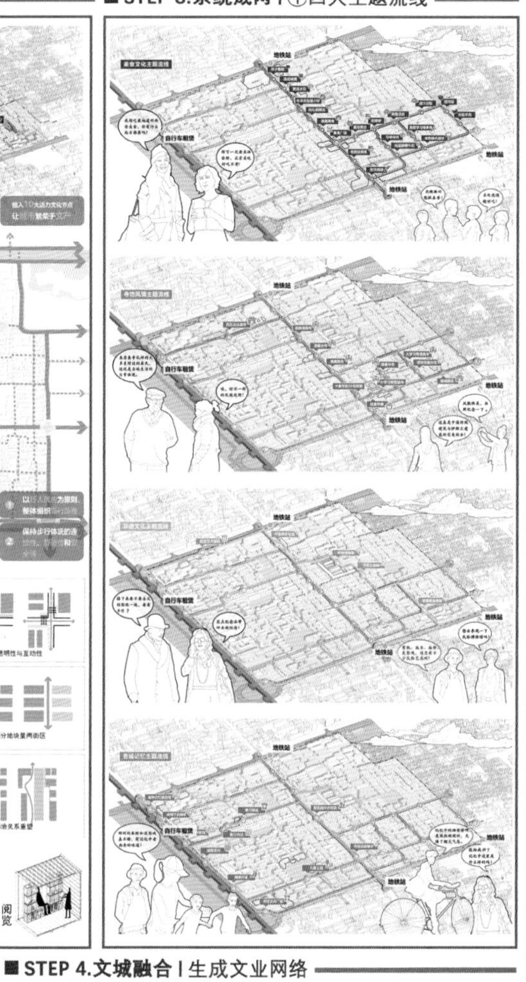

■ STEP 3.系统成网 | ②文化空间串联

资源整合

1 补充文化空间

新增绿地、旅游等复合文化空间，对文化种类、空间进行结构性补充。

2 延续线性空间

梳理线性文化空间，加强线性文化空间的连续性和丰富性。

3 文化链接

通过规划文化节点与交通系统连接，激活文化空间，形成文化空间基本骨架。

空间串连

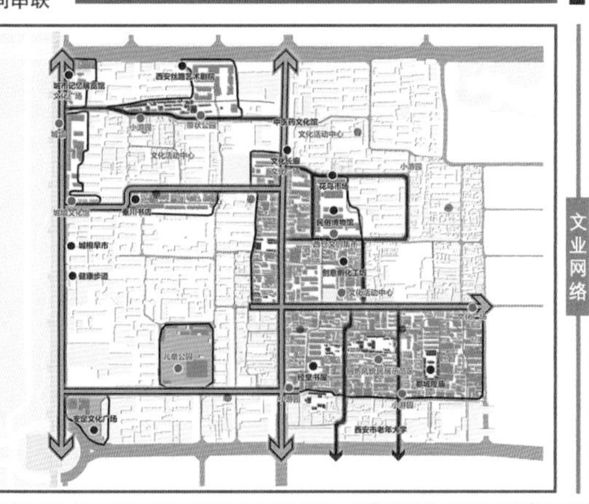

■ STEP 4.文城融合 | 生成文业网络

文业网络

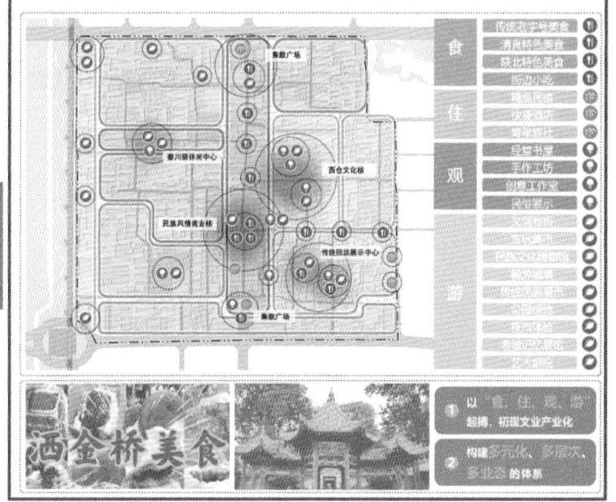

铭城忆·焕"回"味·栖新境

——文化空间视角下西安历史城区洒金桥地段城市更新规划设计「陆」

场地功能策略

重整功能体系

规划空间结构

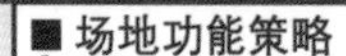

四横两纵，点线带面
多点更新，联动发展

规划功能分区

规划道路系统

识别现状洒金桥交通结构断点，优化内外部交通联系，结合公共交通构建交通网络系统。

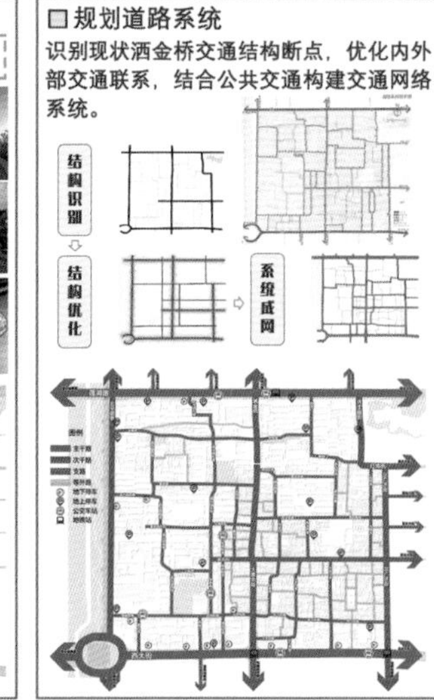

规划景观系统

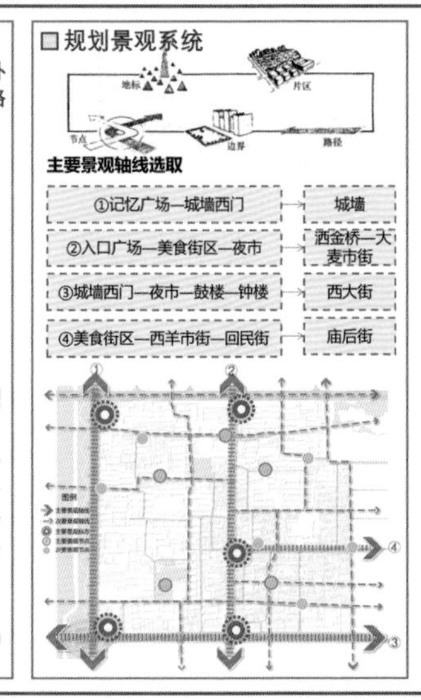

增强文化功能

文化服务圈构建

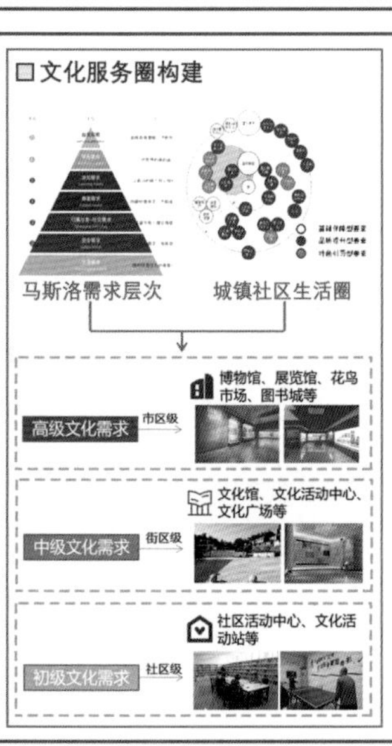

市区级文化服务圈构建

——构建有"温度"有"热度"的文化圈

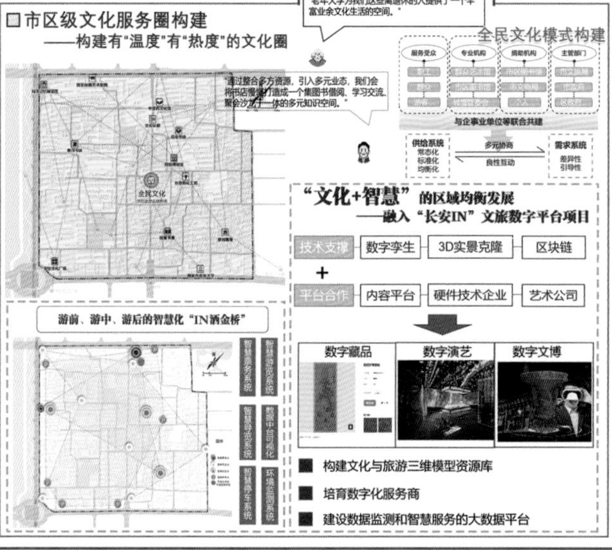

街区级文化服务圈构建

——生长于"沃土"的文化圈

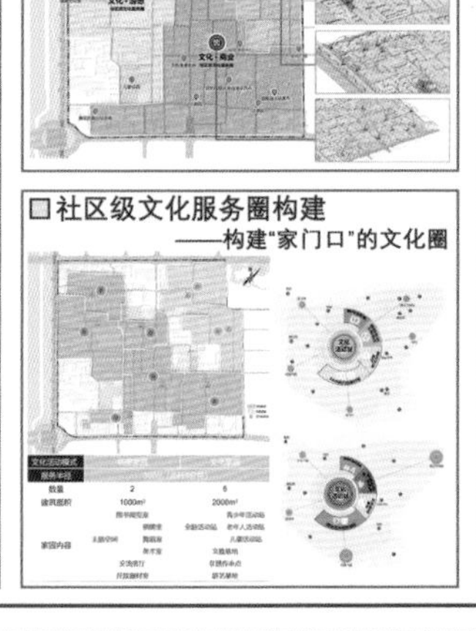

社区级文化服务圈构建

——构建"家门口"的文化圈

疏解非文化功能

"留、改、拆"关系分析

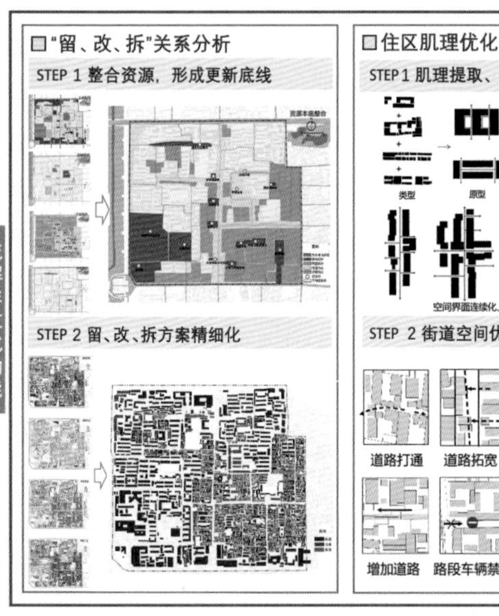

住区肌理优化

生活圈设施配置

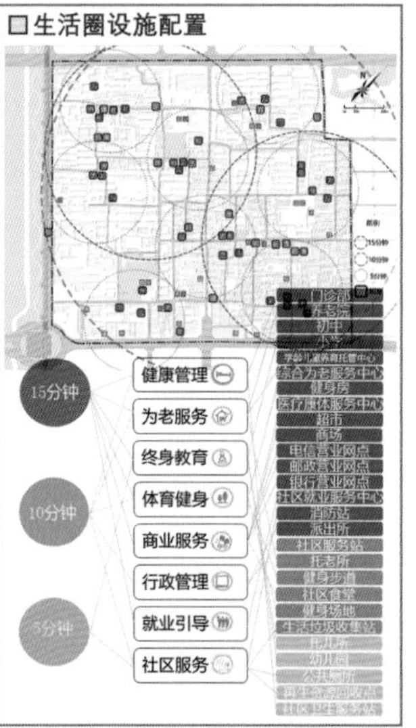

智慧停车策略——可分配可规划

"停车泊位属性化，停车设施智能化"

基于泊位共享原则，并不是所有的泊位均可进行共享，需要从时间和空间上实现供需的相互匹配。

例如办公类场所与医疗类场所高峰期均在白天，则无法进行共享，但办公类场所可以与居住类场所、商业类场所进行泊位共享。

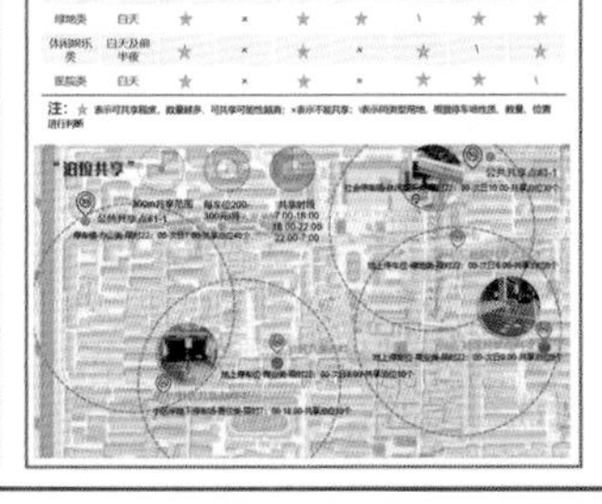

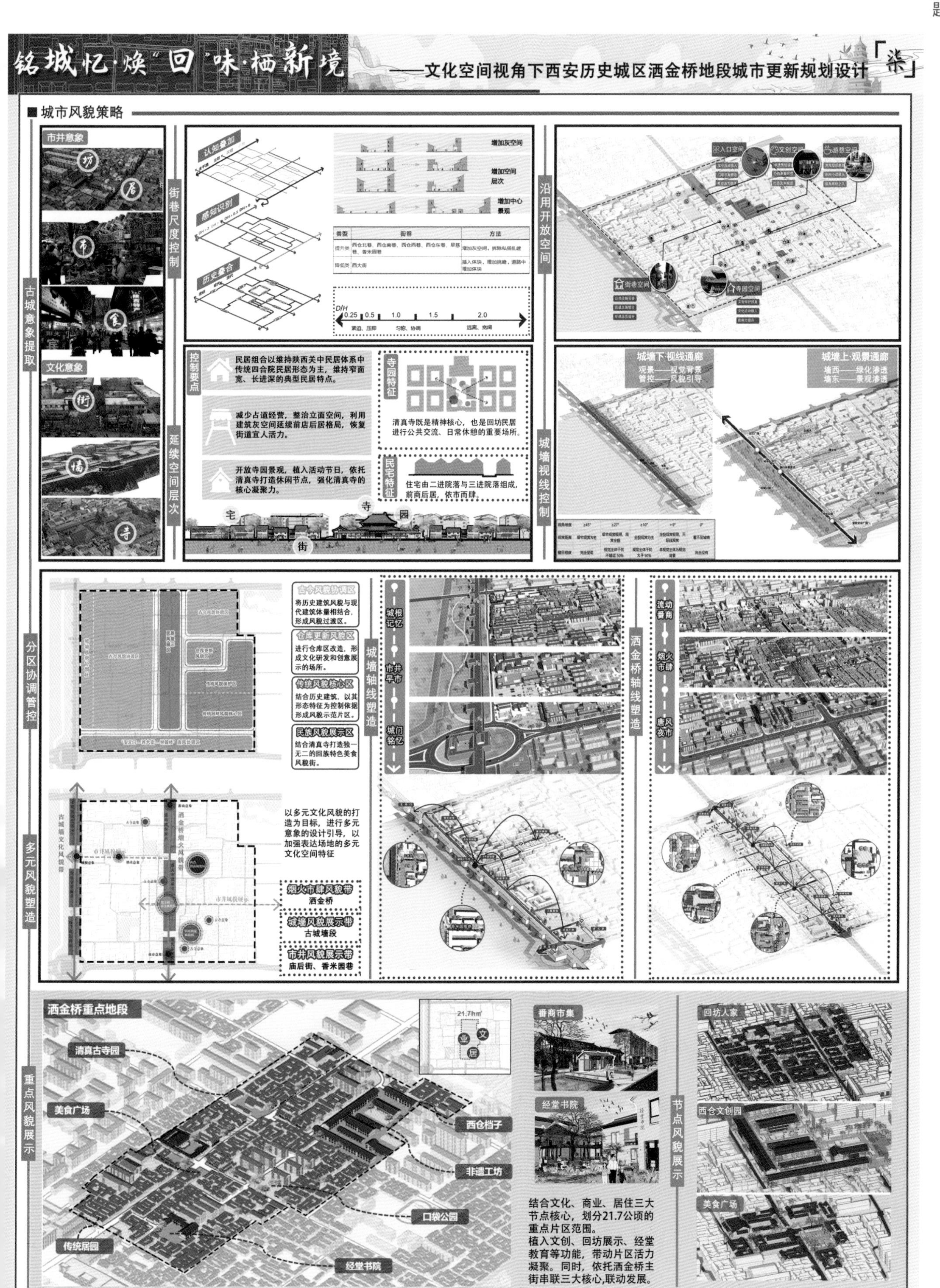
铭城忆·焕"回"味·栖新境
——文化空间视角下西安历史城区洒金桥地段城市更新规划设计「柒」
城市风貌策略
古城意象提取
市井意象
坊
居
市
食
文化意象
街
墙
寺
街巷尺度控制
认知叠加
感知识别
历史叠合
增加灰空间
增加空间层次
增加中心景观
类型
街巷
方法
提升类
西仓北巷、西仓南巷、西仓西巷、西仓东巷、早慈巷、香米园巷
增加灰空间，拆除私搭乱建、增加绿化
降低类
西大街
插入体块，增加跳廊，适当增加体块
D/H
0.25
0.5
1.0
1.5
2.0
紧迫、压抑
匀称、协调
远离、疏阔
沿用开放空间
入口空间
文创空间
游憩空间
街巷空间
寺园空间
延续空间层次
控制要点
民居组合以维持陕西关中民居体系中传统四合院民居形态为主，维持窄面宽、长进深的典型民居特点。
减少占道经营，整治立面空间，利用建筑灰空间延续前店后居格局，恢复街道宜人活力。
开放寺园景观，植入活动节日，依托清真寺打造休闲节点，强化清真寺的核心凝聚力。
寺园特征
清真寺既是精神核心，也是回坊民居进行公共交流、日常休憩的重要场所。
民宅特征
住宅由二进院落与三进院落组成，前商后居，依市而肆。
宅
寺
园
街
城墙视线控制
城墙下·视线通廊
观景——视觉背景
管控——风貌引导
城墙上·观景通廊
墙西——绿化渗透
墙东——景观渗透
分区协调管控
古今风貌协调区
将历史建筑风貌与现代建筑体量相结合，形成风貌过渡区。
仓库更新风貌区
进行仓库区改造，形成文化研发和创意展示的场所。
传统风貌核心区
结合历史建筑，以其形态特征为控制依据形成风貌示范片区。
民族风貌展示区
结合清真寺打造独一无二的回族特色美食风貌街。
多元风貌塑造
古城墙文化风貌带
洒金桥烟火风貌带
市井风貌带
以多元文化风貌的打造为目标，进行多元意象的设计引导，以加强表达场地的多元文化空间特征
烟火市肆风貌带
洒金桥
城墙风貌展示带
古城墙段
市井风貌展示带
庙后街、香米园巷
城墙轴线塑造
城根记忆
市井阜市
城门铭忆
洒金桥轴线塑造
流动番商
烟火市肆
唐风夜市
重点风貌展示
洒金桥重点地段
清真古寺园
美食广场
西仓档子
非遗工坊
口袋公园
传统居园
经堂书院
21.7hm²
文
业
居
番商市集
经堂书院
结合文化、商业、居住三大节点核心，划分21.7公顷的重点片区范围。
植入文创、回坊展示、经堂教育等功能，带动片区活力凝聚。同时，依托洒金桥主街串联三大核心，联动发展。
节点风貌展示
回坊人家
西仓文创园
美食广场

铭城忆·焕"回"味·栖新境

——文化空间视角下西安历史城区洒金桥地段城市更新规划设计

■ 行动计划

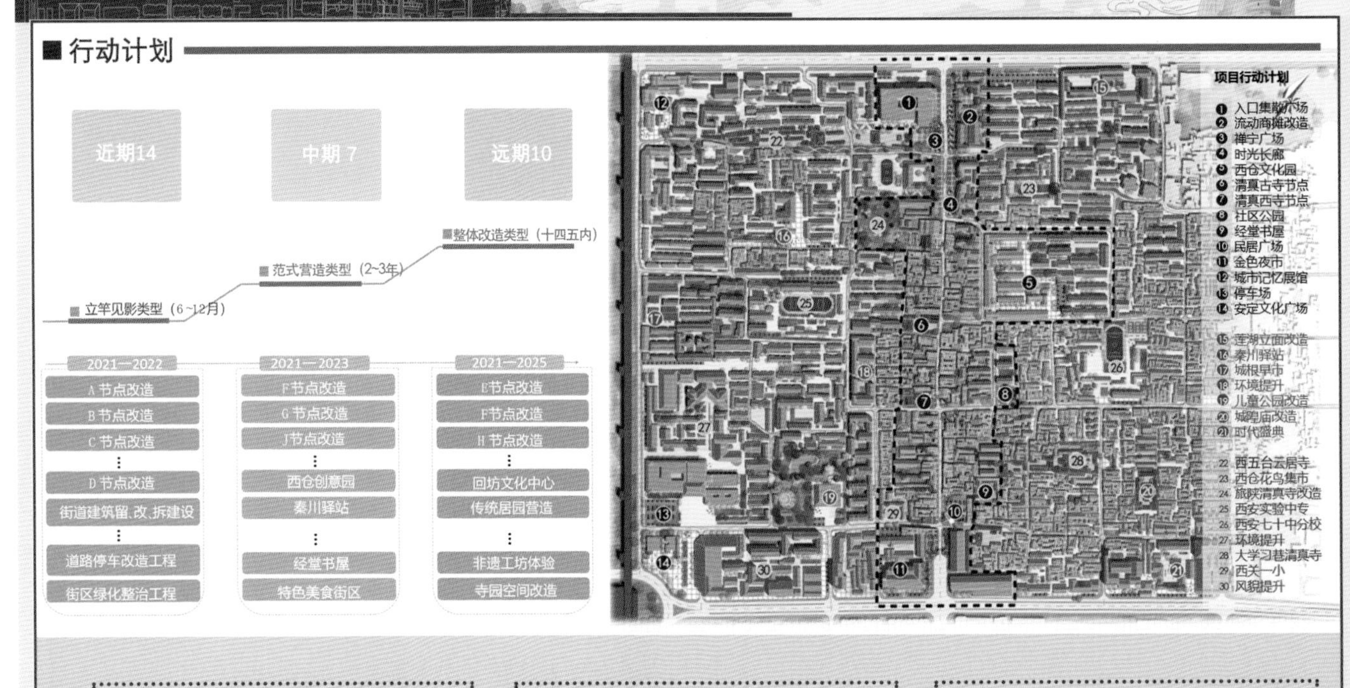

精准 近期，针对主要节点空间进行精准更新，解决由局部重点问题对片区产生影响较大的区域空间节点，将建筑、空间活化，带动周边区域形态起到良好的活化作用。

串联 中期，对洒金桥、庙后街等进行街道更新，控制整体风貌，先行完善基础公共服务设施和重要设施，吸引人流涌入，带动区域经济效益，完善片区整体风貌建设。

合围 远期，进一步完善片区规划，实现宜居、宜游、宜业的空间规划，结合产业、道路、景观系统，引入回坊文化特色进行北院门历史地段的整体协调发展和规划，与街巷、建筑合围，形成特色风貌。

■ 图则引导

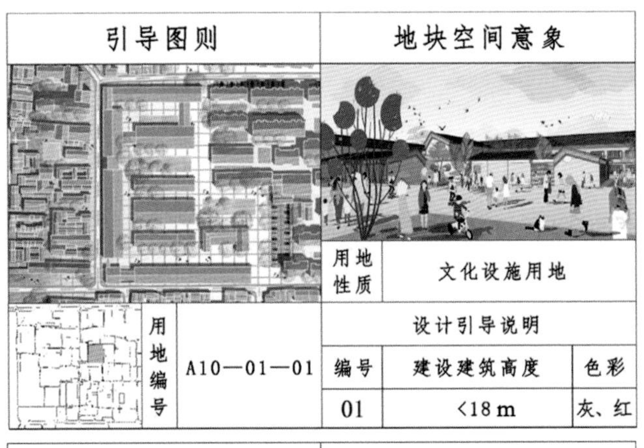

引导图则		地块空间意象		
		用地性质	文化设施用地	
用地编号	A10—01—01	设计引导说明		
		编号	建设建筑高度	色彩
		01	<18 m	灰、红

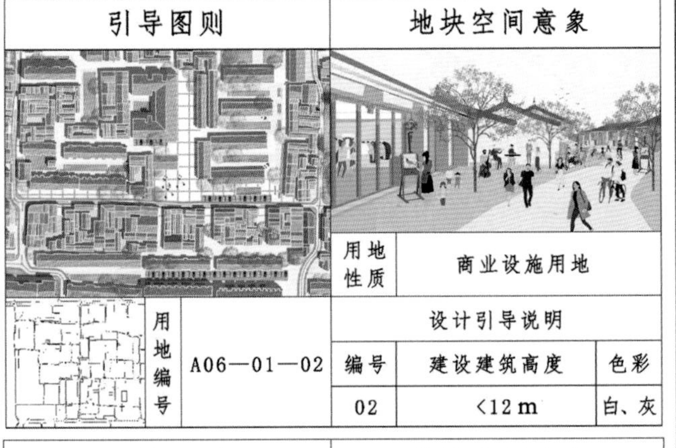

引导图则		地块空间意象		
		用地性质	商业设施用地	
用地编号	A06—01—02	设计引导说明		
		编号	建设建筑高度	色彩
		02	<12 m	白、灰

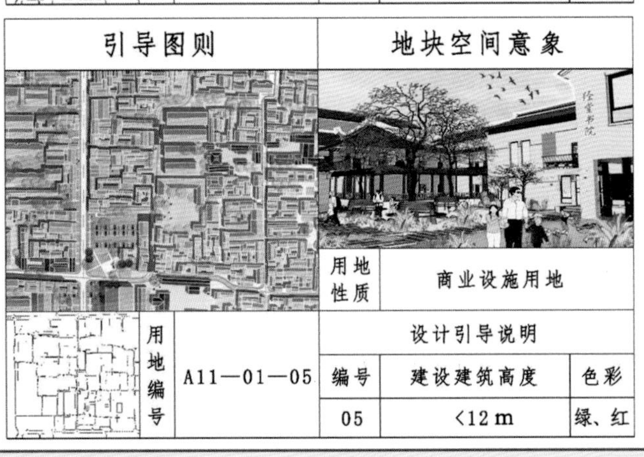

引导图则		地块空间意象		
		用地性质	商业设施用地	
用地编号	A11—01—05	设计引导说明		
		编号	建设建筑高度	色彩
		05	<12 m	绿、红

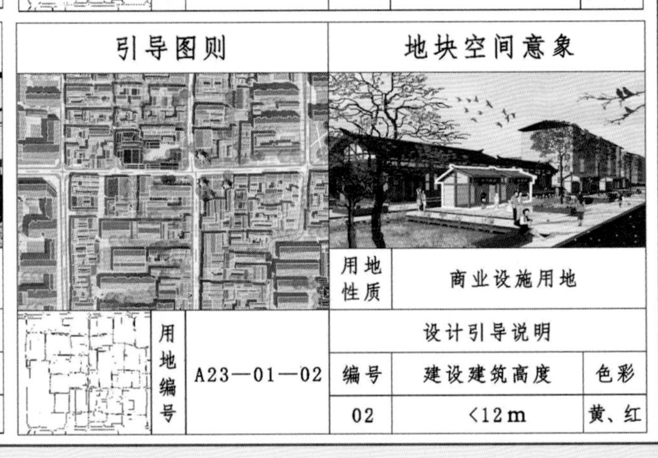

引导图则		地块空间意象		
		用地性质	商业设施用地	
用地编号	A23—01—02	设计引导说明		
		编号	建设建筑高度	色彩
		02	<12 m	黄、红

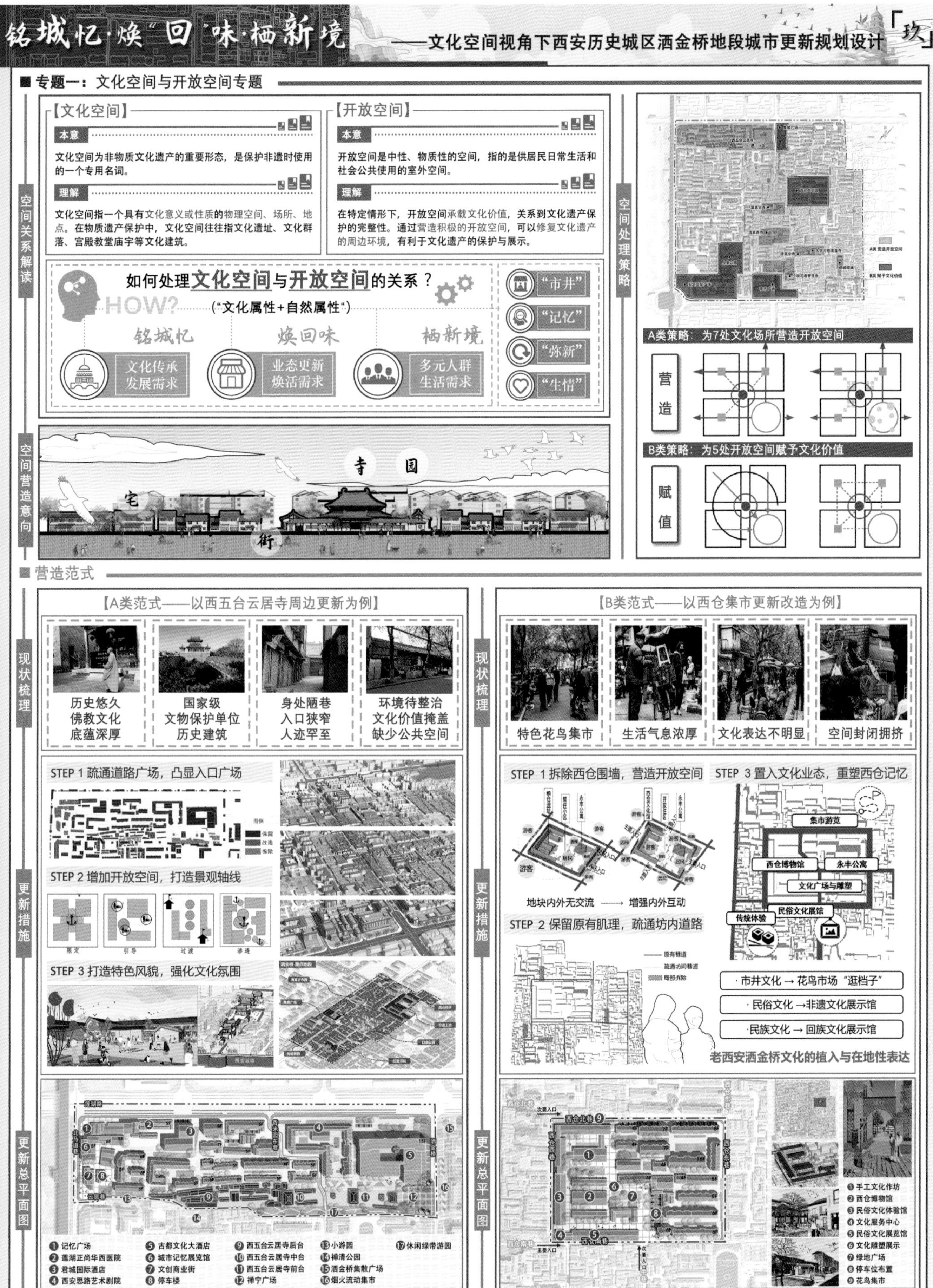

铭城忆·焕"回"味·栖新境
——文化空间视角下西安历史城区洒金桥地段城市更新规划设计
「玖」
■ 专题一：文化空间与开放空间专题
空间关系解读
【文化空间】
本意
文化空间为非物质文化遗产的重要形态，是保护非遗时使用的一个专用名词。
理解
文化空间指一个具有文化意义或性质的物理空间、场所、地点。在物质遗产保护中，文化空间往往指文化遗址、文化群落、宫殿教堂庙宇等文化建筑。
【开放空间】
本意
开放空间是中性、物质性的空间，指的是供居民日常生活和社会公共使用的室外空间。
理解
在特定情形下，开放空间承载文化价值，关系到文化遗产保护的完整性。通过营造积极的开放空间，可以修复文化遗产的周边环境，有利于文化遗产的保护与展示。
如何处理文化空间与开放空间的关系？
HOW?
（"文化属性+自然属性"）
铭城忆
焕回味
栖新境
文化传承发展需求
业态更新焕活需求
多元人群生活需求
"市井"
"记忆"
"弥新"
"生情"
空间处理策略
A类策略：为7处文化场所营造开放空间
营造
B类策略：为5处开放空间赋予文化价值
赋值
空间营造意向
寺
园
宅
街
■ 营造范式
【A类范式——以西五台云居寺周边更新为例】
现状梳理
历史悠久 佛教文化 底蕴深厚
国家级 文物保护单位 历史建筑
身处陋巷 入口狭窄 人迹罕至
环境待整治 文化价值掩盖 缺少公共空间
更新措施
STEP 1 疏通道路广场，凸显入口广场
STEP 2 增加开放空间，打造景观轴线
STEP 3 打造特色风貌，强化文化氛围
更新总平面图
❶ 记忆广场
❷ 莲湖正尚华西医院
❸ 君城国际酒店
❹ 西安思路艺术剧院
❺ 古都文化大酒店
❻ 城市记忆展览馆
❼ 文创商业街
❽ 停车楼
❾ 西五台云居寺后台
❿ 西五台云居寺中台
⓫ 西五台云居寺前台
⓬ 禅宁广场
⓭ 小游园
⓮ 禅清公园
⓯ 洒金桥集散广场
⓰ 烟火流动集市
⓱ 休闲绿带游园
【B类范式——以西仓集市更新改造为例】
现状梳理
特色花鸟集市
生活气息浓厚
文化表达不明显
空间封闭拥挤
更新措施
STEP 1 拆除西仓围墙，营造开放空间
地块内外无交流 ⟶ 增强内外互动
STEP 2 保留原有肌理，疏通坊内道路
STEP 3 置入文化业态，重塑西仓记忆
集市游览
西仓博物馆
永丰公寓
文化广场与雕塑
民俗文化展览馆
传统体验
· 市井文化 → 花鸟市场"逛档子"
· 民俗文化 → 非遗文化展示馆
· 民族文化 → 回族文化展示馆
老西安洒金桥文化的植入与在地性表达
更新总平面图
❶ 手工文化作坊
❷ 西仓博物馆
❸ 民俗文化体验馆
❹ 文化服务中心
❺ 民俗文化展览馆
❻ 文化雕塑展示
❼ 绿地广场
❽ 停车位布置
❾ 花鸟集市

铭城忆·焕"回"味·栖新境

——文化空间视角下西安历史城区洒金桥地段城市更新规划设计「拾」

专题二：回坊规划设计专题

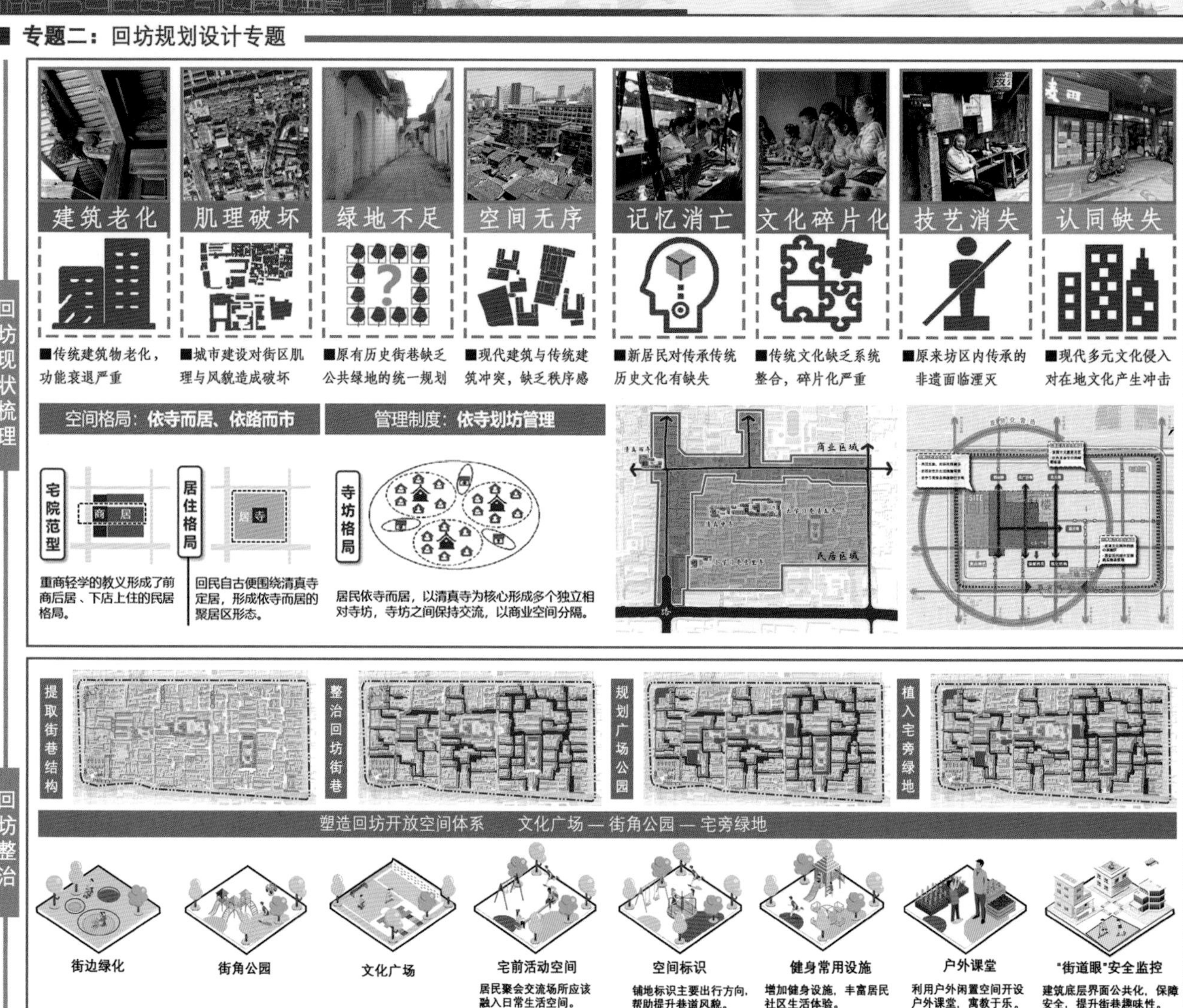

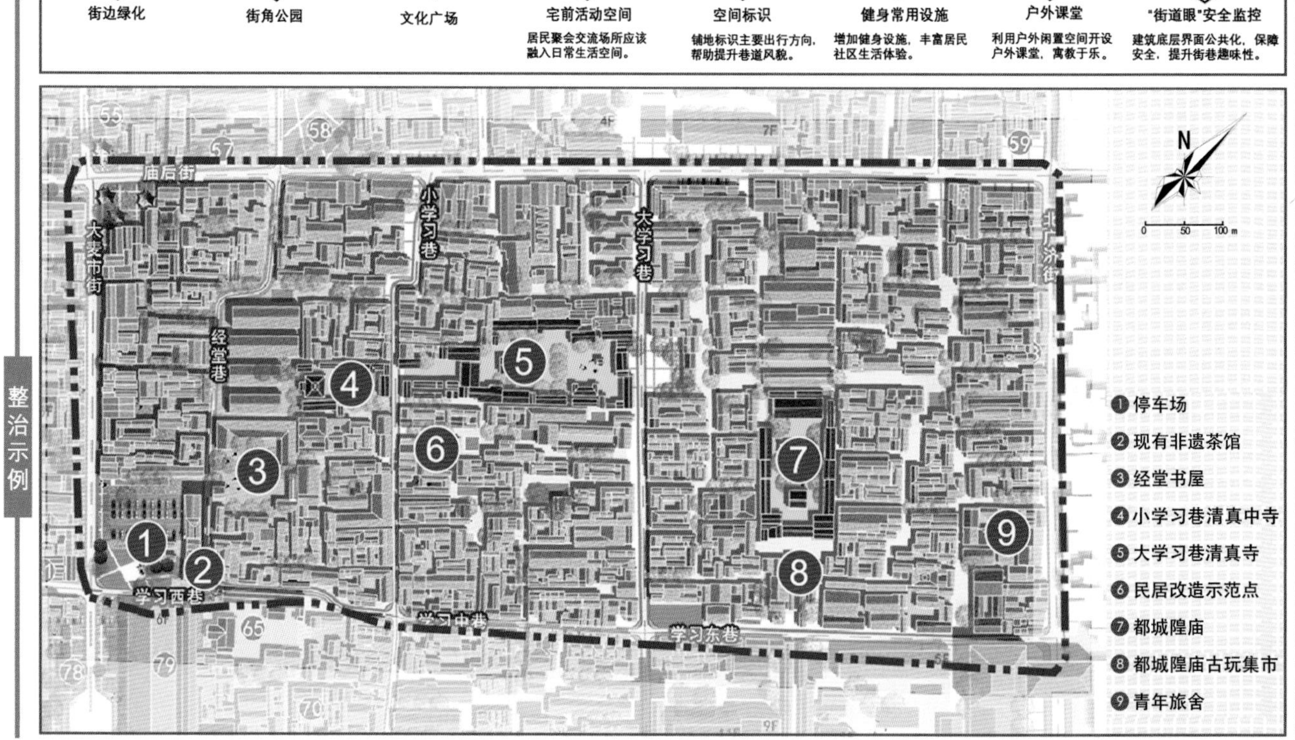

浙江工业大学

古今共嵌·智享传承

西安青年路街道城市更新规划设计

街市共甦·新坊慢活

西安市洒金桥地段城市更新规划设计

History
Architecture
Technology
Low-carbon
Ecology
Inheritance
Ancient·Future
古今共嵌 · 智享传承
Wisdom
Service
Culture
Precision
Enterpreneurship
Community
西安青年路街道城市更新规划设计·壹
基地印象
本次规划范围为西安市莲湖区青年路街道，其地处莲湖区东部，西安明城墙内西北隅，总面积约181公顷，包含12个社区。
东以北大街为界，与新城区西一路街道毗邻；南止红埠街、西仓巷、西五台，与北院门街道接壤；西、北两面至护城河外沿，与环西、红庙坡、北关街道相连。
西安印象
历史——开放包容的千年古都
未来——承古纳新的中心城市
中国的第一座城市
秦统天下
词赋文化
大唐盛世开放大气
城墙 西安的标志
文化传承生态科技
西周 BC 771 ZHOU
秦 BC 221 QIN
东汉 AD220 HAN
唐 AD 907 TANG
明 AD1644 MING
现代 AD2022 TODAY
一带一路
ANCIENT CITY OF XI AN
CITY OF XI AN
科技创新
ANCIENT CITY OF XI AN
文化回归

政策梳理
国家层面
——以高质量发展为目标的城市更新，利用文化资源打造城市特色
《关于开展第一批城市更新试点工作的通知》
探索城市更新可持续模式。探索建立政府引导、市场运作、公众参与的可持续实施模式。坚持“留改拆”并举，以保留利用提升为主，不随意迁移、拆除历史建筑和具有保护价值的老建筑，不脱管失修、修而不用、长期闲置。将西安确定为第一批城市更新试点城市。
内涵增值时期，文化已成为促进城市转型发展的核心动力之一，历史文化资源在城市更新中将发挥越来越重要的作用。
中华人民共和国中央人民政府
中共中央关于制定国民经济和社会发展第十四个五年规划和二〇三五年远景目标的建议
住房和城乡建设部：在实施城市更新行动中防止大拆大建
省级层面
——全面启动城市更新，进一步推进老旧小区改造与文物保护工作
《关于推进全省城镇老旧小区改造工作的实施意见》
切实解决老旧小区建筑物和配套设施破损老化、环境脏乱差、管理机制不健全等问题，使老旧小区居民的居住条件和生活品质得到提升，人民群众的获得感、幸福感和安全感得到显著增强。
《陕西省文物保护条例》
加强文物保护，继承历史文化遗产，发挥文物资源优势，促进经济、社会、文化协调发展。
陕西省文物局
【地方性法规】陕西省文物保护条例（2017年修正）
市级层面
——颁布多项政策，全面开展城市更新、历史保护新工作
《西安市城市更新办法》
· 工作应当遵循政府主导、科学规划、多方参与、量力而行、成果共享、防范风险的原则；
· 采取“拆改留”并举、保留利用提升为主的方式进行城市更新。
《西安城墙保护条例》
· 明确城墙的保护范围、建设控制地带；
· 对城墙内的建筑形式和建筑高度提出建设要求。
三个坚持
两个突出
坚持规划先行，加强规划统筹
坚持依规审批，落实管控要求
坚持建立多元合作的实施模式
突出西安历史文化特色
突出城市设计管控思路
总结归纳
未来城市更新发展趋势
历史文化保护
注重城市历史文化遗产保护，围绕城市文化遗产的保护、改造和利用来延续城市文脉和提升城市人文气质
基础设施更新
注重城市基础设施和公共服务设施的改善，通过数字化、生态化的城市基础设施更新提供高质量的人居环境
土地流转和整合
注重盘活城市低效土地，通过对低效土地的高质量改造来提升城市空间形态
鼓励多方参与
放宽市场准入、创新参与方式、拓宽投融资渠道、畅通要素循环，由政府“大包大揽”转为“政府+企业”模式

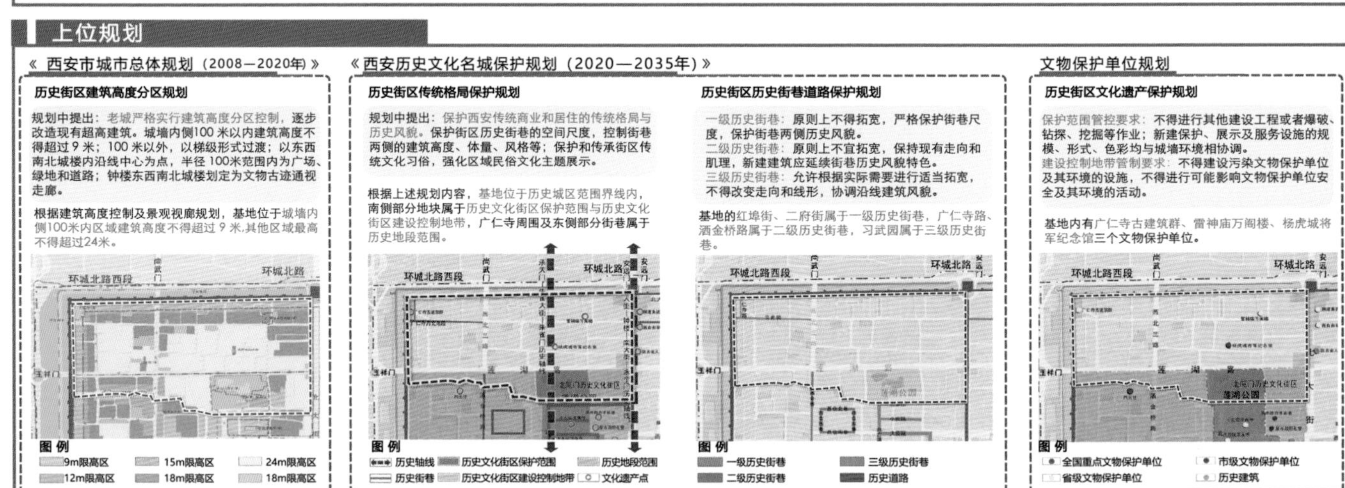
上位规划
《西安市城市总体规划（2008—2020年）》
历史街区建筑高度分区规划
规划中提出：老城严格实行建筑高度分区控制，逐步改造现有超高建筑。城墙内侧100米以内建筑高度不得超过9米；100米以外，以梯级形式过渡；以东西南北城楼内沿线中心为点，半径100米范围内为广场、绿地和道路；钟楼东西南北城楼划定为文物古迹通视走廊。
根据建筑高度控制及景观视廊规划，基地位于城墙内侧100米内区域建筑高度不得超过9米，其他区域最高不得超过24米。
环城北路西段
环城北路
图例
9m限高区
15m限高区
24m限高区
12m限高区
18m限高区
18m限高区
《西安历史文化名城保护规划（2020—2035年）》
历史街区传统格局保护规划
规划中提出：保护西安传统商业和居住的传统格局与历史风貌。保护街区历史街巷的空间尺度，控制街巷两侧的建筑高度、体量、风格等；保护和传承街区传统文化习俗，强化区域民俗文化主题展示。
根据上述规划内容，基地位于历史城区范围界线内，南侧部分地块属于历史文化街区保护范围与历史文化街区建设控制地带，广仁寺周围及东侧部分街巷属于历史地段范围。
图例
历史轴线
历史文化街区保护范围
历史地段范围
历史街巷
历史文化街区建设控制地带
文化遗产点
历史街区历史街巷道路保护规划
一级历史街巷：原则上不得拓宽，严格保护街巷尺度，保护街巷两侧历史风貌。
二级历史街巷：原则上不宜拓宽，保持现有走向和肌理，新建建筑应延续街巷历史风貌特色。
三级历史街巷：允许根据实际需要进行适当拓宽，不得改变走向和线形，协调沿线建筑风貌。
基地的红埠街、二府街属于一级历史街巷，广仁寺路、酒金桥路属于二级历史街巷，习武园属于三级历史街巷。
图例
一级历史街巷
三级历史街巷
二级历史街巷
历史道路
文物保护单位规划
历史街区文化遗产保护规划
保护范围管控要求：不得进行其他建设工程或者爆破、钻探、挖掘等作业；新建保护、展示及服务设施的规模、形式、色彩均与城墙环境相协调。
建设控制地带管制要求：不得建设污染文物保护单位及其环境的设施，不得进行可能影响文物保护单位安全及其环境的活动。
基地内有广仁寺古建筑群、雷神庙万阁楼、杨虎城将军纪念馆三个文物保护单位。
图例
全国重点文物保护单位
市级文物保护单位
省级文物保护单位
历史建筑

主题解读
精准·传承
“精准”的含义是精炼、准确
精准规划要从“精准感知”起，到“精准判断”，再到“精准配置”，最后反思并“精准学习”，同时在整个过程中，还需要“精准传递”，保证精准发送接收、传递时间恰当、信息真保真不流失。
精准
精准感知
精准判断
精准配置
精准学习
时间标志：城市生命的长周期、中周期、短周期复合推演。
空间标志：形成独立功能空间，空间的准确的功能组合。
单位标志：规划从群体走向人民个体，不再是抽象地以人为本，而是注重个体的需求、满意度、幸福感、获得感。
“传承”的含义是继承、发扬
在城乡建设中系统保护、利用、传承好历史文化遗产，对延续历史文脉、推动城乡建设高质量发展、坚定文化自信、建设社会主义文化强国具有重要意义。
——《关于在城乡建设中加强历史文化保护传承的意见》
文化遗产
街巷格局
文化遗存
文化生活
整体框架
定位分析
基地认知
社会经济
景观风貌
道路交通
公服设施
建筑用地
文化遗存
定位研究
Past
古今共嵌，智享传承
Future
智慧·精准·城市更新
规划目标
交流
城巷编织、共享绿洲
交互
承古拓新、智联古今
交融
共享互联、智享邻里
更新策略
城巷编织
共享绿洲
承古拓新
智联古今
共享互联
智享邻里
实施路径
数据支撑 精准分析
智慧赋能 精准规划
城市设计
示范建设
3+3重点地块示范建设
文化中轴
景观绿心
城墙长廊
3类社区更新

区位分析

地理区位

西安位于陕西省内，是世界四大古都之一，是中国历史上建都朝代最多、时间最长、影响力最大的都城之一。

基地位于陕西省西安市莲湖区内。基地靠近城市核心区域，位于明清西安城内，历史文化气息浓厚。

文化区位

基地所在的西安市文物遗址众多。基地所在明城区内文物遗址分布集中，历史文化氛围浓重，基地文脉特征显著。

基地位于明城区西北角，基地内有多处文物保护单位，基地莲湖路以南位于北院门历史文化街区内。

交通区位

基地处在明城区西北角，周边交通便利。非机动车行、机动车行网络覆盖度高，可达性较高。

基地周边地铁站较多。其中1号线从基地内穿过，洒金桥站和北大街站成为基地主要的人流来向。

SWOT分析

优势

①区位条件优越；
②历史遗存丰富，文化底蕴深厚；
③公共交通便利。

劣势

①道路拥挤堵塞，人车混行严重；
②开敞空间不足，分布不均；
③设施配套不足，生活品质不高。

机遇

①国家政策方针支持；
②居民对美好生活的需求；
③资源丰富，发展潜力大。

挑战

①文化资源分散，整合难度大；
②人口密度高，老龄化严重；
③用地权属不清，社区管理困难。

社会经济环境分析

人口分析

人口概况

基地内有12个社区，常住人口约4.2万人，少数民族占比3.12%。性别结构：性别较不均衡，男女性别比为47：53，女性比例大于男性比例。年龄结构：居民老龄化较全市严重，65岁以上人口占比14.2%，已经处于中度老龄化社会。

人群诉求

产业分析

商业服务用地分布集中于主要街巷两侧，在顺城巷及文物保护单位周围都缺少分布。业态以餐饮、零售为主，形式多为沿街的底层或底两层商业。

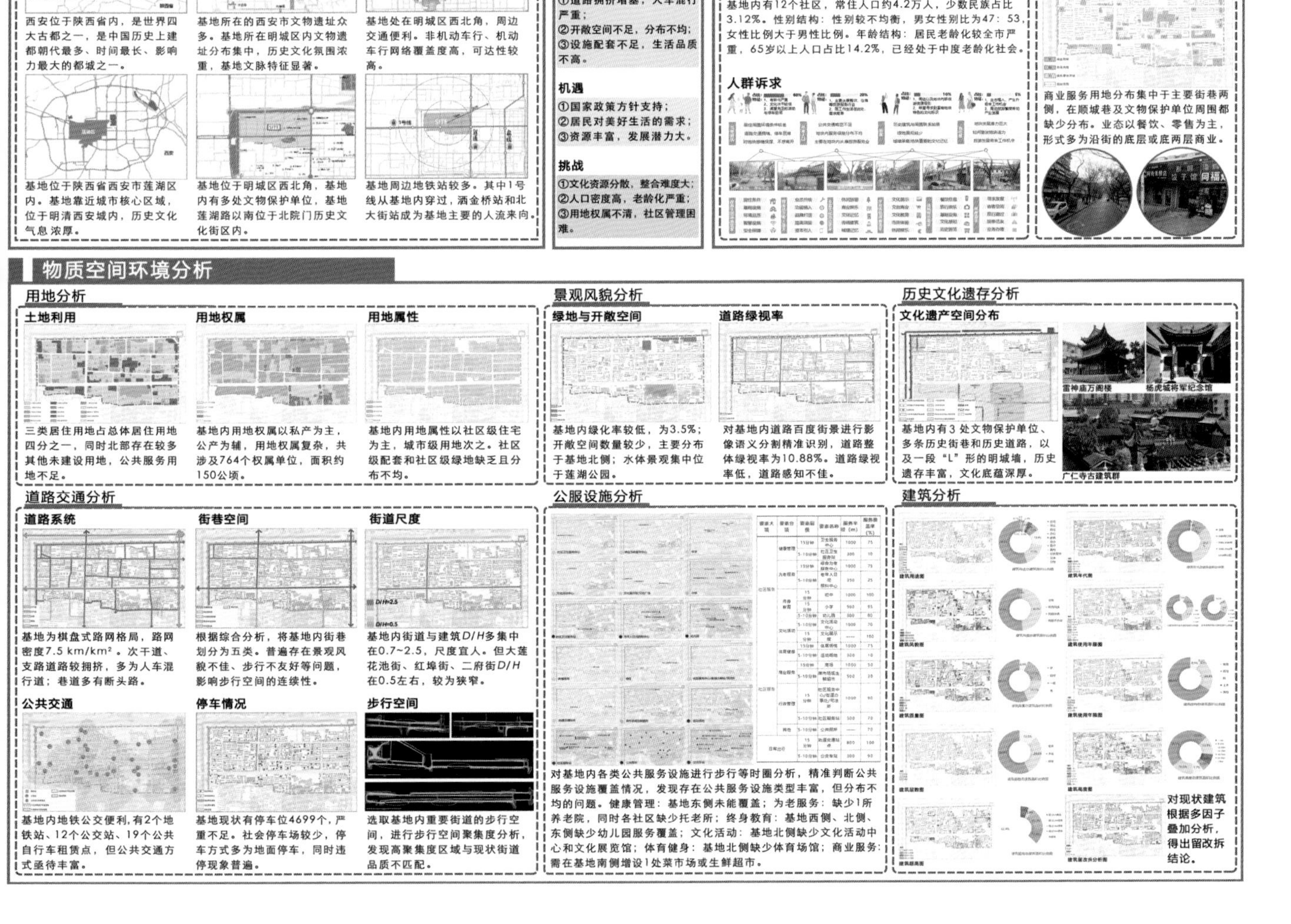

物质空间环境分析

用地分析

土地利用

三类居住用地占总体居住用地四分之一，同时北部存在较多其他未建设用地，公共服务用地不足。

用地权属

基地内用地权属以私产为主，公产为辅，用地权属复杂，共涉及764个权属单位，面积约150公顷。

用地属性

基地内用地属性以社区级住宅为主，城市级用地次之。社区级配套和社区级绿地缺乏且分布不均。

景观风貌分析

绿地与开敞空间

基地内绿化率较低，为3.5%；开敞空间数量较少，主要分布于基地北侧；水体景观集中位于莲湖公园。

道路绿视率

对基地内道路百度街景进行影像语义分割精准识别，道路整体绿视率为10.88%。道路绿视率低，道路感知不佳。

历史文化遗存分析

文化遗产空间分布

基地内有3处文物保护单位、多条历史街巷和历史道路，以及一段"L"形的明城墙，历史遗存丰富，文化底蕴深厚。

雷神庙万阁楼　杨虎城将军纪念馆　广仁寺古建筑群

道路交通分析

道路系统

基地为棋盘式路网格局，路网密度7.5 km/km²。次干道、支路道路较拥挤，多为人车混行道；巷道多有断头路。

街巷空间

根据综合分析，将基地内街巷划分为五类。普遍存在景观风貌不佳、步行不友好等问题，影响步行空间的连续性。

街道尺度

基地内街道与建筑D/H多集中在0.7~2.5，尺度宜人。但大莲花池街、红埠街、二府街D/H在0.5左右，较为狭窄。

公共交通

基地内地铁公交便利，有2个地铁站、12个公交站、19个公共自行车租赁点，但公共交通方式亟待丰富。

停车情况

基地现状有停车位4699个，严重不足。社会停车场较少，停车方式多为地面停车，同时违停现象普遍。

步行空间

选取基地内重要街道的步行空间，进行步行空间聚集度分析，发现高聚集度区域与现状街道品质不匹配。

公服设施分析

对基地内各类公共服务设施进行步行等时圈分析，精准判断公共服务设施覆盖情况，发现存在公共服务设施类型丰富，但分布不均的问题。健康管理：基地东侧未能覆盖；为老服务：缺少1所养老院，同时各社区缺少托老所；终身教育：基地西侧、北侧、东侧缺少幼儿园服务覆盖；文化活动：基地北侧缺少文化活动中心和文化展览馆；体育健身：基地北侧缺少体育场馆；商业服务：需在基地南侧增设1处菜市场或生鲜超市。

建筑分析

对现状建筑根据多因子叠加分析，得出留改拆结论。

古今共嵌 · 智享传承

西安青年路街道城市更新规划设计 · 叁

规划思路

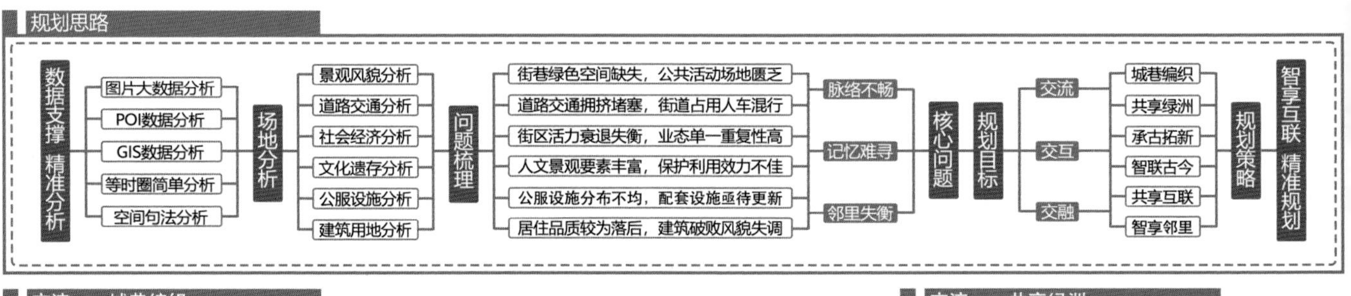

交流——城巷编织

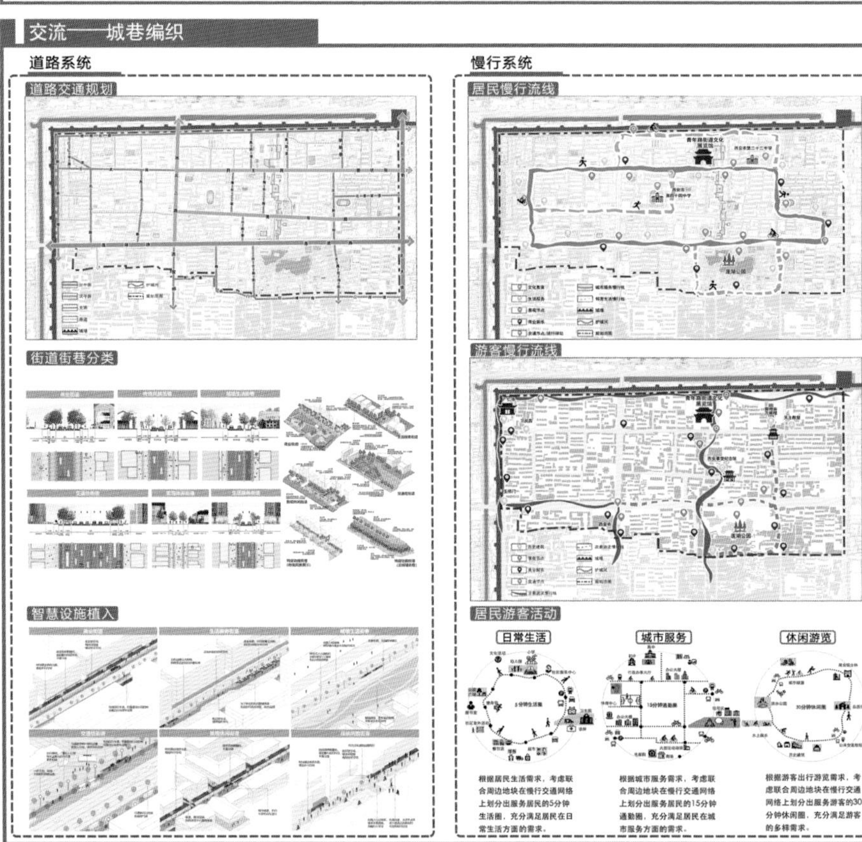

根据居民生活需求，考虑联合周边地块在慢行交通网络上划分出服务居民的5分钟生活圈，充分满足居民在日常生活方面的需求。

根据城市服务需求，考虑联合周边地块在慢行交通网络上划分出服务居民的15分钟通勤圈，充分满足居民在城市服务方面的需求。

根据游客出行游览需求，考虑联合周边地块在慢行交通网络上划分出服务游客的30分钟休闲圈，充分满足游客的多样需求。

交流——共享绿洲

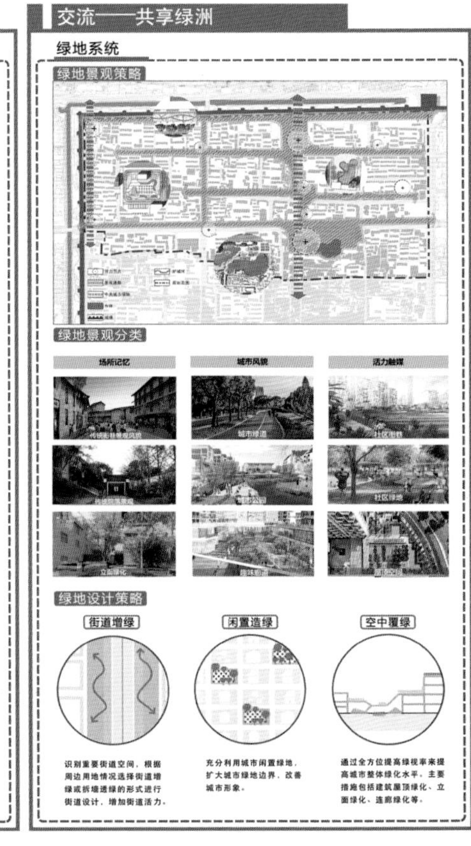

识别重要街道空间，根据周边用地情况选择街道增绿或拆墙透绿的形式进行街道设计，增加街道活力。

充分利用城市闲置绿地，扩大城市绿地边界，改善城市形象。

通过全方位提高绿视率来提高城市整体绿化水平，主要措施包括建筑屋顶绿化、立面绿化、连廊绿化等。

交互——承古拓新

交互——智联古今

主街+次巷的功能引导

功能引导游客及居民聚集于慢行系统。

主街上，布置旅游服务及商业文化业态，同时在垂直方向上混合。

次巷上，围绕公共空间呈点状布局生活商业业态、生活服务业态，以首层或首两层改造为主。

公共空间控制上，通过差异化界面引导与节点区域建筑改造的精细化管控，综合运用架空、缩进、植入设施等手段，重塑历史街巷在现代生活中的风貌感知。

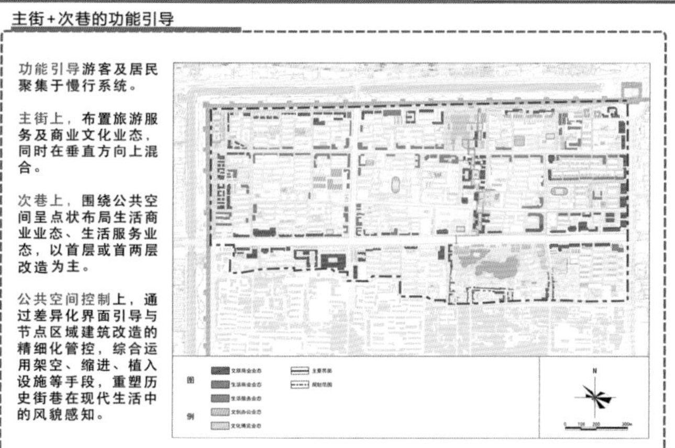

文化+业态的融合配置

将古城丰富的文化底蕴与各类业态融合配置，打造差异化的文化+业态街区。

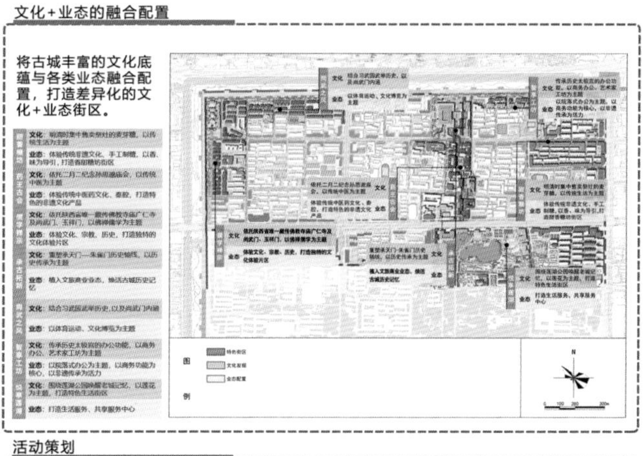

数字+文化的思维方式

布置线上线下相结合的数字服务系统，包含地图查询、城市导游、生态科普教育、城市历史记忆等内容，实现人与城市多元互动。

以融合发展为着力点，借力数字新动能，拓展"文化+"新思维，立足古城资源，突出古城特色。

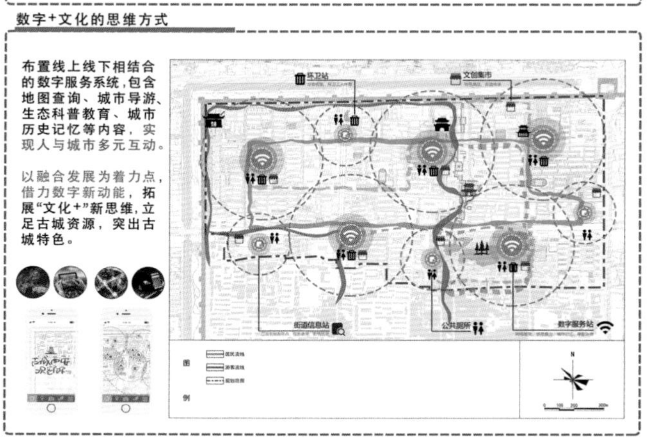

活动策划

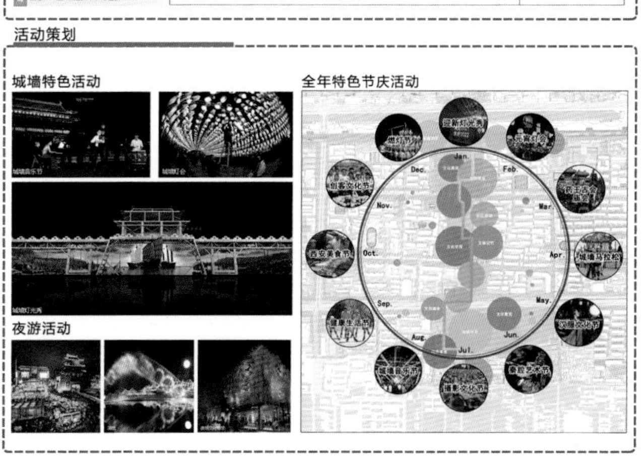

交融——共享互联

邻里设施共享

根据生活圈规划指南，确定不同服务半径生活圈配置；在药王洞与青年一巷交叉口处划定青年路街道公共中心。以社区质心为中心划定社区生活圈，优化各类设施布局，构建社区共享公共中心，实现服务设施居民共享。

邻里文化体验

未来邻里空间里有各类节目、各种人群等，他们可以在同一时空出现，从而凝聚出一种能量，带动文化发展。文化不仅是一种欣赏的艺术与静态的观赏，更是一种日常生活的行为方式。以文化为媒介，建立一个互动性的文化社区，强调公众参与。

交融——智享邻里

邻里空间共享

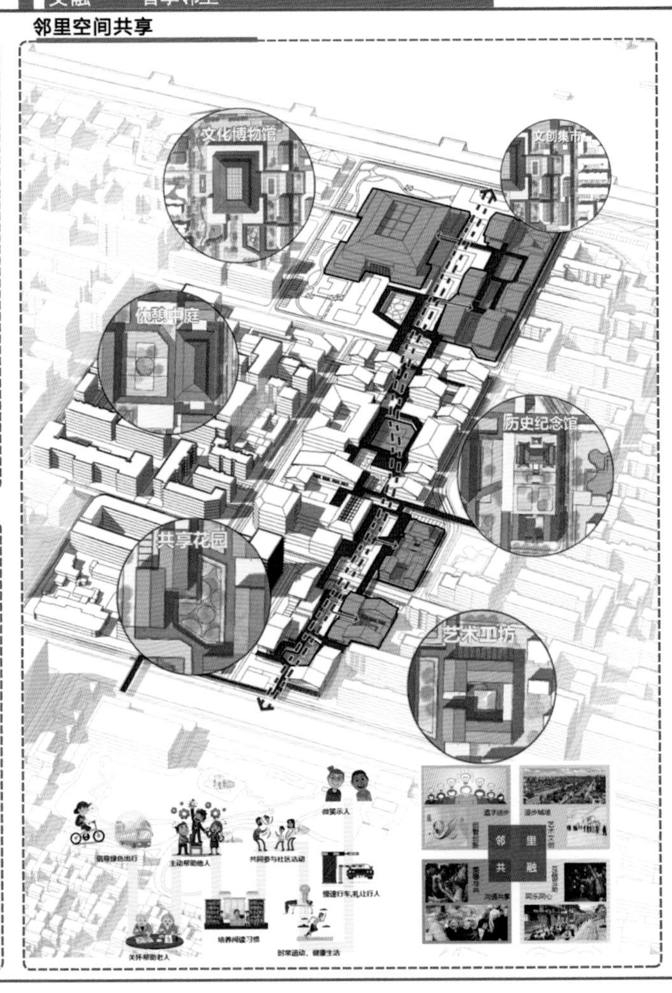

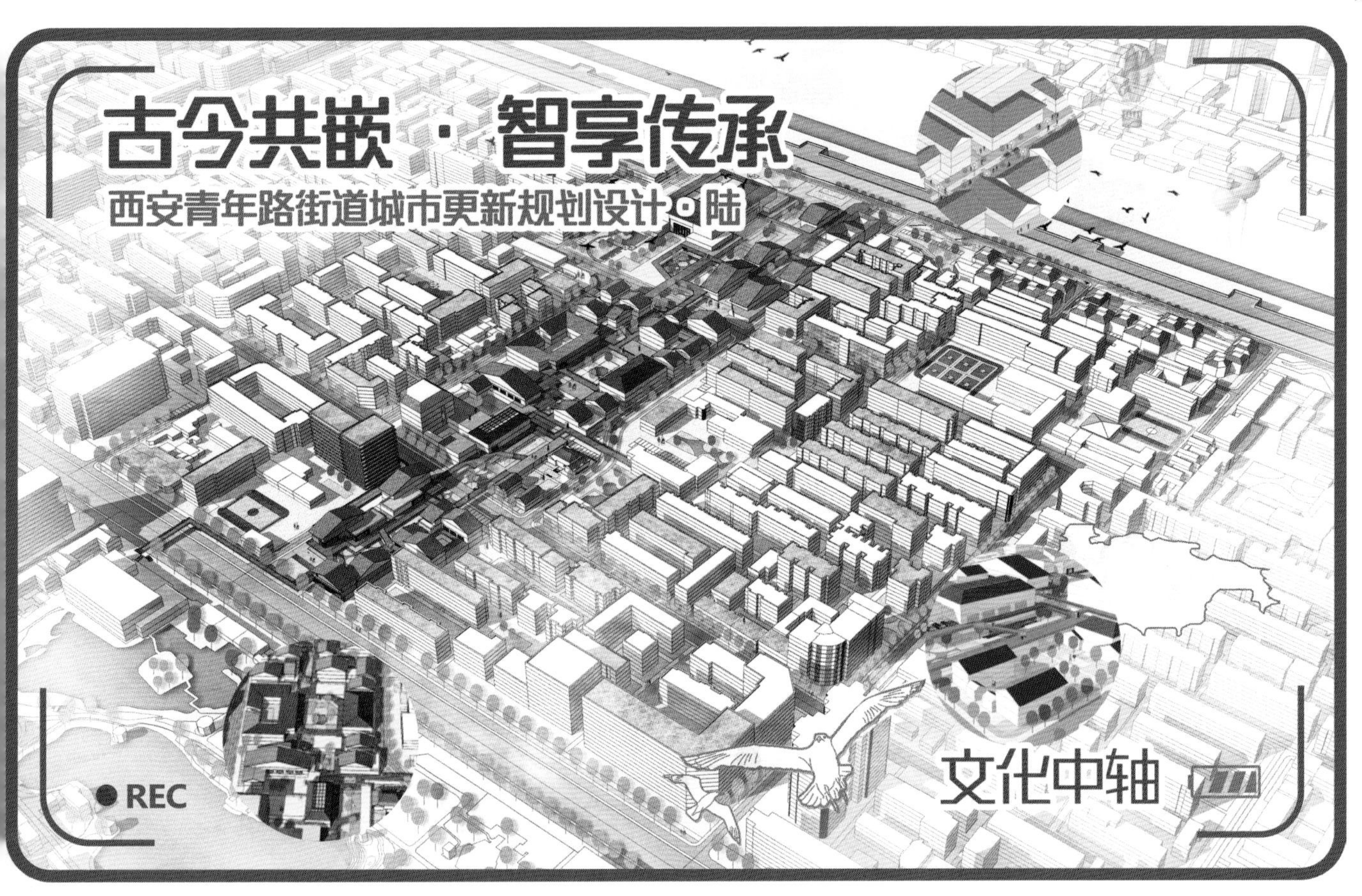
古今共嵌 · 智享传承
西安青年路街道城市更新规划设计·陆
REC
文化中轴

总平面图

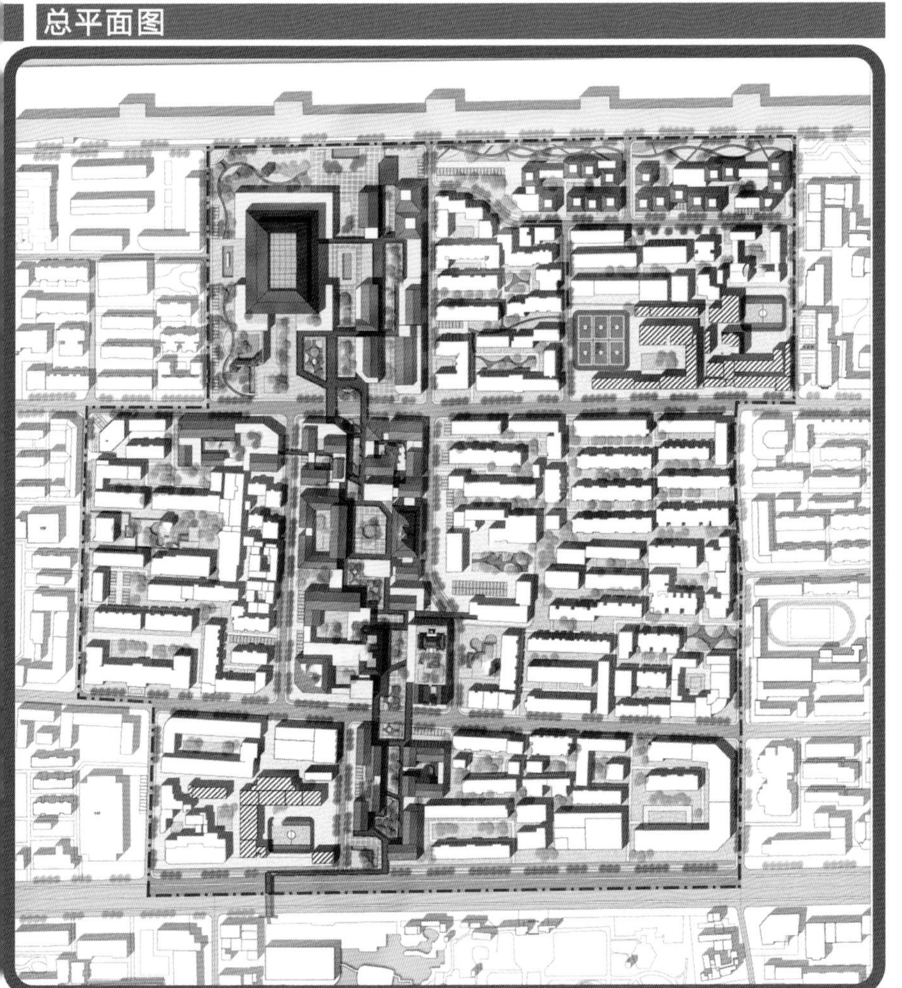

规划策略

交流——道路组织
图例
公共空间
主要慢行流线
次要慢行流线
垂直交通
公交慢行换乘点
交流——景观网络
图例
绿地空间
屋顶绿化
交流——文化联结
历史轴线
历史文化
交融——邻里共融
图例
开放空间
公服设施
绿地空间
廊道空间

古今共嵌 · 智享传承
西安青年路街道城市更新规划设计 · 柒
景观绿心
●REC

规划策略

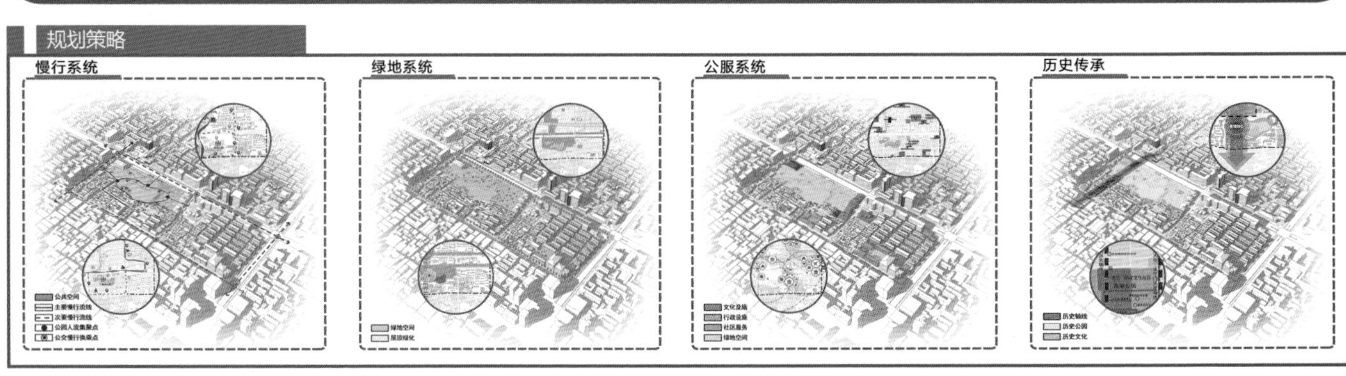
慢行系统
绿地系统
公服系统
历史传承

总平面图

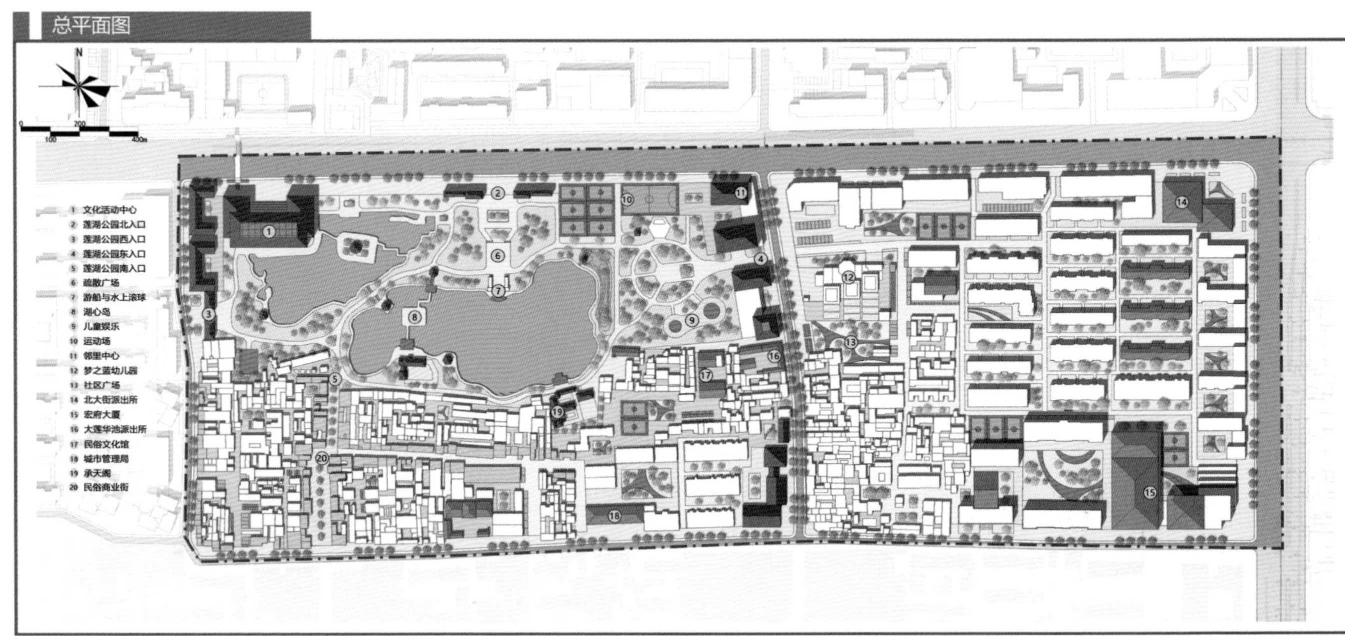
N
0
100
200
400m
1 文化活动中心
2 莲湖公园北入口
3 莲湖公园西入口
4 莲湖公园东入口
5 莲湖公园南入口
6 疏散广场
7 游船与水上滚球
8 湖心岛
9 儿童娱乐
10 运动场
11 邻里中心
12 梦之蓝幼儿园
13 社区广场
14 北大街派出所
15 宏府大厦
16 大莲华池派出所
17 民俗文化馆
18 城市管理局
19 承天阁
20 民俗商业街

古今共嵌 · 智享传承
西安青年路街道城市更新规划设计 · 捌
玉祥门
联盟巷市集
文化公园
广仁寺
时光走廊
尚武门
创客工坊
城墙博物馆
智慧廊桥
万阁楼
艺术家工坊
顺城游园
安远门
城墙体验带
REC

设计定位
设计愿景
文化体验段
文创商务段
历史传承段
乐享活力段
生态宜居的生活走廊
活力宜游的魅力古巷
城墙体验带划分
道路交通体系

分段设计
乐享活力段
WHY:地段南接糖坊街和药王庙，有制作麦芽糖、举办庙会的文化传统，是一段充满香甜味道及生活气息的地段，同时作为城墙体验带的入口，以活力面貌迎接市民和游客。
HOW:以感官体验传统非遗文化，以非遗文化为活力，打造宜居宜游乐享活力片。建筑风貌上采用青灰色坡屋顶，达到风貌协调。
艺术家工坊
顺城公园
VR体验馆
庙会广场
非遗体验馆
秦腔戏院
手工制糖工坊
慢行廊桥
感知公园
下沉广场（连接安远门）
文创商务段
WHY:传承历史上太极宫的办公功能，对现状遗留厂房、办公楼等进行改造，同时作为城墙上墙点，起到连接古今的功能。
HOW:以文创商务为导向构建创客工坊，围绕上城墙点，构建城墙广场及城墙艺术装置，吸引人群集聚。建筑风貌上，除坡屋顶外，运用玻璃等现代材料，展现地段的时代风貌。
药王庙市集
城墙文化博物馆
智慧廊桥
上城墙点
组团公园
城墙广场
创客工坊
慢行廊桥
文创体验
设计概念店
文创展厅
文化体验段
WHY:地段内包含陕西省唯一一座藏传佛教寺庙广仁寺及尚武门、玉祥门两座历史底蕴丰富的城门。尚武门取自儒家尚武思想。地段内文化氛围浓厚。
HOW:结合顺城公园，植入茶馆、书院等文化业态，打造以佛禅儒家为主题的商业文化生活街区。建筑风貌上采用与广仁寺相同的青瓦红墙，沿街立面采用仿古形式。
联盟巷书院
联盟巷市集
文化公园
广仁寺小街
角楼上城墙点

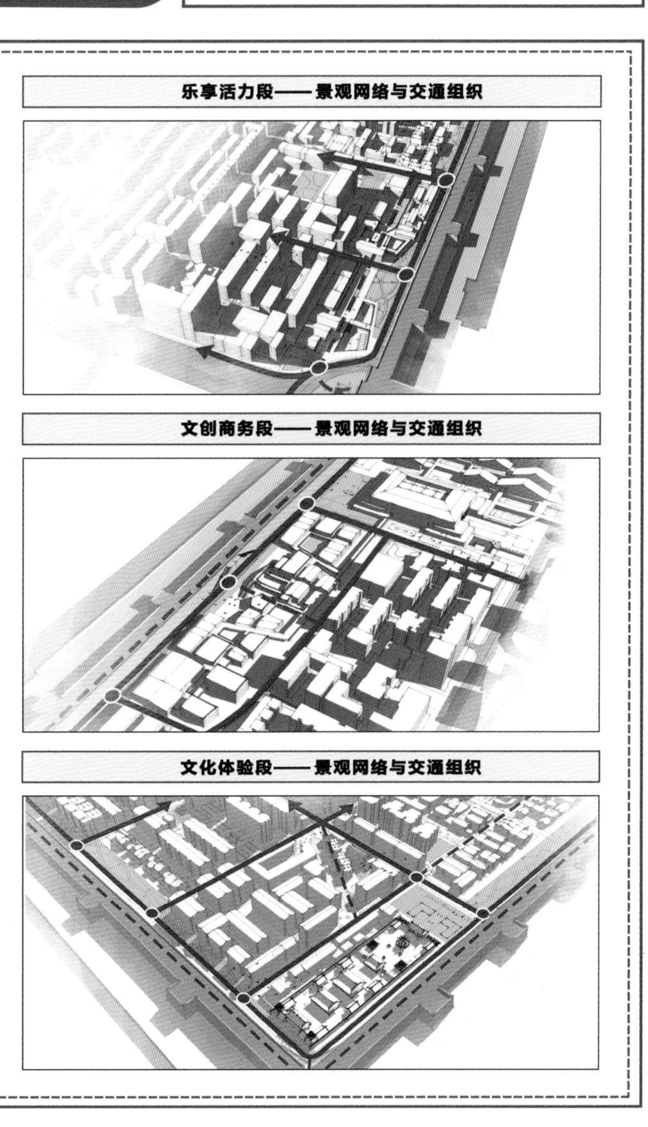
乐享活力段——景观网络与交通组织
文创商务段——景观网络与交通组织
文化体验段——景观网络与交通组织

古今共嵌 · 智享传承
西安青年路街道城市更新规划设计 · 玖
居住区更新模式 I
REC

社区类型梳理
不同类型社区分布
图例
街巷型社区
商品房型社区
单位大院型社区
规划范围
1 通过对青年路地块社区分布的梳理，可以发现地块内的社区空间现状呈现密集的拼合现象。产生这种现象的主要原因是地块内的社区都是在不同的时间建造的，并且一直处于动态更新中。
2 地块内现有社区可以分为单位大院型、街坊型以及商品房型三类，它们周边业态及社区性质差异较大，导致三种社区空间形态差异也较大。
单位大院型
商品房型
街坊型
空间割裂
邻里淡漠
配套缺位
业态差异
结构差异
性质差异
空间封闭
空间开放
传统封闭界限
渐进式
有机更新
现代活力人居
实现目标
公共交往
有机联系
资源共享

代表社区现状评述
街坊型社区
莲湖路第一社区
占地面积
26.08hm²
建筑密度
38.02%
建筑层数
1~7层
空间肌理
地块位置
单位大院型社区
西北一路社区
占地面积
29.34hm²
建筑密度
35.07%
建筑层数
1~17层
商品房型社区
青年路第一社区
占地面积
23.39hm²
建筑密度
31.48%
建筑层数
1~18层
地块空间形态
商业
居住
旅游
太早建成，常要维修。
社区服务设施太少，办事不方便。
沿街商业多，可以体验市井生活。
车乱停，把车道占了。
巷子边都是围墙，绿化不好。
小区里小店挺多，买菜方便。
出去就是公交站，地铁站也不远，上班很方便。
小区里的运动场地太少了，都找不到地方玩。
小区里文体设施少，宣传栏都是挂在墙上的板子。
生活服务现状
公共服务短缺
商业密集
建筑破旧
街巷混杂
停车不足
绿地集聚
社区封闭
工作单位集聚
交通便捷
行政集中
学校较多
交流场所缺乏
居民生活常态
游客
游玩拍照
品尝美食
生活体验
居民
邻里交流
日常休闲
多为回民
店主
看店出摊
促销宣传
日常生活
老人
院内交流
锻炼闲逛
出院交友
学生
院内玩耍
学余生活
家长看护
上班族
早出晚归
饮食便捷
周边上班
儿童
上学放学
活动玩耍
幼儿托管
中年人
工作交谈
放松休闲
上班出行
老年人
康养运动
娱乐生活
交友闲谈
改造重点
街巷空间具有开放性，属于高密度的旅游+商业+居住的社区，但街坊间商业侵占使居民生活空间缩水，且过渡关系混乱。街巷建筑破损严重，生活基本设施和公共空间未能满足居民的日常生活，道路死胡同也严重影响了社区便利性。因此建筑梳理以及设施优化提升是此类社区更新的重点。
社区距旅游、商业汇集点较远，大院围墙环绕，社区封闭，内部形成“孤岛”，与外部空间界线明显。社区内能满足居民日常买菜饮食最基本需求，但便利性差。因此改造时可考虑在沿街、底层建筑等混合布局各类公共功能，使社区居民生活形成多种多样的交集，促进社区交往活动的发生。
中年人是营造社区活力的主要群体，老年人与儿童是出行休闲活动频率较高的群体，由于中年人忙于工作，社区内部缺乏活动场所，依靠城市绿地广场来进行日常活动，这使社区活力不足，邻里关系更加淡漠，不便于社区管理。因此营造社区邻里空间、重建邻里关系是此类社区要重点关注的内容。

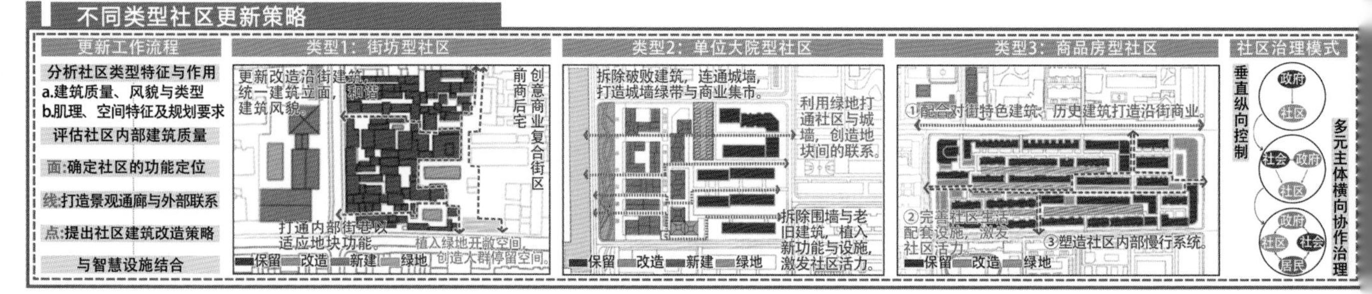
不同类型社区更新策略
更新工作流程
分析社区类型特征与作用
a.建筑质量、风貌与类型
b.肌理、空间特征及规划要求
评估社区内部建筑质量
面:确定社区的功能定位
线:打造景观通廊与外部联系
点:提出社区建筑改造策略
与智慧设施结合
类型1：街坊型社区
更新改造沿街建筑，统一建筑立面，建筑风貌。
前商后宅
创意商业复合街区
打通内部街巷以适应地块功能。
植入绿地开敞空间，创造木群停留空间。
保留
改造
新建
绿地
类型2：单位大院型社区
拆除破败建筑，连通城墙，打造城墙绿带与商业集市。
利用绿地打通社区与城墙，创造地块间的联系。
拆除围墙与老旧建筑，植入新功能与设施，激发社区活力。
类型3：商品房型社区
①配合街道特色建筑、历史建筑打造沿街商业。
②完善社区基础配套设施，激发社区活力。
③塑造社区内部慢行系统。
社区治理模式
垂直纵向控制
政府
社区
社会
居民
多元主体横向协作治理

社区更新模式研究

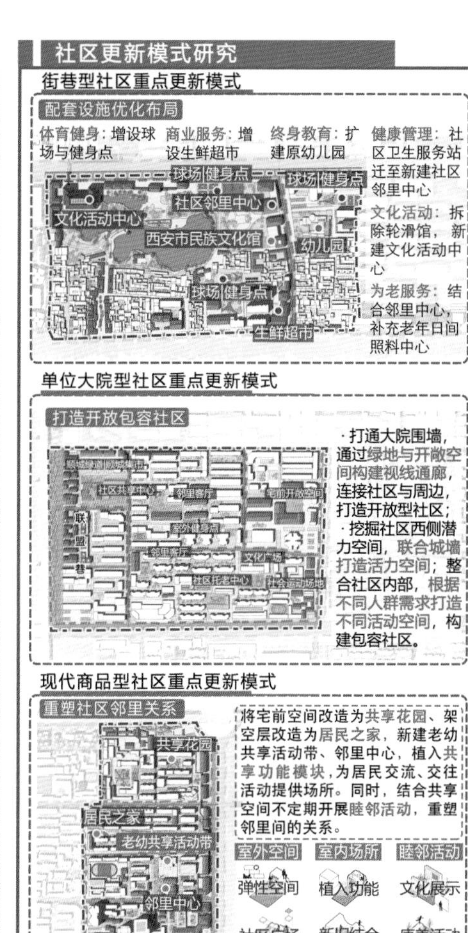

社区重点更新场景

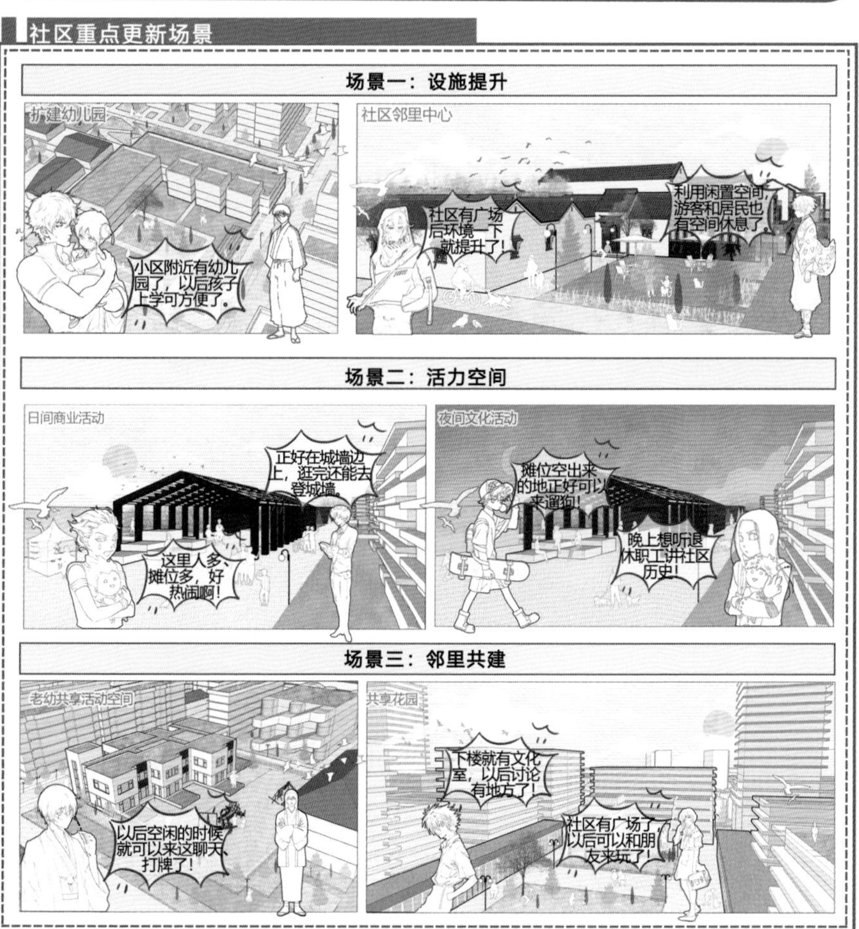

社区共有更新场景

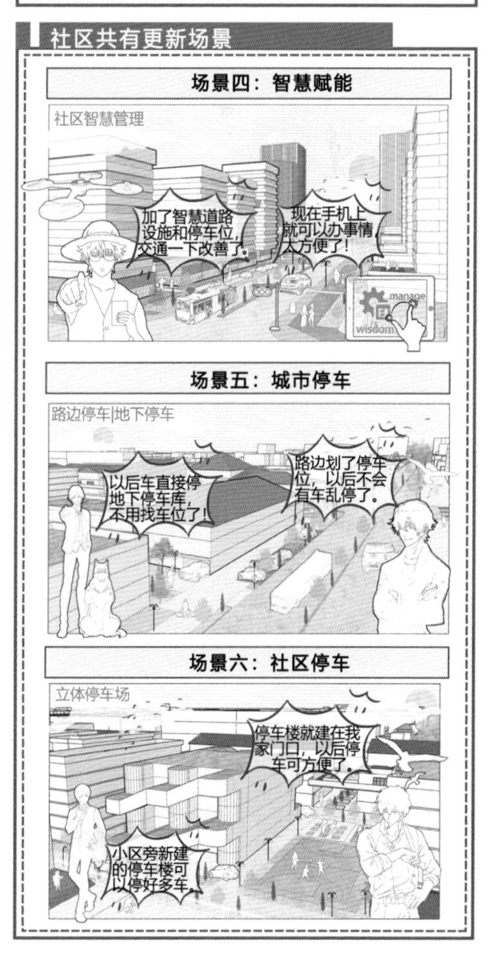

街市共甦·新坊慢活——西安市洒金桥地段城市更新规划设计
基地认知
壹

印象西安
中国的第一座城市
按《周礼·考工记》的布局模式营建的镐京，作为西周的宗教文化中心，合称"宗周"，为西安建城之始。武王灭商建立周王朝后，以丰镐为都，为西安作为都城之始。
秦统天下
词赋文化
大唐盛世 开放大气
城墙 西安的标志
明代形成了今天西安的城市格局，西安的名称也正是源于明代。
文化传承 生态科技
西周
BC 771
ZHOU
秦
BC 211
QI
千年古都 与 文化瑰宝
AD 220
现代城市 与 开放包容
AD 907
明
MING
AD1644
现代
AD2022
TODAY
丝绸之路经济带，实现经济发展的飞跃
一带一路
ANCIENT CITY OF XI AN
ANCIENT CITY OF XI AN
文化回归
本土文化的重拾和现代转译
回首历史
世界四大古都之一的西安有着几千年的文明史，是中华民族重要发祥地，丝绸之路的起点
面向未来
在传统和现代的碰撞中，西安正逐步成为富有历史文化特色的国际性现代化大城市
上位与相关规划
历史城区传统格局保护规划图
西安市城市总体规划（2008—2020年）修改
《西安市城市总体规划》《西安历史文化名城保护规划》《西安市莲湖区国民经济和社会发展第十四个五年规划和2035年远景目标纲要》《西安城墙保护条例》《西安城市色彩专项规划》等对基地建设与保护提出一系列的要求。
区位评估
莲湖区
新城区
洒金桥基地
碑林区
未央区
灞桥区
雁塔区
长安区
洒金桥隶属于北院门街道，其以东地区以文化旅游功能为主，以西地区以商业功能为主，但是基地缺少城市服务的承接。
文化评估
历史要素分布图
文物保护单位分布图
国家级文物保护单位3处
市级文物保护单位2处
交通评估
道路系统现状图
现状综合停车数量分布
现状公共停车场覆盖
公交站点与服务覆盖
基地存在道路体系待完善、路面宽度不足、断头路较多等问题，道路交通问题成为一项需要系统梳理的问题。
产业评估
业态集聚分布图
基地业态类型丰富，集聚效应良好；内部业态规模较小，服务等级有限；特征上，分布特色和特征不显著，需加强特色打造。
设施评估
健康管理类设施
行政管理类设施
商业服务类设施1
商业服务类设施2
为老服务类设施
终身教育类设施
文体活动类设施
停车设施
其他市政设施
建筑评估
建筑功能
建筑产权
建筑结构
建筑年代
建筑质量
建筑高度
建筑风貌
建筑风貌说明

街市共甦·新坊慢活——西安市酒金桥地段城市更新规划设计 现状定位 贰

综合评估

01区位评估

优势
位于明城区中心，紧贴城市中轴线，资源丰富。
困境
城市风貌与公共服务的洼地。

02文化评估

优势
物质文化遗产丰富,非物质文化遗产灿烂，多元宗教聚集。
困境
相关文化产品缺失，文化缺乏系统展示。

03交通评估

优势
“围寺而居、倚坊而商”。
困境
道路待完善，停车存缺口，公交不便利，步行需提升。

04产业评估

优势
与北院门美食街相接，商业氛围浓厚，且文化要素丰富。
困境
服务类型单一固化，且对文化资源的利用率较低。

05设施评估

优势
各类设施基本覆盖。
困境
各类设施配套分布不均，规模不足，居民需求难以满足。

06建筑评估

优势
功能混合、经典商住特色，局部风貌协调。
困境
建筑要素多元，用地权属复杂，阻挠更新改造的实施。

发展需求分析

居民诉求——生活记忆保存，居住环境改善，服务设施完善
更多的公共活动空间
交通更加畅通
特色历史文化保存并发扬
回坊住民的声音涉及方方面面。

游客诉求——具有历史文化魅力和完善的服务支撑
了解回坊的历史故事
品尝回坊的美食
体验独特的市井气息
游客希望这里是一个具有历史文化魅力和独特之处、能展示自身文化的地方。

市场诉求——为历史街区文化提供展示的场所
在现代社会传承悠久的历史
文化传播，提升知名度
产生经济效益
代表西安回坊、酒金桥历史地段的文化需要一个场所来展示。

政府诉求——保存历史，激发地区活力，社区和谐繁荣
改变历史地段落后的城市服务
保存其丰富的文化内涵
促进社区和谐
政府迫切需要改变历史地段落后的城市服务功能，激发地区的活力。

多方参与
酒金桥的发展目标应当是多方参与、达成共识

多方共识
将共同参与纳入本次工作中，真正反映全民参与的设计精神

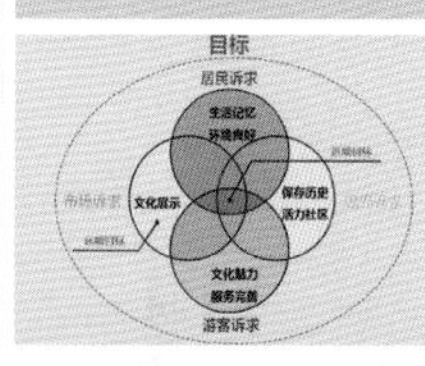

目标定位主题愿景

古今长廊 记忆复苏 + 产业引领 共创运维 + 快线链城 慢网串联

宜居便捷 慢活休闲 + 宽街窄巷 魅力回坊

规划设计框架

定位分析 → 更新策略 → 整体规划 → 样板闪耀

1 现状评估

区位评估 | 文化评估 | 交通评估 | 产业评估 | 设施评估 | 建筑评估

延续文化脉络，回应多方需求，打造“容万象的长安文化片，最市井的魅力回坊区”

2 主题愿景

PAST&LOST ----- 街市共甦，新坊慢活 -----→ FUTURE&CULTURE

3 规划思路

酒金桥地段“共甦·慢活”企划

共文化	共创业	慢交通	慢生活	最市井
历史要素串联 挖掘要素空间联动	产业体系筹划 系统发展相辅相成	车行规划疏解 高效快线停车规划	完整社区构建 圈层覆盖设施完备	主街次巷承脉 梳理现状重现肌理
建筑风貌控制 重点修缮周边协调	建筑策划管理 原有建筑活化利用	慢行网络串联 塑造生活步行网络	景观层级丰富 点线成面多维开发	坊巷主题赋予 主题注入历史重现
文化场景焕活 聚场再造记忆焕活	多方参与运维 三方参与共同愿景	公共交通规划 邻里公交最后一千米	人群交流融合 平台擘画慢活情境	文化活动注入 业态植入活动策划

4 方案生成

“织文——以文化织轴，定局——以产业聚活，环径——以生活凝环”

5 整体结构

“一核四心凝聚，四轴文脉生长，五片多元绽放，环线共享融合”

6 样板解读

古今传承样板	产业共创样板	快线慢网样板	宜居慢活样板	市井街巷样板
古今长廊，记忆复苏	相得益彰，共创运维	快线链城，慢网串联	宜居便捷，慢活休闲	宽街窄巷，魅力回坊

案例分析

北京东四南、北大街街区更新实践

借鉴点一（文化）：追根溯源，探求历史原貌
参照各历史时期的老照片，“修旧如旧”。

借鉴点二（文化）：东四八景，打造文化景观
根据现状,打造“东四八景”空间主题引导。

借鉴点三（公众参与）：老照片回顾展，唤起本地归属感
举办“老照片回顾展”活动，提升公众参与度。

借鉴点四（风貌）：尊重多元风貌，展示全景脉
总体梳理了四种基础立面设计风格。

江西省永新古城更新实践

相似之处——文化氛围浓厚
风貌：生活气息浓厚。
历史文化：历史遗存均较为丰富。

借鉴点一(人居)：整体提升人居环境和街巷风貌
统一铺设了各类市政设施管网，电力通信等线路全部入地。

借鉴点二（公共空间）：系统优化公共空间
利用闲置空地设计的小微公共空间激发居民和游客参与维护。

借鉴点三(建筑)：有效整治和利用各类建筑
有保护价值的建筑强调活化利用。

深圳南头古城综合整治

相似之处——城市更新背景、部分困境相同
背景类似:城市更新中坚持“留改拆”并举。
部分困境雷同:古城风貌消隐。

借鉴点一（格局）：九街城脉
“南北主街”是最具历史性的脉络，设计强调故城中轴礼序，次巷空间结合空间特征布局。

借鉴点二（邻里关系）：共生邻里
适配城中村复合人群需求与极限空间特征，创新公共服务设施供给模式和设施类型。

借鉴点三（公众自治）：村民自改计划
提出村民自改手册，引导城中村改造转向“经营模式”。

街市共甦·新坊慢活——西安市洒金桥地段城市更新规划设计

更新策略

共文化

历史要素串联

文脉双轴、回坊十景

依托北院门历史文化街区、国家级文物保护单位西五台云居寺、大学习巷清真寺、都城隍庙等历史文化遗存，整合现有资源，构建“文脉双轴、回坊十景”的历史文化遗存展示结构。

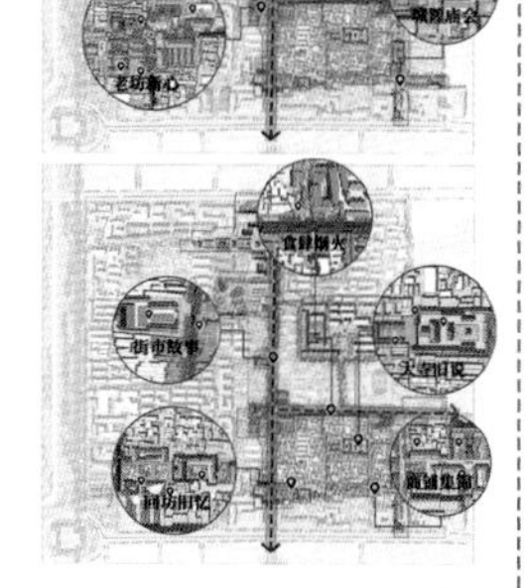

文脉双轴：

洒金桥—大麦市街历史文脉展示轴

庙后街—西羊市历史文脉展示轴

回坊十景：

云居禅意——西五台云居寺

邻里客厅——邻里公园

西仓骈集——西仓创意集市

老坊新心——回坊文化广场

城隍庙会——都城隍庙

回坊旧忆——学习巷传统民居区

大寺旧说——大学习巷清真寺

街市故事——洒金桥—大麦市街

食肆烟火——庙后街—西羊市

商铺集锦——大学习巷

建筑风貌控制

协调洒金桥地段与现代城市之间的联系，实现空间形态的整合，对建筑材料、色彩、风貌等提出具体管控要求。

核心保护区：以历史风貌为主，具有较高的历史文化保护价值、保存比较完整的建筑群。

风貌控制区：紧邻历史复原区，历史风貌与现代风貌混杂，具备一般的历史保存价值的建筑群。

风貌协调区：以近现代风貌为主，包括近现代建成的住宅和公共服务设施，风貌特征不突出、不具备历史保存价值的建筑群。

风貌分区		保护区	控制区	协调区
建筑控制	建筑材料	红砂岩、青砖灰瓦	红砂岩、青砖灰瓦、玻璃	红砂岩、青砖灰瓦、玻璃
	建筑色彩	红色、灰色	红色、灰色、玻璃蓝	红色、灰色、玻璃蓝
	建筑风貌	历史风貌	历史与现代风貌控制	现代风貌协调

建筑遗产本体分级保护

文物保护单位/宗教建筑分级保护

重点保护类：针对文物保护单位，历史建筑保护范围内新建、扩建、改建的建筑，各项建设不得影响建筑风貌的展示。

修缮维护类：针对历史/宗教建筑，加强保护修缮，保持尺度，适应现代生活。应拆除不协调的添加物，改善周边环境，增加必要的设施。

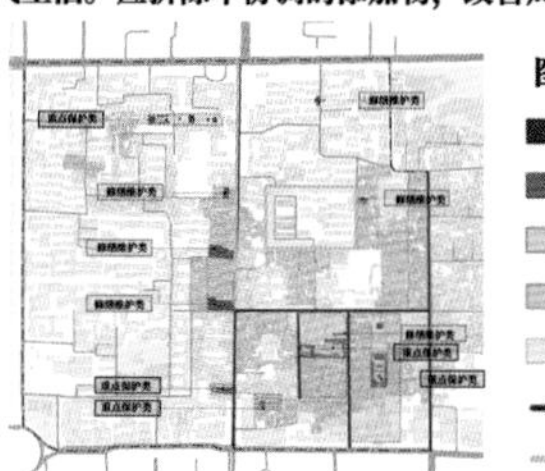

共创业

产业体系策划

营造特色业态空间；

完善低品质业态空间：将原有品质不高的店铺进行升级改造，形成高端产业片区（现代商业区）；

置入业态与用地匹配的产业；

局部用地功能置换：将原有不合理商住混合的产业模式进行更换，更好地布置公共服务设施（综合居住服务区）；

打造特色点线业态：形成具有西安洒金桥特色的商业街巷和特色店铺（特色商业片区）；

打造文脉历史业态发展格局；

综合整体产业规划：将特色产业与周围居住区结合，打造整体的产业系统（文旅发展商业片区）。

再甦类型		住宅型	商业型	工作室型	共享型
项目名称以及位置		传统民居	文创商店	创业客厅	邻里中心
		创享合院	商铺集锦	西仓创意集市	邻里公园
		艺术家住区	土特产商店	艺术家工作室	老年照料中心
再生产策略	物质空间	作为原住民和租客的住所	作为多元业态注入的场所	作为艺术家、创业者的工作室和住所	作为邻里交往的公共空间
	社会经济	居住功能 商业功能	商业功能 文化功能	居住功能 商业功能	商业功能 文化功能
	文化氛围	历史文化			
		生活文化 民族文化	市井文化 商业文化	创意文化 创业文化	社区文化 生活文化

片区焕活	线状焕活	节点焕活
拆除违章构筑物	立面修饰	修缮历史建筑
风貌矛盾产业清退	活力业态文化体验	文化场景融合
植入公共活动空间	慢线串联步行连贯	节点空间营造

建筑策划管理

建筑再甦，四型策划：根据现状建筑功能，结合公产、私产建筑的产权现状，遴选“再甦建筑”并分为四种类型，包括住宅型、商业型、工作室型和共享型。其中住宅型，例如创享合院，作为原住民和租客的住所；商业型，例如商铺集锦，作为多元业态注入场所。

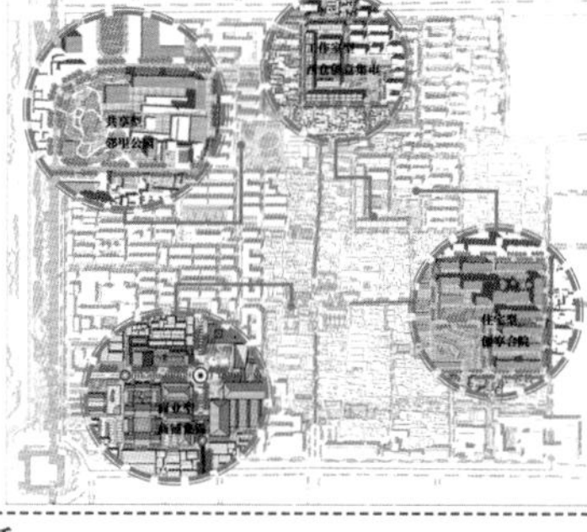

多方参与运维

公众参与，共同治理：由公众、市场、政府三方共同参与城市更新改造设计。其中公众的主要组成者为居民、高校、志愿者、专家等，参与建筑功能确定、运营方式协商、管理方式制定等多个流程。

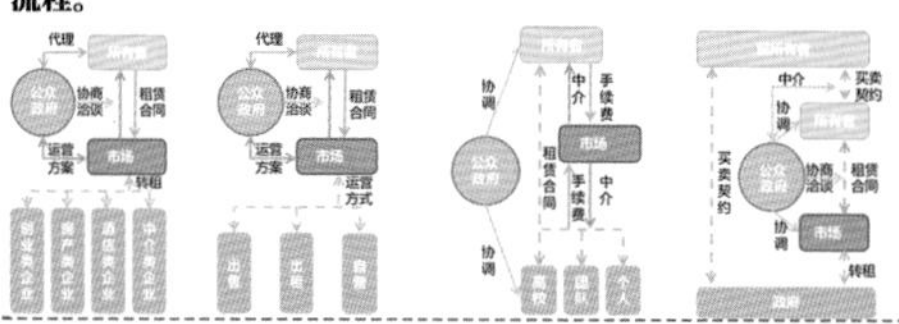

建筑分类维护

分类保护措施	针对对象	具体手段
修缮保护	重要历史遗存、文物保护单位	风貌修缮、结构加固
综合整治	建筑质量一般、风貌较为协调的居住建筑	改造整治，提升居住环境品质，提升公共服务质量
	建筑质量一般、风貌较为协调的公共建筑	
保留改善	建筑质量一般、风貌较不协调的建筑	重点改善室外公共空间
拆除提升	建筑质量差、风貌不协调的建筑	—

文化场景焕活

“点线面”焕活行动，文化场景营造

目标

保护历史街区的整体格局，与周边地块协调

保护重要文物、历史建筑、历史街巷等

构建文化遗产展示轴线，集中展现历史风貌

重点打造节点焕活样板和片区焕活样板

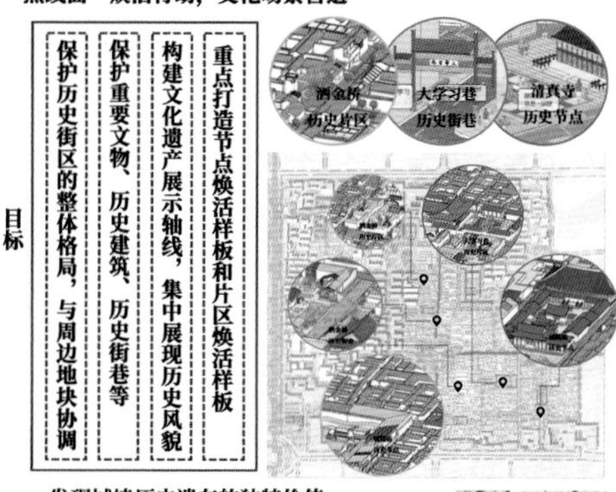

片区焕活——明清印象场景策划

保护历史街巷肌理及传统风貌，确定文物保护单位建筑主体以及文物保护单位保护范围，标识具有历史文化的节点空间、门户空间、风貌特色，构建主题文化展示游线。

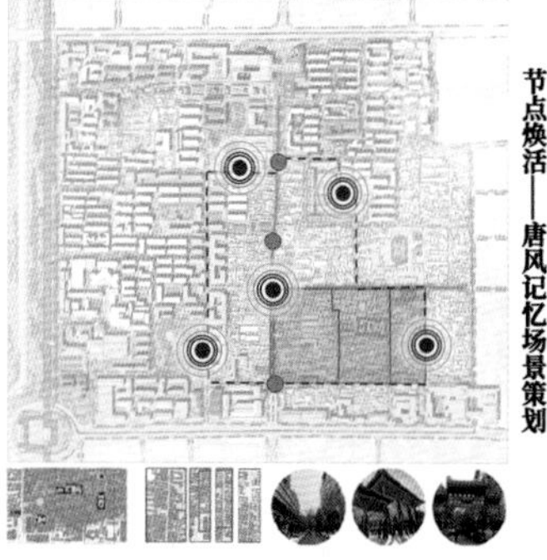

节点焕活——唐风记忆场景策划

明确需保护的唐代历史遗产主体和范围，依据相关规定以及现场环境，初步划定建设控制范围。

重现唐皇城历史格局，构建以朱雀门为视点向北眺望基地的视线通廊，以现状时代盛典为节点，进行唐文化展示。

线状焕活——城墙故事场景策划

发现城墙历史遗存的独特价值，植入符合现代人需求的特色项目，创造全新的文化融合场景。

自南向北划定三个城墙主题场景片区，分别为安定门休闲娱乐片区、贡院门主题商业+城墙景观步行片区、玉祥门+西五台历史展示片区，系统性策划和展示西安城墙历史要素。

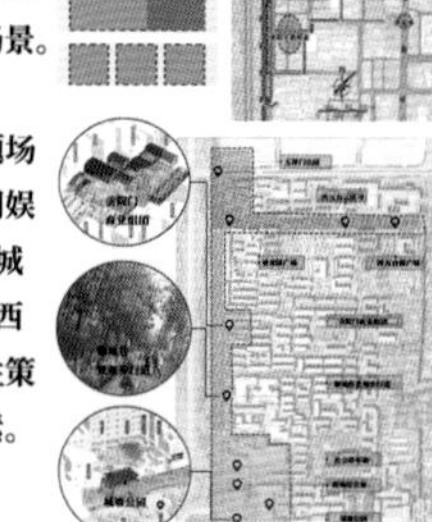

街市共甦·新坊慢活——西安市洒金桥地段城市更新规划设计 整体规划 肆

慢交通

策略一：车行规划疏解

1.高效城市交通网络构建

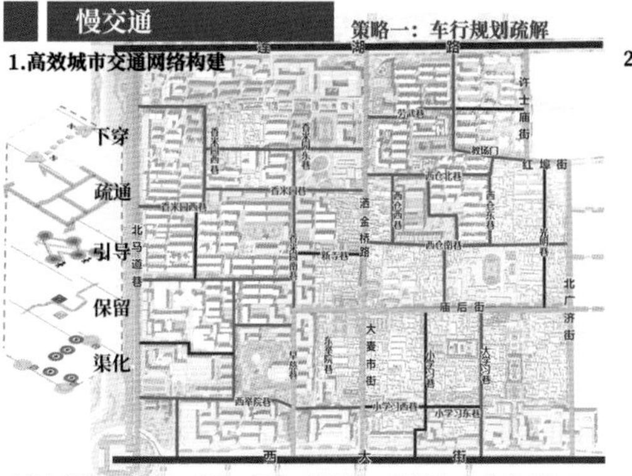

通过“下穿、疏通、引导、保留、集化”五项措施，构建“三纵三横”高效城市干道体系，并通过I级和II级支路完善地块内车行需求。

2.发放出入通行证，实施交通管制

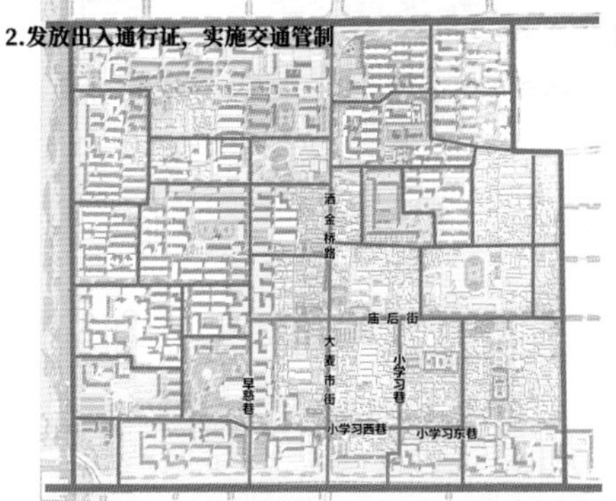

局部道路——实施交通管制。工作日仅限内部住户和商户出行，节假日向公众进行开放。

3.静态交通规划

社会停车场+社区停车位——“共享停车”服务；
智能化泊车体系——“智能停车”服务。

策略二：慢行网络串联

1.本地居民的日常生活慢线

面向居民，构建慢行生活网络，链接多样生活场所。串联起社区服务、教育、医疗、养老、休闲娱乐、公园游憩等设施。

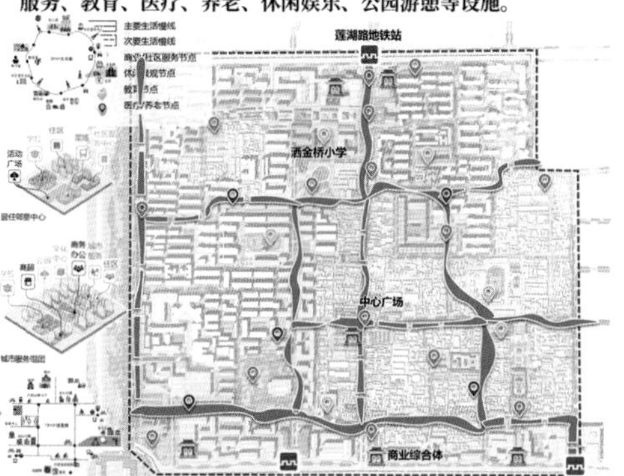

2.外来游客的文化体验游线

面向游客，挖掘地块市井特色，串联娱乐设施，构建以文化记忆传承和历史风貌保护为导向的文化体验及商业娱乐游线。

策略三：公共交通规划

邻里公交线路/站点：地块内部规划邻里公交线路，实施线上预约和招手即停的乘坐方式，满足内部公交需求；
城市公交线路与城市公共交通体系接轨。

总平面规划

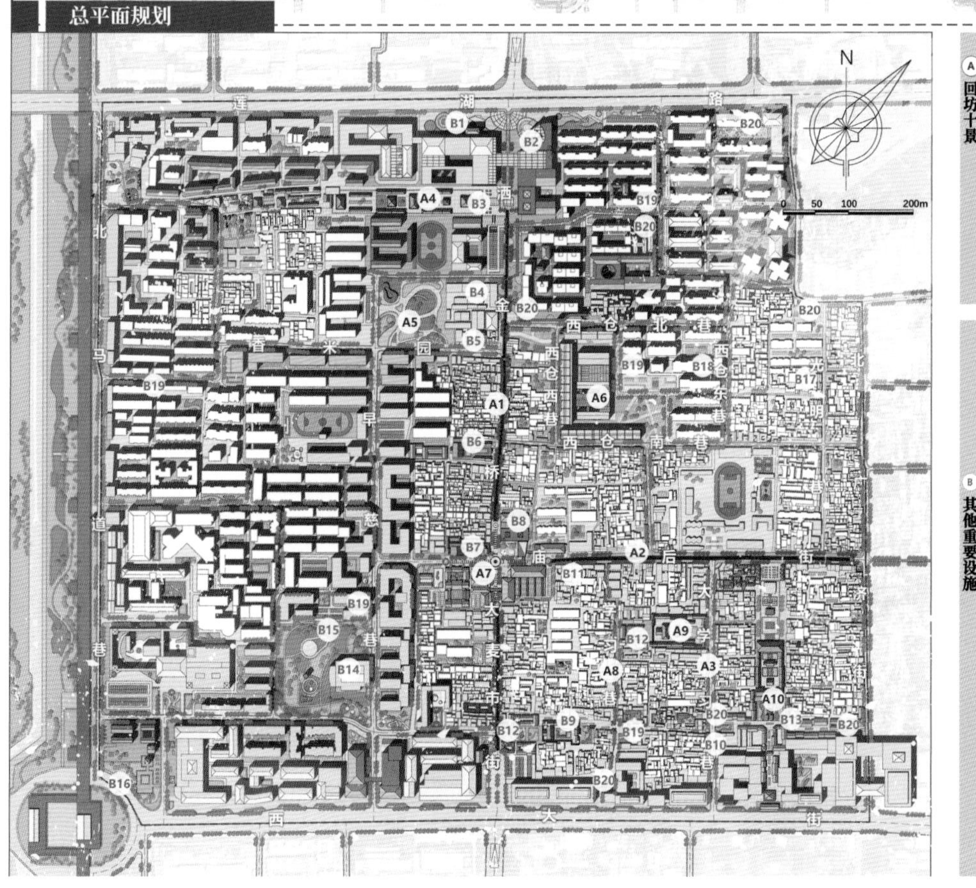

A 回坊十景

- A1 街市故事——洒金桥—大麦市街
- A2 商铺集锦——庙后街—西羊市
- A3 食肆烟火——大学习巷—小学习巷
- A4 云居禅意——西五台云居寺
- A5 邻里客厅——邻里公园
- A6 西仓骈集——西仓创意集市
- A7 老坊新心——中心广场
- A8 回坊旧忆——学习巷传统民居区
- A9 大寺旧说——大学习巷清真寺
- A10 城隍庙会——都城隍庙

B 其他重要设施

- B1 入口广场
- B2 商业综合体
- B3 云居寺广场
- B4 民俗文化交流中心
- B5 陕旅清真寺
- B6 清真古寺
- B7 清真西寺
- B8 回坊文化博物展览馆
- B9 小学习巷营里寺
- B10 回坊美食记忆博物馆
- B11 手工艺体验馆
- B12 清真文化广场
- B13 都城隍美食街
- B14 少年活动中心
- B15 儿童公园
- B16 城墙公园
- B17 风情民宿
- B18 创享合院
- B19 邻里中心
- B20 街角公园

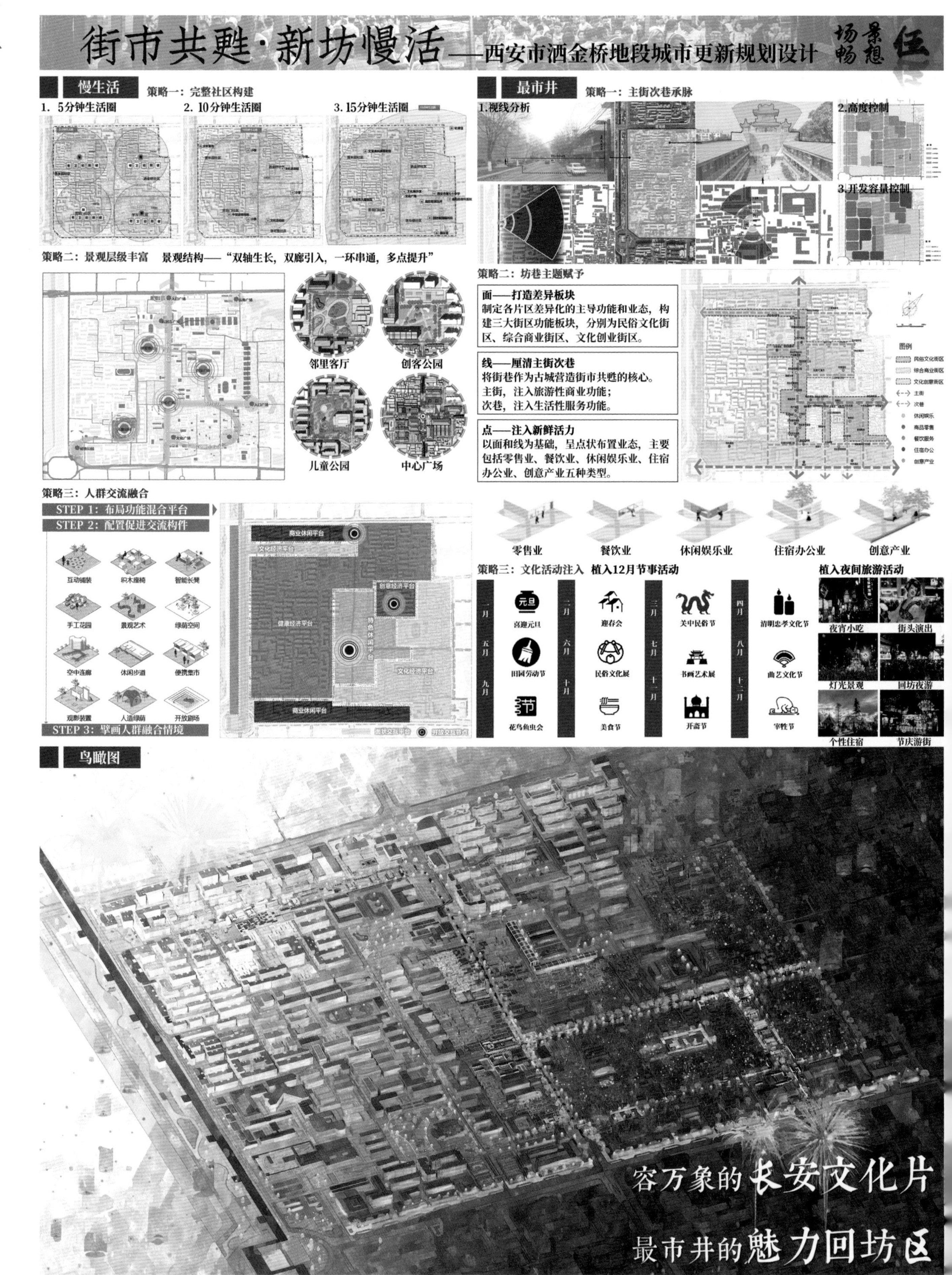
街市共甦·新坊慢活——西安市洒金桥地段城市更新规划设计
场景畅想 伍
慢生活
策略一：完整社区构建
1. 5分钟生活圈
2. 10分钟生活圈
3. 15分钟生活圈
策略二：景观层级丰富 景观结构——“双轴生长，双廊引入，一环串通，多点提升”
邻里客厅
创客公园
儿童公园
中心广场
策略三：人群交流融合
STEP 1：布局功能混合平台
STEP 2：配置促进交流构件
互动铺装
积木座椅
智能长凳
手工花园
景观艺术
绿荫空间
空中连廊
休闲步道
便携集市
观影装置
人造绿荫
开放剧场
STEP 3：擘画人群融合情境
商业休闲平台
文化经济平台
创意经济平台
健康经济平台
特色休闲平台
最市井
策略一：主街次巷承脉
1.视线分析
2.高度控制
3.开发容量控制
策略二：坊巷主题赋予
面——打造差异板块
制定各片区差异化的主导功能和业态，构建三大街区功能板块，分别为民俗文化街区、综合商业街区、文化创业街区。
线——厘清主街次巷
将街巷作为古城营造街市共甦的核心。
主街，注入旅游性商业功能；
次巷，注入生活性服务功能。
点——注入新鲜活力
以面和线为基础，呈点状布置业态，主要包括零售业、餐饮业、休闲娱乐业、住宿办公业、创意产业五种类型。
图例
民俗文化街区
综合商业街区
文化创意街区
主街
次巷
休闲娱乐
商品零售
餐饮服务
住宿办公
创意产业
零售业
餐饮业
休闲娱乐业
住宿办公业
创意产业
策略三：文化活动注入 植入12月节事活动
一月
二月
三月
四月
五月
六月
七月
八月
九月
十月
十一月
十二月
喜迎元旦
迎春会
关中民俗节
清明忠孝文化节
田园劳动节
民俗文化展
书画艺术展
曲艺文化节
花鸟鱼虫会
美食节
开斋节
宰牲节
植入夜间旅游活动
夜宵小吃
街头演出
灯光景观
回坊夜游
个性住宿
节庆游街
鸟瞰图
容万象的长安文化片
最市井的魅力回坊区

街市共甦·新坊慢活——西安市洒金桥地段城市更新规划设计

样板闪耀

共文化样板现状剖析

要素与问题

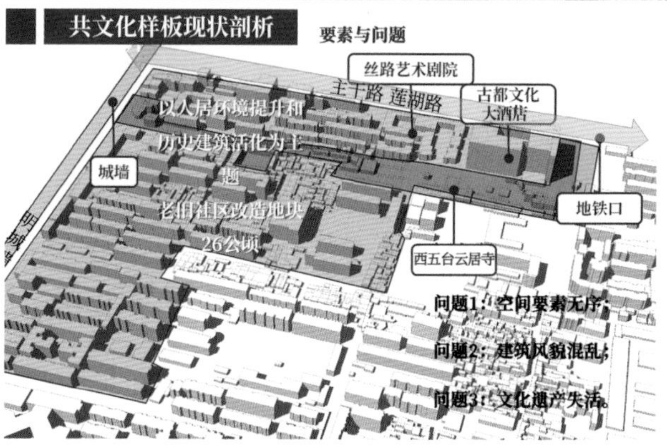

上位规划承接

地块功能/空间结构承接

①民俗风情印象轴（洒金桥）南北贯通，考虑街巷公共空间打造和市井文化、美食文化的融入；

②连接邻里互融共生休闲心和西五台云居寺，考虑邻里客厅、邻里公园的规划设计。

共文化样板解读

历史要素串联：规划通过三大策略提升地块，延续"商、寺、弄、园、门"的历史长廊空间序列，形成城墙—古寺—广场的唐风记忆长廊。

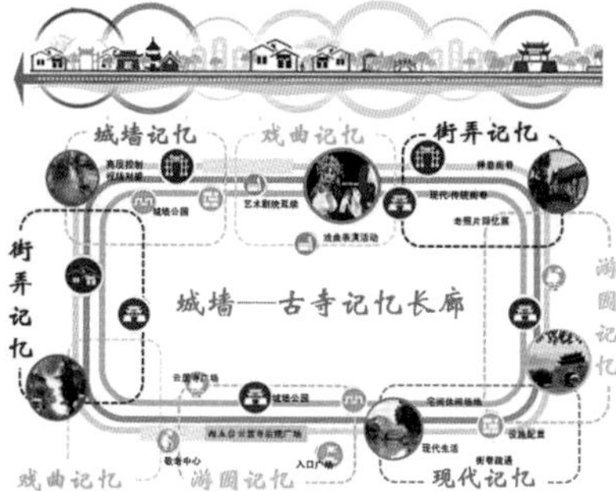

整体风貌控制：两侧打造新中式住宅进行风貌协调，新建具有坡屋顶和玻璃元素的文化展廊。

主色 点缀色

建筑立面色调

玻璃 坡屋顶

玻璃和坡屋顶色调

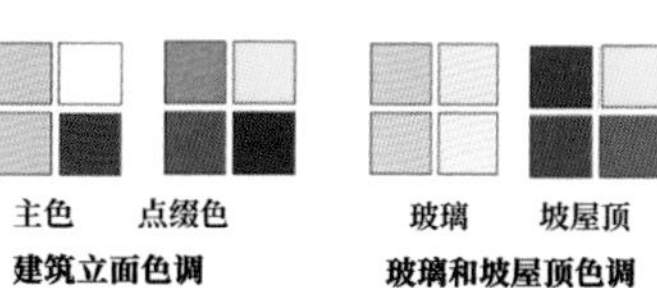

文化场景焕活：植入文化旅游、娱乐休闲等功能业态，形成充满活力的文化轴线。

设置观光电梯直接上城墙。

观影长廊展现西安历史文化，日常举办艺术展。

日常：休憩停留；

特殊时期：举办活动，开展创意集市，布置商业与文化艺术活动，售卖西安文创品、特产、艺术作品等。

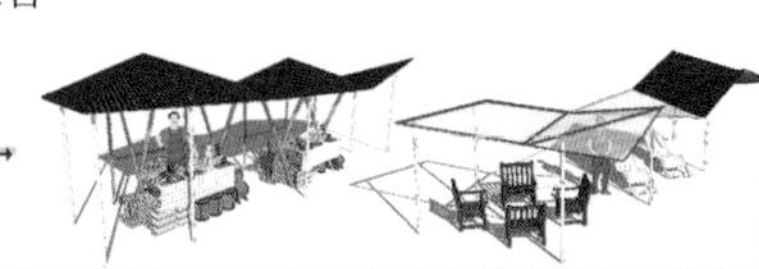

共文化样板规划设计

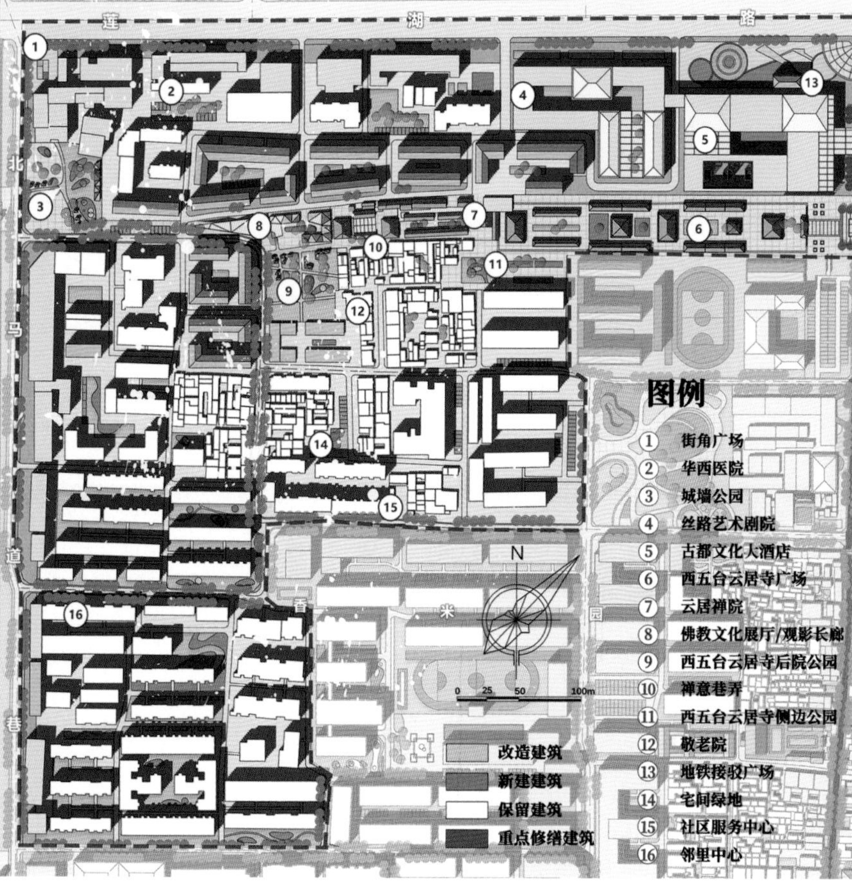

街市共甦·新坊慢活——西安市洒金桥地段城市更新规划设计
样板闪耀 柒

共创业样板现状剖析
要素与问题
以产业模式打造和人居环境改善为主题的产业共创样板区
产业发展样板区地块22公顷
老坊新欣
第十五中学
住宅
商业办公
教育
社区服务
西仓骈集
传统风貌居住区
问题1：产业体系混杂，效益低；
问题2：业态物质空间质量不佳；
问题3：原有建筑利用率低，居民参与感弱。
上位规划承接
地块功能/空间结构承接
商业文创片区
现代风貌居住区
传统风貌居住区
公共广场/绿地
传统风貌居住区
公共服务设施
"两轴两带，一心一环"
上位功能结构
景观功能结构
民俗风情轴、市井活力轴承接，打造洒金桥和庙后街特色街市；
西仓骈集：承接系统内的景观节点，引导人流走向；
现代风貌居住片细分为四个功能片区；
光明巷入口广场和西仓骈集口袋公园；
细化光明巷餐饮商业轴线和通行绿廊。
共创业样板解读
产业体系梳理：通过与周边的餐饮商业街和居住区结合，布置以创意文创为主的工作样板。
餐饮
生活购物
休闲娱乐
居住区
历史街巷
文创产品
民宿业态
步行游憩
创意集市
创作空间
创业
游览
体验空间
入驻青年
外来游客
西仓
商铺租客
本地居民
贸易场所
商业
生活
社区配套
特色聚集
百货零售
公共空间
农贸集市
仓储遗产建筑策划：活化利用仓储遗存等大型建筑，结合周边业态，考虑多方需求。
开放界面，引人入胜：打开仓库原有的封闭立面，打造吸引人的空间。
向外延伸，灰空间打造：统一屋顶风格，延伸活动空间。
空间链接，院落新生：协调屋顶，增加进深的次序感，强化序列。
民居改造，创收立业：提升原有人居环境，引入新人群，不仅仅是游客和投资商，本地居民也可以通过对自家房子的改造和提升获得收入。
以院落为单位梳理
屋顶改造，院落更新
产权不明，乱搭乱建
明确产权，梳理空地
传统民居改造
民宿鸟瞰图
社区服务中心

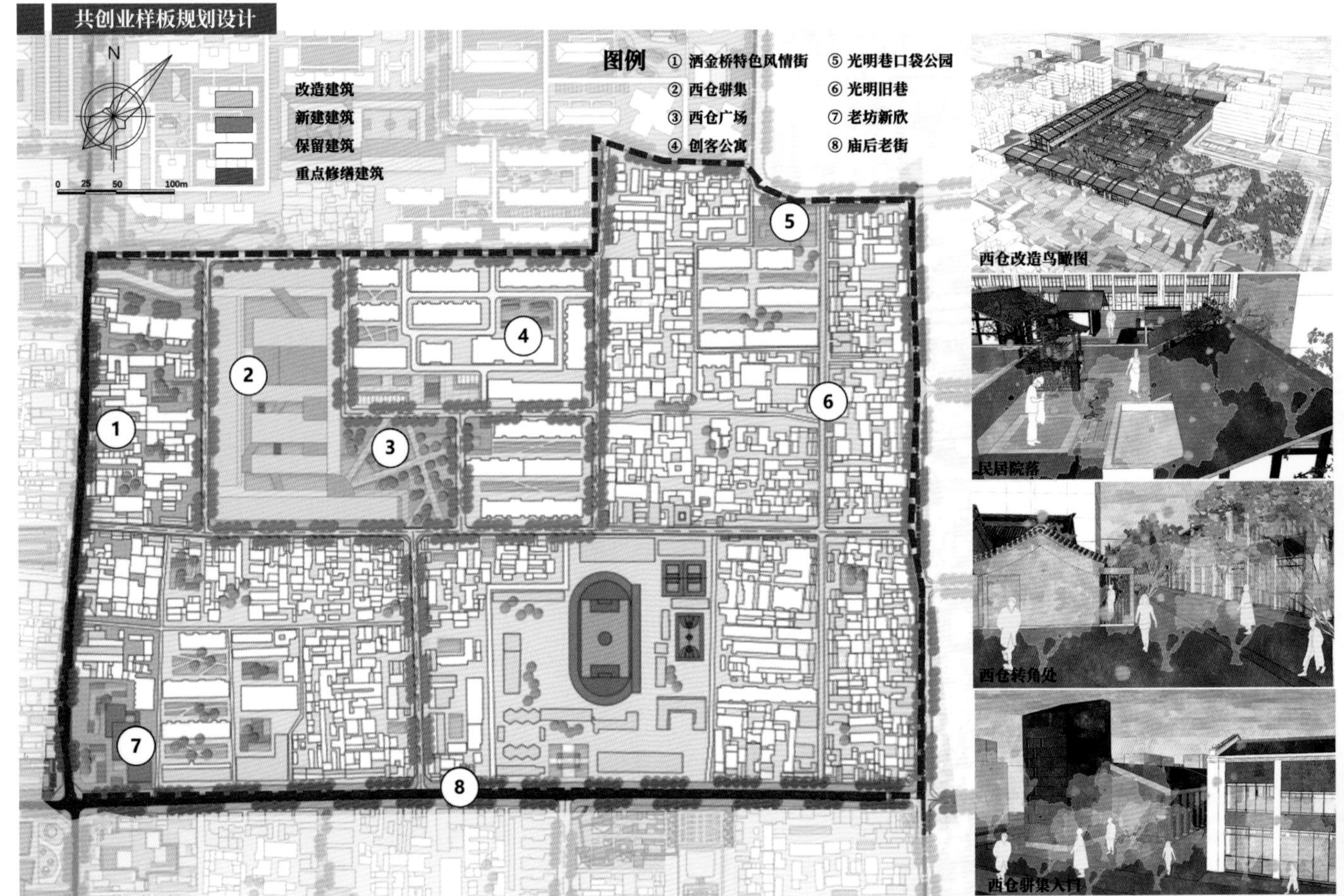

共创业样板规划设计
N
改造建筑
新建建筑
保留建筑
重点修缮建筑
0 25 50 100m
图例
① 洒金桥特色风情街
② 西仓骈集
③ 西仓广场
④ 创客公寓
⑤ 光明巷口袋公园
⑥ 光明旧巷
⑦ 老坊新欣
⑧ 庙后老街
西仓改造鸟瞰图
民居院落
西仓转角处
西仓骈集入口

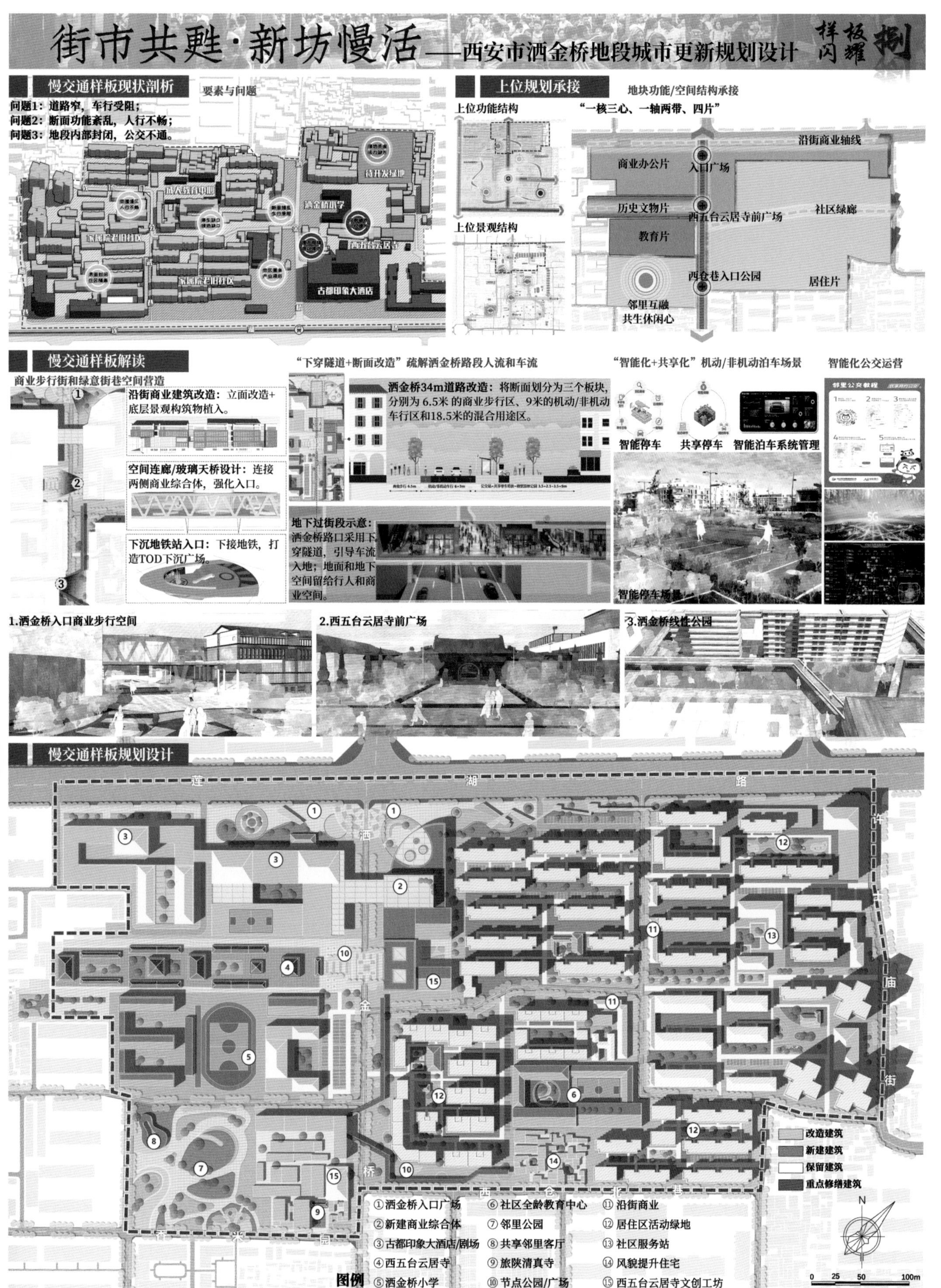
街市共甦·新坊慢活——西安市洒金桥地段城市更新规划设计
样板闪耀
慢交通样板现状剖析
要素与问题
问题1：道路窄，车行受阻；
问题2：断面功能紊乱，人行不畅；
问题3：地段内部封闭，公交不通。
上位规划承接
地块功能/空间结构承接
上位功能结构
上位景观结构
"一核三心、一轴两带、四片"
沿街商业轴线
商业办公片
入口广场
历史文物片
西五台云居寺前广场
社区绿廊
教育片
西仓巷入口公园
居住片
邻里互融共生休闲心
慢交通样板解读
商业步行街和绿意街巷空间营造
沿街商业建筑改造：立面改造+底层景观构筑物植入。
空间连廊/玻璃天桥设计：连接两侧商业综合体，强化入口。
下沉地铁站入口：下接地铁，打造TOD下沉广场。
"下穿隧道+断面改造"疏解洒金桥路段人流和车流
洒金桥34m道路改造：将断面划分为三个板块，分别为6.5米的商业步行区、9米的机动/非机动车行区和18.5米的混合用途区。
地下过街段示意：洒金桥路口采用下穿隧道，引导车流入地；地面和地下空间留给行人和商业空间。
"智能化+共享化"机动/非机动泊车场景
智能停车
共享停车
智能泊车系统管理
智能停车场景
智能化公交运营
1.洒金桥入口商业步行空间
2.西五台云居寺前广场
3.洒金桥线性公园
慢交通样板规划设计
莲湖路
洒金桥
西仓北巷
香米园
庙后街
改造建筑
新建建筑
保留建筑
重点修缮建筑
图例
①洒金桥入口广场
②新建商业综合体
③古都印象大酒店/剧场
④西五台云居寺
⑤洒金桥小学
⑥社区全龄教育中心
⑦邻里公园
⑧共享邻里客厅
⑨旅陕清真寺
⑩节点公园/广场
⑪沿街商业
⑫居住区活动绿地
⑬社区服务站
⑭风貌提升住宅
⑮西五台云居寺文创工坊
N
0 25 50 100m

街市共甦·新坊慢活——西安市洒金桥地段城市更新规划设计

样板闪耀 秋

最市井样板现状剖析

要素与问题

问题1：配套设施不完善。	问题2：环境品质待提升。	问题3：特色空间无亮点。
设施存在缺位　规模质量不佳	绿化水平不高　缺乏体系引导	公共空间欠缺　交流场景匮乏
完整社区构建：通过不同层级的生活圈划定与覆盖补齐、完善规模，解决缺位和质量问题，实现完整社区的构建。	景观层级丰富：在二维景观体系构建完善的基础上，针对缺绿地段进行三维织补增绿，丰富提升片区的环境品质。	人群交流融合：在注重公共空间营造的基础上，根据不同空间的特性建立混合功能引导，并配以相应设施构件，实现增亮点、促融合。

上位规划承接

地块功能/空间结构承接

一级功能结构承接

主要承接民俗风情印象轴、城墙历史展示轴和沿街商业服务功能轴，以及一个两轴交汇的街市共甦魅力核与邻里互融共生休闲心，并考虑体系串联与复合型特色功能空间营造。

二级功能结构承接

①细分为三个功能片区；②细化两个二级节点，即城墙公园城门和桥梓口地铁站及周边；③细化两条二级轴线，即贡院门至香米园和西举院巷至大麦市街。

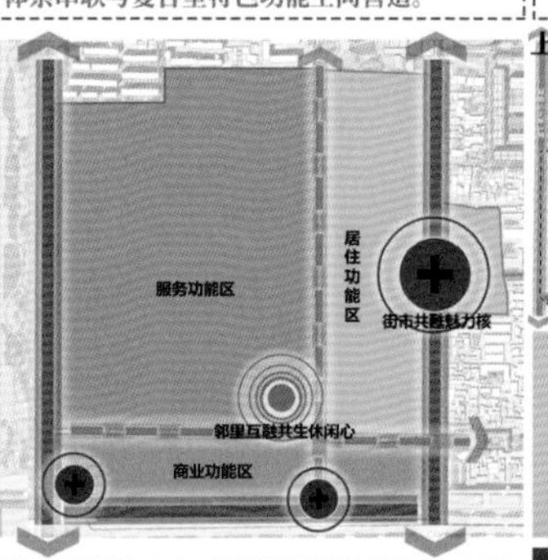

上位功能结构　上位景观结构

一核引领，节点联动，区域提升

通过结构梳理和体系优化，形成“一核引领，节点联动，区域提升”的空间模式，打造一个景观层级丰富、设施完善的宜居慢活样板。

慢生活样板规划设计

慢生活样板解读

完整社区构建

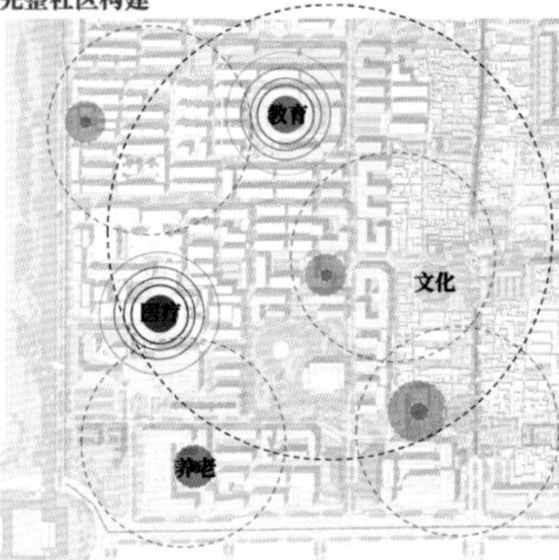

根据完整社区构建要求，在划定不同层级生活圈的基础之上，依托现有资料和数字化分析手段，进行设施覆盖的短板补齐以及质量规模的完善，整体解决缺位和质量问题，实现完整社区的构建计划。

景观层级丰富

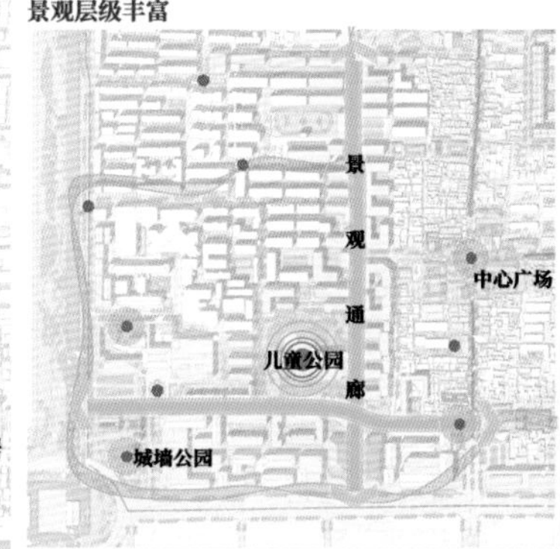

在二维景观体系上，综合采用中央绿廊、景观通廊、口袋公园、视线通廊的设计方法，依托场地本身，打造宜人、体系丰富的景观公共空间，串联景观要素、系统组织，提升步行体验。

居住生活片

城市客厅　儿童公园　回坊历史陈列馆　老坊新心　教育设施　城墙公园

街道增绿　闲置造绿　空中覆绿

老坊新心

空间结构

老两轴交汇处设计老坊新心。功能上，融合宗教、市井、美食等要素，保留清真西寺，打造牛羊步行街、特色商业综合体及回坊历史陈列馆；空间上向东放大，引导人流。

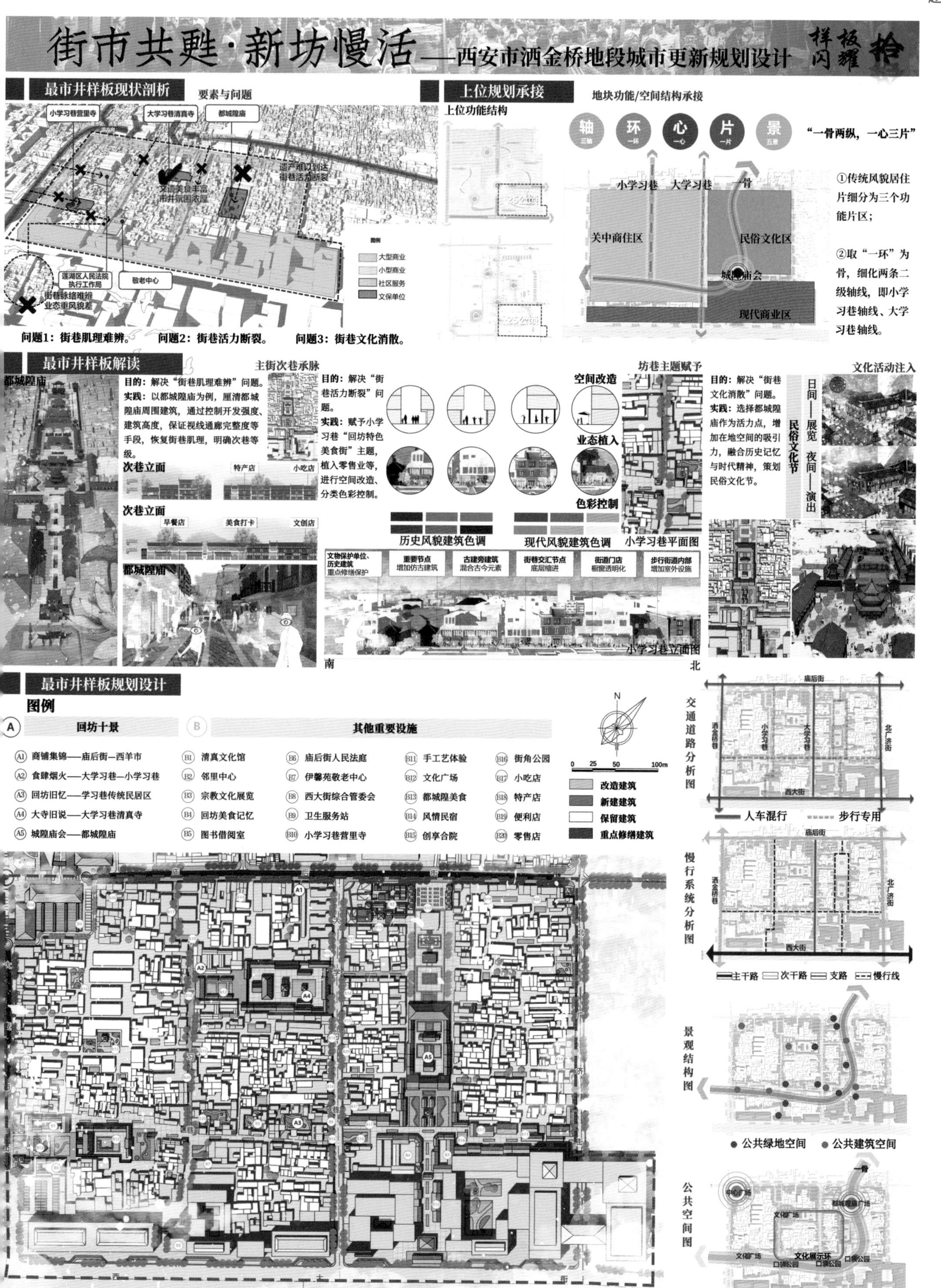

街市共甦·新坊慢活——西安市洒金桥地段城市更新规划设计
样板闪耀 拾
最市井样板现状剖析
要素与问题
小学习巷营里寺
大学习巷清真寺
都城隍庙
文创美食丰富 市井氛围浓厚
遗产难以到达 街巷活力断裂
莲湖区人民法院执行工作局
敬老中心
街巷脉络难辨 业态重风貌差
图例
大型商业
小型商业
社区服务
文保单位
问题1：街巷肌理难辨。
问题2：街巷活力断裂。
问题3：街巷文化消散。
上位规划承接
上位功能结构
地块功能/空间结构承接
轴 三轴
环 一环
心 一心
片 一片
景 五景
“一骨两纵，一心三片”
小学习巷
大学习巷
一骨
关中商住区
民俗文化区
城隍庙会
现代商业区
①传统风貌居住片细分为三个功能片区；
②取“一环”为骨，细化两条二级轴线，即小学习巷轴线、大学习巷轴线。
最市井样板解读
都城隍庙
主街次巷承脉
目的：解决“街巷肌理难辨”问题。
实践：以都城隍庙为例，厘清都城隍庙周围建筑，通过控制开发强度、建筑高度，保证视线通廊完整度等手段，恢复街巷肌理，明确次巷等级。
次巷立面
特产店
小吃店
次巷立面
早餐店
美食打卡
文创店
都城隍庙
目的：解决“街巷活力断裂”问题。
实践：赋予小学习巷“回坊特色美食街”主题，植入零售业等，进行空间改造、分类色彩控制。
空间改造
业态植入
色彩控制
历史风貌建筑色调
现代风貌建筑色调
坊巷主题赋予
小学习巷平面图
文物保护单位、历史建筑 重点修缮保护
重要节点 增加仿古建筑
古建旁建筑 混合古今元素
街巷交汇节点 底层缩进
街道门店 橱窗透明化
步行街道内部 增加室外设施
小学习巷立面图
南
北
文化活动注入
目的：解决“街巷文化消散”问题。
实践：选择都城隍庙作为活力点，增加在地空间的吸引力，融合历史记忆与时代精神，策划民俗文化节。
民俗文化节
日间——展览
夜间——演出
最市井样板规划设计
图例
A 回坊十景
B 其他重要设施
A1 商铺集锦——庙后街—西羊市
A2 食肆烟火——大学习巷—小学习巷
A3 回坊旧忆——学习巷传统民居区
A4 大寺旧说——大学习巷清真寺
A5 城隍庙会——都城隍庙
B1 清真文化馆
B2 邻里中心
B3 宗教文化展览
B4 回坊美食记忆
B5 图书借阅室
B6 庙后街人民法庭
B7 伊馨苑敬老中心
B8 西大街综合管委会
B9 卫生服务站
B10 小学习巷营里寺
B11 手工艺体验
B12 文化广场
B13 都城隍美食
B14 风情民宿
B15 创享合院
B16 街角公园
B17 小吃店
B18 特产店
B19 便利店
B20 零售店
N
0 25 50 100m
改造建筑
新建建筑
保留建筑
重点修缮建筑
交通道路分析图
庙后街
洒金桥街
小学习巷
大学习巷
北广济街
西大街
人车混行
步行专用
慢行系统分析图
主干路
次干路
支路
慢行线
景观结构图
公共绿地空间
公共建筑空间
公共空间图
一骨
中心广场
都城隍庙广场
文化广场
文化展示环
口袋公园

福建工程学院

寻根存韵，乐居智城

精准·传承：西安市历史城区局部地段城市更新规划设计

01 寻根存韵，乐居智城

——精准·传承：西安市历史城区局部地段城市更新规划设计

背景研究

□上位规划衔接

西安印象

听西安的城市声音符号

钟鼓楼：西安600年前的城市声音符号　秦腔：中国西北最古老的戏剧之一　西仓：浓缩了大半个西安的生活味

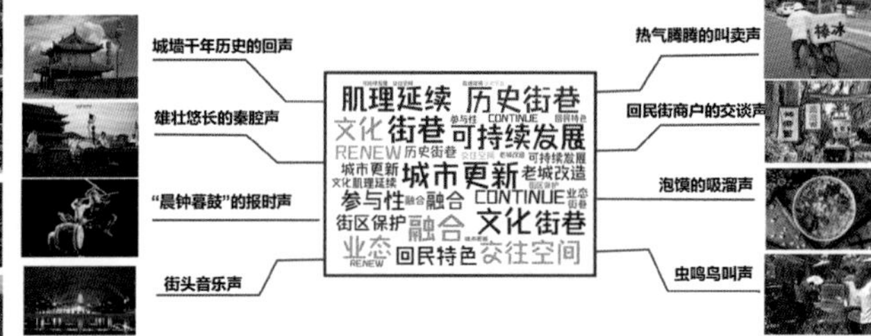

声音景观

地块内声音动静情况不同，莲湖路和西大街靠近城市道路，较为喧闹；洒金桥、回民街等重点地段游客较多，环境嘈杂；西仓东西南北四条街巷人群吵吵嚷嚷，雀鸟叽叽喳喳，叫卖声此起彼伏。

声音是西安城市的符号，随处可见的声音符号是西安城市融合的地域文化特征。西安这座古都，较好地保存了先人留给我们的宝贵遗产。

西安声音

现状分析

□基地概况

洒金桥区域范围

北院门历史文化街区核心保护范围面积73.4公顷，洒金桥片区涉及历史文化街区核心保护范围面积约20公顷，建设控制地带面积约117公顷。

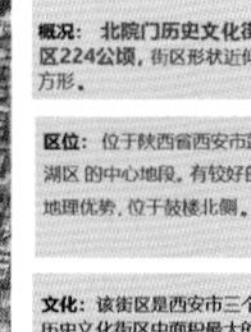

北院门历史文化街区	洒金桥片区
概况：北院门历史文化街区224公顷，街区形状近似方形。	概况：基地用地面积约137公顷，洒金桥主街（大麦市街）全长1200米，是西安历史文化名城中重要的多层叠代历史街巷、城市旧城中亟须更新提质的区域。
区位：位于陕西省西安市莲湖区的中心地段，有较好的地理优势，位于鼓楼北侧。	区位：洒金桥片区位于陕西省西安市莲湖区的回坊内，北起莲湖路，南至新寺巷，涵盖了北院门历史文化街区的中心位置。
文化：该街区是西安市三个历史文化街区中面积最大的街区，文物保护单位集中。	文化：该片区整体保留明清风貌，拥有历史街巷20处、各级文物保护单位17处、历史建筑1处、古树名木8棵。
宗教：道教、佛教和伊斯兰教等宗教文化交融，但以伊斯兰教为主。	宗教：以伊斯兰教为主，基地内清真寺众多，也有部分佛教祭祀建筑。
生活：该街区是西安传统商业和居住的典型代表。	生活：该片区是北院门历史文化街区内历史最悠久、资源最丰富、文化最包容、生活最西安的片区。

莲湖区区位：位于市中心西北，跨越城墙内外，西安市三个老城区之一，五个城市核心区之一。

北院门历史文化街区区位：位于陕西省西安市莲湖区的中心地段，有较好的地理优势。

洒金桥区位：位于北院门历史文化街区的西侧，交通便利。

□上位规划衔接

□上位规划解读

□ 目标定位

《西安市城市总体规划（2008—2020年）》确定西安的城市性质为世界著名古都、历史文化名城。主要城市职能为国际旅游城市、新欧亚大陆桥中国段中心城市之一、陕西省政治经济文化中心、"一线两带"的核心城市。

根据上位规划，洒金桥片区定位为旅居一体的历史文化片区。

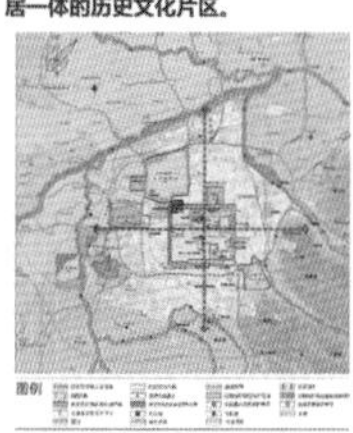
《西安市城市总体规划（2008—2020年）》图

□ 老城整体格局保护

《西安历史文化名城保护规划（2020—2035年）》体现历史城区的空间格局呈现为"一环、三轴、三片、多地段、多点"的传统格局形态。

洒金桥基地为其重要组成部分，要求整体保护历史城区内体现传统格局特征的城墙区域、历史轴线、街巷及重要的文化遗产点，注重保护空间格局和风貌环境，并展现文化内在关联；加强历史城区风貌整体管控，运用城市设计手段保护和延续历史城区传统格局和特色风貌。

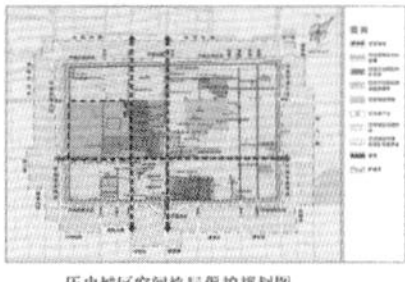
历史城区空间格局保护规划图

□ 加强城市风貌管控，实行高度分区管控

总体规划提出，老城内严格实行建筑高度分区控制，逐步改造现有超高建筑：城墙内侧100米以内建筑高度不得超过9米；100米以外，以梯级形式过渡；以东、西、南、北城楼内沿线中心为点，半径100米范围内为广场、绿地和道路；钟楼至东、西、南、北城楼划定为文物古迹通视走廊。

洒金桥基地宜精准分析划片，加强景观风貌管理，将历史文化街区、历史地段及重要公共空间作为景观风貌重点管控区域，实现高度分区管控和景观风貌要素引导。

北院门历史文化街区保护规划图

□ 街巷保护

根据历史风貌的保存状况将历史街巷划分为一级历史街巷、二级历史街巷、三级历史街巷三个等级，根据各等级提出保护措施。

在名城保护规划中，洒金桥片区的大麦市街属于一级历史街巷，洒金桥属于二级历史街巷。一级历史街巷原则上不得拓宽，严格保护街巷尺度，保护街巷两侧历史风貌，对影响街巷历史风貌的建筑进行整治，保护具有历史风貌特征的围墙、路灯、地面铺装、绿化小品等要素。二级历史街巷原则上不宜拓宽，保持现有走向和肌理，新建建筑应延续街巷历史风貌特色。

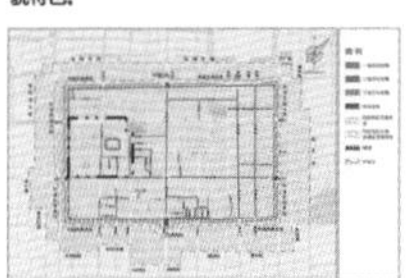
历史城区历史街道保护规划图

□ 文物保护

保护范围管控要求：不得进行其他建设工程或者爆破、钻探、挖掘等作业，新建、保护、展示及辅助设施的规模、形式、色彩均应与城墙的整体环境氛围相协调，并按照相关法律、法规要求，履行报批程序。建设控制地带管控要求：不得建设污染文物保护单位及其环境的设施，不得进行可能影响文物保护单位安全及其环境的活动。洒金桥基地片区内包含西五台云居寺、大麦市街38号民居、小学习巷营里寺三个文物保护单位，宜按照上位规划文物保护管控要求进行保护和发展。

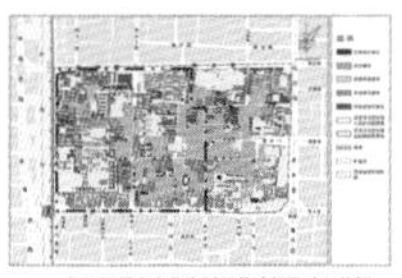
北院门历史文化街区现状建筑风貌评估图

□ 城墙保护

为了加强西安城墙及其周边地区的统筹规划，进行全方位保护，同时也与《西安历史文化名城保护条例》相衔接，规定"西安城墙的保护范围分为重点保护区和建设控制区。重点保护区为城墙内侧20米至环城路的区域和东、西、南、北门门楼内外侧的广场、绿地；建设控制区为城墙内侧20米至100米的区域，以及环城路以外180米以内的区域"。

洒金桥片区西侧含古城墙，宜按照上位规划要求对其进行不同的精准划线分区保护。

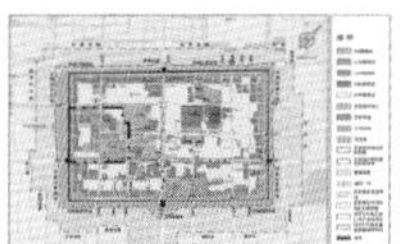
历史城区建筑高度控制及景观视廊规划图

□基地及周边分析

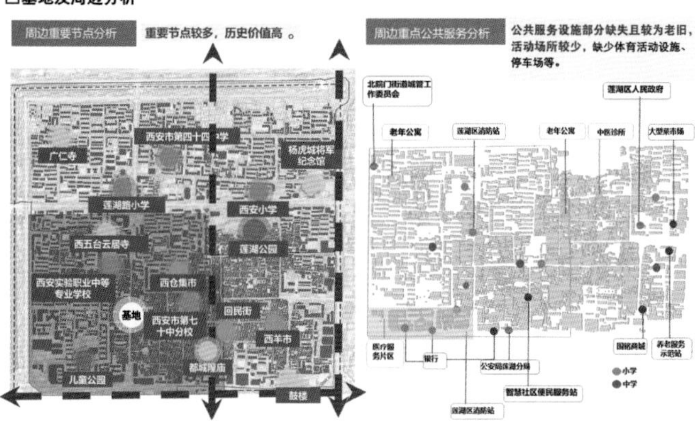

周边用地功能分析

SITE

居住　商业　市政　文保　公园

基地周边文化、教育、居住、商业功能齐全，并以居住功能为主，紧挨莲湖公园，基地历史价值较高。

周边交通分析

SITE

（在建）

公交站点　地铁站点　主干道

基地周边地铁站共有四个，公交站点多，公共交通出行方便。

02 寻根存韵，乐居智城

——精准·传承：西安市历史城区局部地段城市更新规划设计

现状分析

□交通分析

□交通概况

特点总结

基地内交通主要是交通性干道和生活性街巷。

出行方式

公共交通主要为公共汽车和地铁两种出行方式。

基地内公共汽车路线分布在主干路莲湖路、北大街、西大街和北马道巷沿线。

地铁一号线自西向东穿过地块，地铁二号线沿东面主干路。基地内地铁路线分布在主干路北大街、莲湖路沿线。地铁站点300米范围覆盖面积有限。

具体分析

洒金桥基地内机动车路线分布在次干路和支路上；洒金桥基地内非机动车路线分布在次干路、支路及所有巷道上。

公共交通路线分布图

基地内非机动车路线分布图

基地内机动车路线分布图

□道路交通现状

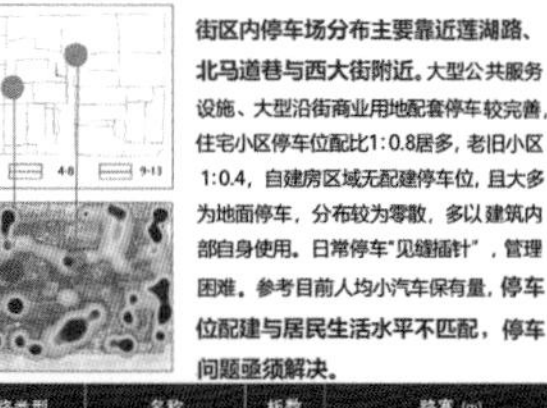

街区内停车场分布主要靠近莲湖路、北马道巷与西大街附近。大型公共服务设施、大型沿街商业用地配套停车较完善，住宅小区停车位配比1:0.8居多，老旧小区1:0.4，自建房区域无配建停车位，且大多为地面停车，分布较为零散，多以建筑内部自身使用。日常停车"见缝插针"，管理困难。参考目前人均小汽车保有量，停车位配建与居民生活水平不匹配，停车问题亟须解决。

道路类型	名称	板数	路宽 (m)
主干道	莲湖路	3	37
	西大街	3	38
次干道	洒金桥	1	10
	大皮院	3	30
	庙后街	1	16
	大学习巷	1	11
	洒金桥	1	10
支路	西举院巷	1	14
	北广济街	1	11
	红埠街	1	12.5
	大莲花池街	1	8

□文化资源分析

□非物质文化遗产

民间美术

莲湖面塑制作技艺，以小麦面粉为主料，结合色素调成不同色彩，做成艺术形象，最早史料记载可追溯到唐朝。
西安剪纸，历史悠久。至今，西安剪纸仍盛传不衰，魅力不减，并以其内容多样、手法奇特、格外的乡土美等特色而饮誉于世。

传统体育

路氏白猿通背拳的特点是身法，相对于别家通背拳来说，其身形变化比较多，所以感官性特别强，具有很高的观赏性。
陈氏太极拳老架，架势舒展大方，步法轻灵稳健，身法中正自然，内劲统领全身，以缠丝劲为核心。动作以腰为主，节节贯穿，一动则周身无有不动，一静即百骸皆静。

传统手工技艺

在近一个世纪的发展中，西安饭庄始终以"食领三秦"、继承和弘扬陕菜为己任，不断致力于陕菜的挖掘、传承与创新，素以"陕西风味大全"闻名于世，已有近百年的历史。
羊肉泡馍有着悠久的历史，传沿演变至今已有两千多年的历史。同盛祥牛羊肉泡馍料重味醇，肉烂汤浓，馍筋光滑，香气四溢，风味独特。

民间音乐

西安鼓乐，流传于西安及周边地区的传统音乐，是世界非物质文化遗产之一，保存了大量史传曲目名录中的鲜活曲谱，被认为是"无声的中国音乐史"。

传统戏曲

秦腔，中国汉族最古老的戏剧之一，起于西周，源于西府。秦腔成形后，流传全国各地，其整套成熟完整的表演体系，对各地的剧种产生了不同程度的影响。

德发长饺子宴配餐丰富科学，给宾客一种"一餐饺子宴，尝遍天下鲜"的感受，被国内外宾客誉为"千古风味"。
"德懋恭水晶饼"是陕西地区传统美食，水晶饼小巧玲珑，皮酥馅足，滋润适口，层次分明，油多吃而不腻，糖重入口渗甜，有浓郁的玫瑰和橘饼清香，被称为"秦点之首"。

□非物质文化遗产

传统技艺

九连环是陕西省唯一一个游戏类非遗项目。其采用民间竹扎手工技艺，用一根根普通的小竹棍，切割、打孔、穿插，构成一个个精巧绝伦又极具艺术感的造型，惟妙惟肖。

云堆技艺是一种带有浓郁宗教色彩的传统工艺，所塑造的作品多供奉于家庙及祠堂、寺庙。最早可追溯到北宋，民间柳姓工匠以塑造庙宇神像为业，开创出"云堆技艺"，意指祥云堆积起来的神佛塑像。
大漆工艺，传统工艺制作项目，传承千年。用天然生漆涂在各种器物的表面上，所制成的日常器具及工艺品、美术品等，一般称为"漆器"。

风筝扎制时以"魏氏风筝"的仿真工艺扎糊风筝骨架和形体，将宁简勿繁、宁轻勿重和"艳而不厌"的理念和要领贯穿于各道制作工艺之中。

传统习俗

城隍神源于周代天子八蜡中的水墉神，后逐渐演化为城隍神。在后来发展中又与道教和佛教相融合，成为监管阴阳两界的保护神。西安都城隍庙供奉的是汉代刘邦麾下大将纪信。每年农历二月初八祭祀，后遂成庙会。

传统医药

马明仁膏药制作技艺，原名马氏膏药，是指晚清咸丰年间的骨病名医马六懿在研究前贤外治经验的基础上，结合自身实践总结所创出的针对风湿骨病、颈肩腰椎顽疾的膏药制作技艺。始创于咸丰十年，既有隋唐一千六百年来膏药制作技艺的完整性，又在西北地区及中原大地独具代表性。
王氏脊柱正骨手法起源于明清时代，立足于西安，分布广泛。先师王丹阳道人，总结前人理论、个人经验以及道家养生法则创立此手法。

相关历史人物

宇文恺 中国古代杰出建筑学家、城市规划专家，主持营建了隋大兴城长安城。

孔从洲

高文明

梁硕三

魏野畴

李根源 民国陕西省长，近代名士、中国国民党元老、上将，爱国人士。

□物质文化遗产

历史建筑及文保单位

北院门历史文化街区内国家级、省级、市级文物保护单位集中。拥有五处国家级文物保护单位（西五台云居寺、西安都城隍庙、大学习巷清真寺、西安清真大寺、鼓楼），四处省级文物保护单位（小皮院清真寺、大皮院清真寺、北院门1444号民居、化觉巷232号民居），五处市级文物保护单位（原市政府市长楼、原市政府礼堂、北广济街清真寺邦克楼、小学习巷营里寺、大麦市街38号民居）。

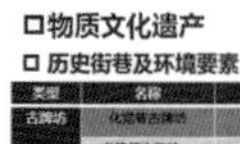

□物质文化遗产

□ 历史街巷及环境要素

根据历史风貌的保存状况将历史街巷划分为一级历史街巷、二级历史街巷、三级历史街巷三个等级，根据各等级提出保护措施。

在名城保护规划中，洒金桥片区的大麦市街属于一级历史街巷，洒金桥属于二级历史街巷。

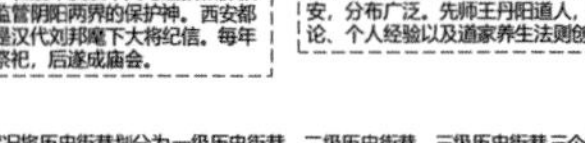

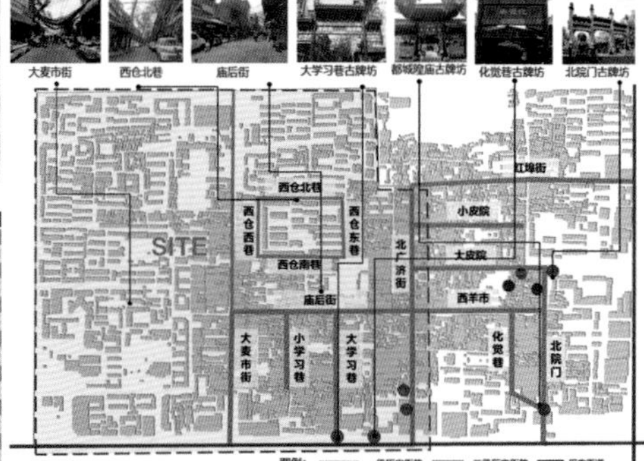

□人口构成

□ 基地范围人口数量

本次规划范围所属青年路街道办事处与北院门街道办事处，截至 2020 年底，范围内常住人口为123405人，占莲湖区总人口比重为12.11%。与 2010 年第六次全国人口普查相比，青年路街道办事处减少 8198 人，较2010年比重下降 3.41%，北院门街道办事处减少 6116 人，较2010年比重下降4.19%。

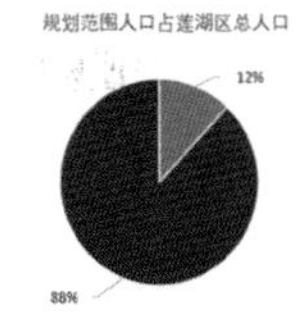

基地内家庭规模人口数远低于全国平均水平，基地人口占莲湖区人口比重有所下降，呈现出人口数量持续下降、家庭户规模紧缩的趋势。

□ 基地范围常住人口性别构成

本次规划范围所属青年路街道办事处与北院门街道办事处，截至2020年底，范围内常住人口中，男性人口为 60802 人，占49.27%；女性人口为62604 人，占 50.73 %。总人口性别比（以女性为 100，男性对女性的比例）为97.12。

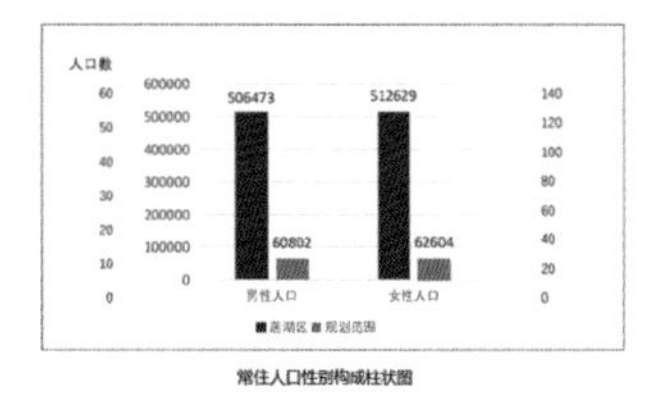

常住人口性别构成柱状图

对比分析可以得出基地内男女性别比例趋近于1：1，基地内女性人数略多于男性。

□绿地分析

□ 绿地与开敞空间

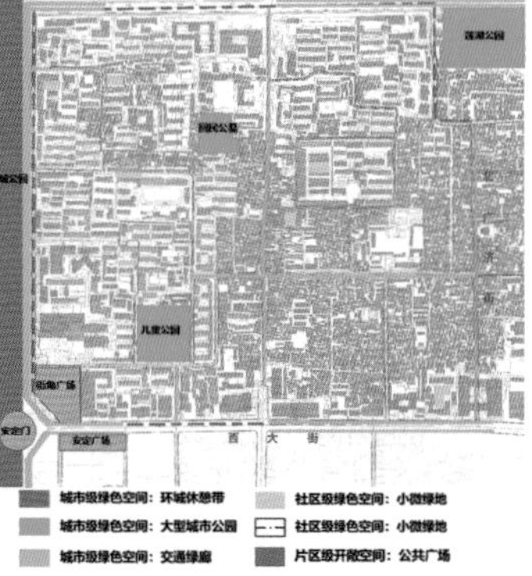

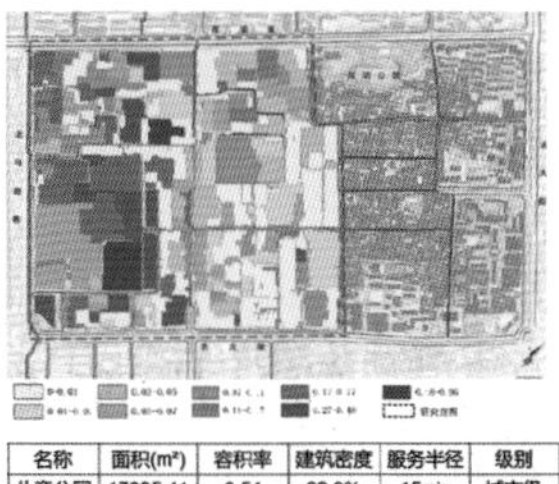

名称	面积(m²)	容积率	建筑密度	服务半径	级别
儿童公园	17805.41	0.54	22.9%	15min	城市级
莲湖公园	60000	—	—	15min	城市级
环城公园	49547.50	—	—	15min	城市级
街角广场	8952.81	0.072	1.8%	10min	片区级
安定广场	1632.69	—	—	10min	片区级
回民公墓	5896.47	0.62	13.9%	—	片区级
道路绿廊	—	—	—	—	—

基地内绿地率低，公共绿地、广场配置不足且不成体系，交通绿廊断续。无法满足居民生活需求，应增设绿地空间配置。

03 寻根存韵，乐居智城

——精准·传承：西安市历史城区局部地段城市更新规划设计

现状分析

□肌理分析（街巷）

□路网演变

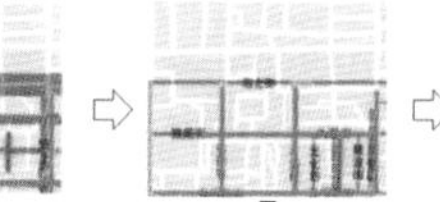
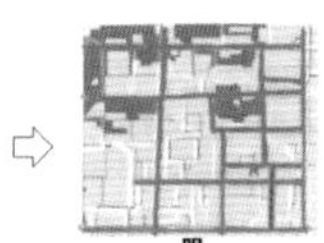
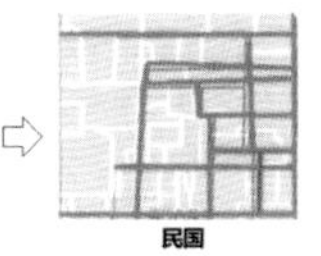
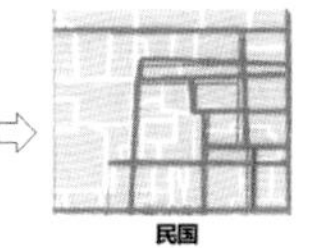

唐　元　明　民国

□街巷肌理特征

北院门历史文化街区延续了西安自唐朝就形成的棋盘式网格状的道路格局与街坊体系。

线　线性的街道相互交错形成街区骨架

面　一进进院落像树叶分布在街区骨架两侧

整体　建筑单体又按一定秩序组合成院落，其院落布局多为纵向多进深式，宅门面街

街道、院落、建筑在空间上层层递进，相互渗透，结合紧密，尺度宜人

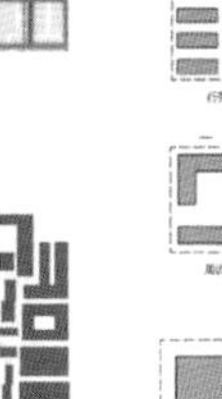

街区肌理特征

■北院门传统街区　■街区周边

为适应城市发展，街区周边的新建商业街已经失去了原有的棋盘式网格状肌理：

首先，主要道路只有北大街和西大街，所有商业建筑在道路两侧呈线性排列，直接面街，建筑与道路之间只有一种层级关系；

其次，建筑功能多为商业综合体，呈坐北朝南的块状或条状肌理，且建筑尺度比传统街区要大得多。

□街巷空间分析

场地肌理

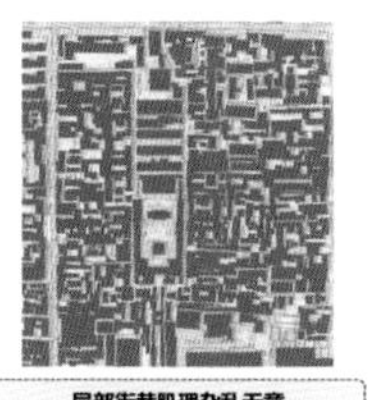
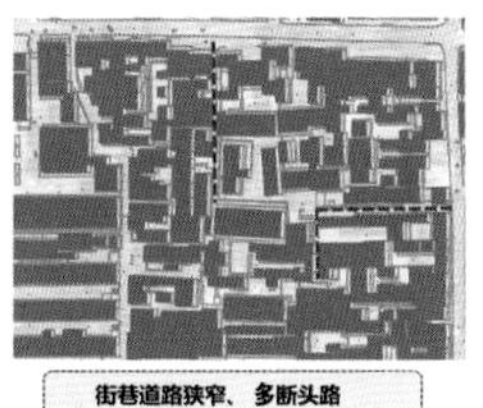

街巷属性

地块走势基本保存　局部街巷肌理杂乱无章　街巷道路狭窄、多断头路

沿街商业　步行空间活动　人群类型

居住建筑　步行空间　活动人群类型

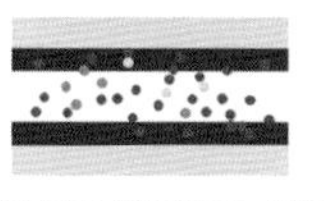
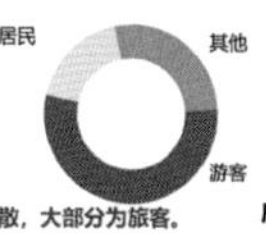

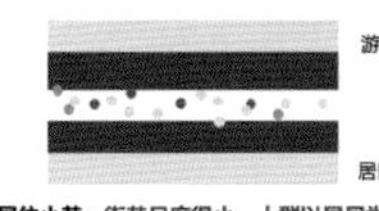

沿街商业：街巷尺度较大，人群多分散，大部分为旅客。

居住小巷：街巷尺度很小，人群以居民为主，集中活动较多。

街巷D/H比

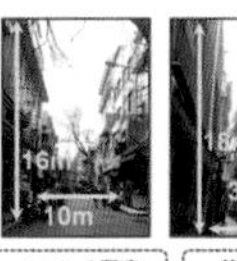

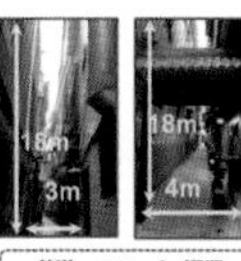
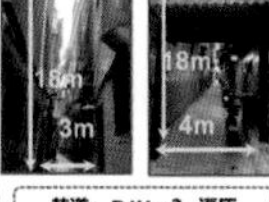

典型主干路：西大街 D/H<1 宽阔　典型次干路：北广济街 D/H=1 舒适　D/H<1 紧凑　巷道：D/H<3 逼仄

□街巷肌理分析

基地中多为超大尺寸街区，主要沿北广济街分布。基地中的街巷多为生活性街巷，只有洒金桥及回民街是以商业活动为主的商业性街巷。其中北广济街以及莲湖路多为居住区，建筑高度较高。以商业和商住为主要功能的庙后街界面以及洒金桥界面较为平缓。

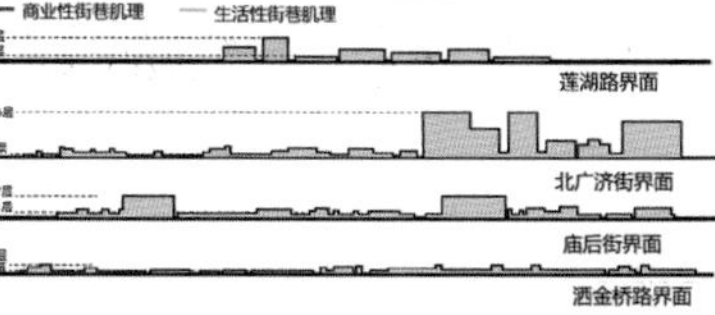

□肌理分析（院落）

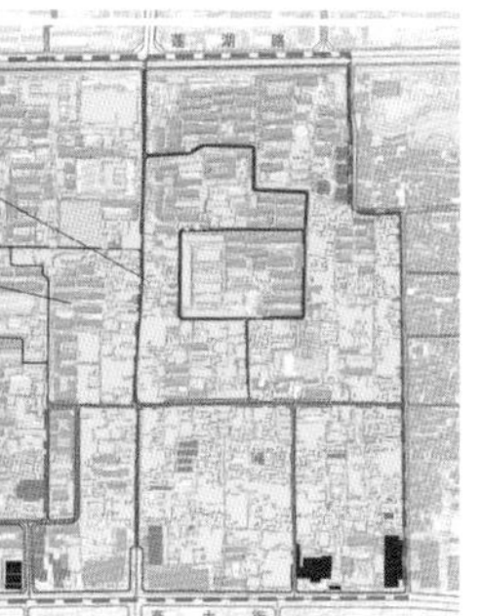

大学习巷——混合式空间肌理

庙后街——密排式空间肌理

基地内的建筑主要是以密排式、行排式及少部分的混合式组成。密排式及混合式多集中在以商住为主要功能的沿街周边，行排式多集中在居住小区以及一些公共建筑。

□肌理分析（建筑）

□建筑用途分析

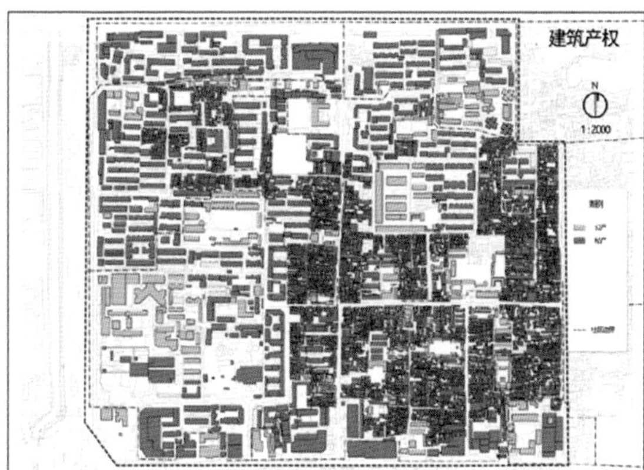

□建筑产权分析

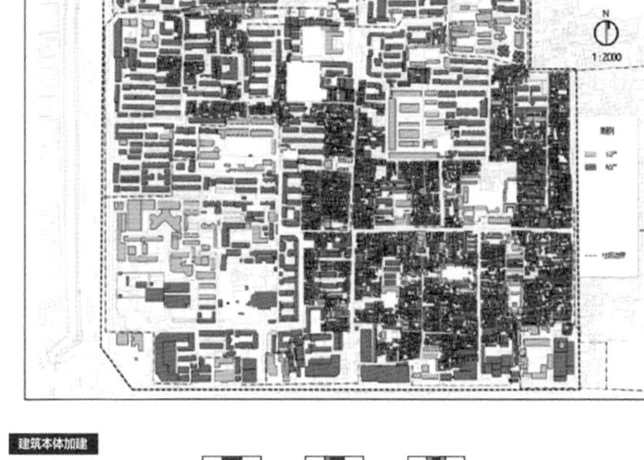

建筑本体加建

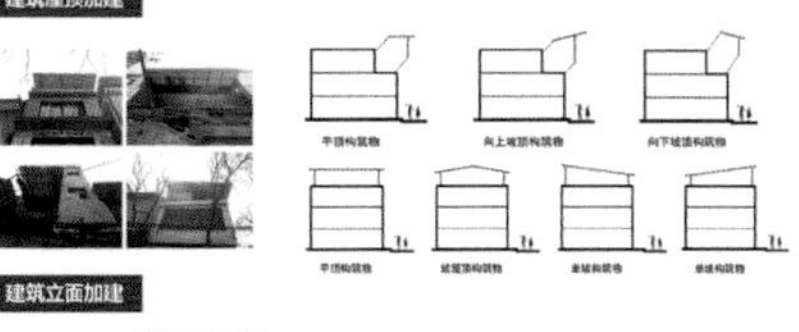

建筑本体加建主要发生在临街“下商上居”型建筑的居住部分，一栋建筑可能出现不同的加建手法和加建材料，致使建筑立面风貌呈现出层层叠加的混杂状态。

建筑屋顶加建

建筑屋顶加建构筑物主要分为镶嵌型和屋顶全覆盖型，在一定程度上丰富了街巷的空间形态，同样地也引起街巷空间相对以前的视觉效果变得更加狭窄。

建筑立面加建

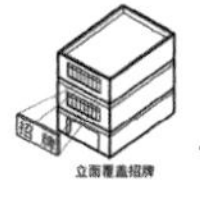
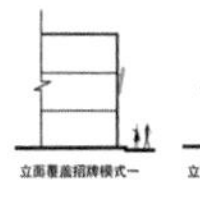

建筑立面加建主要有遮阳板、雨棚、广告牌、楼梯、门头等构筑物，此类型加建多为自发行为，形式多样的加建丰富了街巷的侧界面，但同时过多的颜色与材质使得街巷侧界面风貌趋于混乱。

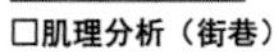

04 寻根存韵，乐居智城

——精准·传承：西安市历史城区局部地段城市更新规划设计

现状分析

□肌理分析（建筑）

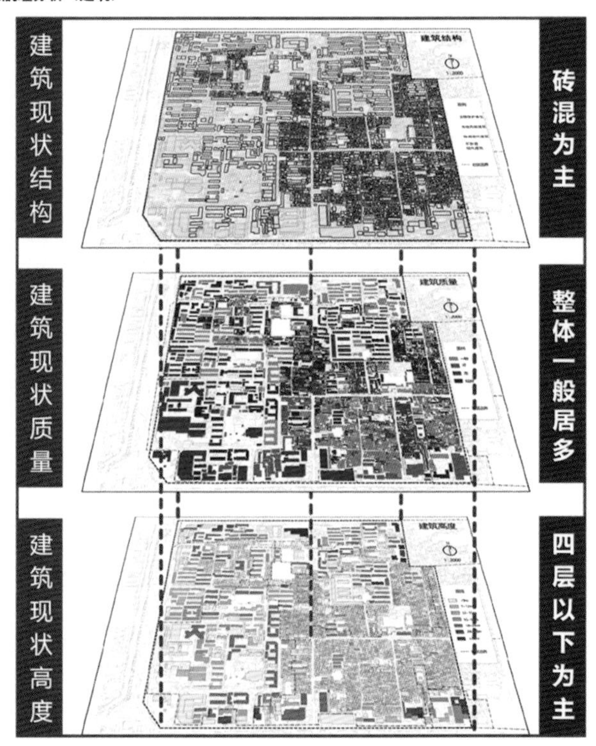

基地内建筑质量：西大街、莲湖路、北马道巷、北大街的高层商业住宅及公共设施商业，建筑质量较好，居民自建房建筑质量一般，临时简易房建筑质量差。

基地内建筑高度：以四层以下(小于12m)为主，多为居民自建房，集聚于街区内部；15m以上的建筑分布在基地范围的西侧及东北侧，这两处的建筑多为集中建设的家属院，政府对其管理程度相对更加严格，高层建筑主要沿莲湖路和西大街分布。

基地内建筑结构：以砖混结构为主，集聚于街区内部。

□建筑风貌分析

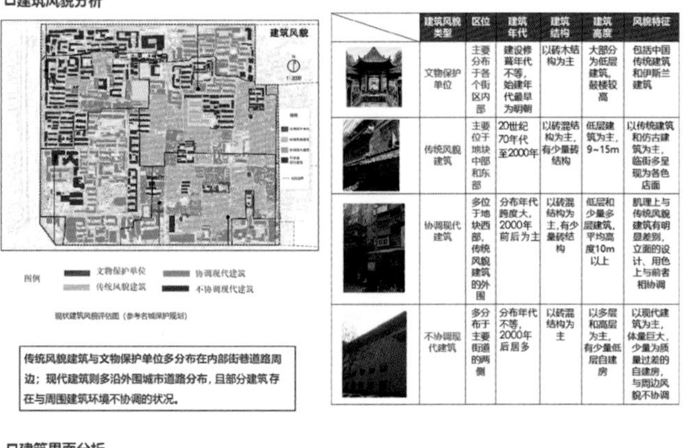

	建筑风貌类型	区位	建筑年代	建筑结构	建筑高度	风貌特征
	文物保护单位	主要分布于各个街区内部	建设修葺年代不等，始建年代最早为明朝	以砖木结构为主	大部分为低层建筑，鼓楼较高	包括中国传统建筑和伊斯兰建筑
	传统风貌建筑	主要位于地块中部和东部	20世纪70年代至2000年	以砖混结构为主，有少量砖结构	低层建筑为主，9~15m	以传统建筑和仿古建筑为主，临街多呈现为各色店面
	协调现代建筑	多位于地块西部，传统风貌建筑的外围	分布年代跨度大，2000年前后为主	以砖混结构为主，有少量砖结构	低层和少量多层建筑，平均高度10m以上	肌理上与传统风貌建筑有明显差别，立面的设计、用色上与前者相协调
	不协调现代建筑	多分布于主要街道的两侧	分布年代不等，2000年后居多	以砖混结构为主	以多层和高层为主，有少量低层自建房	以现代建筑为主，体量巨大，少量为质量过差的自建房，与周边风貌不协调

传统风貌建筑与文物保护单位多分布在内部街巷道路周边；现代建筑则多沿外围城市道路分布，且部分建筑存在与周围建筑环境不协调的状况。

□建筑界面分析

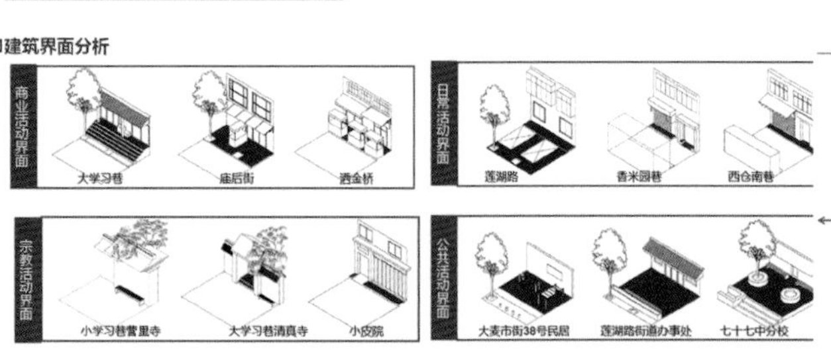

问题总结

□产业结构单一，业态同质化严重

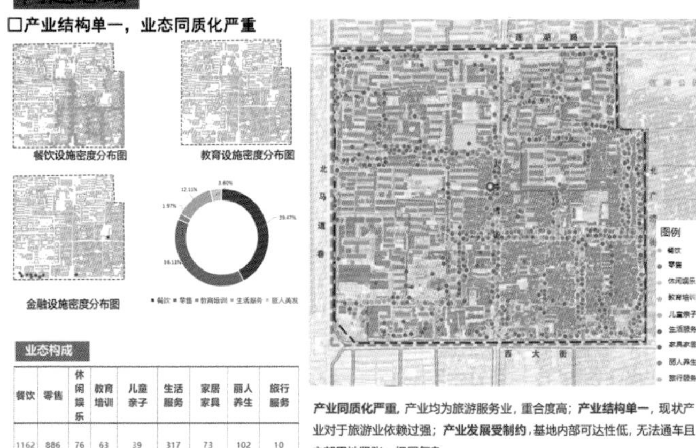

业态构成

餐饮	零售	休闲娱乐	教育培训	儿童亲子	生活服务	家居家具	丽人养生	旅行服务
1162	886	76	63	39	317	73	102	10

产业同质化严重，产业均为旅游服务业，重合度高；**产业结构单一**，现状产业对于旅游业依赖过强；**产业发展受制约**，基地内部可达性低，无法通车且内部用地紧张，权属复杂。

□市民活动类型单一，公共开敞空间少

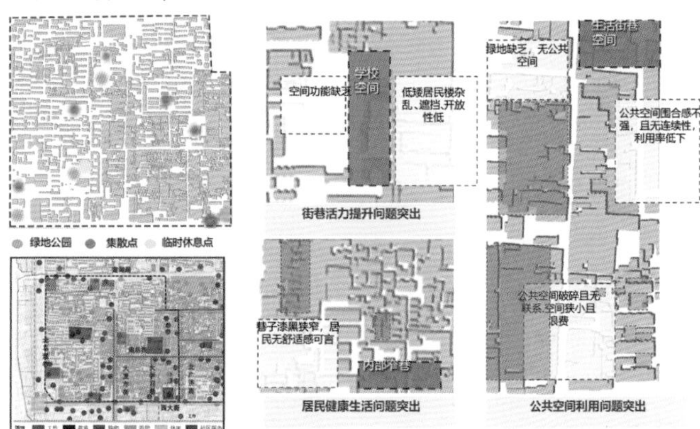

□地块内人口过度密集，公服之比不达标

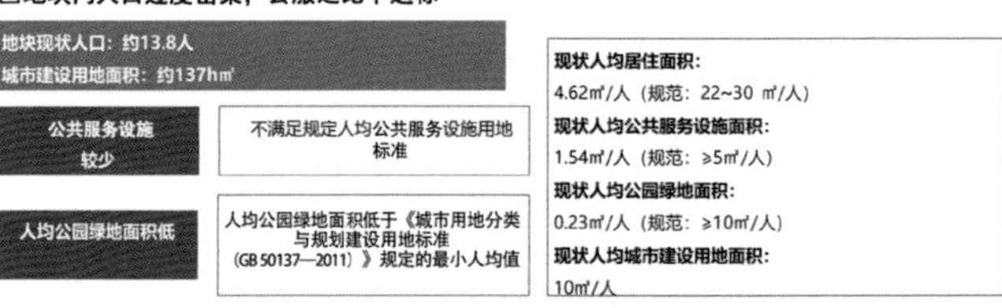

人们在公共空间的时间少之又少，除了工作，基本无室外活动。邻里交流空间少，公共空间缺失。

□街巷环境杂乱，环境质量堪忧

人车混行、无秩序　乱停车现象多　垃圾场靠近居住区，公厕不符合标准　道路狭窄、断头路多　电线乱搭，存在安全隐患　空间利用率低

□居民活动流线单一，与游客流线分异

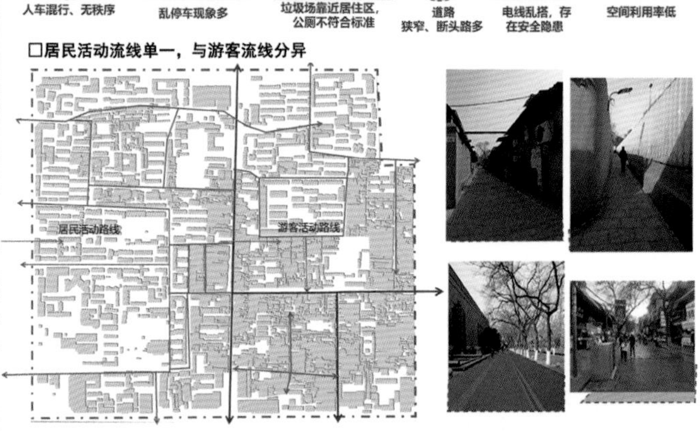

地块内目前没有有意地引导游客进入，感受街巷胡同的空间，有些游客进入后也只是参观清真寺、都城隍庙等历史建筑，游客与当地居民的流线交集较少，造成地块内一定的游住分离。

寻根存韵，乐居智城

——精准·传承：西安市历史城区局部地段城市更新规划设计

规划设计

更新策略

传承寻根　激发活力　核发新生　智汇生长

优产　存韵　乐居　智治

文脉展融合的智慧共生街区

规划策略·精准更新

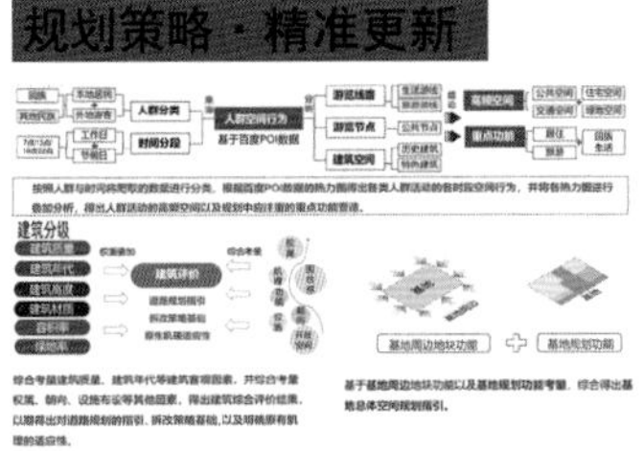

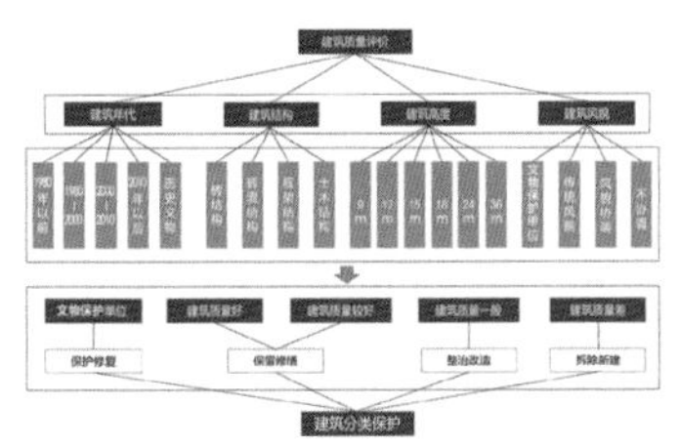

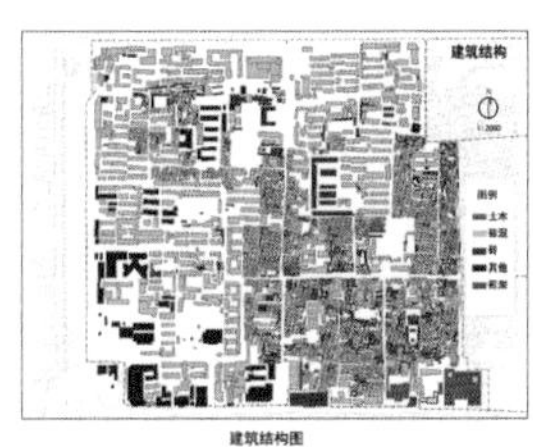

建筑结构图

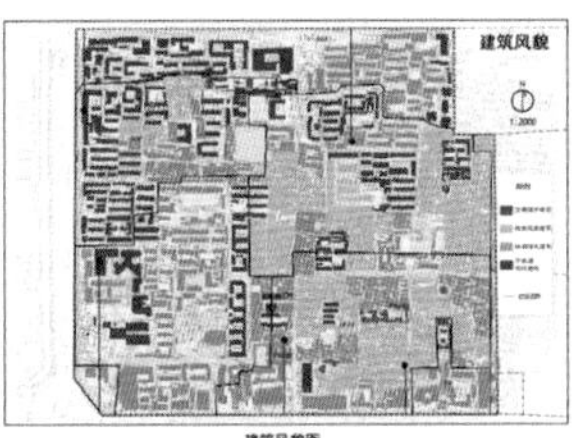

建筑风貌图

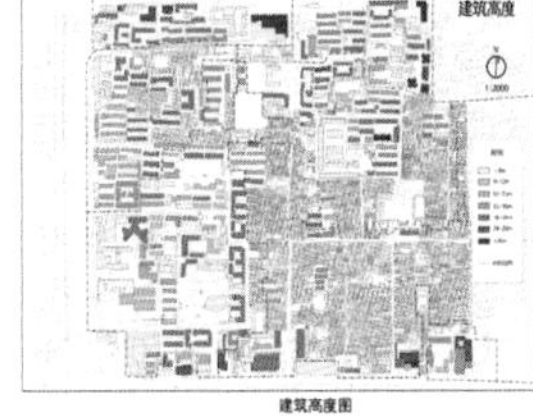

建筑高度图

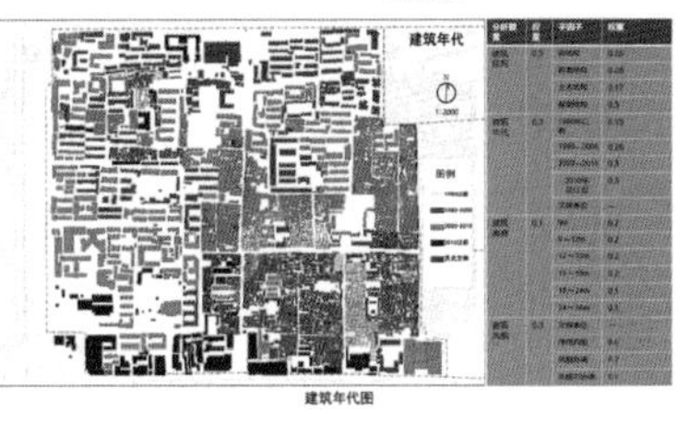

建筑年代图

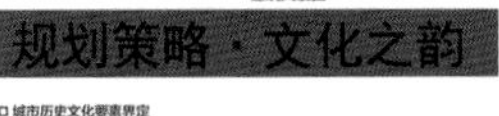

规划定位

文化之韵　制民之产　民生之本　智慧之城

规划目标

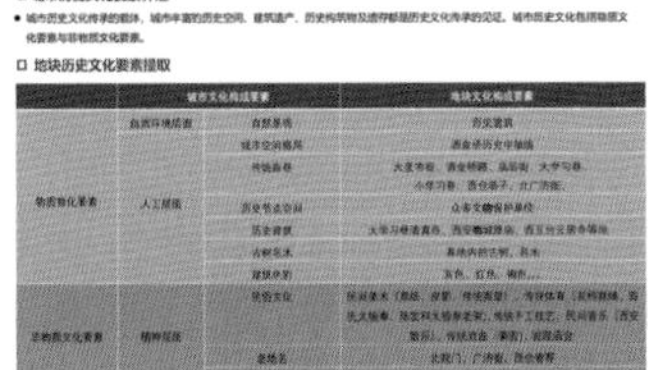

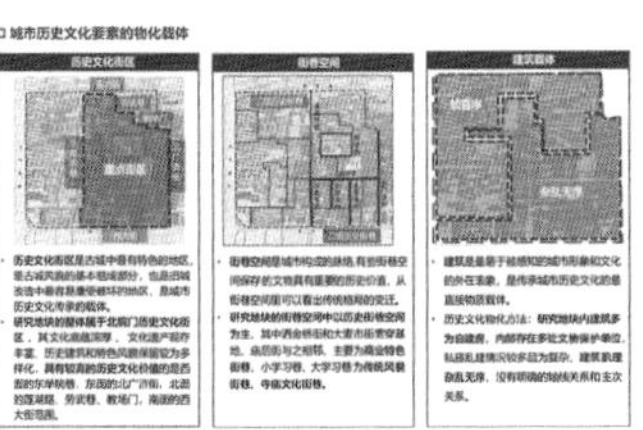

建筑高度图

点—古都原生文化挖掘

通过现状调研，对基地内历史建筑、文保建筑和具有代表性建筑进行梳理、评估、保留、落位。通过破旧可修复程度、文化代表独特性、空间格局、产权归属(以公产为主)等方面评估、梳理评估出以下名单进行保留。
国家级文保单位 3处——西五台云居寺、西安城隍庙、大学习巷清真寺；市级文保单位2处——大麦市街38号民居、小学习巷营里寺；历史建筑3处，均为寺庙建筑。

名称	级别	类型
旅陕清真寺	历史建筑	寺庙建筑
清真古寺	历史建筑	寺庙建筑
清真西寺	历史建筑	寺庙建筑
大麦市街38号民居	市级文物保护单位	传统民居
小学习巷营里寺	市级文物保护单位	古建筑
大学习巷清真寺	国家级文物保护单位	古建筑
西安都城隍庙	国家级文物保护单位	古建筑
西五台云居寺	国家级文物保护单位	古建筑

建筑梳理保留名单表

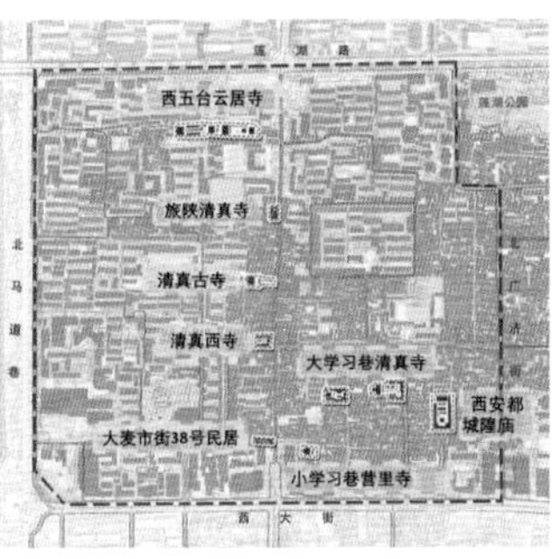

建筑梳理保留名单图

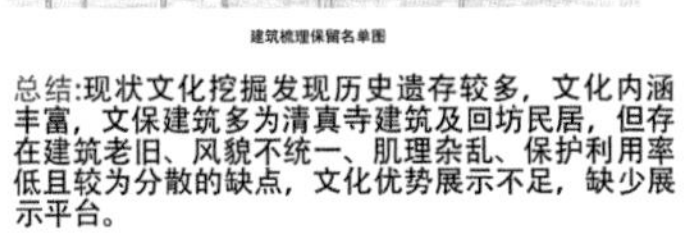

总结：现状文化挖掘发现历史遗存较多，文化内涵丰富，文保建筑多为清真寺建筑及回坊民居，但存在建筑老旧、风貌不统一、肌理杂乱、保护利用率低且较为分散的缺点，文化优势展示不足，缺少展示平台。

□ 点——古都文脉活化

点—古都新文化注入

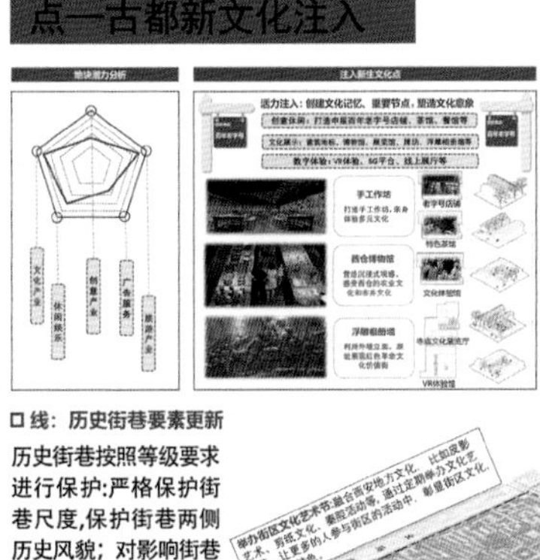

线—古都文脉活化

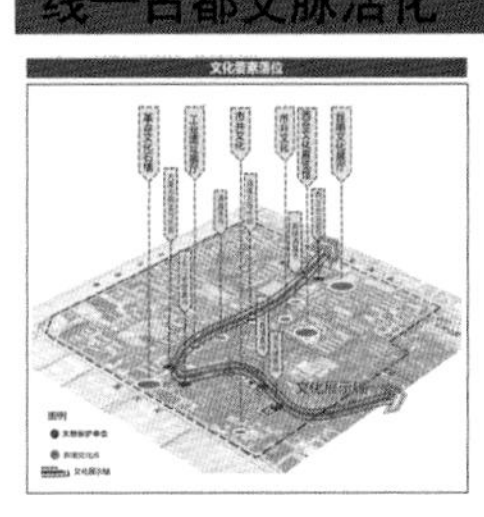

□ 点——古都文脉活化

点要素更新——文保单位重塑

□ 线：历史街巷要素更新

历史街巷按照等级要求进行保护：严格保护街巷尺度，保护街巷两侧历史风貌；对影响街巷历史风貌的建筑进行整治；保护具有历史风貌特征的围墙、路灯、地面铺装、绿化小品等要素。

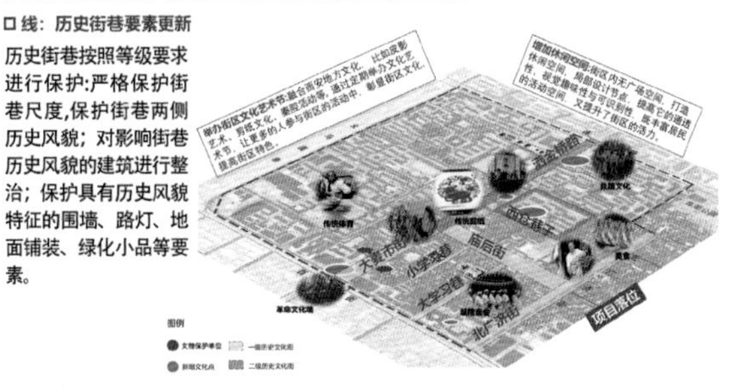

06 寻根存韵，乐居智城

——精准·传承：西安市历史城区局部地段城市更新规划设计

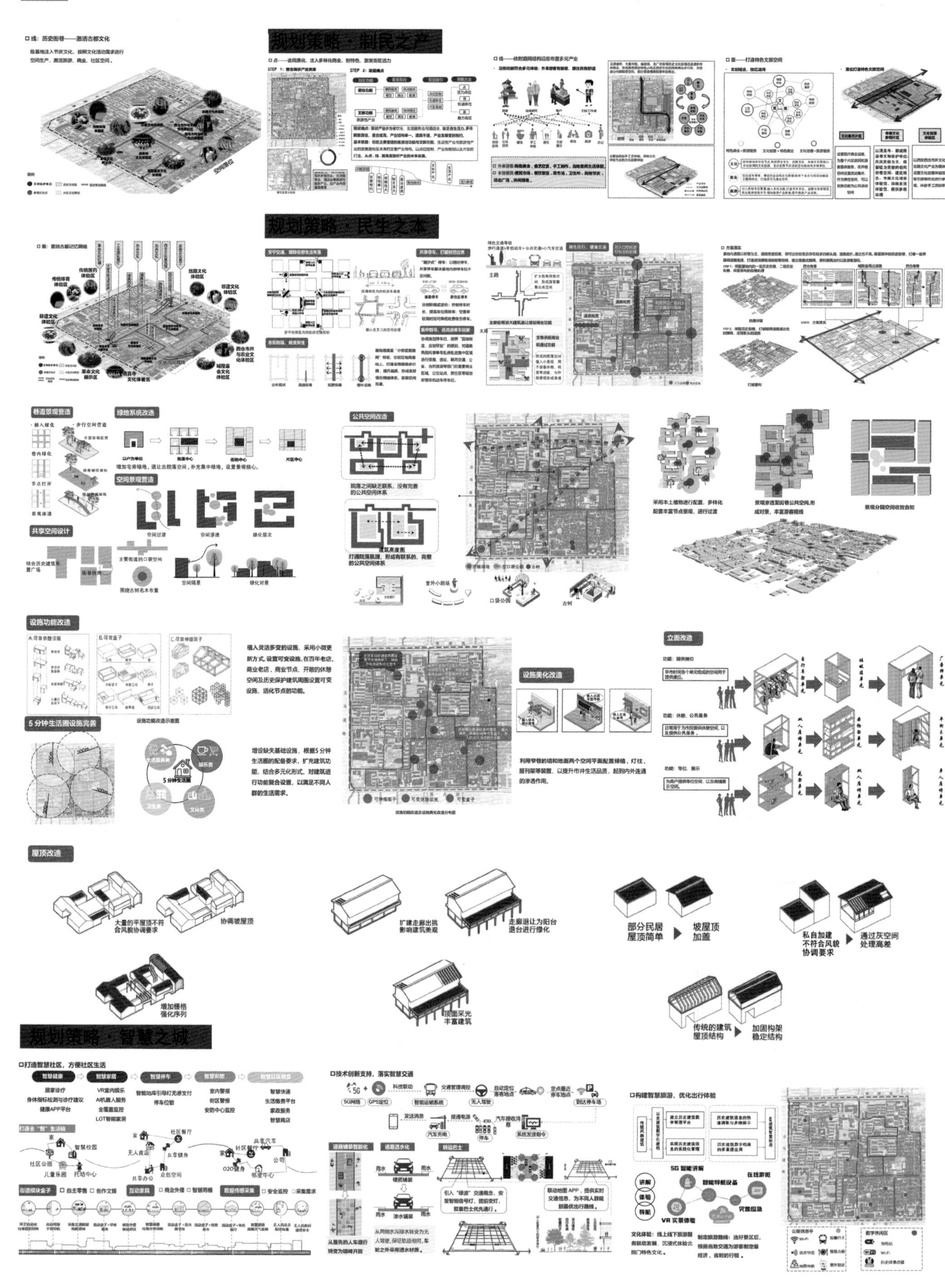

07 寻根存韵，乐居智城

——精准·传承：西安市历史城区局部地段城市更新规划设计

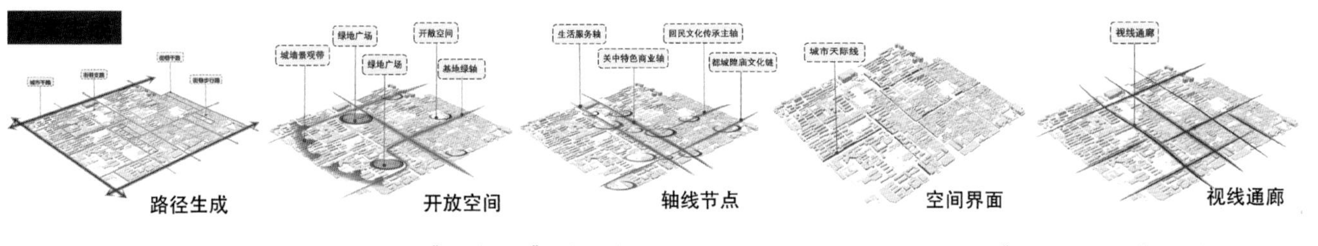

路径生成　开放空间　轴线节点　空间界面　视线通廊

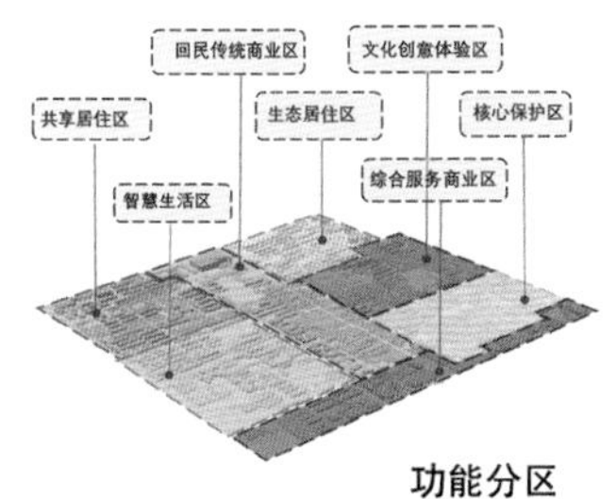

功能分区

共享居住区:以“开放共享街区”理念，形成小街区密路网居住区格局。
智慧生活区:现状住宅小区及行政办公、智慧更新基础良好，打造成为智慧生活居住区。
生态居住区:顺应绿色发展理念，结合基地右侧的莲湖公园，开放视线通廊，转变为生态规划，共建绿色生活圈。
回民传统商业区:以回坊记忆标志空间和新标志节点建立视线联系，串联起整个基地。
综合服务商业区:商业主要沿街分布，呈“前商后住”的街巷界面，业态丰富。
文化创意体验区:新旧特色文化空间相互联系，发展文创产业，营造完整文化空间体验。
核心保护区:挖掘基地本身特色，加强特色空间和活力文化之间的相互联系。

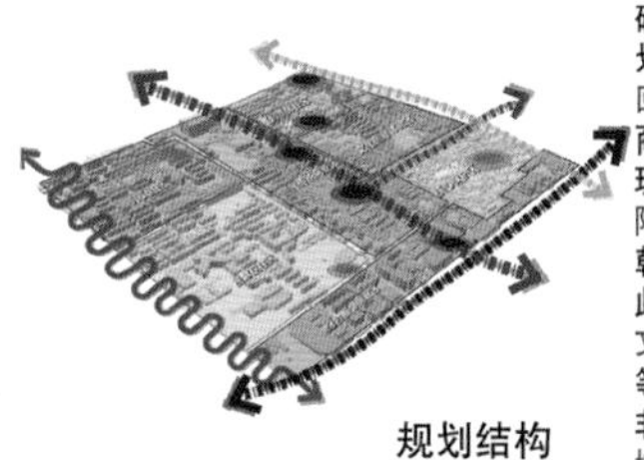

规划结构

形成了“两轴、三带、多节点”的主要功能结构。
综合商业发展轴：考虑到不对地块内的文化氛围造成破坏，结合目前地块外围已有的现代商业功能区域，划定为现代商业发展轴。
回民特色传承轴：目前庙后街已经是具有一定规模的商贸区，小吃、商品贩卖络绎不绝，所以结合街区中现有的有利条件将这条轴线划定为回民特色传承轴。
隋唐文化景观带：承天门遗址旁边是北广济街，在唐朝时期属于承天门大街，拥有浓厚的历史文化价值，因此沿着北广济街划定为隋唐文化景观带
文化旅游景观带：洒金桥周边汇聚了特色文化、餐饮等功能齐全的旅游服务设施，同时拥有大量的物质及非物质文化遗产，因此划定为文化旅游景观带。
城墙景观带：沿城墙形成城墙景观带，与基地内的隋唐文化景观带、文化旅游景观带一起串联起基地的景观。

总平面图

莲湖路　莲湖公园　北马道巷　北广济街　西大街

01 西仓历史文化馆
02 花鸟鱼虫俱乐部
03 回民文化记忆馆
04 文玩市场
05 特色体验馆
06 社区体育中心
07 西安第七十中学
08 社区共享中心
09 回坊文化博物展览馆
10 重桃宫
11 都城隍庙
12 忆长安文创园
13 大学习巷清真寺
14 小学习巷清真中寺
15 年羹尧故居
16 社区服务中心
17 小学习巷营里寺
18 商贸大厦
19 化觉巷38号民居
20 社区医院
21 综合艺术展览馆
22 新中式综合酒店
23 综合旅游服务中心
24 化觉巷小学
25 示范生态小区
26 清真西寺
27 清真古寺
28 旅峡清真寺
29 休闲公园
30 洒金桥小学
31 街道综合服务中心
32 新口袋公园
33 生态小区
34 现代小区
35 建基幼儿园
36 汉唐大酒店
37 西五台云居寺
38 丝路艺术剧院
39 现代小区
40 沿街商业
41 现代小区
42 文化广场
43 文化街区
44 儿童医院
45 下沉式广场
46 康养公寓
47 幼儿园
48 儿童公园
49 儿童康复中心
50 社会停车场

设计说明：本次城市设计更新以“寻根存韵，乐居智城”为主题，从文化、民生、产业、智慧四个方面切入，进行洒金桥地段的城市更新设计。在设计过程中，通过梳理现状，针对交通失序、文脉失语、居住失衡、空间失落等方面问题的展示，结合居民、商家、游客等多元主体的不同诉求，进行精准更新，传承文化习俗，保护传统商业，延续空间格局，提升居住环境，打造寄托群众记忆、展示西安历史文化的地标，承载日常交往、促进交往活动的窗口,可见可闻可感、延续活力开放的街区，延伸服务广度、发展智慧共享的社区，提供一种洒金桥地段更新设计的思路方法，以期唤醒老城活力，重塑城市名片。

08 寻根存韵，乐居智城

——精准·传承：西安市历史城区局部地段城市更新规划设计

方案分析

规划用地性质

本次用地性质规划仍保留了本规划区以居住用地为主的特征，新增道路与停车场用地、绿地与广场用地，并保留了文物古迹用地。

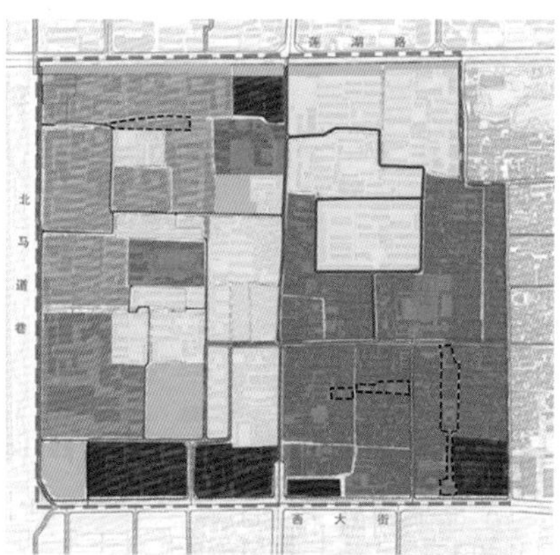

开发强度控制

根据《西安历史文化名城保护规划（2020—2035年）》及《西安市城乡规划管理技术规定》控制容积率上限。

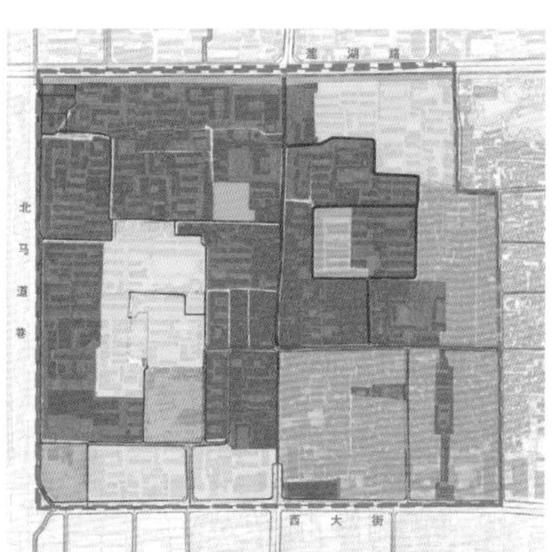

建筑高度控制

根据《西安历史文化名城保护规划（2020—2035年）》《城市用地分类与规划建设用地标准（GB 50137—2011）》《西安市城乡规划管理技术规定》控制建筑高度上限。

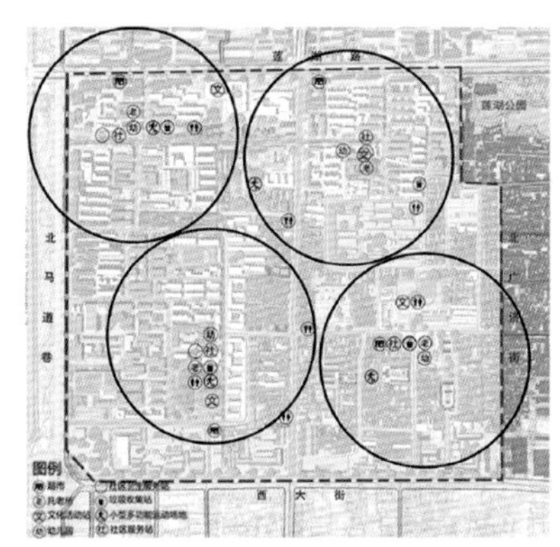

5分钟生活圈设施布设

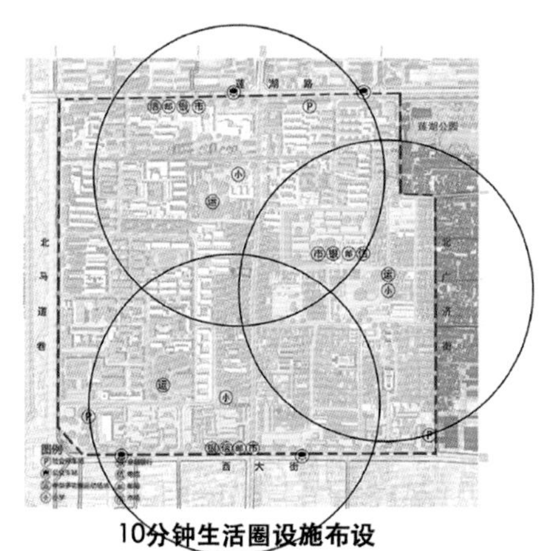

10分钟生活圈设施布设

15分钟生活圈设施布设

鸟瞰图

09 寻根存韵，乐居智城

——精准·传承：西安市历史城区局部地段城市更新规划设计

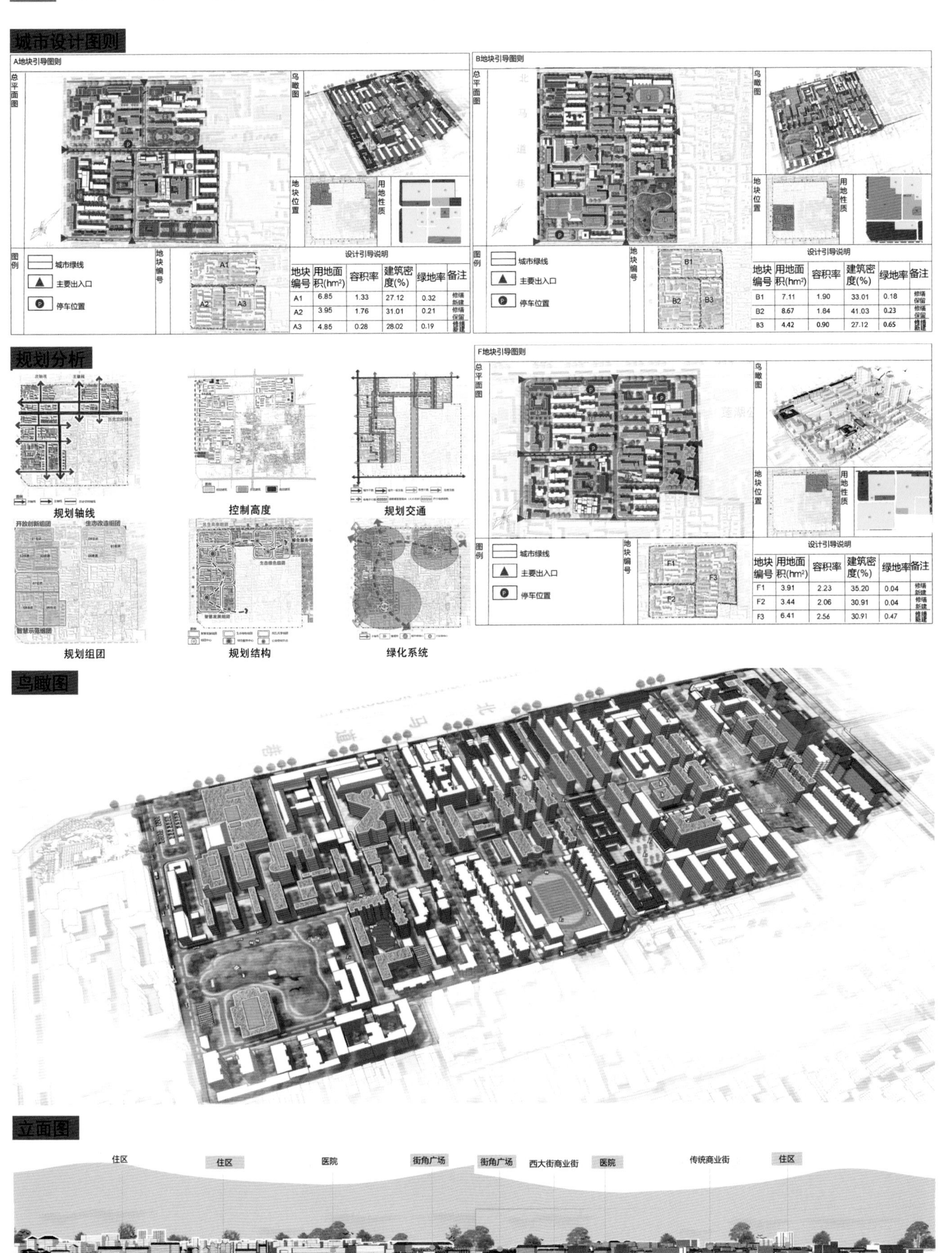

设计引导说明

地块编号	用地面积(hm^2)	容积率	建筑密度(%)	绿地率	备注
A1	6.85	1.33	27.12	0.32	修缮新建
A2	3.95	1.76	31.01	0.21	修缮保留
A3	4.85	0.28	28.02	0.19	修缮新建

设计引导说明

地块编号	用地面积(hm^2)	容积率	建筑密度(%)	绿地率	备注
B1	7.11	1.90	33.01	0.18	修缮保留
B2	8.67	1.84	41.03	0.23	修缮保留
B3	4.42	0.90	27.12	0.65	修缮新建

设计引导说明

地块编号	用地面积(hm^2)	容积率	建筑密度(%)	绿地率	备注
F1	3.91	2.23	35.20	0.04	修缮新建
F2	3.44	2.06	30.91	0.04	修缮新建
F3	6.41	2.56	30.91	0.47	修缮新建

10 寻根存韵，乐居智城

——精准·传承：西安市历史城区局部地段城市更新规划设计

城市设计图则

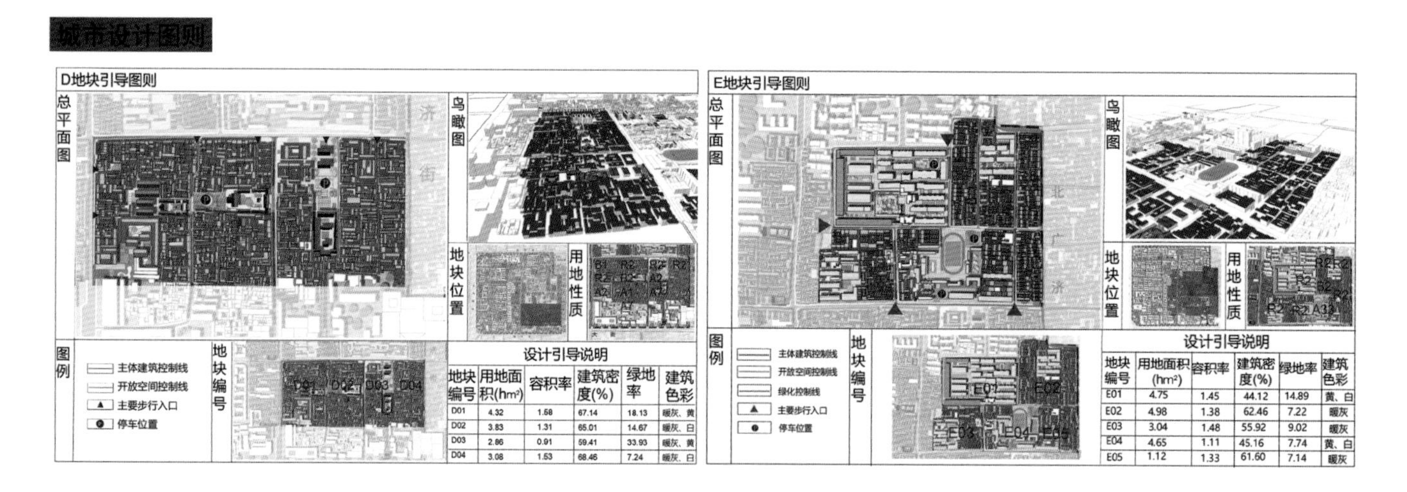

设计引导说明

地块编号	用地面积(hm²)	容积率	建筑密度(%)	绿地率	建筑色彩
D01	4.32	1.58	67.14	18.13	暖灰、黄
D02	3.83	1.31	65.01	14.67	暖灰、白
D03	2.86	0.91	59.41	33.93	暖灰、黄
D04	3.08	1.53	68.46	7.24	暖灰、白

设计引导说明

地块编号	用地面积(hm²)	容积率	建筑密度(%)	绿地率	建筑色彩
E01	4.75	1.45	44.12	14.89	黄、白
E02	4.98	1.38	62.46	7.22	暖灰
E03	3.04	1.48	55.92	9.02	暖灰
E04	4.65	1.11	45.16	7.74	黄、白
E05	1.12	1.33	61.60	7.14	暖灰

节点设计

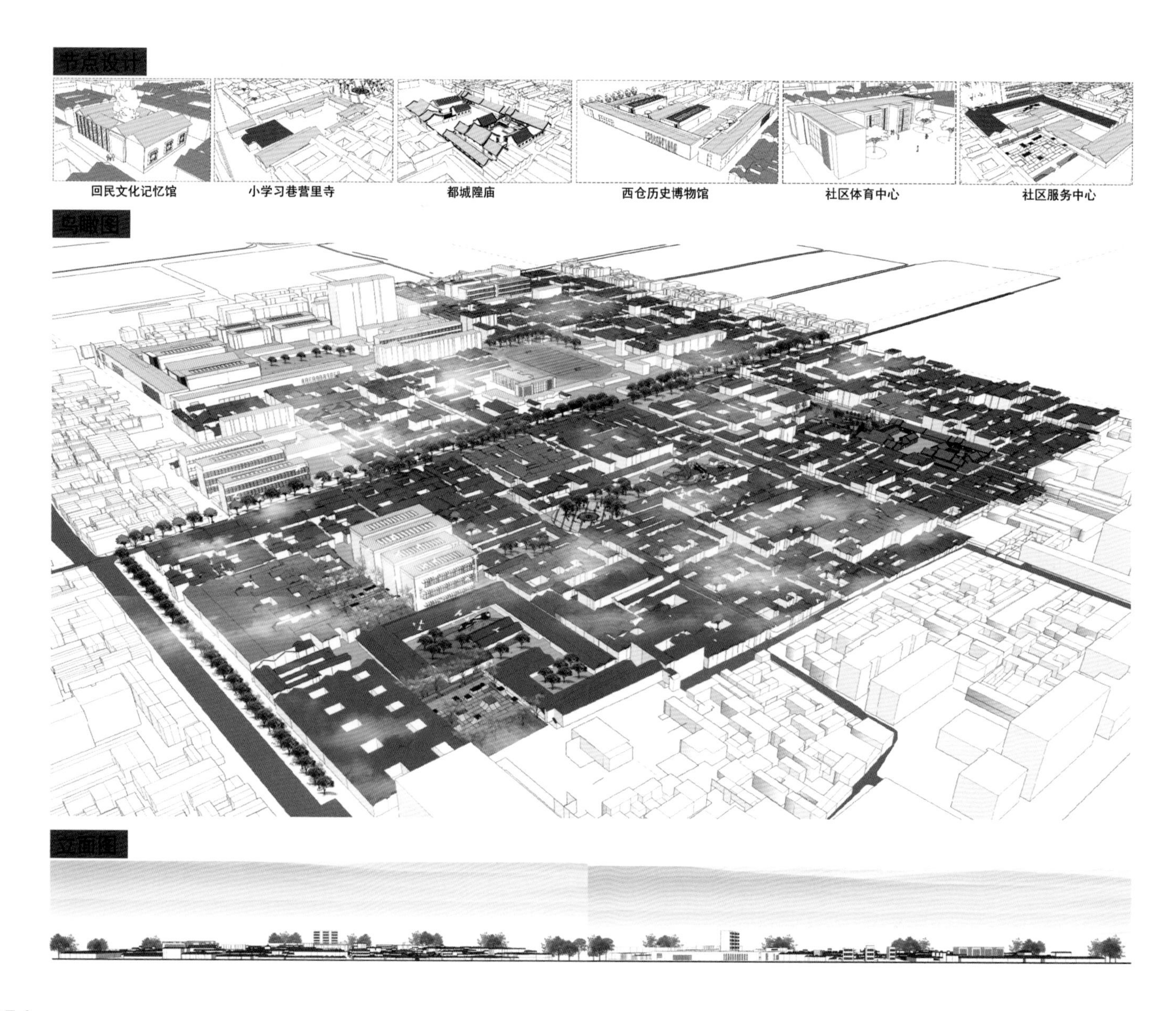

回民文化记忆馆　小学习巷营里寺　都城隍庙　西仓历史博物馆　社区体育中心　社区服务中心

鸟瞰图

立面图

11 寻根存韵，乐居智城

——精准·传承：西安市历史城区局部地段城市更新规划设计

城市设计图则

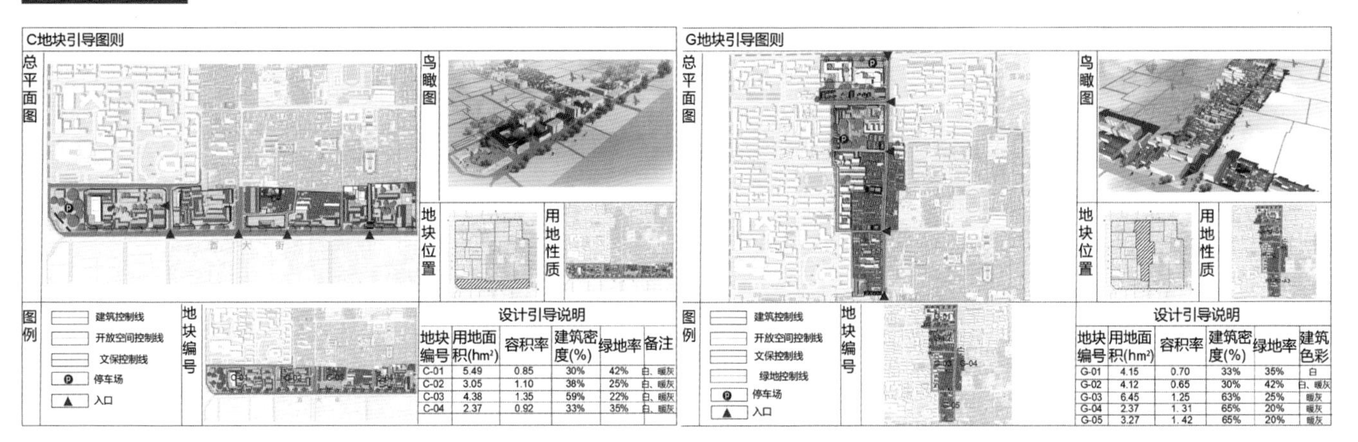

设计引导说明

地块编号	用地面积(hm²)	容积率	建筑密度(%)	绿地率	备注
C-01	5.49	0.85	30%	42%	白、暖灰
C-02	3.05	1.10	38%	25%	白、暖灰
C-03	4.38	1.35	59%	22%	白、暖灰
C-04	2.37	0.92	33%	35%	白、暖灰

设计引导说明

地块编号	用地面积(hm²)	容积率	建筑密度(%)	绿地率	建筑色彩
G-01	4.15	0.70	33%	35%	白
G-02	4.12	0.65	30%	42%	白、暖灰
G-03	6.45	1.25	63%	25%	暖灰
G-04	2.37	1. 31	65%	20%	暖灰
G-05	3.27	1. 42	65%	20%	暖灰

节点设计

清真古寺　示范改造小区　洒金桥小学　清真西寺　小学习巷营里寺　忆长安文创园

鸟瞰图

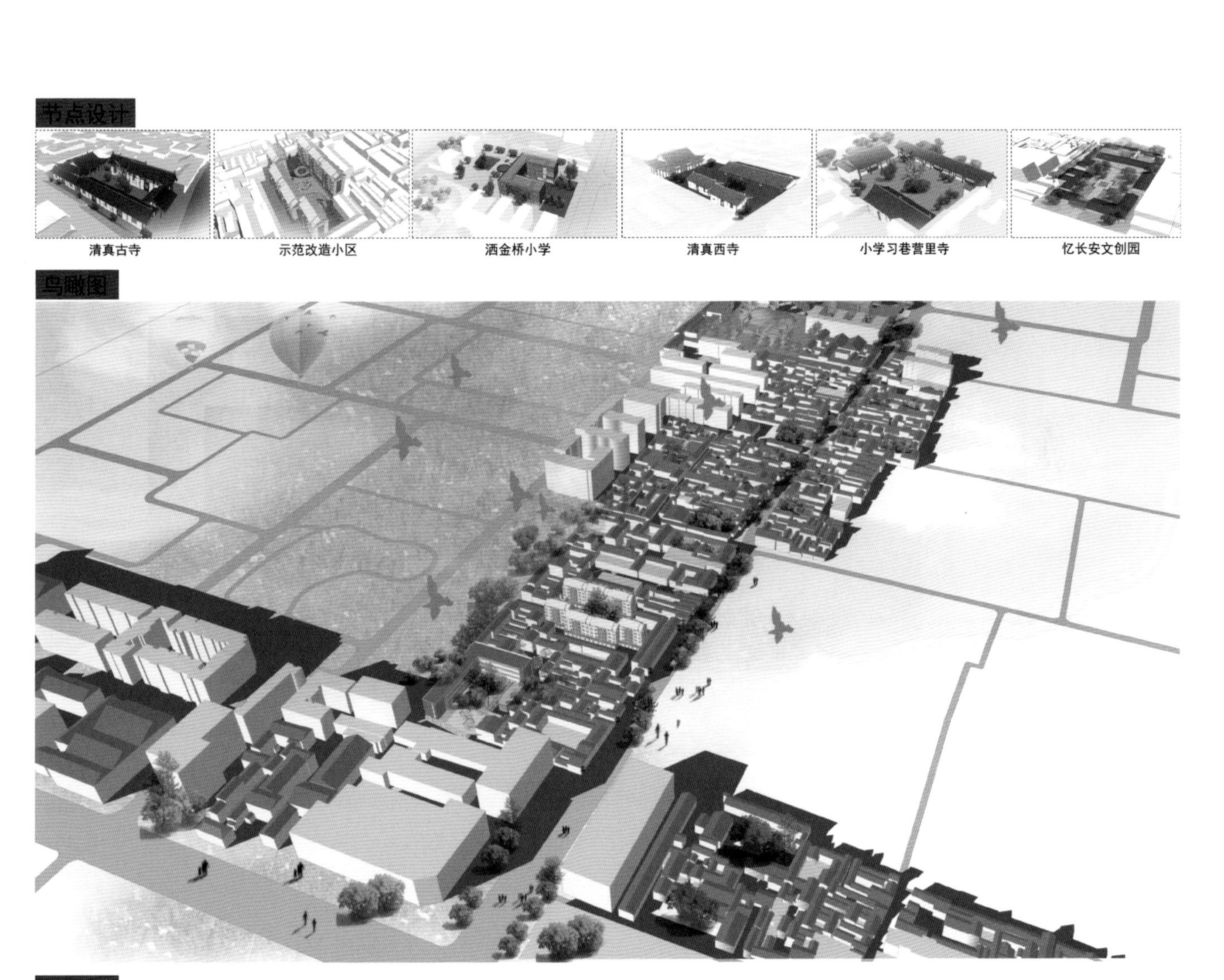

立面图

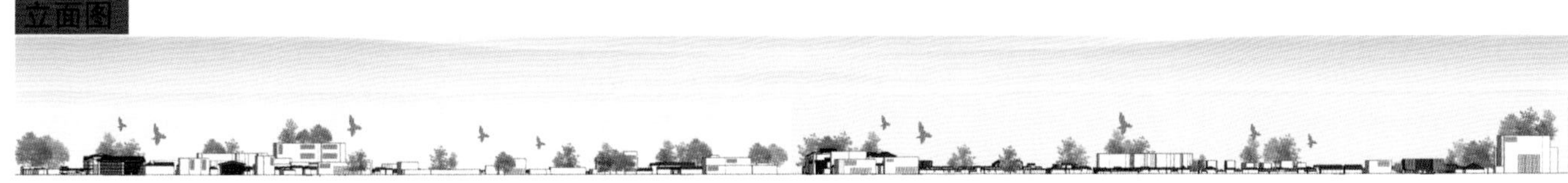

12 寻根存韵，乐居智城
——精准·传承：西安市历史城区局部地段城市更新规划设计
儿童综合公园
主要承担全年龄段儿童休闲游憩及周边居民传统体育体验功能，本次规划将地块内主要道路进行保留，留存基地内居民的记忆；留存地块内具备儿童康养及休闲功能的两栋建筑，保留地块东北侧幼儿园，并对地块内保留建筑进行立面及空间改造；更新地块内主要节点功能，增设多样功能，焕活地块活力，并增设服务周边居民的全龄设施。
香米园文化体验新区
文化体验街区位于共享居住区，在原四合院建筑上加以改造，力求打造一条以居民为主、游客和创客为辅，共享开放，集吃、喝、玩、工、休闲的文化体验街区,丰富游客体验及周边居民生活。
大、小学习巷清真寺地块
选取大学习巷清真寺、小学习巷清真中寺进行规划更新，对小学习清真中寺进行修缮，与大学习巷清真寺共同打造宗教文化片区，为伊斯兰教信徒提供开展宗教活动的场所，也为居民日常活动提供了交流、休憩的空间，同时利用其余时间对外开放，让游客也能够感受到宗教文化。
民俗风情馆
小学习巷清真中寺
清真文化馆
文创中心
集会广场
大学习巷清真寺
清真寺广场以设计标志性建筑物的方式体现地块的独特性与丰富性，也展现了独特的地域风貌。
都城隍庙地块
选取都城隍庙进行规划更新，希望在原有的功能上植入更加多元的活动，提高传统文化的影响力，让更多的外来游客也能够了解西安的传统文化。同时为西安的市民提供一个新的休憩空间。
VR城隍体验馆
回坊文化博物展览馆
都城隍庙活动广场
关中特色食物街
街角公园
传统手工体验坊
都城隍庙
功能分区分析
节点分析
流线分析
绿地系统分析
东立面
综合文化酒店园区
园区地块靠近旅游综合服务广场，人流量较多，现状功能以特色酒店为主、居住为辅，于是完善建筑格局，拆除多余建筑，增加绿地空间，将其改造为以回民文化为主题的文化酒店园区，以旅游住宿、文化展示、活动举办等为主要功能，成为园区内的“文化客厅”。
拆改留策略
道路元素提取
建筑元素提取
空间元素提取
景观元素提取
酒店浴室
酒店客房
走廊
餐厅
接待大厅
东立面
清真西寺及其周边地块
清真西寺地块作为国家级文物保护单位，也作为基地内宗教文化活动场地，为游客与周边居民提供礼拜场所，利用周边传统民居植入相关文化功能，形成一个重要的旅游节点，使传统宗教文化焕发新生。

03
教师感言
Teachers'
Comments

北京建筑大学

张忠国

2022 年的联合毕业设计，于选题会议举行时，西安建筑科技大学表达出了特别希望能在西安古都“面对面再续前缘”、进行现场教学的美好意愿和殷切期望。但后来，疫情反复，终未能如愿。尽管客观条件有限，但是各校师生的参与热情却不减，整体水平相比往年又有不小的提高，无人机、GIS、大数据等在设计中有了很多应用，是一次虽被时空阻隔，但也生机勃勃、亮点频现、回味悠长的毕业设计。各校学生、老师通过微信和网络会议频繁交流互动，发挥了联合毕业设计应有的良性引导作用。2022 年是我退休前最后一次参加联合毕业设计活动了，祝全国城乡规划专业“7+1”联合毕业设计活动越办越好！

苏毅

2022 年的联合毕业设计，以“精准 · 传承”为主题，选取西安市明城区西北片区的洒金桥地段和青年路街道两个基地开展“西安市历史城区局部地段城市更新规划设计”。本次联合毕业设计通过“云调研”“云交流”“云汇报”来开展。虽然 2020 年黄山、2021 年北京的两届联合毕业设计也受到疫情影响，但因为黄山于选题制定时疫情尚未来临，而北京于我校得地利，近在咫尺，都不及 2022 年受到疫情影响更彻底。我曾经带过上一次在西安回坊的联合毕业设计，后又参加过西安市和曲江新区海绵城市专项规划，彼时没想到，再与西安相逢，竟然纯乎在云上。2022 年是最后一年和张老师合带联合毕业设计，十年风雨，太多回忆，张老师思想高屋建瓴、待人坦荡宽厚、业务能力精湛、性格风趣幽默，一直是联合毕业设计的主心骨，是学生们特别喜爱的老师，也是我们后辈学习的楷模。祝张老师身体健康！心情愉快！

苏州科技大学

顿明明

至 2022 年，全国城乡规划专业“7+1”联合毕业设计走过了 12 个年头。一纪轮回云游西安，虽然七校师生只能隔空交流，但仍能感受到激情和温暖，感谢西安建筑科技大学在疫情当下的精心安排和完美组织。对于苏州科技大学的师生而言，一个学期的在线交流对设计主题“精准 · 传承”提出了挑战，但通过大家的不懈努力，各位同学都热情饱满地完成了毕业设计，并取得了良好的成绩。在新的征程上，希望七校的同学们都能不忘初心，砥砺前行，并祝大家鹏程万里！

周敏

虽遗憾未能前往千年古都西安与七校师生共话古城更新与文化传承，但在各方的支持和努力下，通过“云调研”“云交流”“云汇报”等方式顺利完成了此次联合毕业设计，深感欣慰。感谢西安建筑科技大学师生及地方支持单位在选题、前期调研、中期交流与终期汇报各个阶段付出的辛劳及给予的支持，为七校师生们提供了扎实的工作基础。热忱而专注的你们，一直是我们学习的榜样！感谢排除困难、共同努力的各校师生们，多年后，再次回望如此特别的线上相遇，将会是一份弥足珍贵的记忆。祝愿各位老师工作顺利、万事如意！祝愿同学们不忘初心，继续奔赴更美好的前程！

于淼

第十二届全国城乡规划专业 "7+1" 联合毕业设计的选题、开题、中期交流及最后答辩都离不开西安建筑科技大学的周密组织与安排。本次联合毕业设计是一次具有纪念意义的“云毕业设计”，在各校师生的共同努力下，成功、圆满地呈现了相对满意的设计成果。西安市明城区西北片区更新规划是一个具有挑战且有纪念意义的城市更新任务，我和学生们共同度过了这段教学相长的时间，收获良多。联合毕业设计重在“联”与“合”，在这个收获的季节里，感谢承办方西安建筑科技大学为各个高校教学与探索搭建了相互学习、共同发展的交流平台，期待 2023 年线下再聚！

山东建筑大学

陈朋

存量时代，城市更新类的规划与设计成为专业和行业领域关注的热点之一。本次联合毕业设计在西安市历史城区内选题，意在针对历史文化保护约束背景下的城市更新发展，形成相应的城市设计训练。山东建筑大学教学组领会承办单位意图，利用网络平台积极参与现状调研与资料梳理；以传承历史文脉、提升居民获得感、焕发地段活力为目标，建立规划思路、落实设计方案，较好地完成了毕业设计的任务要求。同时，在与兄弟院校的交流讨论中，我们也深化了对该类型设计教学的理解，丰富了基于虚拟现实技术的空间规划手段，为本科阶段相关理论与设计教学积累了经验。感谢承办单位的精心组织，感谢联合毕业设计院校的支持和指导，期待全国城乡规划专业“7+1”联合毕业设计越办越好。

程亮

每年的联合毕业设计都有着不同的感受。2022 年的疫情让这次联合毕业设计变得更加困难，但是同学们都表现出了很强的适应能力。这些作品是他们五年大学时光的结晶和体现，是他们专业生涯道路上的一座里程碑。在各个学校的毕业设计成果里，我们看到了同学们所饱含的真诚与炽热，看到了同学们对于美好生活的思考和追求。可能有些成果还没能做到尽善尽美，但每个作品都代表了一种态度，是对现实矛盾与发展困境的方案求解，更是专业情怀与社会担当的时代回响。今后的道路还很漫长，愿同学们继续保持这份热情与担当，秉持理想与初心，未来前程似锦，绽放辉煌。期待与大家再相聚！

西安建筑科技大学

邓向明

能与王侠老师一起作为第十二届全国城乡规划专业“7+1”联合毕业设计的主要组织者，责任重大，使命光荣，倍感荣幸。

初次与“7+1”联合毕业设计联盟结缘是在 2012 年，段德罡教授邀我参加联盟的第二届联合毕业设计答辩。2013 年，联盟的第三届联合毕业设计由山东建筑大学和青岛理工大学联合承办，我还是作为外围人员应邀参加了在青岛进行的毕业设计答辩。从第四届开始，我才正式参与联盟的本校毕业设计指导，一直到第十二届，始终坚持，从未间断，也见证了联盟的发展、壮大、成熟。在这期间，我结识了许多优秀的同行。北京建筑大学张忠国教授作为联盟的负责人，诙谐幽默、平易近人，自始至终坚持在联盟教学的第一线，把握着联盟的发展方向，居功至伟；苏州科技大学杨忠伟教授是规划“江湖”中的长者与智者，杨教授丰富的规划管理实践经验让同学们普遍认识到规划不仅要有情怀，更应该脚踏实地，才能落地生根；安徽建筑大学吴强教授对专业的执着和严谨的教学态度令人钦佩，教学讨论之余的引吭高歌和诗情画意般的总结陈词让人折服。还有荣玥芳教授、徐鑫教授、杨芙蓉教授、陈朋教授、杨昌新教授、卓德雄教授、周骏教授、顿明明教授、苏毅老师、程亮老师、曾献君老师、龚强老师，以及近年来新加入联盟但受疫情影响而尚未谋面的青年才俊，他们是联盟的中流砥柱。

由于学院教学机构和教学计划调整等多方面的原因，我校将暂时退出全国城乡规划专业“7+1”联合毕业设计教学联盟。感谢多年来一起相伴的张沛教授、杨辉副院长、付胜刚老师、高雅老师，以及 2022 年的协办单位——西安市城市规划设计研究院名城分院的姜岩院长和薛晓妮总规划师。特别感谢王侠老师能和我一起承担 2022 年联合毕业设计的组织及教学指导工作，王老师辛苦了。

最后，祝联盟的各位老师身体健康，祝同学们前程似锦，祝全国城乡规划专业“7+1”联合毕业设计精彩延续！

王侠

2022 年的疫情让本次联合毕业设计变得尤为艰难，所有师生不得不面对选题调研、搭建数据平台、讨论、画图、汇报等环节只能在“线上 + 线下”进行的困境，但大家还是表现出了非常强的适应能力，投入了很多精力，战胜了很多困难，使得本次联合毕业设计圆满完成。同学们在疫情之下也展现了对时事的高度关注，将他们对人与人、人与社会、人与自然、人与文化的思考也融入设计当中。这些作品是同学们对五年大学时光的总结，也是他们职业生涯的一个里程碑，希望同学们饱含热情，初心不改，笃定前行。

安徽建筑大学

张馨木

这不是我第一次带领学生组队参加各项比赛和交流，但我校这次参加西安建筑科技大学承办的全国城乡规划专业“7+1”联合毕业设计的团队无疑是给我感触最深的一支队伍。

踏实认真的学习态度和刻苦钻研的精神，使他们具备和卓越团队在一起交流的底气！在这四个月的时光里，他们进行了文献查阅学习，现场踏勘调研，收集整理数据，分析案例，整理思路，构建方案，成图表现及汇报演练等，“不驰于空想，不骛于虚声”，是我们笃定践行的理想，从思想到行动，都如此。

面对疫情随时发生的环境和调研队员随时变动的情况，他们拥有迎难而上的勇气！这次联合毕业设计的调研困难重重，人员由于客观原因随时在变动，调研的内容也是一改再改，但我们团队的成员没有一次抱怨，没有一次退缩，很好地完成了各项任务，他们年纪虽轻，但不惧艰险，不畏困难，这份精神和担当，了不起！

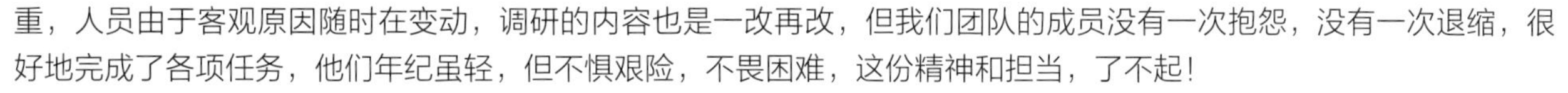

在联合毕业设计整个阶段乃至答辩过程中，面对各种质疑和否定的声音，他们表现出了极佳的韧性和志气！这是方案形成的必经之路，也是人生的必经之路，他们顶住压力，不断学习和成长，终于冲破自己的界限，得到了老师、评委、专家，尤其是他们自己的认可，不卑不亢，真正的毕业之礼已成！

聚作一团火，散作满天星。祝愿他们背靠实力的“底气”，永不失做事的“勇气”，坚守住做人的“志气”，奔赴各自的银河，熠熠生辉！

浙江工业大学

徐鑫

转眼已是开展线上联合毕业设计的第三年，一方面能体会到各种教学活动开展的不易，另一方面又更珍惜在当下能有这样联合教学的机会。此次的城市设计再次聚焦底蕴深厚的西安历史城区，几千年丰厚的文化积淀为此次设计提供了浓重的底色，对学生从视野、职业价值观到设计能力都是难得的锻炼。感谢西安市城市规划设计研究院名城分院精心准备的选题，感谢西安建筑科技大学老师悉心的组织安排，纵使困难重重，我们十几年的联合毕业设计仍然披荆斩棘、不断前行，相信这样的经历对学生而言也是宝贵的财富和记忆。期待 2023 年春暖花开时节，能与各校师生同聚人间天堂、共话“7+1”精彩！

浙江工业大学

孙莹

2022 年是我第一次参加全国城乡规划专业“7+1”联合毕业设计，作为一名年轻老师，本次联合毕业设计对于我来说是一个与学生共同成长的过程。同学们的设计作品或许还很稚嫩，但设计过程中随时迸发的智慧和热情，不断地感染和打动着我。更有意义的是，在七校共同的汇报、答辩、交流过程中，能够看到更多同学们的智慧和热情，学习到更多老师们的教学经验和方法，以及老师们对教学共性问题的关注和探讨。即使现在还有许多未解疑惑，但至少感到并不孤独，因为有同行者的共同努力，所以更加期待 2023 年的联合毕业设计！

陈梦微

非常荣幸能够作为指导教师参加全国城乡规划专业“7+1”联合毕业设计，这为我刚刚启程的教师生涯增添了宝贵的经历。2022 年的联合毕业设计，在疫情反复中有序推进，从选题到最终答辩完成，凝聚了七校师生的努力，体现了七校联盟的团结。本次联合毕业设计给我最大的感受是：基地选址有特色，设计主题有挑战，教师指导有风格，学生方案有新意。毕业设计指导过程无疑是教学相长的过程，我感受到了学生们无尽的创造力、想象力与潜力；与各校老师们在几次答辩中的交流，令我受益匪浅。联合毕业设计是一种非常有意义的教学模式，有利于促进各校城乡规划专业的校际教学联系和知识共享。

李凯克

这次联合毕业设计以“精准 · 传承”作为主题，很好地体现了在城市更新背景下，西安作为历史文化名城所要重点关注的两个方面。各校同学也在这个框架下，充分尊重历史城区现状特征，挖掘地方特色，呈现出了非常富有创意的设计成果。各小组的设计成果在尊重地区历史文化的前提下，不仅关注空间本身，也处处表达了对人的需求和感受的关注，这不仅体现了同学们作为规划师的职业性，更体现了规划师的人文关怀，这两方面都是以后同学们走上专业岗位需要坚持的。这次联合毕业设计不仅为毕业选题提出了很好的题目，也为校际交流提供了很好的平台。虽然由于疫情，不能到西安线下参与调研、参加讨论，但是经过一学期的课程指导，作为参与者也对设计地段以及西安有了更深入的了解，期待疫情后能到西安看看钟鼓楼、逛逛回民街，亲自感受下这个我们深入分析和设计过的城市！最后感谢承办方和兄弟院校，2023 年我们杭州再见！

龚强

全国城乡规划专业“7+1”联合毕业设计一起走过了七年之痒，十年之痛，已然到了十二年之约，梦回长安！

时隔七年再次参与西安建筑科技大学组织和承办的联合毕业设计，虽然遗憾没能去到现场，但依旧在同学们的毕业设计中看到了熟悉的回坊风情、唐风市井、长安美食，搭配同学们极具创新的更新对策、出色的成果展示，这才让遗憾稍减。希望同学们对北院门历史文化街区两个设计地块未来更新路径的构想，能够给西安历史街区城市更新实践提供一些不一样的思考。

最后再次感谢西安市城市规划设计研究院名城分院、西安建筑科技大学各位老师和同学为本次联合毕业设计活动所做的准备工作，能让这次联合毕业设计的各项活动顺利开展，期望 2023 年与大家在杭州线下相见！

福建工程学院

杨芙蓉

从第四届到第十二届，不知不觉中我已经在联合毕业设计的联盟中走过了九年。每年不同的城市、不同的主题至今还历历在目。2022 年是第三年在线上完成联合毕业设计，虽然在各方的努力与配合中圆满落幕，但多多少少还是让人觉得有点遗憾。虽然在承办方充分的工作准备之下，经过同学的几轮汇报，老师、专家的点评，我们对设计地块已经越来越了解与熟悉，但是对古城西安的印象仍然是七年前的样子。希望早点能回归常态，在今后的城市中收获更多的充实与精彩。感谢西安建筑科技大学以及其他兄弟院校的师生们，让我们期待更美好的明天。

杨昌新

全国城乡规划专业“7+1”联合毕业设计，对于我个人而言，从 2016 年西安的“继承与创新”城市设计到 2022 年西安的“精准 · 传承”城市更新，整整走过了 6 个年头，送走了 6 届毕业生。在这期间，岁月轮转、沧海桑田。从办学的外部环境来看，无论是国家规划体系还是城市研究议题，都发生了巨变。在规划体系上，2018 年是我国规划发展史上的里程碑，明确了“三级四类”的规划体系，建立以国家发展规划为统领，以空间规划为基础，以专项规划、区域规划为支撑，由国家、省、市县各级规划共同组成，定位准确、边界清晰、功能互补、统一衔接的国家规划体系；在研究议题上，2019 年底，自新冠肺炎疫情爆发以来，城市公共卫生、城市生态安全、永久耕地保护、历史文化保护、经济内循环、社会秩序、碳排放控制、城市治理问题成为热点议题。但无论世事如何变化，“7+1”联合毕业设计总有一种力量、一股韧劲、一份信念，推动着全国七校师生代际相承、薪火相传，克服时空上的限制，执着地走下去。

04

学生感言

Students' Comments

北京建筑大学

青年路组

康南

我很荣幸能参加 2022 年第十二届全国城乡规划专业“7+1”联合毕业设计，很遗憾由于疫情，没有去往举办地学习调研，但是我在联合调研和线上答辩中认识了很多优秀的同学，见识了很多优秀的规划设计方案，在学业上得到了很大的提升。在老师的指导和同学的帮助之下，我对于规划设计有了更多新的认知，并对西安这片土地有了初步的了解和认识。

几个月的忙碌之后，本次联合毕业设计活动已然落幕，作为对五年专业学习的总结和展现，我想尽可能获得一颗完美的果实，但是由于经验匮乏，在最后的图纸展现和联合答辩中难免有许多不圆满的地方，在这里衷心感谢外校老师和专家的点评，感谢本校张忠国教授和苏毅老师的督促及指导。最后感谢一起合作组员的支持，在毕业设计期间我经历了生病、手术、住院，他们在帮我分担责任的同时，鼓励我在痊愈后快速进入状态，并在设计中给了我许多宝贵的意见和建议，最终我才能按时完成了这次毕业设计。

随着毕业设计接近尾声，作为城乡规划专业本科生的学习也将画上句点。短暂的思考与停留后，我真心地希望未来能够走向新的人生道路，获得更多的智慧。愿大家前程锦绣，得偿所愿。

秦梦楠

终于，我们也迎来了这一刻，结束了毕业设计之旅。犹记得大一初入学时上的第一节设计课，从零开始，到逐渐融入这个学科，有苦有甜，受益匪浅。

首先，非常荣幸能在本科毕业前参加全国城乡规划专业“7+1”联合毕业设计，遗憾的是由于疫情没能去西安，但我们通过对上位规划及基地现状的丰富分析，对西安有了一定的印象。回想这一学期，从前期调研、方案设计到图纸绘制，在与组员不断地讨论之中，有过失落，有过迷茫，但也有快乐与成功。最后，我们精准抓住“城墙”这个城市意象，以其为触媒，提出了破界与融合两个主题，旨在唤回历史遗产的文化再生力，以及提升居住区的活力。尽管我们的方案仍有一些不足，但我们培养了规划思维，提高了发现问题与解决问题的能力，锻炼了绘图技能……

在这里，我要感谢张忠国老师与苏毅老师的辛勤付出，感谢老师们为我们的毕业设计提供的资源与条件；感谢组员之间的互帮互助与温柔陪伴；感谢五年校园时光中遇到的所有人。道阻且长，行则将至，愿我们未来可期。

宋逸飞

经过几个月的奋战，我的毕业设计终于完成了。在没有做毕业设计以前，我觉得毕业设计只是对这几年来所学知识的单纯总结，但是通过这次毕业设计活动，我发现自己的看法有点太片面了。毕业设计不仅是对所学知识的一种检验，而且是对自己能力的一种提高。这次的毕业设计相对于以前的课程设计，多了很多思考，也锻炼了我的组织能力和对一些知识的深刻认识，使我受益非浅。通过这次毕业设计，我明白了自己原来的知识较欠缺，自己要学习的东西还有很多。以前老是觉得自己什么都懂了，有点眼高手低的感觉。通过这次毕业设计，我才明白学习是一个不断积累的过程，以前所学的知识只是停留在表面，并且我领会到，在以后的工作和生活中应该不断地学习，努力地充实自己的大脑。

北京建筑大学

青年路组

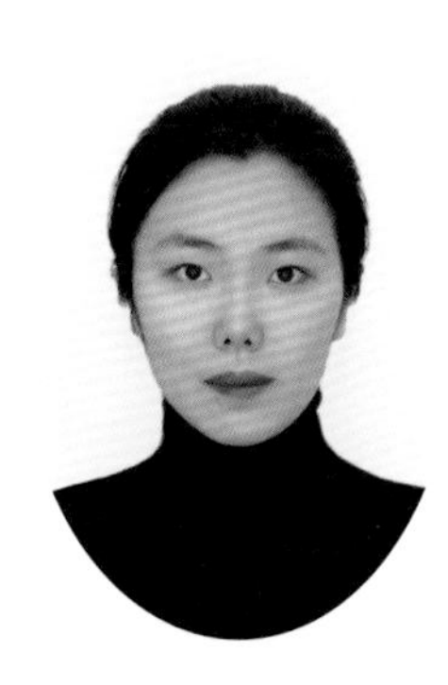

鑫笛

朝来庭下，时光飞逝，本科五年最后一个设计就此落幕。虽然遗憾没有能够去古都西安调研，难以感受到城墙上的光景和城墙下的市井烟火，但是在参加线上毕业设计的过程中，小组同学依旧克服困难，从开题到最后结束都在竭力完成毕业设计的内容。虽然过程中伴随着不可避免的一系列问题，但是大家相互补充，发现问题时耐心、积极地调整，气氛也较为融洽，没有冲突。在此次毕业设计过程中，我感受到了小组成员合作沟通与相互协调的重要性，六个人很难统一，所以在开始之前须定好目标，大家才会向同一个方向前进。同时还要感谢张忠国老师和苏毅老师的耐心教导。因为联合毕业设计，我们第一次接触到外校的老师和同学，并且有了在中期和终期交流的机会，得以开拓眼界。感谢老师们在中期提出了很多对方案有拓展性的建议，使我们受益颇丰。本科生涯已然告一段落，希望我们都有光明的未来。青山不改，绿水长流，来日方长，后会有期。

赵秉南

时光飞逝，毕业设计终究到达尾声。现在回想起近半年的毕业设计与小组合作，一路走来，感受颇多。在不断的反复中走过来，有过失落，有过成功，有过沮丧，也有过喜悦。我在一次次的失落中走向成熟，历练了心志，也证明了自己，同时发现了自己的不足。五年的大学生活就这样悄悄地结束了，在我们忙着做毕业设计的时候，在我们忙着考研、找工作的时候，在我们忙着计划自己未来的时候，偶尔也有一丝的留恋与不舍。这五年里，有开心，也有悲伤；有成功，也有失败；有欢笑，也有泪水。太多太多的事情与情感的积累，值得我们一辈子去珍藏。感觉这五年过得挺快的，仿佛自己提着大包小包懵懵懂懂地走进大学校门的那一刻还停留在昨天。一路走过来，我收获了很多，得到了很多的财富，已经不再是五年前那个初出茅庐的大学生。但一条路走下去，总会有尽头，我相信，在以后的路上，我们会走得更远、更好。

赵萌

时光飞逝，岁月荏苒，毕业设计是本科学习阶段的最后一个环节，是多年所学基础知识和专业素养的综合应用，是一种综合的再学习、再提高的过程。这一过程对我们的学习能力、独立思考能力及工作能力同样也是一种培养。在完成毕业设计的时候，我们尽可能做到理论与实际相结合，翻阅了大量的论文和案例，不只是“纸上谈兵”。

本次毕业设计由于疫情只能通过线上的方式来完成，所以对于组内成员的交流亦是一种莫大的考验。但幸运的是，大家彼此之间拥有合作的默契，虽然也有瑕疵，但是毕业设计成就了最好的我们。感谢老师给予我们的指导，也感谢组长默默地付出以及同学之间默契的配合。

忆往昔峥嵘岁月，看今朝潮起潮落，望未来任重而道远。

北京建筑大学

洒金桥组

李旭照

随着夏天过半，我们的毕业设计也迎来了尾声，三个多月以来，在苏毅老师和张忠国老师的悉心教诲下，同学们通力合作，完成了本科阶段的最后一次作业。本次课题中认识了许多其他学校出色的同学，在方案设计中掌握了不少新的技术，作为组长也积累了更多协调团队工作、有效沟通方面的经验。在小组合作方面，感谢刘心怡同学愿意作为副组长帮助我，感谢李慕南、刘偲源、王瀚杨、徐彤达同学在分配任务时的理解、包容和鼓励。在方案设计方面，我学会了从更加理性和客观的层面去思考方案的框架和内容，我不认为巧思十足的主题方案就一定是好的方案，也不认为构思完整理性、更加切实的方案就一定是中规中矩的方案。虽然最终的成果仍有许多不足之处，这是我作为组长的能力不足，我向组员们表示歉意，但是相信这一次的经历能让我们在今后做得更好。即将毕业，希望大家未来都能在自己的道路上走得顺遂、从容。

刘心怡

经历了三个月的努力后，我们的毕业设计终于迎来了结束的这一天。本次毕业设计是我第一次参加多校联合设计，相较以往校内的课程设计，在本次设计中我们接触并认识了来自不同学校的同学与老师，从他们的想法与方案中学习到了新的视角与思维方式。在设计阶段，苏毅老师和外校老师的指点使我受益匪浅，尤其是苏老师总会在对我们的方案进行指导后，从其他方面给予我们宝贵的意见，极大地激发了我对专业、学习、工作的思考。在小组合作的层面，线上合作导致了同学之间磨合不佳、讨论效率低下等问题，但我们也从中吸取了很多教训，探索了新的合作模式。尽管成果不尽如人意，总体来说也不是一次愉快的合作，但我相信这份经历必将作用于下一次克服困难的道路上。

李慕南

回想起这三个月我们做毕业设计的过程，可以说是难易并存。要把在大学里所学过的知识结合到毕业设计里面来，这对于我来说是一个小小的挑战，同时也是对大学所学到知识的一次检测。在做毕业设计的过程中，我遇到了很多以前没遇到过的问题，如果不是自己亲自做，可能就很难发现自己在某方面知识的欠缺。对于我们来说，发现问题，解决问题，这是最实际的。在遇到自己很难解决的问题时，我查阅了一些资料，并在同学和老师的帮助下，才将这些问题解决。因此我慢慢才了解到，学习这事儿不仅现在，在以后更是要不断去探究的。毕业设计是我们大学里的最后一道大题，虽然这次的题量很大，看起来困难重重，但是当我们实际操作起来，又会觉得事在人为。只要认真对待，所有的问题也就迎刃而解。

北京建筑大学

洒金桥组

刘偲源

大学阶段的最后一次规划设计圆满结束，感谢苏毅老师、张忠国老师的指导，也感谢其他各校老师在中期汇报以及最终答辩的教诲。总之，西安洒金桥地段的规划设计为我五年本科时光画上了圆满的句号，由于疫情反复，我们比往届同学面临更多的困难，我们无法返校，天各一方，即使线上作业让我们的交流效率大打折扣，但是组内同学们还是团结一致，彼此体谅，及时沟通问题、解决问题。李旭照同学和刘心怡同学分别作为组长和副组长付出了更多的时间和精力，本次毕业设计的完成离不开她们负责的态度和高效的能力。五年时光转瞬即逝，也许这是我最后一次做规划，无论大家以后的路如何，希望我们不负韶华不负自己，祝我的组内同学们，以及各位参加联合毕业设计、素未谋面的外校同学，跋山涉水仍乘风破浪，不忘本心，不负韶华与愿望。

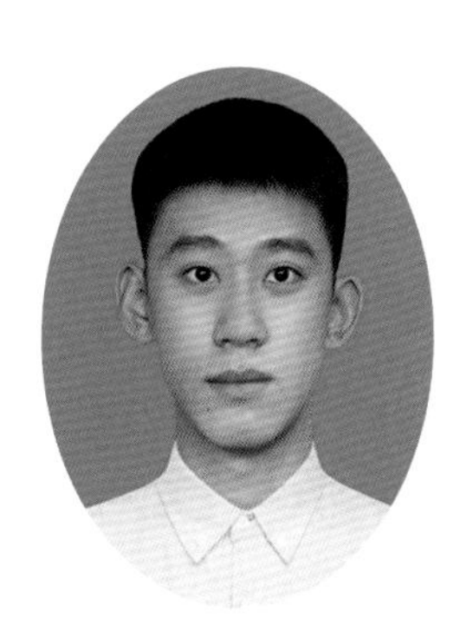

王瀚杨

随着毕业的日子临近，毕业设计也接近尾声。经过三个月的奋战，我们组的毕业设计终于完成了。在老师的指导下，我们对此次课题进行了思考和探究，这次的毕业设计相对于以前的课程设计，多了很多思考，也加深了我对一些知识的认识，使我受益匪浅。毕业设计不仅是对前面所学知识的一种检验，而且也是对自己能力的一种提高。通过这次毕业设计，我明白了自己原来的知识比较欠缺，自己要学习的东西还有很多。通过这次毕业设计，我才明白学习是一个不断积累的过程，以前所学的知识只是停留在表面，并且我知道，在以后的工作和生活中应该继续学习，努力充实自己的大脑。

在整个毕业设计的过程中，我学到了做任何事情都要有端正的态度，我明白了做学问要一丝不苟，对于出现的任何问题和偏差都不要轻视，要通过正确的途径去解决，在做事情的过程中要有耐心和毅力，不要一遇到困难就打退堂鼓，只要坚持下去，就可以找到思路去解决问题。

徐彤达

在本次规划设计的过程中，我们学到了很多知识，也有很多心得体会，在此总结为以下几个方面。

一、新的工作方式：本次设计调研是我们第一次采用录入 GIS 数据库的方式进行调研，一方面，它使我们对软件工具有了更加熟练的掌握，将知识与实际操作进行了结合，更直观地体会到了它为我们后期工作提供的巨大便利；另一方面，我们也体会到了收集信息和整理信息的复杂与困难，数据库的每一项数据背后都是同学们辛苦调研得到的成果。

二、合作与沟通的重要性：通过此次实习，我们更加深刻地体会到了合作的重要性，尤其是在这次设计过程中，由于疫情影响，许多学校无法参与前期的现场调研，各个学校学生之间的线上合作为本次调研工作增加了难度，也加深了我们对合作与交流的理解，而后面的设计过程回到每个学校的小组内，同样也只能采取线上交流的方式。如何有效地沟通是保证共同创造优秀成果的重要前提。

三、认真、细心地对待规划设计：我们应认真负责地对待每一次规划设计任务，因为我们在规划中任何错误或失误都会给后面的工作带来困扰和损失，虽然我们是作为作业来做本次规划设计的，但也应该按照一个合格规划师的标准来严格要求自己，细心和严谨应是每个规划人员的职业精神。

苏州科技大学

青年路组

吕林蔓

能够参加全国城乡规划专业“7+1”联合毕业设计，我感到非常荣幸。大学五年匆匆而过，毕业设计既算是结束，也算是一个新的开始。通过对西安历史城区青年路地段的调研，我对西安有了更加深入的了解，对明城区中轴线有了一定的认识。回想这几个月的毕业设计过程，感受颇多。从一开始的几所学校混合进行调研，到自己小组的前期成果整理及总体方案设计，再到最后的个人片区设计，有过失落也有过成功，有过沮丧也有过喜悦。在一次次的不断尝试中，我的心志得到了锻炼，能力得到了考验。本次毕业设计培养和提升了我对专业知识的运用能力，使自己从被动的基础学习和按部就班的设计阶段，进入了理论联系实际、主动分析和解决问题的开放式思维阶段。最后，由衷地感谢老师们的指导、鞭策和鼓励，以及组员们对我担任组长的配合与支持。这段路程不虚此行，愿大家不忘初心、砥砺前行。

胡佳怡

时光飞逝，回想起这几个月的毕业设计过程，感受颇多。在不断的反复中走过来，有过失落，也有过成功；有过沮丧，也有过喜悦。从一次次的失落走向成熟，我的心志得到了锤炼，能力得到了考验，同时我也发现了自身的不足。此次毕业设计培养和提升了我对专业知识的运用能力，使自己从被动的基础学习和按部就班的设计阶段，进入了理论联系实际、主动分析和解决问题的开放式思维阶段。在这个过程中，我不断突破自己、突破常规，经历时间的考验，最后拾起散落满地的思想碎片，在不断的挣扎与蜕变中完成设计，并交出让自己满意的答卷。

黄子珊

很荣幸能参加全国城乡规划专业“7+1”联合毕业设计。本次设计基地位于古城西安的明城区中，该地区经历了多个朝代的更替，留下了许多灿烂的中华文化遗产。无论是古城中的建筑风貌、城市格局，还是巷道空间，都十分吸引我，这次的毕业设计也让我对这座城市有了更多的了解。由于疫情的影响，很遗憾没能身临其境、设身处地地去感受，但是各个学校的同学们团结合作，完成了前期调研，让我们能进一步了解设计基地。在设计过程中很感谢我们学校的带队老师和小组同学们，在我迷茫、惊喜、失落、欢笑的时候都有大家陪着，让我在这漫长的几个月中得到支持和收获希望，最终能交出一份如意的毕业作品。在这个过程中我也学习到了许多知识和技巧，收获了可贵的情谊，很开心和带队老师与小组同学们度过了大学最后的时光。希望未来大家继续乘风破浪，直挂云帆济沧海!

苏州科技大学

青年路组

杨宇皓

如果说五年大学时光是我们情感和理想的孕育期，那么毕业设计就是果实收获期。不管绚丽还是平凡，也不管饱满还是干瘪，我都将无怨无悔。

毕业设计宛如展示自己的一个平台，倾听各方意见和建议，设计出好的作品，展现自己的才智，这是努力创作的一种精神。设计是自己选择的道路，没有答案就应该勇敢地去寻找，说出自己想要的，在设计中体现对事物的看法和对情感的理解。因为自己总是不愿满足，所以在简单的生活里找到满足，在复杂的世界里发现生活，找到自己对人对事明确的路，我觉得这就是设计——把对事物的看法用点、线、面去表达。就让感谢的话转换成一种动力，让自己在以后的路上能走得更精彩吧。

天空不留下飞鸟的痕迹，但我已经“飞”过；校园没有了我们的足迹，但我们已经走过。踏花归去马蹄香，满载希望的我们即将离去，就让这毕业设计的迷人香气萦绕在你我的心间吧！

张皓然

这次毕业设计得到了很多老师和同学的帮助，感谢在整个毕业设计期间和我密切合作的同学，以及曾经在各个方面给予过我帮助的伙伴，在大学生活即将结束的时候，我们再一次演绎了团结合作的童话，把一个庞大的课题圆满地完成了。正是因为你们的帮助，我不仅学到了本次课题所涉及的新知识，更收获到了知识以外的东西。另外，感谢全国城乡规划专业“7+1”联合毕业设计给予我们这样一次机会， 让我们参与这么好的一个课题，使我们在即将离校的时光里，能够学到更多实践应用知识，增强了我们实践操作的能力，提高了我们独立思考的能力。

朱承晨

通过毕业设计，我对城市更新设计有了新的认识和体会，并且对历史街区及周边区域规划的要点有了更深层的掌握。这次毕业设计，从选题到框架和目标的形成，再到最终方案的生成，我们组的指导老师于淼倾注了大量心血，同时给予了我们极大的鼓励和帮助，在此谨表深切的敬意和衷心的感谢。同时，感谢顿明明老师、周敏老师的悉心教导，令我能够更加清楚地认识到一名合格的城市规划工作者该如何做研究。本次毕业设计已经结束，我不仅收获了知识，也锻炼了品质。通过这次认真而又细致的毕业设计，我对待事情的态度更加严谨、更加有耐心，并且我更希望把事情做好、做完美，我想这将是很重要的财富。感谢本次设计，感谢遇见的麻烦和难题，感谢老师的指导以及同学的帮助。毕业设计的结束也是另一种开始，相信本次毕业设计会令我走得更远，也能取得更大的成就。

苏州科技大学
洒金桥组

陈裕

首先，感谢承办方西安建筑科技大学对联合毕业设计的倾心策划。本次毕业设计基本为线上调研、线上汇报，困难重重，但最终圆满完成，为今后的毕业设计提供了一个完美的学习样板。其次，感谢周敏老师、顿明明老师、于淼老师给予我们小组的精准指导，让我们有机会传承苏州科技大学学生的优秀传统，我们身上散发出的智慧之光，永远闪烁着您们亲手点燃的火花。

特别是周老师，兢兢业业，诲人不倦，倾其所能，诠释了所谓“师者，所以传道授业解惑也”。所有美好的赞美放在您身上都不为过，非常感谢您给我们的毕业季画上一个完美的句号。更是要感谢小组成员，每个人的责无旁贷、每次小组会议的畅所欲言、每次汇报的常备不懈……使得我们最终出色地完成了任务，这与队员的努力和勇于担当不无相关。走到毕业的最后一站，青涩不及当初，聚散不由你我。一路的相伴，是我们的幸运；分叉口的离别，我们各奔前程。祝愿我们前程似锦，初心不忘，将自己的优秀传承下去，才是对主题的精准解读。

陈悦

参加联合毕业设计的这段时间是我大学五年成长最快的阶段，在此期间，我查阅了很多优秀的论文和案例，了解了很多规划方面的知识，提升了软件运用技术。毕业设计也让我充分地了解到协同合作的重要性，并且一定要注重细节，不仅仅是规划行业，任何行业都要把细节做到位，这样才可以获得一个比较完整的成果。同时一定要学会坚持，不能被一点点的困难打倒，无论遇到什么样的困难都一定要勇敢面对，正面解决问题才是正确的态度，逃避虽然可能暂时有用，但绝对不可能带来根本性的改变。

联合毕业设计组每周都会开展线上会议，这样同学之间能相互学习，开拓思维，取长补短，相互激励。联合毕业设计是一项团队合作，伙伴精神是十分重要的。所以我非常感谢我的队友们，大家一起努力、积极配合，才有我们组今天的成绩。当然还要感谢我们的三位指导老师，感谢他们的悉心指导和温暖陪伴。

刘浩然

非常荣幸能够在大学生涯的最后阶段参与全国城乡规划专业“7+1”联合毕业设计，虽然因为疫情影响未能进行实地调研和线下合作，但我在线上综合运用了本科阶段所学知识，经历了文献综述、开题报告、问卷设计、数据整理分析、方案设计修改等流程，最终系统完成了西安市明城区洒金桥地段更新设计。这不仅让我亲身体会到了在创作过程中探索的艰难和成功时的喜悦，而且让我在老师的带领下巩固了本科期间所学知识并更加深刻地认识了城市更新应该如何进行。

最后，我会带着在毕业设计中所学的知识，带着老师和同学的期待，好好地把握机会，在以后的学习和生活中发挥自己最大的优势，努力向前拼搏。另外，非常感谢在这次毕业设计过程中我遇到的可敬的老师、亲爱的同学及朋友给予我的指导、帮助与支持。

苏州科技大学

洒金桥组

姚睿

很荣幸能在本科生涯最后阶段参与全国城乡规划专业“7+1”联合毕业设计，历经一学期，在各位老师的指导下，我和同学共同完成了这份规划方案。调研初期因为疫情没能亲自去到西安，但通过线上、线下分工合作，我们还是成功建立了地理信息库以备后续分析。因为无法返校，整个设计和交流过程都只能够在线上进行，在这个过程中我学会了高效地表达自己的观点与线上协同作业。感谢各位指导老师在设计过程中帮我们梳理定位，让我们成功找准规划方向与理念目标，并在整个流程中不断提出指导意见。在中期汇报与最终答辩中，我看到了不同学校的规划方案与思考方向，这为我提供了新的规划灵感并反思自己存在的不足，还聆听了各位老师与专家的宝贵意见。整个设计过程都让我受益良多，也让我更深入地认识了西安这座千年古都。

尹晓梦

毕业设计是我们本科学习生涯的最后一个环节，不仅是对我们所学基础知识和专业知识的一种综合应用，更是对我们所学知识的一种检测与丰富，是一个综合的再学习、再提高的过程。很幸运最后能够参加全国城乡规划专业“7+1”联合毕业设计，与其他学校的老师和同学进行学习和交流。通过这次毕业设计，我感受到了自己的知识还比较欠缺，在以后的工作和生活中还需要不断学习，充实自己，提高自己的专业知识以及综合素质。

在此，首先要感谢我们的指导老师周敏、顿明明和于淼，整个毕业设计的完成离不开各位老师的亲切关怀和悉心指导。其次，要感谢我们组的小伙伴，在这三个多月里，大家一起交流讨论、互相帮助，终于顺利、高效地完成了此次毕业设计，这也让我深刻地感受到了团队合作的重要性。最后，要感谢我生活、学习了五年的母校——苏州科技大学，母校给了我一个宽阔的学习平台，让我不断汲取新知，充实自己。

应永飞

我曾经去过一次西安，当时对西安的一切都不甚了解，只是走马观花。但这次毕业设计，让我抓住一些之前错过的这座千年古都的美。一开始会惊讶于这座城市和这个地块所经历过的深厚的历史：大唐盛世、丝绸之路、红色年代，等等，而时间的印迹也同样印刻在空间上，多样、复杂、拼贴，但富有生命力，作为承载记忆的实体仍然在不断地成长。一定有数不清的人在这里驻留或者经过吧，也正是这些人影响着历史与空间的变迁，希望生活在这里的人们总可以在此地寻到自身的归属，途径这里的人们总可以在此地寻到不同于日常生活的乐趣。没能进行线下调研，是遗憾，但也带来期待，希望下次来到西安可以去洒金桥基地，沉浸在庙会的节庆氛围里，感受西仓的生活气息，走进古老的清真寺，体验循着丝绸之路而来的伊斯兰文化。最后感谢老师的指导和队友的合作，一起在本科毕业设计的结尾留下美好的回忆。

山东建筑大学

青年路组

李佳琪

随着毕业日子的到来，毕业设计也接近尾声。在没有做毕业设计以前，我觉得毕业设计只是对这几年所学知识的单纯总结，但是通过这次做毕业设计，我发现自己的看法有点太片面了。毕业设计不仅是对以前所学知识的一种检验，也是对自己能力的一种提高。

在此要感谢我的指导老师对我悉心的指导，并且感谢老师给予我的帮助。在设计过程中，我通过查阅大量有关资料，与同学交流经验，自学并向老师请教等方式，学到了不少知识，也经历了不少艰辛，但收获同样巨大。在整个设计过程中，我学到了许多东西，培养了自己独立工作的能力，树立了对自己工作能力的信心，相信这会对我今后的学习、工作、生活有非常重要的影响。

钱蔚

很荣幸能够参与第十二届全国城乡规划专业“7+1”联合毕业设计，也很荣幸能拥有与来自七校的老师、同学互动的机会。在这个过程中，我们收获了各位专家富有针对性的点评，对于城市更新和西安有了更多新的认知，我们的成果也不断充实，感谢各位老师的教导和包容。

从毕业设计开题、调研汇报、中期汇报到终期汇报，在各位老师的包容、指导和与同学的思维碰撞下，毕业设计成果逐渐成型，我对西安这座城市的热爱也不断升温。青年路街道经年历岁，有着独特之处，不似钟楼周边商业气氛浓厚，也没有回民街热闹浓重的生活气息，但却充满着历史人文的积淀、特有的原住民生活记忆，展现了市井生活不断叠加的形成过程。城墙一带更是包含了大多数历史遗迹和公共空间，越来越多的公共生活在此发生，守得方寸，望得天地宽广，以展望包容的态度适应新诉求，始终保持可观、可用、可持续的价值内涵。

信海亮

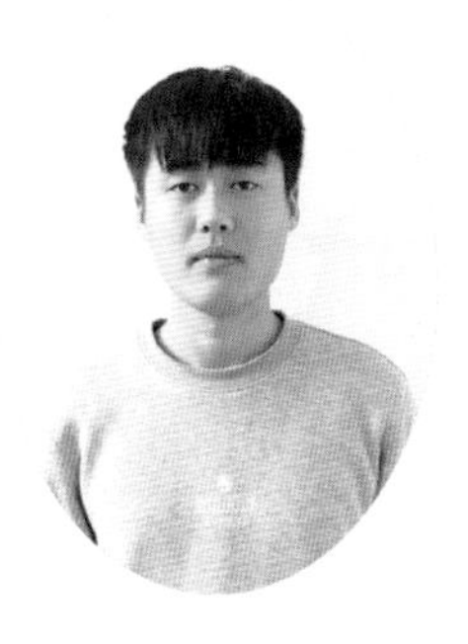

时间如白驹过隙一般过得飞快，为期三个多月的联合毕业设计落下了帷幕。驻足回顾，有选题伊始对西安这座千年古城的向往与憧憬，有疫情作梗被迫前期云调研的无奈，有对项目选题任务书的摸索，有对指导老师提出的问题与要求的努力，也有最后为了终期成果没日没夜点灯熬油的辛劳。在种种感想中，最令人遗憾的是没有亲自去到西安这座充满浓郁历史色彩的城市，没有感受到它独特的魅力。回到毕业设计本身，真的要由衷感谢指导老师——程亮老师，这是程老师第一次带我做设计，我的基础很一般，但程老师在提出更高要求的同时不忘鼓励，而且性格温和，不急不躁，总是耐心与我交流。最后，很高兴能和其他院校的同学交流，也很感谢各位老师的评价与指导，这次联合毕业设计让我提高了专业技能，开阔了眼界，让我的职业生涯受益匪浅。

山东建筑大学

青年路组

燕芳菲

近半年的毕业设计提升了我的知识运用能力，使我从被动的基础学习和按部就班的设计阶段，进入理论联系实际、主动分析问题和解决问题的开放式思维阶段。在毕业设计过程中，我通过查阅大量有关资料，体会到西安这座十三朝古都的深厚底蕴；与同学交流经验，共同探讨青年路街道的更新路径；向老师请教，解题“精准 · 传承"。在这个过程中，我学到了不少知识，也经历了不少艰辛，但收获同样巨大，我充分体会到了在创造过程中探索的艰难和成功时的喜悦。在这个过程中学到的东西是这次毕业设计的最大收获和财富，我将终身受益。

山东建筑大学

洒金桥组

张西亚

感谢指导老师陈朋老师和程亮老师，整个毕业设计都是在两位老师的悉心指导与点拨下完成的，他们尽职尽责、倾囊相授，对我们严格要求，他们一丝不苟的敬业精神以及精益求精的工作作风，从始至终都影响着我，是我以后工作和学习中的楷模。在整个毕业设计过程中，两位老师不断地帮我拓宽研究思路，引导我找到解决问题的方法，给予我宝贵的意见和建议，时刻帮助我推进方案的进度。陈朋老师和程亮老师的负责精神、有启发性的设计思维给予我们的专业学习很大帮助。

学路漫漫，砥砺前行。在此，首先仅以拳拳之心诚表谢意，感谢老师们对我规划学习道路上的指引与教导。其次，特别感谢这段时间陪我一起奋斗的三个队友，是我们的一起努力和互相陪伴让此次毕业设计圆满完成，并且给大学五年画上一个完美的句号。在此，祝大家前途似锦，未来可期。

山东建筑大学

洒金桥组

李昕冉

西安古称长安，是中国历史上建都朝代最多、时间最长、影响力最大的都城之一。我们的基地位于北院门历史文化街区内，基地回汉混居，历史悠久，充分体现了西安“大杂居，小聚居”的地域特征。回坊区域大部分属于北院门历史文化街区核心保护区，其保护利用的价值极大。通过底蕴彰显、风貌复兴、流量疏通、民生保障等主要手段，实现文脉传承、风貌复兴的愿景。

由于疫情影响，此次设计我们无法前往现场调研，但所有参加联合毕业设计的同学团结互助，线上、线下共同努力，完成了前期调研工作。感谢本校指导老师程亮老师和陈朋老师的悉心指导，感谢承办方西安建筑科技大学以及所有参与此次联合毕业设计的老师和同学，感谢共同努力的伙伴和自己。前路漫漫，希望借此次机会能为本科阶段交上最后一份满意的答卷，也激励自己继续努力奔向光明的未来。

汪家薇

通过这次联合毕业设计，我学习到了很多新知识，充分感受到大学五年所学内容正如流水线一环扣一环。作品的优秀在于全面地对细节进行处理，以及任何一个环节都不能出现缺陷，尤其是城市更新，为什么要更新？为谁而更新？怎样更新？这些都是需要进行针对性研究的问题。同时，我对西安也有了进一步的了解，特别是其独特的街巷肌理以及传统习俗。最终虽然交出了较为满意的成果，但也很遗憾没能亲自去现场进行调研，感受西安的古都魅力。非常感谢我的毕业设计指导老师与小组成员，在他们的指导和帮助下我才能顺利完成这次毕业设计。很高兴能为我本科阶段的学业和生活画上一个圆满的句号，希望大家前程似锦，不负韶华。

左汶鑫

很高兴联合毕业设计可以圆满结束，虽然因为疫情，很遗憾没有参与线下调研，过程也有一些坎坷，但最终在老师的指导和队友的共同努力下完成了此次毕业设计，给大学五年的学习生涯画上了一个句号。回首一路的种种，还是感谢。感谢我的指导老师程亮老师和陈朋老师一直以来的指导。感谢我的三个小伙伴，也是我的三个好室友，漫漫熬夜画图路，有你们的陪伴并不孤单。最后，感谢一直很难，但一直未放弃的自己。希望自己所坚持的未来仍然是可以握在手里的理想。虽然从来没去过西安，但通过这几个月的毕业设计过程，我对西安有了一个深刻的记忆，希望疫情过去后可以亲自去西安看看。

西安建筑科技大学

青年路组

董恒

伴随着盛夏的炎热，毕业设计结束了，没有那么多惊喜，也没有那么多意外，非常平常，平常地就像刚上完下午那一节专业课。

去过西安老城区很多次了，但只有这次才让我接触了老城区最真实、朴素的一面。以前的我总认为老城区会有钟鼓楼一样的繁华、回民街一样的热闹，以及东西大街整洁的街道，但当深入了解后才发现，老城区并不像我以为的那样繁华热闹、古城与都市气息同在，实际上存在很多问题。老旧小区一直是我们绕不过去的话题，破败的街道、随意搭建的建筑、混乱的停车等，这些问题并不是做一次更新改造所能解决的，但幸运的是老城区有自己的文化根基，我们可以去探索、发掘这些文化元素，赋予其新的特色。尽管厚重的文化底蕴让我们找到了更多的方法，不过仍然不能解决老旧小区的问题，但我们尝试从简单粗暴的拆改模式到以文化为纽带，通过这一特殊要素去发掘老旧小区发展的意义。

毕业设计给我提供了一次宝贵的经历，感谢一路陪我走来的老师和同学，谢谢你们。

李姝铮

在这一个学期的毕业设计中，我收获很大。不论是在专业学习方面，还是在活动组织方面，又或是在人际交往方面，我都有很深的感悟。

通过此次毕业设计，我对城市更新有了更新的理解：规划设计应针对目前城市发展所面临的问题和短板，转变城市开发建设方式，结合城市实际情况，因地制宜地探索城市更新发展模式；同时，也应注重社会与经济发展之间的关系，协调多方，达到共赢的目的。此次毕业设计是通过小组合作的方式进行的，在小组合作的过程中大家各抒己见，相互学习，然后在讨论中寻求一个最优解，这也让我感受到了小组合作的乐趣所在。此次联合毕业设计给我提供了向其他学校同学学习的机会，认识了新的朋友，也开拓了自己的眼界。

在此，特别感谢邓向明老师和王侠老师的悉心指导，也感谢小组同学的帮助。

宋佳程

毕业设计总算顺利结束，无论是在前期的调研工作中，还是在后续对现状的评估以及之后的方案设计中，我都学到了很多东西，和同学的合作也非常顺利，十分感谢邓向明老师与王侠老师的耐心指导。

我的个人设计从本质上来讲是老旧居住区改造设计，但在城市更新下所作的规划方案与单纯的居住区设计大有不同，最基本的就是不同于单纯居住区设计的目标导向，城市更新下的设计更侧重问题导向的思考方式。如何将一个居住区更新设计做出亮眼的地方是在此次设计中较为困扰我的地方，最终得出了在完善服务要素的前提下设置连接基地各类节点的大型构造物——立体慢行步道，希望它能够在提供休闲活动空间及连通性的同时，促进社区间的融合、人与人之间的交往互动，让居民的小生活交往圈从同一栋楼的隔壁邻居扩大到同一个小区的邻居，甚至相邻小区的、沿着立体慢行步道遛弯的大爷和大妈。

西安建筑科技大学
青年路组

魏晨曦

转眼间大学五年的日子飞快逝去。有喜有忧，有笑有乐！

大学的生活是美好的，但又是艰难的，处处充满着挑战！这是一个从懵懂走向成熟的过程。随着暑期的到来，我已经完结了这五年的学业，可当想起在学校里的生活，却宛如昨日。不过天下无不散之宴席，人也有悲欢离合。毕业了，我们即将各奔东西，这里留下了许多珍贵的回忆，也有许多快乐事无法忘怀。在这即将分离的时刻，我想对老师说：谢谢！我想对同学说：谢谢！

毕业是伤感的，意味着别离，告别了同学，告别了老师，告别了家人，我即将踏上新的旅程，去追寻自己的梦想。尽管充满不舍，尽管前方充满未知，但这是我奋斗的起点。未来的路上，没有老师、家长的呵护，没有同学的帮助与支持，一切的一切要靠我自己努力。或许有一天，站在山顶看天下，会很幸福！人生的道路艰难坎坷，我心里有好多的梦想，未来正要开始闪闪发亮，前途是光明的，踮起脚尖，就更靠近阳光，成功就在眼前，每一颗心都有一双翅膀，要勇往直前地飞翔，没有到不了的地方。时间可以证明一切，时间可以改变一切，时间可以解释一切，时间可以成就一切。

严旭玥

本次毕业设计首先让我深刻体会到了筹备工作的繁琐，调研准备阶段至调研过程中的每一次活动的组织背后都要分条缕析地考虑层层内容。此外，这次直击古城历史城区的调研与设计任务也让我感受到了旧城更新如同在天平上行走，界限与量的权衡尤为重要。进入分析研究阶段后，全面准确地把握老城区的特质与症结颇为困难，这也是本次毕业设计困扰我们许久的瓶颈。在此，尤为感谢邓向明老师与王侠老师的倾心指导和耐心对待，帮助我们梳理出清晰的框架导向。中期汇报是一个重要的时间节点，在此阶段我们看到了与其他学校同学进度上的差距，于是之后的一段时间我们齐心协力奋力追赶，十分感谢小组成员的友好协作与互帮互助。进入最后个人设计阶段，我们已能清晰地根据时间节点进行计划安排，全心全意投入设计，顺利完成毕业设计。回顾这半年，真诚地感念老师与同学的陪伴和帮助，感谢联合毕业设计给我成长的机会，感恩学校的培养和关怀。

西安建筑科技大学

洒金桥组

曹如懿

本次全国城乡规划专业“7+1”联合毕业设计基地位于洒金桥片区，地段位于北院门历史文化街区，与核心保护区有重叠，同时面临着生活圈建立、回汉关系、历史传承等诸多议题。尽管已至毕业年级，但面对此次复杂的城市更新仍然手足无措。感谢两位指导老师提纲挈领地帮助我们理清思路。从地段调研到 GIS 基础信息数据库建立，再到主题剖析及个人设计，两位指导老师始终认真负责，悉心指导，最终在他们的帮助下我们组确定了以“市寺坊承脉·文旅居共生”为设计主题。

组内定下“承脉展势—把脉八维—理脉归究—文芯共生—造文焕境”这一套完整且清晰的设计思路。我从中收获颇多，包括在历史文化街区范围内存量规划如何实现精准传承，同时也对定位提取、规划结构建立和落实有了更深的理解，希望以后能在方案落地性上有更多考虑，也希望自己不忘规划人的初心，使城市更好地运作。最后感谢每一位队友的包容与陪伴，也感谢两位老师的认真负责。

雷一鸣

总的来说，这次毕业设计为五年学习生涯画上了圆满的句号。毕竟是最后一次在老师的带领下和同学一起做设计了，有收获也有些许遗憾。但不管怎么样，通过这几年的学习，我学会了怎样去面对困难和挫折，也学会了体会生活中的幸福与快乐。这次毕业设计的基地面临着文化底蕴丰厚、历史建筑众多、多民族人口共存，然而产业服务水平与文化关联度低下、建筑质量参差不齐、道路管理混乱、公共空间碎片化、公共服务设施缺失、空间风貌不突出等现状。片区更新如何定位？历史资源如何保护？片区功能如何活化？道路交通如何组织？市政设施如何铺设？景观环境如何美化？这些都是需要解决的问题。总之，感谢这五年内教导过我的所有老师以及共同学习的同学，希望我们都有光明的未来。

钱宇哲

毕业的日子即将到来，我们的大学生活也将画上句号。毕业设计是我们本科学习生涯的最后一个环节，在没有做毕业设计以前，我觉得毕业设计只是对这几年来所学知识的单纯总结，但是通过这次做毕业设计，我发现自己的看法有点太片面了。毕业设计不仅是对所学专业知识的综合应用，更是一种综合的再学习、再提高的过程，这一过程对我们的合作能力、独立思考能力及工作能力也是一种培养。本次的课题十分具有特色，既是真实存在的项目，同时也能体现大学阶段生活了五年的城市最大的特点，还呼应了当下热门的专业话题，即“城市更新”“城市更新行动”与“精准规划”。通过这个独特的选题，我们对专业的实务与热点有了更深入的理解和实践，也对这座熟悉的城市有了更深刻的印象。最后感谢两位指导老师的悉心指导和小组同学的陪伴，也感谢五年以来给予我帮助的所有老师和合作过的所有同学。

西安建筑科技大学

洒金桥组

谢雨萱

城市更新是存量规划下的一项重要议题，也是人居环境建设和研究中不可或缺的一环。西安作为十三朝古都，中国西部的中心城市，从古至今地位都相当重要，其内在的属性内涵极为复杂和深厚。在新的时代发展要求下，作为历史文化名城的西安的更新发展显得尤为突出和极具挑战，而西安的明城区更是复杂。对于本次毕业设计，我觉得非常幸运能有机会选择西安明城区内洒金桥地段作为设计基地。在长达数月的毕业设计过程中，在老师的指导下，我和我的团队成员一起对这一复杂地段的问题进行研究，在“精准 · 传承”课题目标要求下，深入学习历史文化名城在当代社会如何进行保护、传承和利用，受益匪浅。最后，我由衷地感谢在这个过程中大家给予我的帮助，谢谢我们洒金桥五人小组成员的共同努力，谢谢同一课题下青年路小组的共担风雨，谢谢邓老师和王老师，他们不愧细腻、耐心之名，在指导我们毕业设计的过程中总是细致入微，每一次上课都倾心教授。

杨子馨

本次毕业设计从前期准备到终期成果，都凝结着两位指导老师和各位组员的心血，在整个过程中，我提升了自主学习、交流协作、计划统筹，以及处理各种突发事件和解决问题的能力。城市更新是规划领域的热点，本次主题为“精准 · 传承”，更让我体会到城市更新过程中前期体检评估的重要性，对待城市问题要有理有据、精准施策，旧城更新不是形式上的表演。本次毕业设计让我再次近距离审视了我所生长的城市——西安，她在千年沉淀中静静矗立，也在西安人的心中成为永恒。我们以一种专业的视角洞悉了老城区的诸多矛盾和问题，也感受到了当代城市规划师、设计师肩上的重任。虽然毕业设计已近尾声，但学无止境。在以后的工作和学习中，我们依然需要发扬“精准”和“传承”的精神内核。

安徽建筑大学

洒金桥组

王庆伟

转眼一学期过去了，这次联合毕业设计我们对西安老城区进行了精准更新规划。经过实地调研后，我们领略了西安这座古城的文化风采和历史底蕴，对这次的城市更新规划产生了浓厚的兴趣。在经过老师的指导和同学之间的相互学习后，我们完成了这次联合毕业设计的成果，在这个过程中，我增长了专业知识，提高了实践能力，同时也认识了其他学校优秀的学生，大家都对这次设计充满热情，不断地研究和探讨，丰富自身的阅历，彼此间都收获了很多。

海阔凭鱼跃，天高任鸟飞，大家都会有更美好的明天。我们怀着一颗感恩的心离开，但无论走到哪里，我们都不会忘记在这次联合毕业设计经历的点点滴滴。老师的辛勤付出和同学间的相互鼓励，让我们在实践中不断成长，从而在人生的道路上更进一步。

董文迪

在初步了解洒金桥的时候，我们就被其颇具特色的美食文化和民族风情所吸引。在对洒金桥进行七天实地调研后，我们深深地感受到了回民的热情，体会到了回族美食的魅力。因此，在洒金桥回坊的规划上，探讨回族自身文化认同和挖掘历史显得尤为重要。我们在充分了解回族文化和历史脉络的基础上，立足于文化传承，以传统更新方式为辅助，对回坊进行了保护式更新的探索。

大学五年最后的时光在联合毕业设计中匆匆流逝了。对于此次联合毕业设计，我非常感谢承办方让我有机会与六所学校的同学一起学习，并向老师和团队成员表示感谢，在疫情之下我们还能够一起去往西安进行调研非常不易。联合毕业设计的圆满完成离不开每个人的努力，是所有人通力合作铸就了此次的联合毕业设计成果。最好的方案永远在下一次，希望我们在今后的学习和生活中也能砥砺前行，不忘初心。

雷欢

五年的城乡规划专业本科学习生涯以西安洒金桥地段及周边区域城市更新设计结尾，这一课题作为联合毕业设计主题，难度很大，但也充分考验了我五年来积累的城乡规划专业知识是否充分。在这一个学期的设计过程中，我们小组成员有福同享，有难同当，相互探讨城市更新的创新模式。在与其他高校的师生共同交流文化的传承方式后，我收获到了如何从不同的角度看待规划，如何用不同的方式表现规划，以及如何与规划者、公众进行有效的交流。

感谢我的毕业设计指导老师张馨木老师，她自始至终悉心教导我们，无论是整体时间安排，还是方案生成的过程，她都孜孜不倦地为我们提出建议。在我们的方案出现瓶颈难以推进时，她会给予我们鼓励；在我们的方案有所进展时，她会为我们加油喝彩，让我们再接再厉。

这次联合毕业设计，我们小组一直认真准备 PPT 汇报和图纸设计，一直和老师积极沟通交流，改正问题，最终的图面表达效果尚可，答辩也取得了不错的成绩。这次的联合毕业设计也使我们受益匪浅，是我们人生中一笔宝贵的财富。

安徽建筑大学

洒金桥组

王珺

联合毕业设计是我五年本科生涯中最为完整、系统的规划设计方案。最终成果的呈现不仅完成了自己的预期目标，我还能感受到自己在规划设计方面和方案框架搭建方面的经验与能力都有所提升。本次规划设计方案能够获得完整的逻辑框架其实出乎自身意料，但我知道，这来源于设计期间与指导老师、组员一次又一次的头脑风暴。

感谢自己在大学最后一段时光仍在坚持挑战自我。或许不是每次尝试都能获得预期结果，但挑战后获得的经验与感受却是珍贵的财富。人生万事须自为，跬步江山即寥廓，希望未来的自己仍能坚持心之所往；前路漫漫亦灿灿，希望未来的自己仍能怀抱真诚与热爱，爱自己、爱生活。

王雨朦

经过几个月的努力，终于完成了这次毕业设计。从开题的一头雾水到最后的游刃有余，期间有太多的辛酸与挫折。开题结束之后，我们就立马着手去了解设计基地的基本情况，在这期间学到了很多关于民族历史街区城市更新的手法与知识，也更加深入地了解了城乡规划这个行业。当然这几个月并不是一帆风顺的，在规划设计过程中遇到的很多困难需要自己查资料去解决，这提升了我的学习能力；在最后的论文写作过程中常常会不知如何下笔，需要自己去理清思路，这也提升了我独立思考的能力。

学贵为师，亦贵为友，恩师难忘，牢记于心。感谢我的毕业设计指导老师张馨木老师。从开题到结题，张老师给予了我很多的帮助，在我遇到困难时，她总是会耐心地指导我如何解决这些问题。她严谨的工作态度深深地影响着我，是我一生努力追寻的学习目标。同时我也要感谢安徽建筑大学建筑与规划学院的每一位老师，感谢老师们五年来对我的谆谆教导。

终以梦为马，永不负韶华，感谢迷茫之时得遇良师，感谢旅途之中所见风景，感谢设计之路良友相伴。盛夏的一缕清风，规划的一丝浪漫，语言的一份温暖，都值得我在迷茫时也保持热情，砥砺前行。

浙江工业大学

青年路组

沈凯健

全国城乡规划专业“7+1”联合毕业设计是一次非常好的能与其他学校同学互相学习的舞台，同时本次设计基地所在地西安也是一座历史悠久的城市。在此之前我就畅想过能在古城西安与同学们共同学习、共同游玩、共同成长，然而非常可惜由于疫情，我们始终没有机会到古城西安，但通过线上的方式，最后也顺利、圆满地完成了毕业设计。在此非常感谢西安建筑科技大学、安徽建筑大学的同学前期线下调研的帮助。

回顾这一学期的联合毕业设计过程，我们经历了前期的迷茫，对主题无从下手；到中期的方案推敲，不断修改细化；再到后期的出图，准备讲稿。尽管最终成果中有一些考虑不足的地方，但我们已经竭尽全力做到了最好，在终期答辩中也得到了其他学校老师的一致肯定。最后非常感谢指导老师的线上、线下指导，其他学校老师的宝贵建议，以及队友的鼓励、支持与帮助，为本科学习生涯画上圆满的句号。

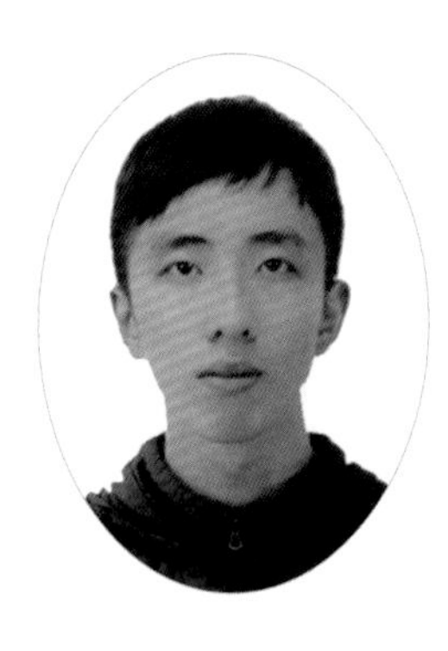

陈书炜

在本次联合毕业设计中，因为疫情虽然没能亲身到达现场调研，但依旧感受到了西安作为古都的魅力。通过线上调研和线下同学提供的详尽资料、组内同学的通力合作和指导老师每周的耐心指导，我们最终交出了一份满意的答卷。

回顾整个毕业设计流程，我们有迷茫也有困惑，有欢乐也有收获，每一次与老师交流后的进步都让我们欣喜。联合毕业设计不仅是对五年本科学习的考验，也是一场各校师生之间的交流学习，最终将成为我成长路上的宝贵回忆。在此感谢各位老师的辛勤付出，感谢小组同学的共同拼搏，让我整个本科学习生涯不留遗憾。

萧瑜含

在本次联合毕业设计中，我在规划策略以及绘图形式上突破了自己，大胆进行了从未尝试过的图纸表现手法，并将大学五年间所学到的知识与规划设计思维能力、规划设计功底运用于其中。在此感谢小组内的其他组员，通过不断的沟通与交流，我们得以共同完成此次毕业设计。

在设计过程中，指导老师给予了我们很大的帮助。在近四个月的设计过程中，老师在前期帮我们理清思路、确定主题，后期又给予我们修改意见。每次跟老师沟通后，我们都可以明确下一阶段的任务与目标。

很遗憾因为疫情，我们学校并未到达西安进行实地调研，但在前期的线上调研与之后的实际规划过程中，我们还是领略到了西安作为历史文化之都的魅力。在此也要感谢西安建筑科技大学作为承办方提供了特别详尽的资料，让我们得以顺利完成此次毕业设计。

浙江工业大学

青年路组

於家焕

回顾一个学期的毕业设计过程，从开始的迷茫探索，到明确方向，再到最后成果的展现，期间最难忘的是找到资料时的兴奋与激动，记忆最深刻的是找到创新点并将其实现的幸福，最弥足珍贵的是小组同学通力合作，发挥所长，完成最终成果。

在整个毕业设计过程中，必须要感谢老师的悉心指导，老师严谨治学的态度、渊博的知识、无私的奉献精神使我深受启迪；也必须感谢小组同学的支持与帮助，是大家的共同努力最终为毕业设计画上了圆满的句号。

毕业设计是对大学所学知识的检验，整个过程有收获也有遗憾，而我在这个过程中得以进一步成长。脚踏实地、认真严谨、实事求是的学习态度，不怕困难、坚持不懈的精神是我在这次毕业设计中最大的收获。我想这是一次对意志的磨练，是对我实际能力的一次提升，也将成为我巨大的人生财富，受益终身。

周鑫勇

经过老师与同学的不懈努力，毕业设计取得了圆满成功。在此过程中，我们每个人都收获了许多。

在老师的批评指正下，我们慢慢找到了正确的设计思路与解决方法，为之后的设计成果打下了坚实的基础。整个过程让我们明白在处理事情时，需要虚心接受他人的建议，这可能会使得我们豁然开朗，有更多解决问题的思路和想法。

大家互相配合，努力在有限的时间去解决问题并形成了优秀的成果。这让我们明白，团队的力量要比个人的力量大，团队的配合好坏对于成果的优劣会有巨大的影响。

在个人方面，我要感谢老师认真、耐心的指导，感谢组长优秀的组织、协调，感谢组员的团队协作。在日后的工作和学习中，我需要努力提升个人能力，这样在团队遇到问题时可以更好地发挥个人价值，提高团队的工作效率。

浙江工业大学

洒金桥组

何西流

这次毕业设计的经历确实不一般，一是因疫情而取消的现场调研转为全景地图云调研的奇妙体验，二是合作良久的团队为本科阶段的最后一个设计团结协作头脑风暴的快乐碰撞。在这个过程中，我学习到了不同院校风格各异、体系鲜明的方案，加深了对城市更新、住区改造、历史街区保护的理解，重建了自己关于多方共治等机制的思考，受益颇多！感谢老师的悉心指导和小伙伴的并肩作战，洒金桥“共甦 · 慢活”规划设计顺利完成！期待未来有机会可以再去这座古朴又市井的城市，在明城区里游街串巷。

庞怡然

本科阶段最后一次设计让我收获颇丰。从调研阶段对基地内每幢建筑进行深入调查，到中期汇报每个组带来特色各异的规划方案，再到后期和小组成员齐心协力共同完成让自己满意的成果，我和团队成员之间的关系更加紧密了，同时对西安有了更加复杂的感情，对规划有了更加深刻的理解，尤其是在古城更新中协调多方的过程总是充满矛盾和变化的。非常希望在未来能踏上洒金桥地段的土壤，去领会那沉淀千年的灿烂文化和悠久历史！

吴惠汝

每座城市都有自己的特色和历史，在南方长大的我们很荣幸能得到这个机会来感受一座西北的城市，虽然因为疫情没能进行现场调研，但是通过老师和同学的共同努力，我们都有所收获！在设计具体地块的过程中，我们不仅仅要落实物质空间，更是要找到表面现象背后的城市发展规律，研究人们在这个有限的空间中如何创造历史和无限的人类文明，这是我们规划师肩膀上的使命。眼前，我们为了让人们安居乐业而努力；将来，我们会是连接未来和历史的纽带。

浙江工业大学

洒金桥组

储凌赟

时间流逝之快犹如白驹过隙，四个月的洒金桥之旅圆满落上句号。虽没能进行实地到访，但可以确信的是，我们同西安这座古城产生了复杂且特殊的情感连接。我们遇见了千年历史与回坊特色，也遇见了风格鲜明的各校同辈，我们乘兴而来，也满载而归，在交流学习中体会到历史文化的璀璨和规划学习的任重道远。在此次设计任务中，我们在拓展知识边界的同时，也加深了对于规划协作和方案深化的理解，同时有幸遇见了每个因此而发生联系的人。古城更新作为一个规划议题，充满了矛盾和可能性，多样的切入点和联系不断吸引着我们向前探索。回首历史，我们理优势、看问题；把握未来，我们定方向、选路径。规划如是，将来的人生亦如是。

胡俊琪

始于隆冬，落于盛夏。初入校时的憧憬与渴望，在无数个寡淡又琐碎的日子中沦为平常。曾经以为几百个黑夜好似看不到尽头的难熬，却在疫情的掩盖下静悄悄地溜走，于是，便终于来到了今天。

本次毕业设计之所以能够完成，离不开老师的悉心指导，离不开小组成员的共同努力。街市共甦，新坊慢活。西安明城区的城市更新设计让我们有了一次难忘的设计体验。虽然因为疫情没能去到现场，但是在各校同学的帮助下，在老师和同学的共同努力下，最终顺利地完成了毕业设计。

历史街区如何在当下焕发新的活力？原有居民如何在其中得到更好的居住体验？游客怎样才能有更深入的旅行体验？市场又能在更新中承担什么样的角色、获得什么样的效益？……综合各方因素，我们打造了在不同视角下的回坊地块更新。在设计中我们不仅学到了单纯的设计知识，而且学会了更多地从人的角度出发去思考设计，深刻体会到了规划人最该坚守的本心——为人民为社会服务。

感谢本次设计，为我的五年本科学习生活画下完美句号。

福建工程学院

洒金桥组

李园晨

五年的规划学习生活很快结束了，毕业设计作为我们大学生活的结尾，是对我们五年学习的总结和体现。非常荣幸能够参与此次全国城乡规划专业“7+1”联合毕业设计。首先，感谢西安建筑科技大学的老师和同学为我们选择了一个很有意思的项目作为此次毕业设计的选题，同时他们做了大量的前期工作，为我们后续设计的开展提供了坚实的基础，让我们能够更快地了解设计基地的基本情况，更好地开展设计工作。

其次，在此次联合毕业设计的过程中，七所学校的师生共同克服疫情的难关，通过线上线下相结合的方式完成了此次毕业设计。通过互相沟通、交流，我们学习了不同学校的优点，提升了自己的设计能力。

最后，通过这次联合毕业设计，我收获颇丰，不仅收获了知识和经验，还收获了友谊。希望此次毕业设计的经历能够在接下来的学习和工作中给我一些方向，让我能更好地成长。

林秋颉

时光飞逝，大学五年的学习生活很快就过去了。毕业设计是我们作为学生在本科学习阶段的最后一个环节，是对所学基础知识和专业知识的一种综合应用，是一种综合的再学习、再提高的过程。很开心也很荣幸能够参加这次的全国城乡规划专业“7+1”联合毕业设计。感谢西安建筑科技大学的老师和同学为我们这次设计的付出，为我们后续设计的开展提供了坚实的基础；感谢我们的指导老师杨芙蓉老师对我们的悉心指导，并且一次又一次帮我们修改方案。在这次联合毕业设计中，我学到了很多，不仅了解了其他学校同学的规划逻辑、规划方法和效果呈现方式，还提高了自己的设计能力。

突如其来的疫情，打断了大家的调研工作，给后期的工作带来了不少困难，但大家互相帮助，共同克服疫情难关，通过线上线下相结合的方式完成了此次毕业设计。这是一次非常难忘的经历，非常希望能够有更多的机会、时间再一次更深程度地感受西安历史城区的人文风情和地域特色，能够与其他学校的老师、同学进行更深层次的学习交流。

姚晓琼

五年的学习时光在此画上了一个句号。在毕业前夕，能够参加此次全国城乡规划专业“7+1”联合毕业设计，深感荣幸。感谢西安建筑科技大学为我们提供了一个很好的选题，同时感谢我的指导老师杨芙蓉老师的细心指导，也感谢大家共同克服了疫情带来的困难。通过此次联合毕业设计，我收获良多，也希望大家在未来都能拥有一个美好人生。

福建工程学院

洒金桥组

赵立森

初见金秋，别于炎夏，行文至此，意味着我的大学生涯即将落下帷幕。在五年的专业学习后，我们迎来了验收的毕业设计关卡。在此次毕业设计中，首先，感谢西安建筑科技大学作为全国城乡规划专业“7+1”联合毕业设计的东道主学校，为我们挑选了“精准·传承”作为设计主题，不仅让我们将五年所学实践其中，面对新时代发展所需挑战新的规划设计，并且带我们认识了西安的历史、洒金桥的文化、西安人的美好，打开了我们的眼界，让我们学到了更多的规划知识，还在疫情影响的情况下，克服困难，尽心尽力为我们的设计提供了大量资料支撑和帮助。其次，感谢我的指导老师杨芙蓉老师和杨昌新老师，他们在辅导毕业设计期间对我进行了耐心的指导，每周的汇报都为我的设计提出了修改建议，不断完善我的设计方案，并且在实地调研过程中和疫情突发情况下，关心着我们每一位同学，至始至终耐心陪伴，解决我们所面临的问题。最后，感谢小组的同学，大家相互配合、相互理解、相互帮助，顺利完成毕业设计。祝愿全国城乡规划专业“7+1”联合毕业设计越办越好、越办越精彩！

郑思仪

回首这珍贵的大学生活，时间如白驹过隙，悄然无声。身处规划学习时光已有五个年头，作为学生的我们，迎来了最终环节——毕业设计。十分荣幸参与了这次全国城乡规划专业“7+1”联合毕业设计，在疫情大环境下，承办方西安建筑科技大学选择了线上线下配合、能到即到实地调研等方案，七大院校和一个地方规划院全过程紧密交流、准备、配合，克服一切困难，提交了完美的答卷！通过此次毕业设计，我们相互了解了各校的教学理念、方法、内容，取长补短，相互学习。在本次毕业设计中，通过对地块的详细了解，收获满满，多种分析方法的应用也打开了我的眼界，让我受益匪浅！感谢我的指导老师杨芙蓉老师和杨昌新老师，他们在每周的汇报时都耐心指导，提出宝贵的修改意见；感谢小组同学的相互陪伴、相互支持、相互理解。最后也祝愿全国城乡规划专业“7+1”联合毕业设计越办越好！

周惠容

非常开心和荣幸能够参与这次的全国城乡规划专业“7+1”联合毕业设计。首先，很感谢西安建筑科技大学的老师和同学为我们这次设计所做的周密的前期安排，这让我们能够更加高效率地展开对西安洒金桥地块的线下调研工作。其次，我的最大收获就是在调研期间和成果制作阶段学习了其他学校同学的规划逻辑、规划方法和效果呈现方式。

非常希望能够有更多的机会、时间，再一次更深程度地感受西安历史城区的人文风情和地域特色，能够与其他学校的老师、同学进行更深层次的学习交流。

通过这次联合毕业设计，我们与其他学校同学相互取长补短、互通有无，也得到了各个优秀老师的辛勤指导和建议。虽然本次联合毕业设计为期不长，但是我获得了相当丰富和具有启发性的知识，完成了一定的成果设计，达到了预期目的。希望未来能够运用所学的知识与技术去做出更好的城市设计，诸君共勉！

后记

POSTSCRIPT

由我校建筑学院承办的 2022 年全国城乡规划专业“7+1”联合毕业设计在七校师生共同努力下，经历了选题、开题、联合调研汇报、中期交流、联合毕业答辩等环节，终于落下帷幕。在疫情影响下，一些院校师生克服困难来到古城西安参与现场调研，还有一些院校师生在线上积极配合整理资料，全体师生的热情投入使得这次联合毕业设计得以顺利开展，令我们倍感荣幸与感动。本届联合毕业设计以“精准 · 传承”为主题，对西安历史城区西北片区进行了城市更新规划设计实践研究。选题以西安历史城区西北片区为研究范围，北到环城北路，西至环城西路，南至西大街，东至北大街，确定其中的青年路街道和洒金桥地段两个基地为本届联合毕业设计选题。基地所处地区历史悠久，特色突出，情况复杂，代表性强，选题具有一定的挑战性和现实意义。本作品集不但是七校师生的智慧和汗水的结晶，也凝结了社会各界的辛劳与付出。

特别感谢西安市莲湖区建设和住房保障局赵文君局长，以及西安市城市规划设计研究院名城分院姜岩院长、薛晓妮总规划师、高航高级规划师对本次联合毕业设计活动的大力支持，从确定选题、提供资料到成果答辩，他们全程参与，并且提供了专业的指导与无私的帮助，各校师生均感受益匪浅，并为西安市城市规划设计研究院名城分院的规划情怀所折服。

同时感谢在项目选址和调研过程中莲湖区北院门街道办事处、青年路街道办事处提供的大力协助与支持；感谢在选题会上做出精彩报告的西安建筑科技大学建筑学院常海青教授、西安市莲湖区北院门街道办事处刘陶科长、西安市城市规划设计研究院名城分院薛晓妮总规划师，以及为规划成果进行指导和点评的西安建大城市规划设计研究院杨洪福副院长。

本次联合毕业设计为各高校搭建交流平台，各校师生相互学习，共同发展。感谢北京建筑大学、苏州科技大学、山东建筑大学、安徽建筑大学、浙江工业大学、福建工程学院的各位老师于百忙中对教学组织的协助和支持，深情铭记在心中，特别感谢浙江工业大学承办 2023 年的联合毕业设计活动。

感谢西安建筑科技大学建筑学院叶飞副院长、杨辉副院长和城乡规划系尤涛主任的大力支持，感谢教学办公室袁农飞主任、卢燕老师、崔永兵老师，感谢行政办公室冯海燕老师和教研室的各位同仁，以及在选题和开题活动中进行志愿服务的同学李姝铮、严旭玥、杨子馨、曹如懿、谢雨萱、雷一鸣、钱宇哲、董恒、宋佳程、魏晨曦。

感谢华中科技大学出版社编辑简晓思老师为作品集的出版付出的辛勤劳作。

联合毕业设计结束之时，也是同学们毕业离校之际。希望同学们继续保持饱满的专业热情，奋进新时代，开启新征程！也预祝 2023 年联合毕业设计取得成功！

全国城乡规划专业“7+1”联合毕业设计西安建筑科技大学教学小组

邓向明　王侠

图书在版编目（CIP）数据

精准 · 传承：2022 全国城乡规划专业七校联合毕业设计作品集 / 西安建筑科技大学等编 . -- 武汉：华中科技大学出版社，2023.5

ISBN 978-7-5680-9302-6

Ⅰ . ①精… Ⅱ . ①西… Ⅲ . ①建筑设计 - 作品集 - 中国 - 现代 Ⅳ . ① TU206

中国国家版本馆 CIP 数据核字（2023）第 061903 号

精准 · 传承：2022 全国城乡规划专业七校联合毕业设计作品集 西安建筑科技大学等 编

JINGZHUN · CHUANCHENG：2022 QUANGUO CHENGXIANG GUIHUA ZHUANYE QIXIAO LIANHE BIYE SHEJI ZUOPINJI

策划编辑：简晓思

责任编辑：简晓思

装帧设计：金 金

责任监印：朱 玢

出版发行：华中科技大学出版社（中国 · 武汉） 电 话：（027）81321913

武汉市东湖新技术开发区华工科技园 邮 编：430223

印 刷：湖北金港彩印有限公司

开 本：889mm × 1194mm 1/16

印 张：12

字 数：397 千字

版 次：2023 年 5 月第 1 版第 1 次印刷

定 价：108.00 元